国家林业和草原局普通高等教育"十三五"规划教材

自然资源学导论

魏天兴　主编

中国林业出版社

内 容 简 介

本教材从认知自然资源及其管理入手，着重介绍了自然资源的概念、类型，以自然资源开发利用保护为主线，系统介绍了自然资源学的基本原理。使学生掌握自然资源学的基本理论、方法，为后续学习有关课程和今后从事有关自然资源利用管理和保护工作奠定基础。主要内容包括自然资源学基础知识、资源与自然资源分类、自然资源生态学理论、自然资源经济学理论、自然资源综合评价、自然资源管理原理、中国及全球自然资源态势与利用管理对策。

本教材主要用于普通高等院校地理科学类、自然保护与环境生态类"水土保持与荒漠化防治"专业本科生教学，同时可作为自然资源及环境生态类有关专业本科生教学用书，也可作为从事自然资源管理、生态环境保护等方面科学研究、教学、管理和生产实践人员的参考用书。

图书在版编目(CIP)数据

自然资源学导论/魏天兴主编. —北京：中国林业出版社，2020.10(2024.1重印)
ISBN 978-7-5219-0859-6

Ⅰ．①自… Ⅱ．①魏… Ⅲ．①自然资源 – 资源科学 – 高等学校 – 教材 Ⅳ．①P96

中国版本图书馆 CIP 数据核字(2020)第 202100 号

中国林业出版社·教育分社

策划编辑：肖基浒　　　　　　　　责任编辑：丰　帆
电　　话：(010)83143555　83143558　　传　　真：(010)83143516
E-mail：jiaocaipublic@163.com

出版发行：中国林业出版社(100009　北京市西城区德内大街刘海胡同 7 号)
　　　　　电话：(010)83143500
　　　　　http：//www.forestry.gov.cn/lycb.html
经　　销：新华书店
印　　刷：北京中科印刷有限公司
版　　次：2020 年 11 月第 1 版
印　　次：2024 年 1 月第 2 次印刷
开　　本：850mm×1168mm　1/16
印　　张：21.5
字　　数：510 千字
定　　价：56.00 元

《自然资源学导论》编写人员

主　编：魏天兴

副主编：张学霞　吴秀芹　张　颖　姜群鸥　齐元静

编写人员：(按姓氏拼音排序)

姜群鸥(北京林业大学)

齐元静(北京林业大学)

魏天兴(北京林业大学)

吴秀芹(北京林业大学)

张　颖(北京林业大学)

张学霞(北京林业大学)

前　言

　　自然资源学是高等院校地理科学类专业的重要学科平台课，为适应全球资源环境问题的新情况以及我国新时代资源环境问题及对自然资源的需求，特编写本教材。根据教育部2012年设置的地理类专业课程设置的特点，在学生学习了部分自然资源学(土地评价与土地管理、水文与水资源学、植物学或植物地理学、气候与气候资源学等)的基础上，突出了综合自然资源学的特点，面对目前全球资源环境问题以及我国经济建设面临的资源约束，讲述自然资源学基本原理，结合资源开发的环境影响，从生态学、生态经济学、管理学提出解决资源问题对策。内容具有导论和综合的性质，并可对于其他资源相关课程的学习起到引导和深化的作用。

　　本教材针对普通高校地理科学类专业和自然保护与环境生态类"水土保持与荒漠化防治"本科专业课程设置情况而编写，主要是讲授自然资源的基础知识、从自然资源综合管理的角度出发，阐述了自然资源学的基本原理。关于各类自然资源的详细内容，由于有相关课程，本教材不涉及过多过细的各类自然资源的具体内容。

　　《自然资源学导论》由北京林业大学水土保持学院魏天兴教授、张学霞副教授、吴秀芹教授、姜群鸥副教授、齐元静副教授、北京林业大学经济管理学院张颖教授等组成的编写组完成。各章节编写分工如下：第1章、第2章由魏天兴编写；第3章由吴秀芹编写；第4章由张学霞、魏天兴编写；第5章由张颖编写；第6章由张学霞、魏天兴编写；第7章由姜群鸥、魏天兴编写，其中第9节由齐元静编写；第8章由齐元静编写；全书由魏天兴统稿。

　　北京林业大学地理学科2015—2018级硕士研究生参与了资料收集等相关工作，其中张梦嫚参与第3章；方宇、刘晓、张雪、崔燚参与第4章；方宇、高跃鹏、杨维、赵静瑶参与第6章；王春丽、周文洁、姜丽、缪今典、罗敏等参与第7章；北京林业大学经济管理学院博士生李晓格参与了第5章资料收集工作。周文洁、姜丽和缪今典参加了全书的校对、格式编排工作。

　　在《自然资源学导论》教材编写过程中，参考了蔡运龙编著的《自然资源学原理》、刘成武和黄利民主编的《资源学导论》及石玉林主编的《资源科学》的部分内容，在此表示感谢。

　　在本教材编写过程中，引用了大量的科技成果、论文、专著和相关教材，因篇幅所限未能一一在参考文献中列出，谨向文献的作者们致以深切的谢意。限于我们的知识水平和实践经验，缺点、遗漏甚至谬误之处在所难免，热切希望各位读者批评指正，以期本教材内容的不断完善和水平的逐步提高。

魏天兴

2019 年 6 月于北京

目　录

第1章 资源学概论

1.1 资源与资源科学概念

1.1.1 资源与自然资源的概念

"资"就是"有用""有价值"的东西，即一切生产资料、生活资料。"源"就是来源。资源即资财之源，说详细些也就是创造社会财富的源泉。资源是一个涉及范围广阔，可以从各个不同角度进行研究的课题。经济学认为资源包括自然资源、资本资源、人力资源3种；或是土地、资本、劳动，也称为基本生产要素。其中的资本包括资金、房屋、机器设备、基础设施等，它们在现代经济中是很重要的因素。但究其来源，还是土地和劳动，正如马克思引用威廉·配第的话所说："劳动是财富之父，土地是财富之母。"这里的土地即指自然资源。由此可见，只有当自然资源和劳动力资源相结合时才能成为创造社会财富的源泉，相互分离未经结合的自然资源和劳动力资源只能是潜在的资源或潜在的资源要素。恩格斯在《自然资源辩证法》一书中也明确地指出："劳动和自然界一起才是一切财富的源泉。自然界为劳动提供材料，劳动把材料变成财富。"2000年出版的《中国资源科学百科全书》认为，资源应包括自然资源和劳动力资源两个基本要素。资源是一个历史的可变的经济范畴。资源按其属性分为自然资源和社会资源两类。

而一些学科对资源作狭义的理解，即仅指自然资源。联合国环境规划署对自然资源下过这样的定义："所谓自然资源，是指在一定时间、地点的条件下能够产生经济价值的、以提高人类当前和将来福利的自然环境因素和条件的总成。"《辞海》一书中关于自然资源的定义："一般指天然存在的自然物(不包括人类加工制造的原材料)，如土地资源、矿藏资源、水力资源、生物资源、海洋资源，是生产的原料来源和布局场所。随着社会生产力的提高和科学技术的发展，人类开发利用自然资源的广度和深度也在不断增加。"

因此，自然资源是人类能够从自然界获取以满足其需要的任何天然生成物及作用于其上的人类活动的结果，自然资源是人类社会取自自然界的初始投入。自然资源与资本资源、人力资源的本质区别在于其天然性。但现代的自然资源中也已或多或少地包含了人类世世代代劳动的结晶。

1.1.2 资源科学的概念

在《辞海》中资源被解释为"资产的来源，一般指天然的财源"；科学则是"实践的结晶"。顾名思义，资源科学应是研究有关资财来源实践经验结晶的学科。

2000 年出版的《中国资源科学百科全书》，将资源科学的概念和学科地位表述为："资源科学是研究资源的形成、演变、质量特征与时空分布及其与人类社会发展之间关系的科学。其研究目的是为了更好地开发、利用、保护和管理资源，协调资源与人口、经济、环境之关系，促使其向有利于人类生存与发展的方向演进""它是在已基本形成体系的生物学、地学、经济学及其他应用科学的基础上继承与发展起来的，是自然科学、社会科学与工程技术科学相互结合、相互渗透、交叉发展的产物，是一门综合性很强的科学。"（孙鸿烈，2000）

由全国科学技术名词审定委员会 2008 年公布的《资源科学技术名词》，对于资源和资源科学的概念表述如下：

- 资源（resources）为"资财之源"，是创造人类社会财富的源泉。马克思认为创造社会财富的源泉是自然资源和劳动力资源。

- 资源科学（resource science）研究资源的形成、演化、数量、质量特征与时空分布和开发、利用、保育及其与人类社会和自然环境之间相互关系的科学。

- 自然资源（natural resources）自然界存在的有用自然物。人类可以利用的、自然生成的物质与能量，是人类生存的物质基础。主要包括气候、生物、水、土地和矿产等 5 大门类。

- 社会资源（social resources）在一定时空条件下，人类通过自身劳动在开发利用自然资源过程中所提供的物质和精神财富的统称。社会资源包括的范围十分广泛，在当前的技术经济条件下，主要是指构成社会生产力要素的劳动力资源、教育资源、资本资源、科技资源等非实物形态的资源。

- 国土资源（territorial resources）国土资源有广义和狭义之分。狭义指一个国家主权管辖疆域范围内从上空到地下的自然资源。主要包括土地资源、气候资源、水资源、生物资源、矿产资源 5 大类自然资源。广义除了包含前者外，还有被称为社会资源的人力资源，以及人类通过开发利用自然资源所创造出来的且作为进一步开发利用自然资源重要条件的各种设施。

1.1.3　资源科学的研究对象

资源科学的研究对象是资源系统。根据上述关于资源的概念，我们知道资源科学既包括作为人类生存与发展物质基础的自然资源，又包括与其开发利用密切相关的人力、资本、科技与教育等社会资源；既包括全球资源，又包括特定国家或地区的资源；既包括现实资源，又包括历史资源；既包括单项资源，又包括复合资源（一定地域、一定时段的资源系统、资源生态系统和资源生态—社会经济复合系统）（孙鸿烈，2000）。资源系统是一个开放性的动态大系统，包括自然资源、经济资源与社会资源 3 个子系统，每个子系统又包含若干要素，实际上每一个要素是第二级子系统，又由若干个更次一级的要素组成。例如，自然资源子系统中的土地资源系统由耕地、牧草地、林地、水域等组成，耕地子系统又由旱地和水浇地组成。

资源科学也是研究资源管理的科学。对资源的管理就是资源科学研究对象所具有的特殊矛盾性。对于各种具体资源的管理，成为资源科学中各分支学科的学科对象。自从出现人类活动以来，人与自然的矛盾就长期存在。因此，对资源的管理正是研究"人与自然"这对矛盾的组成部分。千百年来对资源的开发推动社会生产力的发展，也给人类带来种种灾难与困惑。直到第二次世界大战结束后，人们开始关注全球的自然资源问题。资源科学产生于资源保护中，1948 年国际自然保护协会成立，1955 年更名为国际自然及自然资源保护联盟。1949 年联合国召开了世界资源保护与利用的科学大会，首次对全世界提出了资源保护与合理利用的问题，包括矿产资源、燃料与能源资源、水、森林、土地、野生生物与鱼类资源为主的自然资源保护利用问题。当时界定的资源类别，为联合国及西方国家的自然资源的专业教育体系和课程体系所采用。1972 年联合国"人类环境宣言"首次向全世界人民提出资源与环境这两个问题。20 世纪 80 年代开始，全球大多数国家的高等教育都设立了相应的专业。1956 年中国科学院创建了"综考会"，1994—2000 年编写《中国资源科学百科全书》。

1.1.4　资源科学的研究任务

资源科学研究，在 20 世纪 70 年代之前，侧重于各个圈层的单项资源，特别是单项自然资源研究。尽管 20～30 年代就已有自然资源的整体观念，但把资源作为一个整体的综合性研究对象则是在 20 世纪 70 年代之后。就目前而言，资源科学研究的内容主要是(孙鸿烈等，2000)：

(1)阐明资源系统的发生、演化及其分布规律

这是一项基础性工作，并且强调资源的整体功能。时间、空间与运动是无限的，物质与能量也是无限的，资源变异也随时随地发生。在人类改造自然的过程中，为使资源系统向有利于人类的方向发展，免于恶化，就必须了解资源系统的变化过程，包括资源属性、资源结构的形成与演变机理。

(2)探索资源系统各要素间的相互作用与平衡机理

诸如地表水与地下水的相互转换与平衡，水土资源的平衡，光、温、水等气候要素平衡，农林牧用地平衡与草畜平衡等平衡关系分析与资源系统各要素之间的关系探讨。

(3)揭示资源特征及其与人类社会发展的关系

研究不同时期资源的保证程度与潜力。人类社会、自然资源与地理环境构成了一个相互关联的"人地系统"。要协调人地关系，或者说人口、资源、环境与发展之间的关系，寻求可持续发展的途径，必须从资源的质量评价入手，分析人口与资源之间的平衡关系，即资源开发与再生、污染排放与环境容量的关系等。

(4)探索人类活动对资源系统的影响

人类自诞生起，就开始了对自然资源的开发利用。特别是在当今科技飞速发展、经济高速增长、人口日益膨胀的情况下，人类活动对自然资源的压力越来越大，已成为作用于自然资源一个新的重要营力。人类活动的失误会严重危及自然资源系统的稳定性，如全球变暖等一系列全球性环境变化就是很好的证明。由于人类活动已是自然资源系统潜在不稳定性的重要营力，因此，深入开展资源科学研究、探索人类活动对资源的影响已是人类面临的重要使命。

(5)研究区域资源开发与经济发展之间的相互关系

自然资源是以一定的质和量分布在一定地域的，资源科学研究离不开具体的时空尺

度。探讨区域资源的种类构成、质量特征与经济发展的关系，如何将区域资源优势转变为经济优势，如何寻求区域资源优势互补解决，解决区域性资源短缺都是区域资源研究面临的主要任务。

(6)探求新技术、新方法在资源科学研究和资源开发利用中的应用

自1972年第一颗陆地资源卫星上天以来，航天、航空遥感已成为资源科学研究的一个重要手段。此外，计算机技术的发展，促进了资源数据库建设，自动化制图与系统分析方法得到了广泛应用。遥感、遥测与计算机等新技术方法的广泛应用极大地提高了资源科学研究的效率和精度、深度及广度。资源科学研究中的技术进步将对人类在全球资源的开发、利用、保护、管理方面产生深远影响。

1.2 资源科学的学科体系和理论基础

1.2.1 学科体系

沈长江提出资源科学学科体系的三维结构系统(图1-1)，利用三维坐标来反映资源科学的学科体系，能更准确地认识各分支学科的学科地位，作用与特点以及彼此之间错综复杂的联系。

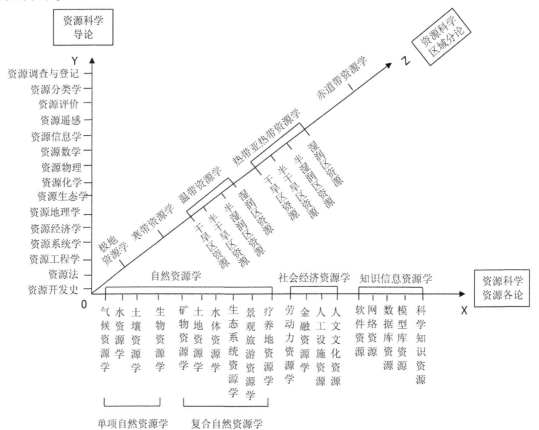

图1-1 资源科学的三维结构学科体系和主要分支学科图解

1.2.1.1　资源科学简单地归纳为两种类型

资源科学的主要分支学科按其研究对象和研究内容的差异性与应用目的的不同可首先划分为 2 种类型：一种是综合性研究，即综合资源学，研究资源发生、演化及其与人类相互作用的关系的一般性规律，为部门资源学的研究提供理论基础和方法论；另一种是专门性研究，即部门资源学，研究各类资源的形成、演化、评价及其合理开发、利用、保护、管理。综合性研究(综合资源学)的分支学科主要包括资源地理学、资源生态学、资源经济学、资源信息学与资源法学等；专门性研究(部门资源学)的分支学科主要包括气候资源学、生物资源学、水资源学、土地资源学、矿产资源学、能源资源学、药物资源学、海洋资源学与旅游资源学等。由此构成了资源科学的学科体系(图 1-2)。

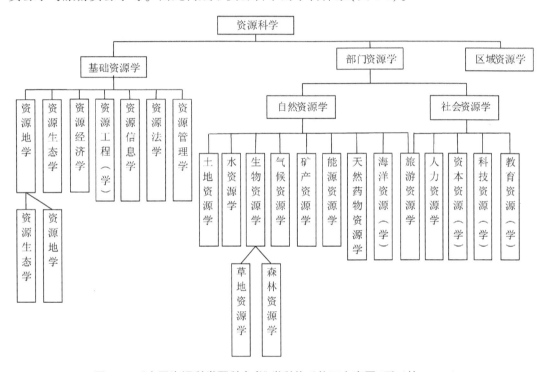

图1-2　《中国资源科学百科全书》学科体系修正方案图(石玉林，2006)

此外，综合资源学与部门资源学是互为补充、相互促进的关系。实质上综合资源学必然涉及具体资源研究，部门资源学也必然讨论资源科学研究的一般性规律。区域资源学是综合资源学与部门资源学在具体时空的结合。事实上，资源科学研究总是在具体区域进行的。不同空间尺度上农业、土地资源利用研究的问题是不同的，在研究中需要作明确的界定。只有抓住了一定空间尺度上的关键问题，才能使研究深入下去。

几种有代表性的综合资源学。

(1)资源地理学

资源地理学基于军事和经济规划的需要而逐步形成的。主要研究总体自然资源、社会经济资源、信息资源等的形成和演化规律与它们在数量和质量上的地域组合特征、空间结构与分布规律以及资源的合理分配、合理利用、合理保护和经济评价，最终提出资源开发的远景估计与战略规划，并从中揭示资源利用与地理环境间的相互关系。

（2）资源生态学

自然资源生态学是应用生态学的分支，是研究自然资源生态过程、自然资源与人类关系，以及自然资源管理开发利用的生态学（魏天兴，2013），也是研究生物资源之间、生物资源与其他资源和环境因子之间相互关系的学科。其研究对象是资源生态系统，其研究内容应紧紧围绕人与资源的关系进行。主要包括资源生态系统的特点、分类、结构、功能与调控。运用生态平衡原理来研究生态环境、经济与资源开发之间的平衡关系，并根据食物链原理，尽量增加自然资源的利用层次，做到物尽其用。

（3）资源经济学

资源经济学是研究经济发展与资源开发、利用、保护和管理之间相互关系的学科。它是把经济学原理与方法应用于资源科学研究。主要研究内容包括自然资源现实与未来的配置问题及由此引发的社会后果，资源开发利用的经济问题及其与社会发展的关系，自然资源利用效率与产权安排以及资源稀缺与经济增长的关系等。

（4）资源评价学

资源评价学研究如何根据一定需要对资源进行综合鉴定，"质""量"是评价的具体标志，并且随着时间和空间以及政治、经济、社会条件的不同而表现出不同的规定性。资源评价学研究的重点是资源的评价标准和指标，并在此基础上研究自然资源的承载力，如环境评价、安全评价等。

（5）资源工程与工艺学

资源工程与工艺学重点研究自然资源开发利用和保护的具体工艺和工程项目设计。特别是在当前进行的考察研究方案、实验跟踪研究中更显得重要。

（6）资源管理学

资源管理学运用新方法、新理论，研究资源开发利用的最优方案和最佳途径以及相应的政策、法律和组织管理形式实现对资源的科学有效的管理。

几种有代表性的部门资源学。

（1）水资源学

水资源学是研究水资源的分布、循环和运动规律及其开发、利用、保护、管理的学科。与水文科学、大气科学和海洋科学关系密切。从大气中的水到海洋中的水，从地表水到地下水都是水资源学的研究对象。主要研究内容包括水资源调查与评价、水分循环与水量平衡、水资源供需平衡分析、水环境容量与水资源承载力、水资源保护与水资源管理等。

（2）气候资源学

气候资源学是研究气候资源的特征、形成、分布和变化规律及其与人类活动相互关系的学科。它以气候资源要素及其组合为对象，研究其形成数量、质量、时空分布和演变规律，从气候资源的物质、能量和存在状态出发，研究气候资源转化为物质产品的理论、方法和途径，进行气候资源评价，探讨气候灾害的发生机理及防御对策等。

（3）土地资源学

土地资源学是研究土地资源各组成要素的组合特征及其与人类开发利用之间的相互关

系的学科。它以土地资源为研究对象，着重研究其影响土地利用的要素、特征、空间分布规律及合理利用途径。主要研究内容包括土地资源组成要素及其不同组合对土地利用的作用、土地资源类型的划分及其分类、土地资源调查与土地资源评价、土地资源生产力及其人地关系分析、区域土地资源的保护与开发利用等。

（4）生物资源学

生物资源学是研究生物资源的形成、分布、演化规律与人类合理开发利用之间相互关系的学科。它是资源科学与生物学之间的一门交叉性学科，主要研究内容包括生物资源的形成、分类和分布，引种与驯化，有用成分的性质、形成、积累和转化规律，一定区域内生物资源的种类、蕴藏量及其合理开发与保护等。主要分支学科包括森林资源学和草地资源学（按主体植被类型分），或者动物资源学、植物资源学和微生物资源学（按生物门类分）等。

（5）矿产资源学

矿产资源学是研究矿产资源的自然、技术和经济属性及其与社会经济发展的关系，以及矿产资源的勘查、开发、利用和管理的一般规律的学科。主要研究内容包括矿产资源的特点与分布、矿产资源的勘查与评价、矿产资源的开发利用与环境保护、矿产资源供需分析与资产化管理等。

（6）旅游资源学

旅游资源学是研究旅游资源的形成、分类、分布及其开发利用与保护的学科。主要研究内容包括旅游资源分类、旅游资源普查、旅游资源评价、旅游资源容量、旅游资源区划与规划等。

（7）社会资源学

社会资源学是研究社会资源的分类、属性、质量评价与时空特征及其与自然资源开发利用的相互关系的学科。它是资源科学与社会科学之间一门交叉学科。主要研究内容包括人力资源（学）、资本资源（学）、科技资源（学）与教育资源（学）。目前，社会资源研究尚未脱离社会科学领域而形成独立的学科体系。

在资源科学中，各部门资源学的分支如图 1-3 所示。

从国内外高等院校资源科学的专业划分与课程设置的情况来看，其对资源科学的学科体系的理解与上述基本一致。课程设置一般由 3 部分组成：第一部分属于数理化方面的基础课程；第二部分是属于单项资源方面的专业课程和专业基础课；第三部分则是属于有关资源总体方面的课程，例如资源的计量和评价、资源生态学、资源工程与工艺学、资源经济与管理学、资源地理学、资源开发利用史、资源政策与法令、资源摄影录像技术、资源管理中的遥感调查与应用等课程。

1.2.1.2　资源科学体系可划分为 3 级组织水平

从资源科学的研究对象——资源系统的属性来分析，资源科学体系可以划分为 3 级组织水平，分别为自然资源的层次分析、资源生态系统整体研究和资源、社会、社会经济复合系统总体研究。

（1）自然资源的层次分析——资源科学基础领域研究

该级组织水平从自然资源的基本特点入手，对资源的有效和稀缺作初步说明，重点是

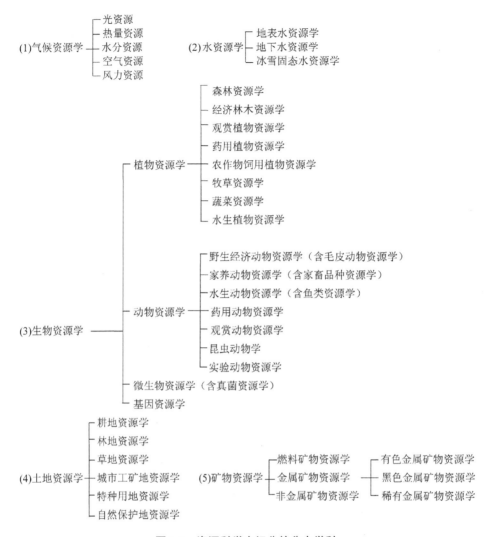

图1-3 资源科学中细分的分支学科

（沈长江，引自石玉林主编《资源科学》，2006）

进行自然资源层次性分析。

它包括：①一定时间的空间层次性——地域结构系统、流域等级系统、行政地域系统和特定地理单元分析；②一定地域的时间层次性——地质时期、历史时期、现状评价及未来需求预测分析；③一定资源的系统层次性——资源的物理成分、化学成分、单项资源类别或物种、种群、群落乃至生物圈的分析与预测等。

层次分析以地域分异规律和自然节律性规律为理论基础，把野外考察、历史比较、分类和区划等作为基本方法，逐渐向综合化、生态化、定量化和经济化方向发展，其结果一般是自然资源的质、量特征和时空规律性的输出，为资源科学的高组织水平的研究准备了翔实的资料。

（2）资源生态系统整体研究——资源科学应用基础领域研究

该组织水平以一定地域资源的质、量特征和时空规律性为前提，以各类资源系统为对象，从整体性和资源的有效与稀缺性出发，重点进行资源生态系统的结构和功能分析，包括一定资源系统的整体效应和一定地域系统的连锁反应研究。

其特点是以整体观和系统方法为基础、以生态学规律为基础理论、以生态学方法为基本方法，从而达到人为控制资源系统向有利于人类社会和谐平衡发展。

（3）资源、生态、社会经济复合系统总体研究——资源科学应用领域的研究

资源、生态、社会经济复合系统是人类生态系统。该组织水平从社会、经济角度出发，充分考虑资源的可塑性。其特点是以"生态经济平衡"的基本理论为支点。目标是开展社会需求下的多宜性功能判断和抉择，通过综合分析，最终对资源开发利用和治理保护方案做出优化决策，这可以说是资源科学研究的最高综合。

1.2.1.3　资源科学体系可划分为 4 个基本层

从资源问题的解决途径分析，资源科学的学科体系可划分为以下 4 个基本层次：

（1）调查层——最基础的工作层次

这是资源科学最基础的工作层次，主要由各类专业人员完成。其目的是对各类资源进行野外勘察，确定其数量、质量和分布，认识其发生、演化及时空分布规律和资源要素与环境要素的关系。主要成果有资源种类和量的发现，资源数量、资源类型以及资源分布图。

资源的遥感调查在世界各国得到广泛应用。1932 年，美国首次采用航空摄影相片绘制小区域植被与土地利用图；美国田纳西河流域管理局根据航片绘制该流域土地利用现状图；我国于 20 世纪 50 年代，对一部分地区进行了大中比例尺航空摄影，主要是土地利用调查。遥感集中反映了物理学、计算机技术、生物学、地球科学等学科的最新成就，遥感技术获取地面物体信息中具有宏观性、实时性、动态性等特点，使它在资源调查中得到了广泛应用，它也是获取资源资料的最新方法。

（2）评价层

在调查的基础上进行技术经济评价，包括资源数量、质量、适宜性、开发条件等综合评价。其目的是确定合理的资源利用方式、利用顺序等。主要成果有资源评价报告、图件及说明书，资源开发区划及图件等。

（3）规划层

规划层的目的是依据评价结果和资源开发利用单位的要求，进行资源开发利用的可行性研究及编制实施规划。资源工作者的主要任务是在遵循资源内在规律的基础上，综合政府部门和社科专家研究的意见，形成可行的规划方案。为能实现规划，如果需要还可进行试点研究。主要成果有资源开发利用可行性报告、规划方案、试点研究报告及图件。

（4）跟踪层

规划方案进入实施阶段，自然资源进入生产和消费领域，管理者和生产者的作用突出了。此时，资源工作者的任务是跟踪研究，包括指导方案实施、问题诊断、研究开发后效、总结管理经验等。跟踪层的目的是反馈后效，改进规划方案。主要成果有资源开发模

式总结，人类、资源与环境关系再认识，资源管理的绩效评估及有关政策、法规的制定与修正等。

1.2.2 理论基础

一门学科的发展要有一定的理论作为基础。由于资源科学是一门介于多学科之间的横向科学，因此其理论基础除了自己特有的以外，还吸收了大量相邻相关学科有用的基本理论。

1.2.2.1 地球科学及相关理论

地球科学是研究地球(包括岩石圈、生物圈、大气圈)的形成、演化、运动、发展的本质和规律的一组综合性科学群。它是研究资源，尤其是研究各类自然资源的形成、演化、分类、分布规律和资源调查、勘探和资源评价的理论基础。资源科学中的矿产资源、土地资源学、水资源学、气候资源学都直接源于地球科学、生物资源学、能源资源学、旅游资源学、海洋资源学的形成与发展，相当部分与地球科学有紧密关系。地理学主要研究地球表面各种地理环境及其结构演化和分布规律与人类关系的科学，是研究地表资源，尤其是土地资源、土壤资源、生物资源，乃至水资源与气候资源的形成与空间分布的基础。资源科学从地理学中分化发展而形成的资源地理学，已被众多学者所承认，并为《中国资源科学百科全书》所确定(石玉林，2006)。

(1)地域分异规律原理

地域分异规律是指自然地理各要素及其综合特征在地表呈现出的水平分化现象。地带与非地带性规律，是支配各类资源区域分布的最基本规律。这是自然地理学的基本原理。由于地球表面经、纬度不同引起全球热力分布差异；海陆对比导致大陆内部湿度水平分布的差别；陆地地面地势起伏引起局部地区水热再分配，使得各自然组成要素以及各要素共同构成的综合体表现出不同规律的纬度地带性、经度地带性和垂直地带性分异规律，这些规律制约着资源的空间分布，对资源区划以及区域资源开发具有理论上的指导意义。

如一定水热条件和土地类型决定了一个区域特定的作物体系，这对于农业自然资源的研究具有十分重要的意义。由于矿床分布受成矿构造的控制，矿产资源的分布也有一定的规律，掌握成矿构造的轮廓特征及矿产资源的区域分异规律，对矿床及矿产资源的开发利用具有重要的指导作用。

(2)因地制宜原理

自然本身具有差异，自然资源的分布具有明显的地域性，不同区域有着不同质和量的自然资源，显示出不同的区域自然资源特征。社会经济条件的差异，自然资源的开发利用又总是同一定的社会经济条件相联系的，不同区域的自然资源开发利用条件总是互有差异的。因此，自然资源的开发必须遵循因地制宜的原则。

因地制宜原则是在资源—生态—经济系统中协调人与资源关系的基本准则，在资源开发利用过程中要充分考虑自然、资源和社会经济背景，按自然规律办事。在自然资源研究和开发利用中，因地制宜的实质是实现资源—生态—经济系统内部各要素间的相互协调，实现资源的永续利用和经济的可持续发展。

(3) 自然节律原理

地球表面的一切组成成分随着时间的变化，都不是绝对杂乱无章的，而是遵从着一定的规则。这种非人为的纯自然过程，所表现出的在时序上的规律，即自然节律性。自然资源随时间的变化，一方面可以是一些类型或现象的消失，新类型、新现象的出现；另一方面可以是数量的增加或减少，质量的优变与劣变。自然资源的变化具有一定的节律性，特别是生物资源的节律性尤为明显。自然资源的节律性是适时、适地、适度地利用自然资源的科学依据之一，同时，也是在对自然资源利用、改造的前景进行预测时必须予以考虑的问题。

(4) 能量转化与守恒定律

从本质上看资源的开发与利用就是物质与能量在地理环境中的转化过程。

热力学第一定律即为能量守恒定律。在资源—生态—经济系统中，自然资源都可以用不同形式的能量来表示，能量从一种形式转化为另一种形式，且在转化的过程中能量的总量不变。能量转换的过程普遍地发生自然资源开发和利用的过程中，它包括了能量以一种形式到另一种具有特定目的或更加有用的形式的转换。根据这一原理，可以充分利用每种资源的特性和能量效益，广泛开展资源互补与替代方面的研究。

1.2.2.2 生态学

(1) 人类生态学

人类生态学是研究人类集体与其环境的相互作用的学科。人类生态学从社会学和生态学方面出发的研究，人类生态学研究社会结构如何适应于自然资源的性质和其他人类集体的存在。人类生态学又称"社区研究"，"社"是指人群，人类集体社会；"区"即地区、空间、环境。人类生态学把人们生活的、生物学的、环境学的、人口学的和技术条件，作为决定人类文化和社会系统形式和功能的一系列相互关联的因素。人类生态学认识到，集体行为取决于资源及其有关的技术，并决定于一系列富有感情色彩的信仰，这些因素合在一起产生社会结构系统。

从传统的地理学出发的研究。同时，自古有人地关系研究传统的地理学也提出人类生态学的概念。地理学就是人类生态学(美国加州大学地理学家巴罗，1923)。如果说地理学和社会学的人类生态学都是研究人—地关系的话，可以看出，地理学的人类生态学的重点和归宿似乎在"地"，而社会学的人类生态学的则在"人"。人类生态学中仅研究文化特征的发展与环境相互作用的那部分又称文化生态学。也有学者认为人类生态学研究文化时期原始人群与自然环境的关系，而研究有文化人群与自然环境的关系的学科称为文化生态学。

王发曾(1991)指出，人类生态学应该成为一门以生态学原理为基础，与多种社会科学和自然科学相汇合，以人类—环境生态系统为对象，以优化人类行为决策为中枢，以协调人口、社会、经济、资源、环境相互关系为目标的现代科学。人类生态学的根本任务是考察人类的生存方式和环境对人类生存的作用；研究人类群体之间、人类活动与环境之间相互作用、相互依赖和相互制约的机理；解决和预防严重威胁人类生存与环境质量的生态问题，以推动人类—环境系统协同而健康地发展。当前研究的重点应是人类生态学的理论和方法、人类发展与环境、生态农业、城市生态系统、人口生态问题、经济生态问题、资源生态问题、环境生态问题和人类生态决策等。

(2)物质循环原理

物质循环原理是指自然界中碳、氢、氮、磷、硫等组成生物有机体的基本元素，在生态系统的生物群落与无机环境之间形成的有规律的复原系列。在这个循环往复、不断还原的环形系列中，包括合成与分解等一系列物质转换与能量传递的过程。在自然界的各种物质循环中，与资源、环境联系较大的主要有水、碳、氮三大循环。根据这一原理，自然界中的各种物质都按自己特有的分解与化合机理，遵循其固有的轨道，周而复始地进行不断的循环。作为资源研究，无疑要考虑资源开发、利用、生产、消费及消费后这一完全过程的物质循环与转化特性。"利用"则只是作为自然物质的资源在地球物质循环中的一个特殊环节。

1.2.2.3 环境科学

自然资源与自然环境是两个不尽相同的概念，但具体对象和范围又是同一客体(蔡运龙，2007)，因此，自然资源学与环境科学关系很密切。环境科学在宏观上研究人类同环境之间的相互作用、相互促进、相互制约的对立统一关系。微观上研究环境中的物质，尤其是人类活动排放的污染物的分子、原子等微小粒子在有机体内迁移、转化和蓄积的过程及其运动规律，探索它们对生命的影响及其作用机理等(《中国大百科全书》，1983)。

环境科学的主要任务是探索全球范围内环境演化的规律，揭示人类活动同自然生态之间的关系，使人类与自然平衡，探索环境变化对人类生存的影响，研究区域环境污染综合防治的技术措施和管理措施。包括从环境中获取可更新资源不能超过它的再生增值能力，以保障永续利用，从环境中获取的可更新资源要做到合理开发利用。

因此，广义理解的环境就与自然资源学、生态学、地理学等有了广泛的交叉。

1.2.2.4 经济学

经济学渗透到资源研究形成资源经济学这门交叉的分支学科。资源经济学研究资源经济活动的全过程，即资源的生产、交换、分配(配置)和消费的各个环节。经济学应用于资源研究中的理论包括诸方面资源研究，最有影响的稀缺理论、价值与价格理论、投入产出理论、成本效益分析原理。

国土经济学与资源经济学也有联系，这个联系的结合点在"国土资源"，国土资源的主要组成部分是自然资源，但也包括依附于国土的基础设施(道路、水利、港口、机场等)和名胜古迹等，有人还认为包括国土范围内的生产能力和人力资源。国土经济学与资源经济学也有区别，除了国土经济学比资源经济学范围更广外，国土经济学似乎属宏观(总量)经济学范畴，资源经济学按阿兰·兰德尔(1989)的定义属微观(个量)经济学范畴。因此经济学是资源科学的重要理论基础之一。

(1)价值规律原理是自然资源学的重要基础

价值规律(law of value)是政治经济学的基本理论。自然资源本身只具有使用价值，不构成商品，但在其开发利用后转变为生产资料并在经济部门内流通时，这些资源既具有使用价值特征也具有价值特征，构成了商品。因此，在资源—生态—经济系统内作为商品经济的基本规律——价值规律起着很重要的作用，它调节了资源的生产与消费间和资源在各产业部门之间的分配，使资源开发利用获得更好的经济效益。

（2）价值规律是商品生产和商品交换的基本经济规律

商品的价值量取决于社会必要劳动时间，商品按照价值相等的原则互相交换。在私有制社会中，价值规律自发地调节生产，刺激生产技术的改进，加速商品生产者的分化。

（3）价值规律具有调节作用

价值规律调节生产资料和劳动力在各生产部门的分配。这是因为价值规律要求商品交换实行等价交换的原则，而等价交换又是通过价格和供求双向制约实现的。所以，当供不应求时，就会使价格上涨，从而使生产扩大；供过于求会使价格下跌，从而使生产缩减。

（4）价值规律具有刺激作用

由于价值规律要求商品按照社会必要劳动时间所决定的价值来交换，谁首先改进技术设备，劳动生产率比较高，生产商品的个别劳动时间少于社会必要劳动时间，谁就获利较多。因而，同部门同行业中必然要有竞争，这种情况会刺激商品生产者改进生产工具，提高劳动生产率，加强经营管理，降低消耗，以降低个别劳动时间。

中共中央、国务院 2015 年印发的《生态文明体制改革总体方案》中要求"树立自然价值和自然资本的理念，自然生态是有价值的，保护自然就是自然价值和自然资本的增值过程，就是保护和发展生产力，就应得到合理回报和经济补偿""加快自然资源及其产品价格改革。按照成本、收益相统一的原则，充分考虑社会可承受能力，建立自然资源开发使用成本评估机制，将资源所有者权益和生态环境损害等纳入自然资源及其产品价格形成机制。加强对自然垄断环节的价格监管，建立定价成本监审制度和价格调整机制，完善价格决策程序和信息公开制度"。

除以上学科外，资源学科与其他学科有密切的关系。例如，系统论原理。资源、生态、经济之间相互密切联系构成了具有特定结构和功能的整体，任何一种要素的变化势必会对整体和其他要素产生影响。

1.2.3　自然资源学的研究核心

自然资源学是研究总体自然资源及其开发利用和保护的科学。

自然资源学主要研究人与自然环境中可转化为生产、生存资料来源的物质和能量的相互关系。其研究内容既包括总体自然资源本身，也包括与资源密切相关的资源环境问题、资源经济及资源政策，即以资源为主体的资源—生态—经济系统。因此，自然资源学的研究对象包括单项和整体的自然资源。

自然资源学的研究核心是总体自然资源及其以自然资源为中心的资源—生态—经济系统中的机制与管理。总体自然资源研究包括自然资源开发利用机制和保护机制研究。开发利用机制是指自然资源通过人力开发利用，向生产、生活资料转变，进而产生经济、生态、社会效益的全过程；保护机制指资源开发利用后生态环境发生变化，进而对资源本身产生影响的反馈全过程。自然资源管理研究则是指上述 2 个过程中规划决策方案、优化论证、具体实施、跟踪调查和研究、方案及反馈调整以及相应的政策、法律和组织形式等。

因而，自然资源学是一门综合性很强的横断科学，其理论性与应用性并举。

地理学家历来重视人地关系的研究，包括人与自然资源关系的研究。生态学的出现和发展奠定了自然资源学的一个重要科学基础。

自然资源学的形成和蓬勃发展是在第二次世界大战之后，世界资源研究所从1986年开始成立。

1.3　国内外资源科学发展概况

1.3.1　国外资源科学的发展

1.3.1.1　自然资源的原始利用时期

原始的人类社会经历了漫长的发展阶段，几乎占据了人类全部历史的99%。直到1万年前的旧石器时代，由于受到各方面条件的限制和约束，人口的数量长期处在一个很低的水平上，原始人类的思维能力很低，当时的自然资源——天然食物对于人类来说是丰富的，人类还没有必要下很多功夫去思考和探索，要做的事情只是寻找和品尝，因此，人类对自然资源只有初步的感性认识，而且认识和利用的自然资源种类也很有限，主要是石头、树枝、兽、鱼、果等。

到了旧石器时代末期和新石器时代早期，即大约距今5万~0.5万年前，人类的劳动工具——石器才有了较大的改进，人类利用集体的力量捕猎，甚至开始驯化和饲养兽类，并出现了原始农业。但总的说来，人类对其周围的生物和环境的影响是局部的、微小的。这段时期属于人类对自然资源的原始利用时期，人类虽然也积累了一些自然资源利用方面极为原始的经验，但是根本谈不上总结和记载。

1.3.1.2　对自然资源记载描述的时期

这一时期大约从距今5000年至19世纪中期的工业革命时期。当人类利用刀耕火种，有意识地把种子撒向土地时，人类的文明便前进了一大步，进入了农业文明时期，土地也随即成了农业文明的核心资源。

约在公元前3000年，人类文明发展进入青铜器时代，接着又约在公元前2000年进入铁器时代，人类的生产力有了较大幅度的提高，能用铜、铁等金属制造斧、犁等农具、轮轴和齿轮转动机械，发展了木质和石质结构建筑，水磨、冶炼技术也发展起来，灌溉技术得到普及。农业生产技术的大幅度进步，导致了"古代社会"的"农业革命"。结果是统治系统从有限的河岸、绿洲扩展到周围地域，可以支配周围农村和商业道路的"区域国家"开始形成，并进入一个长期运转和发展阶段。这期间，人类开发利用自然资源的种类大幅度增加，如铜、锡、铁、铅、金、银、汞等矿石，还有林木、水流与水力、土地等；对自然资源需求的规模也扩大到能维持国家的正常运行，对资源的开发利用，在深度与广度上也远非昔日可比。

农业革命使人类的生产力水平逐渐提高，人类认识和改造自然的能力不断加强，随着生产的发展，世界上出现了一些文明古国，从古埃及到中国到古希腊，许多文明古国在其长期的农业实践中都积累了丰富的经验，产生了许多有关自然资源利用和保护的朴素而深邃的思想。

1690—1782 年，蒸汽机被发明并不断得到改进，引发了源于欧洲并迅速席卷全球的工业革命，人类的生产力水平产生了巨大飞跃，开矿、挖煤、采油、伐木、垦荒、捕捞等产业迅速发展。特别是黑色能源——煤炭驱动着蒸汽机，使人类不仅需要，而且能够大规模地开发地下矿产资源，这不仅仅是人类利用资源由地表到地下的空间拓展，而且标志着人类所利用资源的时间尺度第一次与人类个体生存的时间尺度出现了巨大的数量级差异。人类在地下找到了储存数亿年之久的太阳能储备——煤炭，这是一个根本性的变化。工业革命开始后，人类不再只是开发和利用可更新资源，而是出现了大规模消耗存量资源的近代科学技术手段，不可更新的地下资源纷纷进入社会化生产过程，成了工业文明时代的核心资源。

工业革命极大地解放了生产力，人类开发利用自然资源的种类大幅度增加，这就促使一些政治家、思想家以及一些博物学家在其著作中，进行自然资源利用和保护等方面的记载和总结。它为 18~19 世纪开始的各有关学科对各项资源进行近代科学研究提供了重要基础。

1.3.1.3 分学科进行自然资源研究的时期

这段时期大致是从 19 世纪中期到 20 世纪初期。在工业革命时期，人口迅速增加，从 1650—1850 年，仅 200 年的时间，人口增加了 1 倍，从 5×10^8 增加到 10×10^8；工业革命后，从 1850—1930 年，仅用了 80 年的时间，人口又增加了 1 倍，达到 20×10^8。工业革命解放了生产力，进而推动了科学技术的进步，许多学科如生物学、地理学、地质学、农学、经济学和资源利用的工程技术学科迅速成长起来。这些学科分别基于各自的科学理论体系，从不同的认识角度分别对同一项资源和某几项资源进行各自的研究。但他们之间很少交叉渗透，各自保留着自己学科的理论体系。这些学科为资源科学的产生奠定了基础。

真正的资源科学研究应该说是 20 世纪初期工业革命后仅一二百年，人口急剧增加、人口数量连续翻倍，工业、农业迅猛发展，人类创造了前所未有的、辉煌的物质文明。但是，人们不久就发现，维持工业社会辉煌文明的不可更新资源不仅有限，而且正在被迅速耗竭，可更新资源及生态环境遭到严重破坏。特别是近几十年来，随着人口爆炸性地增长和物质生活水平的不断提高，人类社会对自然资源的压力与日俱增。在开发自然资源方面，由于对其需要量的急剧增长，往往迫使人们采取一些只顾眼前利益的做法，由此带来一系列全球性的资源和环境问题，例如水土流失、沙漠化、耕地锐减、森林破坏、生物多样性减少、臭氧层破坏、温室效应、酸雨、环境污染等。其危害和灾难愈演愈烈，地球环境全面恶化。如此发展下去，人类的生存也将受到严重威胁。这样，人类不得不重新审视自己的行为，重新审视人与自然、人类与自然资源之间的相互关系。于是，人类开始谈论后工业文明，谈论现代人与自然的协调发展。积极地保护自然资源与合理开发和利用自然资源已成为国际社会关注的焦点，如何有效地进行资源配置与世代分配，已成为人类社会发展所面临的基本抉择。

在这种背景下，各学科积累的有关资源和资源利用的科学资料和知识日益丰富，加上生态学的发生发展、现代科学技术(系统论、计算机、遥感技术的应用)的发展，促使各学科有关资源的研究日益与其母体学科分离，在资源和资源利用领域汇聚。需要与可能的结合终于孕育了资源科学的诞生。

从满足生产和人类其他需要出发，20 世纪初期，资源科学开始孕育，集中体现在专题及"应用地理"研究方面，着重探讨自然资源的开发利用和不利因素控制，以分类区划和质量评价为主要内容，这也是目前资源科学研究最为成熟的领域。较为突出的有 20 世纪 20 年代美国开始的小区域土地利用研究，30 年代开始的流域规划和水土保持工作，特别是 1933 年开始的田纳西流域开发计划(TVA)；1930 年开始，史坦普领导的全英大比例尺土地利用调查与制图工作；20 世纪二三十年代的世界森林资源调查与统计和原苏联在资源调查基础上进行的生产力布局研究等。代表性著作有与土地资源和自然资源密切相关的 Ety 等的《土地经济学原理》(1924)，Hotetling 的《耗竭性资源经济学》(1931)和 Zimmerman 的《世界资源与工业》(1933)等。在此期间，资源科学着重探讨自然资源的调查、自然资源的开发利用和不利因素控制、自然资源分类区划、自然资源质量评价等问题。

第二次世界大战后，资源科学研究进入了一个稳定的发展时期。中东相继发现了巨大油田；20 世纪 50 年代开始，资源科学开始建立。1948 年国际自然保护联盟成立(1955 年更名为国际自然与自然资源保护联盟)，1949 年联合国经社理事会在美国纽约召开了第二次世界自然资源利用科学大会，出版了八卷论文集，随后，"干旱区研究计划""国际潮湿热带研究计划"等国际合作计划纷纷展开。1950 年，美国密歇根大学成立自然资源学院(1992 年调整为自然资源与环境学院)。1960 年，联合国教科文组织专门成立了自然资源研究与调查处(后改为生态处)，负责协调和组织有关自然资源的考察和研究工作。

20 世纪 60 年代以来，随着资源与环境问题的日益尖锐化，国际合作得到了更大发展。1964—1974 年，实施的国际生物学计划(IBP)，以其革新的精神和科学的见解向全世界进行了一次生态学的大宣传。1972 年，人类第一颗地球资源卫星上天；1974 年，美国伯克利加州大学成立自然资源学院；1980 年，联合国公布《世界自然资源保护大纲》，世界自然保护大纲把开发与保护紧密地结合起来，对保护资源目标和实现这些目标的必要条件，需要国家和国际优先采取的行动等 10 个方面的问题，进行了专门的论述。1980 年，中国自然资源研究会成立。

资源科学作为一个完整的科学领域正在走向成熟的另一个标志，目前出版了大量有关自然资源期刊、学报及综合性、系统性的论著。代表著作有 Dyne 的《生态系统的概念在自然资源管理中的应用》(1961)、Wall 的《生态学和资源管理》(1968)、A. A. Mints 的《自然资源的经济评价》(1972)、I. G. Simmons 的《自然资源生态学》(1974)、Banks 的《自然资源经济学》(1976)、Oroen 的《自然资源保护———一种生态方法》(1980)、Alan 的《资源经济学——从经济角度对自然资源和环境政策的探讨》(1981)、Ramade 的《自然资源生态学》(1984)、Peter and Sweder 的《自然资源与宏观经济学》(1986)等。资源地理学、资源生态学与资源经济学的研究取得了极大发展。

1980 年，一系列涉及自然资源利用的国际研究计划起步，资源科学体系基本形成。共实施了 4 个国际科学研究计划：分别是国际地圈—生物圈计划(IGBP)、世界气候计划(WCRP)、全球变化人文因素计划(IHDP)、生物多样性计划(DIVERSITAS)。有 3 个著名的自然资源学院成立，分别是 1988 年成立的美国明尼苏达大学自然资源学院、1994 年成立的美国佛罗里达大学自然资源与环境学院、1995 年成立的美国北卡罗来纳大学自然资源学院。

1.3.2　国内资源科学的发展

1.3.2.1　初始阶段

我国历史悠久，在开发利用自然资源并加以文字记载方面也是世界上最早的国家之一。这一阶段自然资源研究主要以记载描述全国各地区的自然资源与分布状况及其原始利用为特征。自我国有文字记载开始，直到 20 世纪初近代科学传入中国，人们在开发利用各项自然资源的过程中，在长期的生产实践尤其是农业发展中，对于各种自然资源的分布、特征、用途以及在管理和保护等方面积累了丰富的经验，并对这些经验给予了文字描述。最早关于可更新资源（如物候、生物资源、土地资源以及植物与环境的关系等）的记载，可见于春秋时期成书的《管子》，甚至可上溯到商代的甲骨文记述。至战国时代，对各种可更新资源，尤其是水、土、物候、生物等利用、治理方面的记述大为增加，如《禹贡》《周礼》《山海经》《淮南子》等，其中《山海经》是迄今所发现的世界上最早的有关矿物的记述。随着生产与社会的发展，此类记载越来越丰富，其中不少至今仍不失其参考价值，对世界科学发展也有一定影响。如明末李时珍的《本草纲目》，不仅是一部药学巨著，也是一部生物资源名著；北魏（公元 6 世纪）贾思勰的《齐民要术》，集前人对黄河中下游地区的农业生产条件、农业资源、农业生产技术之大成，不仅是一本关于该区域农业生产的经典，也是一本关于如何合理利用可更新资源的古代学术著作，他明确提出了"顺天时，量地利，则用力少而成功多"的资源生态学思想，至今仍有指导意义。

总之，这一阶段自然资源研究主要以记载描述全国各地区的自然资源分布状况及其原始利用为特征；这些记载包含了许多有关自然资源利用与保护的朴素而深刻的思想，为后来的资源研究和科学调查奠定了基础。

1.3.2.2　萌芽阶段

从 20 世纪初到中华人民共和国成立，随着西方近代科学技术的传入，我国自然资源研究也进入了科学调查的萌芽阶段。其成果主要有 2 个方面。

（1）政府及有关组织进行的资源科学调查

例如，20 世纪初成立的"中国科学社"，20 年代成立的"中央研究院"，30 年代成立的"资源委员会"等，对我国的自然条件、自然资源做了近代科学意义上的一些调查、观测和初步研究，同时还创办矿业，开发矿山，对气象、水文、土壤、植被、动物等资源也做了分别调查，并收集了大量的标本。

（2）不少国外学者所作的资源科学调查

例如，李希霍芬、罗士培对我国西北、华北的探险与考察。这一时期，各地方部门、高等院校有关学科也在十分艰苦的条件下进行了关于自然资源的科学调查，为后来研究我国资源的发展和变化提供了珍贵的历史资料。

1.3.2.3　发展阶段

中华人民共和国成立后，为迅速发展社会生产力，开始了大规模的工业化过程，随着技术进步和一批新的工业部门的形成，大大加快了工业生产中资源消费结构的变化，扩大了对自然资源开发利用的深度和广度。为适应国家建设需要，我国开始了大规模的自然资源科学研究与综合考察。各产业部门先后组建了资源勘测队伍，不同学科(地质学、地理学、生态学、经济学和技术科学等)的学者一道投入到大规模的自然资源调查和研究之中。各学科也相继分别从不同角度对自然资源进行了单项研究。

归结起来，这一时期自然资源研究主要从 3 个方面进行：一是以中国科学院和国家科学技术委员会为主组织的多学科综合考察及自然区划与地理志的研究工作；二是以各个有关产业部门及其所属研究机构进行单项资源(如森林、作物品种、石油、金矿等)的勘探与调查；三是高等院校为配合教学需要而进行的调查研究。这 3 个方面既有分工、又有配合，在自然资源研究方面取得了显著成绩。

如从 1956—1966 年，中国科学院综合考察委员会组织了由院内外科学工作者组成的大型综合考察队，按统一计划、分工合作的原则，一方面对边远的、未开发的地区进行以调查区域自然、社会、经济资源状况和积累基础科学资料为主的综合考察，如黑龙江、新疆、青海以及华南等大型综合考察；另一方面又在内陆地区组织大型的、以资源综合开发利用和为发展生产力为主的专题考察研究，如黄河中游水土保持、黄河及长江流域土壤调查、华南橡胶等热带生物资源、盐湖资源、西部南水北调等。1960 年以后，在组织协调的基础上，综合考察委员会建立起自己的以资源综合研究为方向的研究室，逐步形成了一支从事资源综合考察和研究的队伍，为我国资源科学的发展培养并储备了重要的人力资源。

总之，这一阶段资源科学研究的规模之大，范围之广都是史无前例的，仅以中国科学院自然资源综合考察委员会为主组织的综合考察队，在前后 30 年期间就达 30 多个，工作范围达全国 2/3 以上的地区。我国资源研究也因此取得了显著进展和巨大成果，不仅对全国各地区自然资源的基本状况有了比较系统和全面的了解，初步掌握了自然资源的数量、质量与分布规律及其开发利用条件，全面填补了我国特别是广大边远地区有史以来自然条件和自然资源科学资料的空白。例如，矿产资源、能源资源等单项资源的调查和研究，为国家制定国民经济发展规划和地区开发方案提供了重要科学依据；而且还形成了一支从事资源综合考察和研究队伍，为我国资源科学的发展培养并储备了重要的人力资源。

1.3.2.4 理论和系统化阶段

自 1978 年以来，随着我国经济体制的变化和经济建设的大规模展开，自然资源开发利用能力有了空前提高，以自然资源开发利用和保护为中心内容的科学技术日益显示出极大的重要性，加上国外资源科学的发展，促使我国资源科学的研究更加广泛而深入地展开，从定性到计量模型研究等。

1978 年综考会恢复，并更名为"中国科学院自然资源综合考察委员会"。1982 年综考会实行中国科学院与国家计划委员会双重领导，从此，我国的资源综合考察事业又迎来了一个新的发展阶段。特别是 20 世纪 80 年代中期以来，以国土开发整治为中心任务的资源科学研究工作在全国范围内持续进行，资源科学研究的内容和方法随之发生了深刻的变化。其研究重点转向资源的综合评价、开发利用和宏观管理方法，着眼于从更高层次上对资源—人口—环境地域系统进行综合研究；对自然资源的研究不仅考虑自然生态、技术条件，而且同时考虑到社会经济条件的影响，开展了资源—生态—社会经济复合系统模拟研究，强调自然资源的多目标、多层次开发与综合利用、自然资源的开发利用与生态环境、人口之间的协调以及资源的保护与管理。自然资源研究表现出明显的综合性与整体性。在研究方法上，许多资源科学研究都在不同程度上运用系统分析法、数学模型、计算机和遥感、数据库和信息系统等新技术手段，使资源科学研究领域和方法有了进一步的扩大与深化。

1994 年全国人民代表大会环境与资源保护委员会成立，推进了资源、环境保护及其法制建设。20 世纪末许多高等学校建立了"资源与环境学院（系）"或"资源环境研究中心"。1999 年国土资源部又作出了"坚持资源调查与环境评价并举，开展新一轮国土资源大调查"的部署和决策，这一系列重大事件，促进了中国资源科学研究的发展。

"九五"期间，我国资源科技工作者完成了一批促进资源科学发展和完善的标志性成果，在资源科学研究的理论和实践方面取得了重大成就，为我国建立资源科学体系和奠定学科地位做出了重要贡献。例如，1996 年出版的由 1000 多位专家、学者编撰完成 42 卷（本）约 1500 万字的《中国自然资源丛书》（1996），是我国有史以来最系统、最全面、最深入反映我国资源开发、利用、保护与管理的巨型著作。该丛书从实践上极大地丰富了资源科学的研究内容，提高了资源科学的理论水平，推动了中国区域资源学和部门资源学的发展和完善。又如，2000 年出版的由 600 多位科学家、耗时 5 年编撰完成、总计达 320 万字的鸿篇巨著——《中国资源科学百科全书》，首次系统总结了资源科学研究的理论体系和方法论，为资源科学的发展和完善奠定了坚实的科学基础。该书的出版标志着我国资源科学的形成和科学体系的进一步完善。

进入 21 世纪以来，一系列专著的出版进一步完善了资源科学体系。全国资源科学技术名词审定委员会于 2008 年 10 月向全国颁布了《资源科学技术名词》，并由科学出版社出版。主要内容包括：资源科学总论、资源经济学、资源生态学、资源地学、资源管理学、资源信息学、资源法学、气候资源学、植物资源学、草地资源学、森林资源学、天然药物资源学、动物资源学、土地资源学、水资源学、矿产资源学、海洋资源学、能源资源学、旅游资源学、区域资源学、人力资源学等 21 部分，共 3339 条。

2006 年，由石玉林院士主编的《资源科学》专著正式出版。全书包括 3 篇 21 章共 80 万字，系统论述了资源科学及 16 个分支学科的科学定位、研究对象、研究任务、理论基础、学科体系以及当前研究的前沿、热点与主要内容，是一本涵盖较广，综合性较强，比较全面、系统的资源科学理论专著。

2016 年 10 月 15 日，中国自然资源学会 2016 年学术年会在安徽师范大学召开，主题为"创新资源科技改革，助推区域绿色发展"。本次年会围绕促进安徽融入长三角的可持续发展、发挥安徽区位优势、人力和土地优势、促进创新驱动发展等专题进行了讨论。

2017 年 7 月 29 日，中国自然资源学会 2017 年学术年会在内蒙古师范大学召开。此次年会的主题为"创新资源科技新动能，引领内蒙古绿色发展"，年会还围绕该主题进行了专题研讨，涉及土地资源开发利用与精准扶贫方略、水土资源利用与生态文明建设、资源经济创新与区域绿色发展、提质增效助推农业绿色发展、生态旅游可持续发展与美丽中国生态文明、生态过渡带资源持续利用与景观/区域可持续性、面向新技术的知识制图、资源监测新技术的运用、经济新常态下国家矿产资源安全管理与政策、资源产业供给侧改革、山地资源利用与绿色发展等 11 个议题。

中国自然资源学会在推动我国资源科学事业发展过程中做出了重要贡献。通过中国自然资源学会学术年会，扩大与会者的学术视野，引起广泛的学术讨论与争鸣，不断提升我国资源科学研究的理论水平和实践能力。

本章参考文献

Odum E P, 1971. Fundamentals of ecology[M]. 3rd ed. Philadelphia：Saunders.

Watt K E F, 1968. Ecology and resources management：A quantitative approach[M]. New York and Maidenhead：McGraw-Hill.

蔡运龙, 2007. 自然资源学原理[M]. 2 版. 北京：科学出版社.

封志明, 2009. 资源科学导论[M]. 北京：科学出版社.

刘成武, 黄利民, 等, 2009. 资源科学概论[M]. 北京：科学出版社.

石玉林, 2006. 资源科学[M]. 北京：高等教育出版社.

孙鸿烈, 2000. 中国资源百科全书[M]. 北京：中国大百科全书出版社, 石油大学出版社.

第 2 章　资源概念与分类

2.1　资源的含义

2.1.1　广义的资源

广义的资源指人类生存发展和享受所需要的一切物质的和非物质的要素。也就是说，在自然界和人类社会中，有用物即资源，无用物即非资源。因此，资源包括一切为人类所需要的自然物，如阳光、空气、水、矿产、土壤、植物及动物等。也包括以人类劳动产品形式出现的一切有用物，如房屋、设备、其他消费品及生产资料品。还包括无形的资产，如信息、知识和技术，以及人类本身的体力和智力。

2.1.2　狭义的资源

狭义的资源仅指自然资源。而且排除了那些目前进行开采、在经济上还不合算，但在技术上能够加以开采的那部分矿产资源；以及目前无法开垦利用，但却有观赏、探险以及能作为旅游资源的沙漠、冰雪覆盖等。

目前，在"资源"这一概念的解释和使用上，大体存在以下几种情况：

①把资源当作广义的资源　认为资源不仅包括自然资源，还包括社会资源。这一理解在资源经济学及生态经济学中被普遍运用。因为仅将资源理解为自然资源或社会经济资源难以解释社会、经济和生态环境如何实现协调发展的诸多基本理论和实际问题，只有使这两大类资源实现合理组合和优化配置，才能最终实现资源生态经济的协调发展。

②把资源当作自然资源的代名词　美国经济学家阿兰·兰德尔说："资源是人们发现的有用途和有价值的物质。"其实，他的著作所探讨的通篇都是自然资源，我国不少的著作，书名上标的是"资源"，而实际上论述的则是自然资源。有的权威性辞书把"资源"条目解释为"生产资料或生活资料的天然来源"，显然，指的也是自然资源。在许多场合下，谈论某一国家具有资源优势，或某一地区属于资源丰富地区等问题时，所指的实际上也是自然资源。

③把资源当作生产资源　西方经济学家赫帝（Heady）认为资源与生产要素同义，是指适用于生产过程中的任何原动力。可见，在这里所谈的实际上是生产资源，现代西方微观经济学，尤其是"帕累托最适度"状态理论，正是研究生产资源的配置效率的最大问题。

④把资源等同于产品即原料　社会上通常所说的资源或自然资源，很多时候指的实际上是资源产品，即原料。

2.1.3　资源具有两层含义

2.1.3.1　资源必须具有社会开发利用价值

资源具有社会化的效用性。自然资源对人类的效用，就是社会性效用。对于人文性质的资源，更具有直接而普遍的社会有效用性，例如劳动力和资金是构成经济活动的两大基本要素，可以说是经济效用的代名词；又如文物古迹资源，其主要效用是社会和心理，同时也具有发展旅游业的经济价值。

2.1.3.2　资源具有相对稀缺性

资源一开始就和人口问题联系在了一起，这是资源与人口必然联系的另一个侧面。阳光与空气这类事物虽然对人类具有极其重要的社会效用，但人们并不视其为资源，这是因为与人类的需求相比，它们的供给是充分的，只在某些特殊情况下，才表现出相对的稀缺或潜在的限制性，并视为资源，如阳光作为太阳能开发或日光被利用时就显示出相对稀缺性。

2.1.4　资源是个历史的范畴，又是社会的产物

它的内涵和外延并非一成不变的，而是随技术经济的提高而不断扩展、深化。

2.1.4.1　以自然资源为中心

原始社会末期，由于社会生产力的提高、私有制的形成，为天然物产作为商品进行交换创造了条件，人们开始认识到自然物质是"资材的源泉"，从而认为自然物质是资源。当然，在社会发展进程中，随着认识水平和科学技术的进步，先前尚不知其用途的自然物质逐渐被人类发现和利用，自然资源的种类日益增多，自然资源的范畴越来越大，在20世纪20年代以前的漫长岁月里，人们始终把自然资源放在中心位置。

2.1.4.2　资本处于核心资源位置

由于能源和矿产资源的相对充裕，只要有资本，就能从市场上买到劳动力和原材料，把赚钱的机器开动起来，因此资本被视为发展的主体，"资本万能论"开始流行。虽然"能源危机"和一些矿产资源面临枯竭，增强了人们对自然资源重要性的认识，但新材料、新能源的出现，又继续使资本在经济中的核心地位得以巩固。因此，这一时期，资本资源在资源的概念中，处于核心的位置。

2.1.4.3　海洋资源处于核心资源的位置

第二次世界大战以后，世界人口急剧增加，工业和城市迅速发展，人类用掠夺的方式开采自然资源，以资源的大量消耗来换取经济的增长，使陆地上的自然资源承受着空前的压力，许多资源趋于枯竭，全球性"资源危机"威胁着人类的命运。从而，人们把人类美好的前景寄希望于海洋资源的开发利用上，在一些主要沿海国家中，海洋资源已成为国民经济建设的重要资源支柱，它对稳定和发展国民经济已经具有了非常重要的意义。因此，把海洋作为一个独特的资源系统归属于自然资源研究范畴，合理开发利用与保护海洋资源已经成为现代自然资源研究的基本内容。

2.1.4.4 自然环境部分列为资源的范畴

随着经济的进一步发展，全球性环境问题也日益严重，已经严重阻碍了经济的发展，也威胁着人类的生存，必须合理地开发利用自然资源，协调经济效益、生态效益、社会效益之间的关系，才能保证经济的可持续发展。因此，这时的资源概念又发生了变化，不仅指可利用于人类生产和生活部分的自然资源，也包括了给予人类精神文明享受的自然环境部分。随着世界旅游事业的蓬勃发展，旅游业茁壮成长，成为许多国家和地区的重要经济部门，政府和人民十分关注旅游资源的开发利用与建设保护。从而旅游资源也被纳入自然资源概念之中，并成为自然资源研究的内容。

2.1.5 "资源"概念的归纳

资源是在一定历史条件下能被人类开发利用以提高自己福利水平或生存能力的、具有某种稀缺性的、受社会约束的各种环境要素或事物的总称。资源的根本性质是社会化的效用性和对于人类社会的相对稀缺性，而两者均以人类的需要而成立，从而构成人口与资源这一对地理学的重要范畴。

2.2 自然资源与分类

不同的角度有不同的分类方法，通常将资源划分为以下几类：
①按资源的根本属性 分为自然资源、社会资源。
②按性能和作用 分为硬资源、软资源。

2.2.1 自然资源的概念

自然资源是指自然界中能被人类用于生产和生活的物质和能量的总称。自然资源是生态系统的构成要素，也是人类赖以生存的环境条件和社会经济发展的物质基础。自古以来，人类就是以各种自然资源为生产、生活的环境条件而生存和发展的。

自然资源是一个具有历史性的范畴，自然资源开发利用的深度和广度与人类社会的进步和发展紧密相联。随着人类对自然界的认识不断深化，生产力的迅速发展和科学技术的不断进步，一方面有许多新的资源被逐步发现；另一方面，人类也将不断地扩大利用自然资源的范围和程度。这样，自然资源的内涵将不断地扩大，人们对它的认识也将不断发展和完善。

自然资源是人类能够从自然界获取以满足其需要和欲望的任何天然生成物及作用于其上的人类活动结果。自然资源不仅是一个自然科学的概念，也是一个经济学的概念，还涉及文化、伦理和价值观。

关于自然资源的概念需要注意的问题有以下几点(蔡运龙，2007)：
①自然资源是自然过程所产生的天然生成物。地球表面积、土壤肥力、地壳矿藏、水、野生动植物等都是自然生成物。自然资源与资本资源、人力资源的本质区别，正在于其天然性。但现代的自然资源中或多或少地包含了人类世世代代劳动的结晶。

②任何自然物成为自然资源必须有两个基本前提：人类的需要及人类的开发利用能力。否则自然物只是"中性材料"，而不能作为人类社会生活的"初始投入"。而"需要"因人而异，人的需要和文化背景有关，因此自然物是否被看作自然资源，常常取决于信仰、宗教、风俗习惯等文化因素。例如，印度教徒不食牛肉，某些佛教徒食素，这就决定了他们的"食物资源"的概念。又如，非洲一些地区的人把烤蚱蜢看作美味佳肴，而且是他们蛋白质的主要来源之一；这在其他文化背景的人看来是不可接受的。关于资源与环境的伦理也在人类对自然资源的认识中起着重要作用。

③自然资源和自然环境是两个不同的概念，但具体对象和范围往往是同一客体。自然环境指人类周围所有的客观自然存在物，自然资源则是从人类需要的角度来认识和理解这些要素存在的价值。因此，有人把自然资源和自然环境比喻为一个硬币的两面，自然资源是自然环境透过社会经济这个棱镜的反映。

④自然资源是一个相对概念，随着社会生产力水平的提高和科学技术的进步，自然资源开发利用的范围、规模、种类和数量，都是不断变化的。以前尚不知其用途的自然物质逐渐被人类发现和利用，自然资源的种类日益增多，自然资源的概念和类型也就不断深化和发展。

因此，自然资源不仅是一个自然科学概念，也是一个经济学概念，还涉及文化、伦理和价值观。卡尔·苏尔说过："资源是文化的一个函数。"如果说生态学使我们了解自然资源系统之动态和结构所决定的极限，那么我们还必须认识到，在其范围内的一切调整都必须通过文化的中介进行。因此经济学、文化人类学、伦理学等都在促进人与自然之间更为和谐的相互作用中起作用。地理学者的特殊贡献在于他们对自然系统与社会系统之会合点的兴趣和认识。

2.2.2 自然资源的分类

分类是科学研究的重要方法之一，为了深入认识自然资源，也应当对自然资源加以分类。目前尚无统一的自然资源分类系统，可从各种角度、根据多种目的来分类。根据不同的划分标准有以下几种分类方式：

2.2.2.1 地理特征

根据自然资源的地理特征(即形成条件、组合情况、分布规律以及与其他要素的关系)，分为矿产资源(地壳)、气候资源(大气圈)、水利资源(水圈)、土地资源(地表)、生物资源(生物圈)5类。

2.2.2.2 用途

有些学者根据用途，将自然资源分为工业资源、农业资源、服务业(交通、医疗、旅游、科技等)资源。

2.2.2.3 可替代性

经济学家根据资源的可替代性，分为可替代自然资源，如作为人类衣食用途的不同种类的植物和动物；不可替代自然资源，如专门生产某种特殊产品的自然资源。对于人类来说，森林既是重要的自然资源，又是不可替代的环境资源。

2.2.2.4 可更新性

根据自然资源的可更新性，分为可更新资源(renewable resources)和不可更新资源

（non-renewable resources）。

（1）可更新资源

具有自我更新复原特性，并可持续利用的一类自然资源，也称再生性资源。也就是具有在正常情况下可通过自然过程再生的资源。如果破坏了他们的更新再生机制，或者铲除了他们复原的环境，他们就只能被一次利用后而枯竭。土地资源、生物资源、水资源等均是这类资源。如果此类资源被利用的速度超过再生速度，它们也可能耗竭或转化为不可更新资源。

可更新资源还包括恒定性资源和可循环再生的环境资源。

①恒定性资源　指按人类的时间尺度来看是无穷无尽，也不会因人类利用而耗竭的资源，常被称为"非耗竭性资源"或"无限资源"，如太阳能、风力、水力、海潮、径流、地热、温泉等。

②可循环再生的环境资源　如一个地区由光热、年降水量、年光照时间、年积温、年无霜期等构成的气候资源，及主要由年降水量决定的区域水资源和水能资源等。

这类资源固然可以通过大自然和人类的劳动不断循环地得到开发利用。但如果在一定时期里耗用无度，就可能打断资源再生循环的"链条"，使其处于枯竭状态。

（2）不可更新资源

相对于人类自身的再生产及人类的经济再生产的周期而言是不能再生的各种地质和半地质资源，也可称不可再生资源。

①地质资源　地壳中有固定储量的可得资源，由于它们不能在人类历史尺度上由自然过程再生（如铜），或由于它们再生的速度远远慢于被开采利用的速度（如石油和煤），它们是可能耗竭的。如金属矿、非金属矿、核燃料、化石燃料等，形成周期以百万年计，除非从废物中回收，或者通过工程手段合成、制造，这些不可再生的自然资源将随着人们的消费而逐渐减少。这类资源也被称为耗竭性资源。

②耗竭性资源　在人类开发利用后，其存量逐渐减少以致枯竭的那一类资源，是"有限资源"的一种，其属性是无法再生或更新的。这类资源主要指储量有限、能被耗尽的资源，其形成的过程极其缓慢，如矿产资源是经过极其漫长的地质时期形成的，对于人类来说，可以把它的储量看成固定的，一旦被用尽或过度的消耗就无法补充。

③半地质资源　如土壤和地下水资源，形成周期比地质资源的形成周期相对要短，但比人类消费的速度要慢得多。因此被称为半地质资源。

对于不可再生资源的理解应注意以下两点：

第一，对于不可再生资源，应根据节约和尽可能综合利用的原则，杜绝浪费和破坏，尽可能回收利用，形成资源利用的闭合循环系统。而且随着科技发展和进步，可以扩大矿产资源可供利用的储量。

第二，不可再生资源只是一个相对的概念，不是一个绝对的概念。因为地质资源是在漫长的地质年代中形成的，它本身是可以再生产出来的，只不过各种地质资源的富集程度、质量好坏、分布特点及诸矿之间的组合关系往往是受以地质年代为周期的漫长的自然再生产过程制约的，我们常说某些矿产资源是不可再生的，是指具有一定富集程度的某些矿藏相对于人类再生产和经济再生产的周期和时间而论，往往是不可再生的。

有学者主张用"流动性"或"收入性"来代替可更新性，用"储藏性"(stock)或"资本性"来代替"不可更新性"。哈格特提出如图2-1所示的分类(蔡运龙，2007)。

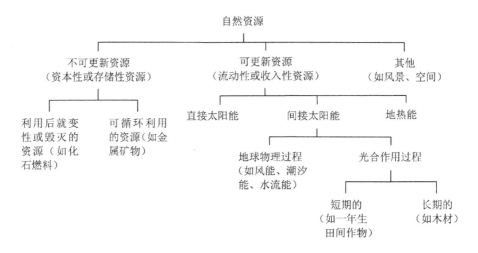

图 2-1　自然资源分类之一（引自 Haggett，2001）

2.2.2.5　自然资源本身固有的属性分类

根据自然资源本身固有的属性进行分类，这些属性包括自然资源的可耗竭性、可更新性、可重复使用性以及发生起源等。按照这个思路，可提出如图2-2所示的分类。

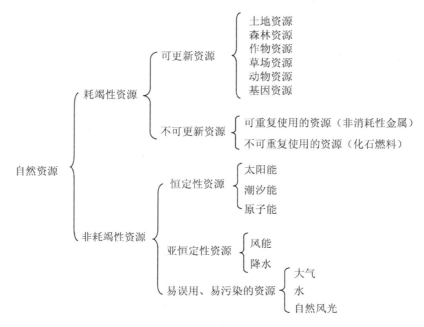

图 2-2　自然资源的综合特征分类系统（引自李文华、沈长江，1985）

2.2.2.6　基于可更新速率的自然资源分类系统

目前，根据更新速率把自然资源分为不可更新资源和可更新资源两大类型已得到普遍的认可（表 2-1），一般认为储存性资源为不可更新资源，流动性资源为可更新资源。实际上两者之间的本质区别在于它们发展的时间尺度，既然所有的资源都是自然循环的产物，那么严格来说所有的资源都是可更新的，但更新的速率大不一样，流动性资源使用到灭绝的程度，一旦超过再生能力，临界资源就变成存储性资源。

表 2-1　基于可更新速率的自然资源分类系统

一级	二级	三级
储存性资源	使用后就消耗掉的资源	石油
		天然气
		煤
	理论上可恢复的资源	所有元素
		矿物
	可循环使用的资源	金属矿物
流动性资源	有临界带的资源	鱼类
		森林
		动物
		土壤
		蓄水层中的水
	无临界带的资源	太阳能
		潮汐
		风
		波浪
		水
		大气

资料来源：朱迪·丽丝著，《自然资源——分配、经济学与政策》，商务印书馆，蔡运龙等译，2002（引自谢高地，2009）。

2.2.2.7　基于自然资源属性和用途的分类系统

近年来，中国较为广泛使用的一种分类，是以自然资源的属性与用途为主要依据所作的多级综合分类，此种分类较为实用，其分类系统见表 2-2（孙鸿烈，2000）。

表 2-2 中的综合分类系统仅列出三级的资源分类，有很多三级资源还可根据其属性与用途，进行第四级或第五级的分类，或更下一级的分类，这种多级综合分类是当前比较适用的。对各类自然资源的认识，由于科学发展水平的原因彼此是存在差别的，例如，有的自然资源可以划分到五级或六级，但对有的自然资源的认识，只能划分到一级或四级。所

表 2-2 自然资源多级综合分类系统表

一级	二级	三级
陆地自然资源系列	土地资源	耕地资源
		草地资源
		林地资源
		荒地资源
	水资源	地表水资源
		地下水资源
		冰雪资源
	气候资源	光能资源
		热能资源
		水分资源
		风力资源
		空气资源
陆地自然资源系列	生物资源	植物资源
		动物资源
		微生物资源
	矿产资源	金属矿资源
		非金属矿资源
		能源资源
海洋自然资源系列	海洋生物资源	海洋植物资源
		海洋动物资源
		海洋浮游生物资源
	海水资源(或海水化学资源)	—
	海洋气候资源	—
	海洋矿产资源	深海海底矿产资源
		滨湖砂矿资源
		海洋能源资源
		海底资源
太空(宇宙)自然资源系列	—	—

资料来源：石玉林，2006。

以，也不能强求一致，例如，对于太空自然资源系列的认识，可能最多能达到一级类型的认识水平。因此，这个分类系统随着人类科学认识的不断发展，技术能力的提高，社会经济实力的发展，其分类内容与类别将不断地得到充实与扩展。

目前，人类认识的自然资源主要包括土地资源、气候资源、水资源、生物资源、矿产资源、能源资源、海洋资源和旅游资源等。

（1）土地资源

土地是地球陆地表面部分，是人类生活和生产活动的主要空间场所，"土地包含地球特定地域表面及其以上和以下的大气、土壤及基础地质、水文和植被，它还包含这一地域范围过去和目前的人类活动的种种结果，以及动物就它们对目前和未来人类利用土地所施加的重要影响"。土地是由地形、土壤、植被、岩石、水文和气候等因素组成的一个独立的自然综合体。土地资源数量有限，位置固定，随着生产和科学技术的发展，人类影响的程度越来越大，对土地资源的重要性也越来越为人们所认识。土地的分类方法很多，比较普遍的是采用地形分类和利用类型分类。按地形分为山地、高原、丘陵、平原和盆地等；按利用类型，一般分为耕地、园地、林地、牧草地、其他农用地、商服用地、工矿仓储用地。

（2）气候资源

气候资源是指地球上生命赖以产生、存在和发展的基本条件，也是人类生存和发展工农业生产的物质和能源。气候资源包括太阳辐射、热量、降水、空气及其运动等要素。太阳辐射是地球上一切生物代谢活动的能量源泉，也是气候发展变化的动力。降水是地球上水循环的核心环节，以及生命活动和自然界水分消耗的补给源。空气运动不仅可以调节和输送水热资源，而且可将大气的各种组分不断输送扩散，供给生命物质的需要。

（3）水资源

水资源是指在目前技术和经济条件下，比较容易被人类利用的补给条件好的那部分淡水量，水资源包括湖泊淡水、土壤水、大气水和河川水等淡水量。随着科学技术的发展，海水淡化前景广阔，因此，广义上海水也应算水资源。

（4）生物资源

生物资源是指生物圈中全部动物、植被和微生物。生物资源的分类也是各种各样的，通常采用生物分类的传统体系，将生物资源分为植物资源和动物资源。在植物资源中又可以群落的生态外貌特征划分为森林资源、草原资源、荒漠资源和沼泽资源等；动物资源按其类群可分为哺乳动物类资源、鸟类资源、爬行类动物资源、两栖类动物资源及鱼类资源等。

（5）矿产资源

经过一定的地质过程形成的，赋存于地壳内或地壳上的固态、液态或气态物质，当它们达到工业利用的要求时，称为矿产资源。其分类方法较多，一般按矿物不同物理性质和用途划分为黑色金属、有色金属、冶金辅助原料、燃料、化工原料、建筑材料、特种非金属和稀土稀有分散元素 8 类。

（6）能源资源

能够提供某种形式能量的物质或物质的运动都可以称为能源。通常所讲的能源，是指能够向人类提供能量的自然资源，包括能源资源和能源产品。能源资源可以来自自然界，未经人类劳动干预的自然状态的能源（如未开采的石油、煤炭）；能源产品是间接来自自然界，即来自自然界加工的产物，是经过人类劳动干预而成为符合人们需要的能源。

大自然赋予我们多种多样的能源，一是来自太阳的能量，除辐射能外，还有经其转换的多种形式的能源；二是来自地球本身的能量，如热能和原子能；三是来自地球与其他天体相互作用所产生的能量，如潮汐能。能源有多种分类形式，一般可分为常规能源和新能源，常规能源指当前已被人类社会广泛利用的能源，如石油、煤炭等；新能源是指在当前技术和经济条件下，尚未被人类广泛大量利用，但已经或即将被利用的能源，如太阳能、地热和潮能等。

（7）海洋资源

海洋资源是指其来源、形式和存在方式都直接与海洋有关的物质和能量。可分为海洋生物资源、海底矿产资源、海水化学资源和海洋动力资源。海洋生物资源包括生长和繁衍在海水中的一切有生命的动物和能进行光合作用的植物。海底矿产资源主要包括滨海砂矿、陆架油气和深海沉积矿床等。海水化学资源包括海水中所含的大量化学物质和淡水。海洋动力资源主要指海洋里的波浪、海流、潮汐、温度差、密度差、压力差等所蕴蓄着的巨大能量。

（8）旅游资源

旅游资源是指能为旅游者提供游览、观赏、知识、乐趣、度假、疗养、休息、探险猎奇、考察研究以及友好往来的客体和劳务。人们在旅行中所感兴趣的各类事物，如国情民风、山川风光、历史文化和各种物产等，均属旅游资源。旅游资源可分为自然旅游资源和人文旅游资源两大类。自然旅游资源指的是大自然造化出来的各种特殊的地理地质环境、景观和自然现象。人文旅游资源是人类社会中形成的各种具有鲜明个性特征的社会文化景观。

再往下细分，就涉及气候分类、生物分类、土地分类、矿产分类等。其中生物分类在方法和理论上最为成熟。矿产分类可根据其用途分类（图 2-3）。诸如生物资源和矿产资源的分类都有一个共同的特点，即分类对象都是明确的个体。既然分类是对具有共同特性的个体的概括和抽象，那么这种概括的前提就是能够明确定义个体。例如植物分类的个体就是明确植株，矿物分类的个体也都能独立出来。

2.2.3 矿产资源

2.2.3.1 矿产资源的分类

根据矿产资源不同的分类原则，有以下几种不同的分类结果：

①按照矿产资源的开发产品（矿产品）在社会物质资料生产中的地位和作用不同 可划分为能源矿产资源和矿物原料资源两大类。这两类矿产品在社会再生产过程中的运动形式

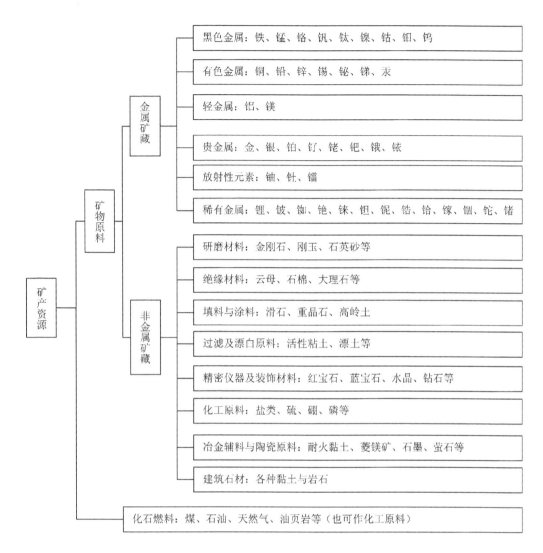

图 2-3 矿产资源的分类

和作用是完全不同的，能源矿产品在生产过程中通过输出（释放）能量参加新产品的形成，而自己被消耗掉，矿物原料产品在社会生产过程中构成新产品的主要实体，并通过输入能量和劳动而使自己不断增值，成为新的社会物质财富而被积累起来。因此，在社会物质资料生产中，两者的需求及其变化可能不同步。其消耗系数（使用强度）能源矿产资源达到一定阶段，速度就会趋于下降，而矿物原料资源则会持续缓慢上升。

②按照矿产资源的开发产品（矿产品）在工业生产领域内的可加工性及其产品系列链的长短 可划分为短链、中链、长链矿产资源 3 类。短链矿产资源，指其开发产品经一次加工，即退出工业领域而成为最终产品的原材料转入了消费领域，如建筑材料中的沙石料直接用于墙体材料，形成建筑物供人们使用。中链矿产资源，指其开发产品的可加工性在一次以上，但后续产品系列一般不很长，关系也不复杂，如金属矿产品、通过冶炼压延成原料、材料，然后加工制成机械、仪器以及其他金属制品等。长链矿产资源，指其开发产品

的可加工性强，可供多种后续产业利用，后续产品系列长而复杂。例如石油、天然气、煤化工产品，可作基本化学工业原料，产出合成纤维，用于纺织业，然后再用于缝纫业。

③按照矿产资源开发产品作为工业原料 可划分为以下各类：

- 黑色金属：包括铁、锰、铬、钒、钛；
- 有色金属：包括铜、铅、锌、铝、镍、钴、钨、锡、钼、铋、汞、锑；
- 冶金辅助原料：包括菱镁矿、耐火黏土、蓝晶石类矿物、白云岩、硅石(石英砂岩、石英岩、脉石英岩)、冶金灰岩、萤石、铸型用砂、铸型用黏土、铁矾土；
- 能源矿产(燃料矿产)：包括石油、天然气、油页岩、煤炭、铀、钍、地下热水；
- 贵金属：包括金、银、铂族金属；
- 化工非金属：包括磷、硫(硫铁矿、自然硫)、钾盐、盐(湖盐、岩盐、天然卤水)、镁盐、硼、天然碱、钠硝石、芒硝、钙芒硝、碘、溴、含钾岩石、蛇纹石、橄榄石、砷、重晶石、明矾石、地蜡、化工灰岩；
- 建材非金属：包括石棉、蓝石棉、石墨、石膏、硬石膏、滑石、水泥原料(石灰岩、黏土)、玻璃原料(石英砂岩、石英砂)、陶瓷原料、填料、涂料(高岭土、长石、石英)、硅灰石、大理岩、饰面石材、耐酸石材、耐碱石材、铸石原料(辉绿石、玄武岩)、膨胀珍珠岩原料(珍珠岩、松脂岩、黑耀岩)、叶蜡石、蛭石、白垩、膨润土、漂白土、硅藻土、凹凸棒石、海泡石、沸石、浮岩、天然沥青、石榴石、萤石、天然油石、宝石、玉石、金刚石、水晶(压电水晶、光学水晶、熔炼水晶、工艺水晶)、冰洲石、光学萤石、电气石、云母；
- 稀有稀土金属：包括锂、铷、铯、铍、铌、钽、锆、铪、锶、稀土金属(镧、铈、镨、钕、钷、钐、铕、镝、钬、铒、铥、镱、镥、钇)、钪、锗、镓、铟、铊、铼、镉、硒、碲。

这种划分有助于按照工业产品调整结构的要求，合理调整资源配置。

④按照矿产资源生成和赋存的不同领域 可以划分为陆地资源，海洋(底)资源和外星资源三大类。这种划分的意义在于树立矿产资源产业的远大目标，努力扩大领域，向矿产资源生产的深度和广度发展。

⑤按照矿产资源存在的可靠程度与回收它们的经济合理性 可划分为矿产储量和资源(或称潜在储量)两大类。根据地质认识程度、经济合理性和技术可行性划分为储量、资源和资源基础3类。这种划分无论对于矿山企业或个人还是对制定法规和级别的当局都很重要。

我国固体矿产资源/储量分类标准将矿产资源按地质勘查可靠程度划分为查明矿产资源和潜在矿产资源两大类别(表2-3)。查明矿产资源根据地质可靠程度可进一步分为推断的资源、控制的资源和探明的资源；根据经济可行性，查明矿产资源又可分为经济的、边际经济的、次边际经济的和内蕴经济的。将地质可靠程度、经济意义和可行性评价阶段作为分类的三维轴，则查明的矿产资源可以得到不同矿产的资源和储量组合。总体上可以将矿产资源分为储量、基础储量和资源量3类。根据地质勘查程度、可行性评价阶段及其经济意义，基础储量又可以分为以下几种：探明的(可研)经济基础储量(111b)；探明的(预

表 2-3　固体矿产资源/储量分类表

	查明矿产资源			潜在矿产资源
	探明的	控制的	推断的	预测的
经济的	可采储量(111)			
	基础储量(111b)			
	预可采储量(121)	预可采储量(122)		
	基础储量(121b)	基础储量(122b)		
边际经济的	基础储量(2M11)			
	基础储量(2M21)	基础储量(2M22)		
次边际经济的	资源量(2S11)			
	资源量(2S21)	资源量(2S22)		
内蕴经济的	资源量(331)	资源量(332)	资源量(333)	资源量(334)

说明：表中所用编码(111~334)，第 1 位数表示经济意义：1 = 经济的，2M = 边际经济的，2S = 次边际经济的，3 = 内蕴经济的；第 2 位数表示可行性评价阶段：1 = 可行性研究，2 = 预可行性研究，3 = 概略研究；第 3 位数表示地质可靠程度：1 = 探明的，2 = 控制的，3 = 推断的，4 = 预测的，b = 未扣除设计、采矿损失的可采储量。

资料来源：石玉林，2006。

可研)经济基础储量(121b)；探明的(可研)边际经济基础储量(2M11)；探明的(预可研)边际经济基础储量(2M21)；控制的(预可研)经济基础储量(122b)；控制的(预可研)边际经济基础储量(2M22)。经济基础储量如果扣除设计、采矿损失，则可以进一步划归为可采储量。探明(可研)经济基础储量扣除设计、采矿损失以后，则变成为可采储量(111)。探明的(预可研)经济基础储量扣除设计、采矿损失以后，就变成预可采储量(121)。控制的(预可研)经济基础储量扣除设计、采矿损失以后，就成为预可采储量(122)。

2.2.3.2　资源的消费生命周期理论

从全世界矿产资源消费需求来看，在同一时期每个地区和国家的资源品种和数量都有所不同，并且对每个国家来说，不同时期的需求情况也不同。通过研究发现，这种现象与经济发展水平和经济结构与经济发展阶段有密切关系。1973 年，马林堡姆(Malenbaum)开始创立矿产资源消费强度理论。在分析了世界 80 多个国家矿产资源消费需求增长的长期变化过程之后，马林堡姆发现国家工业化发展的矿产资源消费强度变化反映了以人均收入为量度的地区国民经济发展的水平。据此推断，他提出了处于不同发展阶段的国家或地区应有着不同的矿产资源需求和消费特征。

1978 年，他在《1985—2000 年世界矿产原料消费》一书中进一步指出，各类金属及能源矿种的消费需求都存在统一性的变化规律。据此，马林堡姆首次提出矿产资源消费的时间过程观念，又称为矿产资源需求生命周期的时间效应或马氏时间过程理论。

1990 年，克拉克(A. L. Clark)和杰奥恩(G. J. Jeon)提出了矿产资源消费的结构分类理论(简称克—杰分类理论)，从而进一步完善了马氏的矿产资源需求生命周期的时间效应理论。

根据马氏的时间研究过程和克—杰的分类方法，矿产资源需求生命周期理论的构成框架由2个基本部分组成，即时间定义域和空间定义域，其所表明的正是人类社会矿产资源消费需求与生产供应的时空相关作用及互动效应。

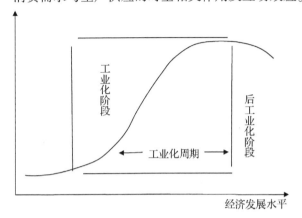

图2-4 工业化进程中资源消费的倒"U"形模式

(1)时间定义域

矿产资源需求生命周期理论指出，国家的人均GDP与人均矿产资源消费量呈倒"U"形(图2-4)，其基本含义是：工业发展初期，矿产资源的人均消耗量随GDP的增长而快速增长；之后工业化不断推进人均GDP也不断增长，而矿产资源人均消费量先增长后逐渐趋缓，当人均GDP达到某一较大值时(基本完成工业化)，矿产资源消费停止增长或有下降趋势。

倒"U"形曲线模式的基本参数包括起点值、顶点值、波长和增长方式，预示着国家工业化过程中，矿产资源的消费必须经历初始、增长、成熟和衰落4个阶段。

(2)空间定义域

不同工业化发展阶段形成了不同国家或地区的空间消费差异，由此产生了不同的资源供应保障模式变化。这种空间的差异形成了矿产资源消费的空间定义域。矿产资源消费需求生命周期空间定义域包括以下2个方面含义：

①消费空间效应，也就是指矿产资源需求生命周期过程某一时间断面上的区域差异特征。按照克拉克和杰奥恩的结构组成理论，根据世界工业化以来矿产资源投入大规模开发的先后，区域开发各阶段的矿产资源需求结构可划分为3大基本组合类型，而每种类型都有各自的主导矿种。具体类型的划分及主导矿种如下：

传统类型——主导矿种有铜、铁、铅、锌、锡以及煤等；

现代类型——主导矿种有铝、铬、锰、镍、钒和石油及天然气等；

新兴类型——主导矿种有钴、锗、铂、稀土元素、钛及铀等。

从世界现代区域开发看，这3种类型划分恰好同处在不同开发阶段的发展中国家、中等发达国家和发达国家的矿产资源消费特征相一致。19世纪50年代初，欧洲和日本的铁矿石消费强度尚处上升趋势，但自19世纪60年代中期完成战后经济重建和区域开发进入繁荣期后，这类矿种的需求强度开始减弱。与此同时，随着现代类型矿种，如石油和金属铝等在建筑业、工业制造业(特别是汽车和飞机制造业)以及日用生活的广泛应用，最终导致发达国家金属矿产资源消费需求结构从传统类型向现代类型的转变。

②国家工业化发展程度越先进，其矿产资源消费结构越先进，矿产资源供应的空间范围也就越大，从而形成了矿产资源供应的倒"金字塔"型特征，即矿产资源需求生命周期的

空间定义域。

受赋存条件所限，以传统、现代和新兴划分的 3 大类矿产的资源空间分布具有明显的"金字塔"型特征(图 2-5)。然而在消费结构和生产结构多元化的作用下，矿产资源消费和生产供应出现了与这种资源赋存相反的逆向空间发展特征。

这种定义域的实际效应在于相对多数国家而言，本土矿产资源基础与其现代经济发展需求存在一定的差距，为保障国家经济的正常发展，矿产资源供应的空间范围必须跨出本土市场的天地，最终形成资源国际化的局面(张雷，2004)。

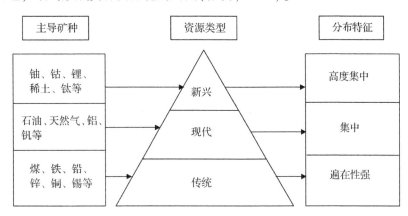

图 2-5　矿产资源"金字塔"形分布
(资料来源：张雷，2004)

矿产资源消费生命周期的意义在于：矿产资源需求强度集中反映了区域开发阶段生产技术水平和资源取代的状况，因此，这种需求强度的变化在区域矿产资源消费和生产总量的增长中起着决定性的作用；在现代区域开发初期，社会经济发展速度主要取决于矿产资源投入的大小；随着区域开发进入成熟阶段，矿产资源的需求结构出现多样化的发展，消费强度将逐渐减弱；矿产品的供应地域随着矿产资源需求生命周期的变化而变化；矿产资源需求生命周期不仅对区域开发的矿产资源消费水平变化及社会生产结构演进有决定性的影响，而且对区域发展和产业布局有重要的影响。

2.2.4　能源资源

2.2.4.1　能源资源的分类

能源资源的分类有以下几种不同的方式(石玉林，2006)。

(1)按初始能量来源分类

一般分为 3 类。①来自地球以外天体的能量，其中最主要的有来自太阳的辐射能。此外，还有其他天体发射到地球上的各种宇宙射线的能量。这类能源资源又可分为 2 种：一是直接的太阳辐射能，即太阳能；二是由太阳辐射能转化来的能源，如草木燃料、化石燃料、风力、海流等能源。②地球本身蕴藏的能量，如地热能以及地壳和海洋中储存的原子核能等。③地球和其他天体相互作用而产生的能量，如潮汐能。

（2）按能源被利用前的产出形态分类

可分为一次能源和二次能源。一次能源是从自然界开发出来直接利用而不改变其基本形态的能源。如煤炭、石油、天然气、水力、风力、草木燃料、直接的太阳辐射、地热、核燃料等均属一次能源。二次能源是指由一次能源经过加工转换，形成另一种形态的能源产品。如电能、氢能、汽油、煤油、柴油、沼气、火药、甲醇、丙烷、酒精、苯胺等，均属二次能源。

在一次能源中，按照人类历史尺度上的再生性分类可分为再生能源和非再生能源。再生能源一般指不会随人类的开发利用而有明显减少的能源。如水力、潮汐、太阳辐射、风力、海流、地震、地热等均可看作再生能源。非再生能源一般指经过漫长的地质年代生成，一旦开采之后在人类历史时期内难以再生成的能源。如化石燃料、核燃料均属此类能源。

（3）按当今能源利用技术的普及性和复杂性分类

可分为常规能源和新能源。常规能源是指在一定历史时期和科学技术水平下，已经被人们广泛应用的能源。现阶段水能、煤炭、石油、天然气均属常规能源。新能源是指随着科学技术的进步新发现的能源资源或利用先进技术新开发的能源产品。如太阳能、海洋能、地热能、风能、生物质能、核裂变和聚变材料等在现阶段均属于新能源。

（4）按能源使用过程中是否燃烧的性质分类

可分为燃料性能源和非燃料性能源。燃料性能源是指用于直接燃烧而产生能量的能源，如煤炭、石油、天然气、核燃料等均属此类能源。非燃料性能源则是能量的产生过程并不需通过燃烧的能源，如水能、电能、太阳能、地热能、激光等。

（5）按能源在市场流通领域的地位分类

可分为商品能源和非商品能源。商品能源指进入商品市场买卖的能源，如煤炭、石油、焦炭、电力在一般情况下均属商品能源。非商品能源是指不通过市场买卖而获得的能源，一般存在于发展中国家的农村能源中，如秸秆、薪柴、牲口粪便等均属此类能源。

此外，按照能源的使用方向、部门等，还可以将能源分为工业能源、生活能源、农村能源按照能源的环境特性，还可以将能源分为绿色能源和非绿色能源；按能源的热值高低，对环境污染大小等综合特性，可划分为高值能源、低值能源和劣质能源。

2.2.4.2 能源资源的几个重要概念

（1）能源利用效率

随着全球范围能源消耗量的不断增大，能源危机常常威胁着人们的正常生活。应对能源不足的重要途径是节能减排，提高能源利用效率。因此，能源利用效率的研究评价已成为现在和未来的重点课题。

能源消耗强度是能源利用效率的真实表达和反映。因此，常用单位产值能耗、单位GDP能耗、单位产品能耗、单位服务量能耗等指标测度。从实质上看，能源利用效率评价就是对能源消耗强度的评价。

能源利用效率一方面反映了能源消费与经济发展的数量关系，同时也反映能源消耗既同能源技术效率有关，也同经济效率有关。

（2）能源结构

能源结构是指一定时期内各能源品种在能源总量中所占的比重。一般以常规能源为标准分析能源资源结构、能源生产结构与能源消费结构。

①能源资源结构　能源资源结构是指能源资源探明储量中各类能源资源储量所占比例。储量丰富的能源资源会进行大量的生产，因而生产规模和产量比较大；相反储量稀少的能源资源，其生产规模和产量一开始就受到资源数量方面的限制。从能源储量来看，全球是以煤炭为主的能源资源结构。

②能源生产结构　能源生产结构通常是指一定时期内一个国家或一个地区一次能源产品生产总量中各种一次能源产品生产量所占的比例。一次能源产品生产总量不包括生物质能源的利用和由一次能源加工转换而成的二次能源产品（火电、成品油等）的生产量。因此，能源生产结构也就是指原煤、原油、天然气、水电产品、核电的生产量在一次能源产品生产总量中的比例。

煤炭和石油是现代能源中最主要的两大能源。中国一直是以煤炭为主的能源生产结构，近年来，煤炭在一次能源生产结构中比例仍然在 70% 以上，2003 年，煤炭生产占 74.6%，油气占 18.1%。

③能源消费结构　能源消费结构通常是指一定时期内社会所消费的能源产品数量比例关系。能源消费结构可以根据不同的需要，在不同的范围内或从不同的角度划分为：能源消费的品种结构、能源消费的部门结构。

能源消费的品种结构，即在社会能源消费总量中各种能源产品所构成的比例关系，它是能源消费结构的主体；能源消费的部门结构，即能源在国民经济各部门之间消费的数量比例关系；能源消费的区域结构，即能源在世界不同国家或区域消费的数量比例与品种比例关系。

20 世纪以来，世界能源消费结构发生了很大变化。从总的趋势看，煤炭的比重不断下降，石油的比重在能源危机前迅速上升，1973 年后开始有所下降，天然气和水能、核能的比重稳步增长。到目前为止，世界能源结构是以石油、煤炭、天然气为主的结构，其他能源的比重仍然偏低。

根据《BP 世界能源统计年鉴 2018》，2017 年全球一次能源消费强劲增长，主要由天然气和可再生能源引领，煤炭在能源结构中的占比持续下降。在全球能源消费结构中，石油平均占 34.3%，天然气平均占 23.4%，煤炭平均占 27.7%，核能平均占 4.4%，水能平均占 6.8%，其他可再生能源占 3.5%。近年来，世界主要国家能源消费中，天然气所占比例在 27%~30%。中国 2015 年天然气消费占世界天然气消费的 5.5%，2016 年占 6.2%，2017 年占 6.6%，但仍低于 2017 年 24.1% 的世界平均水平。2015 年中国煤炭消费占比为 63.3%（比 2014 年 66% 有所下降），2016 年占比为 61.47%，2017 年占比为 60.4%，仍远高于 2017 年 20.6% 的世界平均水平。

2.2.5　海洋资源

海洋资源种类繁多，但是至今尚无系统、全面地归纳和分类。

按照海洋资源的自然属性，可以把海洋资源分为海洋生物资源、海洋化学资源、海洋矿产资源、海洋空间资源、海洋再生资源。按照海洋资源的形成方式来分，可以把海洋资源分为可再生资源和非可再生资源。从理论上来说，海洋可再生资源是可持续利用的海洋资源、海洋非再生资源的可持续利用难度比较大，是难以长久的，除非寻找替代品，可再生资源又分为2类：①海洋资源的流动或转化基本上与人类目前的利用水平无关，它们主要包括海洋再生能源、海洋化学资源；②海洋资源是指那些虽然具有自然再生能力，但能否可持续利用，在很大程度上取决于人类的利用程度是否超过其自然再生力的阈值。人类可以通过采取一定措施，将利用率控制在其再生力以内，或通过投资采取一定的技术措施，提高其资源的再生力，使之与利用率相平衡，从而达到其可持续利用的目的。这类资源包括海洋生物资源、海洋旅游资源、海洋空间资源。海洋资源资产主要是指第二类海洋可再生资源即渔业资源、海洋旅游资源、海洋空间资源，另外海洋非再生资源海洋矿产资源也应为海洋资源资产。

朱晓东等（1998）从海洋资源的自然本质属性出发，将海洋资源分为海洋物质资源、海洋空间资源和海洋能资源，而后再按其他属性进一步细分（表2-4）。

表2-4　海洋资源分类及其利用举例

分类				利用举例
海洋物质资源	海洋非生物资源	海水资源	海水本身资源	海水直接利用，如冷却用水，盐土农业灌溉；海水养殖；海水淡化利用
			海水中溶解物质资源	除传统的煮晒盐类外，现代技术在卤族元素、金属元素（钾镁等）和核燃料铀、锂和氚等方面已取得很大进展
		海洋矿产资源	海底石油、天然气	为当前海洋最重要的矿产资源，其产量已是世界油气总产量的近1/3，而储量则是陆地的40%
			滨海矿砂	金属和非金属矿砂，用于冶金、建材、化工和工艺等
			海底煤矿	弥补沿海陆地煤矿日益不足
			多金属结合和海底热液矿床	可开发利用其中的锰、镍、铜、钴、铬、锌、钒、金等多种陆地上稀缺的金属资源
	海洋生物资源		海洋植物资源	种类繁多，如常见的有海带、紫菜、裙带菜、鹿角菜、红树林等；用途广泛，如食物、药物、化工原料、饲料、肥料，生态、服务功能等
			海洋无脊椎动物资源	种类繁多，如贝类、甲壳类、头足类及海参、海蜇等；主要作为优质食物和饲料、饵料等
			海洋脊椎动物资源	种类繁多，主要是鱼类和海龟、海鸟、海兽等；鱼类是最重要的海洋食物；海龟、海鸟和海兽也有特殊的经济、科学、旅游和军事意义

（续）

分类		利用举例
海洋空间资源	海岸与海岛空间资源	包括港口、海滩、潮滩、湿地等，可用于运输、城镇、旅游、科教、海洋公园等许多方面
	海面/海洋间空间资源	为国际、国内海运通道；可建设海上人工岛、海上机场、工厂和城市；提供广阔的军事试验演习所；海上旅游和体育运动
	海洋水层空间资源	潜艇和其他民用水下交通工具运行时间；水层观光旅游和体育运动；人工渔场等
	海底空间资源	海底隧道、海底居住和观光；海底通信线缆；海底运输管道；海底倾废场所；海底列车；海底城市等
海洋能资源	海洋潮汐能	蕴藏在海水中的这些形式的能量均可以通过技术手段，转换为电能，为人类服务；理论估算世界海洋总能量为 $40 \times 10^{12}\,kW$ 以上，可开发利用的至少还有 $400 \times 10^{8}\,kW$；海洋能量资源是不枯竭的无污染资源
	海洋波浪能	
	潮流/海流能	
	海水温差能	
	海水盐度差能	

资料来源：朱晓东，1998。

2.2.6　旅游资源与分类

旅游资源包括自然旅游资源和人文旅游资源两大类。

旅游资源分类研究在旅游资源学的技术体系中具有举足轻重的地位，这是因为它是认识和掌握旅游资源的起始点，在此后旅游资源调查、旅游资源评价技术体系研究中也可起到很大作用研究。研究这一问题还可为旅游开发打下物质基础。

20 世纪 90 年代初期以来推行的全国旅游资源普查取得了一定的成果，开始就是基于对旅游资源普查分类的研究。迄今为止，此项工作已经开展了 20 多年。

从 1989 年开始，国家旅游局和中国科学院地理研究所共同编制中国旅游资源普查规范，这是一个应用性质的旅游资源研究工作，1992 年出版了《中国旅游资源普查规范（试行稿）》，文本的核心内容之一是旅游资源普查分类系统。

该系统遵循了下列原则：

①简明结构原则　整个分类系统只分 2 个层次，名称分别为旅游资源类和旅游资源基本类型。

②属性与状态分类原则　指类与基本类型的特性、特征、现存状况与形态。

③指标控制原则　基本类型各拥有一套不同的特征值指标，成为专指系统。普查时，如果发现表示旅游资源实体的指标系统大体相同，则可将它们归入同一个基本类型。

④包容性原则　在某些情况下，为突出类型中的个体、允许有从属关系。

旅游资源基本类型将全国旅游资源划分为 6 大类 68 种基本类型（表 2-5）。

表 2-5　中国旅游资源普查分类体系

类名称	基本类型名称	数量
地文景观类	典型地质构造、标准地层剖面、生物化石点、自然灾变遗迹、名山、火山熔岩景观、蚀余景观、奇特与象形山石、沙(砾石)地风景、海滨沙(砾石)滩、小型岛礁、洞穴	12
水域风光类	风景谷地与河段、湖泊与沼泽、瀑布、泉(地热井)	5
生物景观类	森林(树林)、古树名木、奇异花草、草原(草地)、野生动物栖息地	5
古迹与建筑类	古人类文化遗址遗存、古代社会经济文化遗址、军事设防构筑物及军事遗址、古城和古城遗址、宗教建筑与礼制建筑群、殿(厅)堂、楼阁、塔、牌坊(楼)、碑碣、石质古建小品、造型园林、园林景观建筑、桥、雕塑、陵墓和陵园、墓地、石窟、摩崖字画、水工建筑、厂矿、农林渔牧场、特色城镇与村落、港口、广场、乡土建筑、民俗街区、纪念地与纪念性建筑、观景地	32
消闲求知建筑类	公共科学教育文化场所、休疗养和社会福利设施、动物园、植物园、普通公园、运动场馆、游乐场所、节日庆典活动、文艺团体	11
购物类	市场与购物中心、庙会及宗教活动、著名店铺、地方产品	4

资料来源：中国旅游资源普查规范(试行稿)，旅游出版社，1992。

从 1999 年开始，全国旅游资源标准化技术委员会组织科研、管理人员在 1992 年出版的《中国旅游资源普查规范(试行稿)》的学术研究和广泛实践的基础上，对旅游资源的类型划分、调查、评价的实用技术和方法进行了较深层次的探讨，编制了国家标准《旅游资源分类、调查与评价》，其中，将建立中国旅游资源分类系统的研究列为其中的重点。

国家标准《旅游资源分类、调查与评价》将全部旅游资源划分为 3 个层次，依次称为"主类""亚类""基本类型"。每个层次的旅游资源类型有相应的汉语拼音代号，其中主类用 1 位，亚类用 2 位、基本类型用 3 位。以此构成了中国旅游资源分类表(表 2-6)。

表 2-6　中国旅游资源分类表

主类	亚类	基本类型
A 地文景观	AA 综合自然旅游地	AAA 山丘型旅游地　AAB 谷地型旅游地 AAC 沙砾石地型旅游地 AAD 滩地型旅游地　AAE 奇异自然现象　AAF 自然标志地　AAG 垂直自然地带
	AB 沉积与构造	ABA 断层景观　ABB 褶曲景观　ABC 节理景观　ABD 地层剖面 ABE 钙化与泉化　ABF 矿点矿脉与矿石积集聚地　ABG 生物化石点
	AC 地质地貌过程行迹	ACA 凸峰　ACB 独峰　ACC 峰丛　ACD 石(土)林　ACE 奇特与象形山石　ACF 岩壁与岩缝　ACG 峡谷段落　ACH 沟壑地　ACI 丹霞　ACJ 雅丹　ACK 堆石洞 ACL 岩石洞与岩穴　ACM 沙丘地 CAN 岸滩

（续）

主类	亚类	基本类型
A 地文景观	AD 自然变动遗迹	ADA 重力堆积体　ADB 泥石流堆积　ADC 地震遗迹　ADD 陷落地　ADE 火山与熔岩　ADF 冰川堆积体　ADG 冰川侵蚀遗迹
	AE 岛礁	AEA 岛区　AEB 岩礁
B 水域风光	BA 河段	BAA 观光游憩河段　BAB 暗河河段　BAC 古河道段落
	BB 天然湖泊与池沼	BBA 观光游憩湖区　BBB 沼泽与湿地　BBC 潭池
	BC 瀑布	BCA 悬瀑　BCB 跌水
	BD 泉	BDA 冷泉　BDB 地热与温泉
	BE 河口与海面	BEA 观光游憩海域　BEB 潮涌现象　BEC 击浪现象
	BF 冰雪地	BFA 冰川观光地　BFB 常年积雪地
C 生物景观	CA 树木	CAA 林地　CAB 丛树　CAC 独树
	CB 草原与草地	CBA 草地　CBB 疏林草地
	CC 花卉地	CCA 草场花卉地　CCB 林间花卉地
	CD 野生动物栖息地	CDA 水生动物栖息地　CDB 陆地动物栖息地　CDC 鸟类栖息地　CDE 蝶类栖息地
D 天象与气候景观	DA 光现象	DAA 日月星辰观察地　DAB 光环现象观察地　DAC 海市蜃楼现象多发地
	DB 天气与气候现象	DBA 云雾多发区　DBB 避暑气候地　DBC 避寒气候地　DBD 极端与特殊气候显示地　DBE 物候景观
E 遗址遗迹	EA 史前人类活动场所	EAA 人类活动遗址　EAB 文化层　EAC 文物散落地　EAD 原始聚落
	EB 社会经济文化活动遗址遗迹	EBA 历史事件发生地　EBB 军事遗址与古战场　EBC 废弃寺庙　EBD 废弃生产地　EDE 交通遗迹　EBF 废城与聚落遗迹　EBG 长城遗迹　EBH 烽燧
F 建筑与设施	FA 综合人文旅游地	FAA 教学科研实验场所　FAB 康体游乐休闲度假地　FAC 宗教与祭祀活动场所　FAD 园林休憩区域　FAE 文化活动场所　FAF 建设工程与生产地　FAG 社会与商贸活动场所　FAH 动物与植物展示地　FAI 军事观光地　FAJ 边境口岸　FAK 景物观赏点
	FB 单体活动场馆	FBA 聚会接待厅堂(室)　FBB (祭拜场馆)　FBC 展示演示场馆　FBD 体育健身场馆　FBE 歌舞游乐场馆
	FC 景观建筑与附属型建筑	FCA 佛塔　FCB 塔形建筑物　FCC 楼阁　FCD 石窟　FCE 长城段落　FCF 城堡　FCG 摩崖字画　FCH 碑碣(林)　FCI 广场　FCJ 人工洞穴　FCK 建筑小品
	FD 居住地与社区	FDA 传统与乡土建筑　FDB 特色街巷　FDC 特色社区　FDD 名人故居与历史纪念建筑　FDE 书院　FDF 会馆　FDG 特色店铺　FDH 特色市场

（续）

主类	亚类	基本类型
F 建筑与设施	FE 归葬地	FEA 陵区陵园　FEB 墓（群）　FEC 悬棺
	FF 交通建筑	FFA 桥　FFB 车站　FFC 港口渡口与码头　FFD 航空港　FFE 栈道
	FG 水工建筑	FGA 水库观光游憩区段　FGB 水井　FGC 运河与渠道段落　FGD 堤坝段落　FGE 灌区　FGF 提水设施
G 旅游商品	GA 地方旅游商品	GAA 菜品饮食　GAB 农林畜产品与制品　GAC 水产品与制品　GAD 中草药材及制品　GAE 传统手工产品与工艺品　GAF 日用工业品　GAG 其他物品
H 人文活动	HA 人事记录	HAA 人物　HAB 事件
	HB 艺术	HBA 文艺团体　HBB 文学艺术作品
	HC 民间习俗	HCA 地方风俗与民间礼仪　HCB 民间节庆　HCC 民间演艺　HCD 民间健身活动与赛事　HCE 宗教活动　HCF 庙会与民间集会　HCG 饮食习俗　HCH 特色服饰
	HD 现代节庆	HAD 旅游节　HDB 文化节　HDC 商贸农事节　HDD 体育节

资料来源：国家标准《旅游资源分类、调查与评价》，2003。

　　国家标准《旅游资源分类、调查与评价》旅游资源分类体系：依据旅游资源共有因子综合评级系统赋分。旅游资源评价赋分标准见表 2-7 所列。

表 2-7　旅游资源共有因子综合评价赋分说明

评价项目	评价因子	评价依据	赋值
资源要素价值（85 分）	观赏游憩使用价值（30 分）	全部或其中一项具有极高的观赏价值、游憩价值、使用价值	30～22
		全部或其中一项具有很高的观赏价值、游憩价值、使用价值	21～13
		全部或其中一项具有较高的观赏价值、游憩价值、使用价值	12～6
		全部或其中一项具有一般观赏价值、游憩价值、使用价值	5～1
	历史文化科学艺术价值（25 分）	同时或其中一项具有世界意义的历史价值、文化价值、科学价值、艺术价值	25～20
		同时或其中一项具有全国意义的历史价值、文化价值、科学价值、艺术价值	19～13
		同时或其中一项具有省级意义的历史价值、文化价值、科学价值、艺术价值	12～6
		历史价值或文化价值或科学价值或艺术价值具有地区意义	5～1

（续）

评价项目	评价因子	评价依据	赋值
资源要素价值 （85 分）	珍稀奇特程度 （15 分）	有大量珍稀物种，或景观异常奇特，或此类现象在其他地区罕见	15 ~ 13
		有较多珍稀物种，或景观奇特，或此类现象在其他地区很少见	12 ~ 9
		有少量珍稀物种，或景观突出，或此类现象在其他地区少见	8 ~ 4
		有个别珍稀物种，或景观比较突出，或此类现象在其他地区较多见	3 ~ 1
	规模、丰度与 概率（10 分）	独立型旅游资源单体规模、体量巨大、集合型旅游资源单体结构完美、疏密度优良级，自然景象和人文活动周期性发生或频率极高	10 ~ 8
		独立型旅游资源单体规模、体量较大、集合型旅游资源单体结构很和谐、疏密度良好，自然景象和人文活动周期性发生或频率很高	7 ~ 5
		独立型旅游资源单体规模、体量中等、集合型旅游资源单体结构和谐、疏密较好，自然景象和人文活动周期性发生或频率较高	4 ~ 3
		独立型旅游资源单体规模、体量较小、集合型旅游资源单体结构较和谐、疏密度一般，自然景象和人文活动周期性发生或频率较小	2 ~ 1
	完整性（5 分）	形态和结构保持完整	5 ~ 4
		形态和结构有少量变化，但不明显	3
		形态和结构有明显变化	2
		形态和结构有重大变化	1
资源影响力 （15 分）	知名度和影响力 （10 分）	在世界范围内知名，或构成世界承认的名牌	10 ~ 8
		在全国范围内知名，或构成全国性的名牌	7 ~ 5
		在本省范围内知名，或构成省内的名牌	4 ~ 3
		在本地区范围内知名，或构成本地区名牌	2 ~ 1
	试用期或使用 范围（5 分）	适宜游览的日期每年超过 300d，或适宜于所有游客使用和参与	5 ~ 4
		适宜游览的日期每年超过 250d，或适宜于 80% 的游客使用和参与	3
		适宜游览的日期每年超过 150d，或适宜于 60% 的游客使用和参与	2
		适宜游览的日期每年超过 100d，或适宜于 40% 的游客使用和参与	1

（续）

评价项目	评价因子	评价依据	赋值
附加值	环境保护与环境安全	已受到严重污染，或存在严重安全隐患	-20
		已受到中度污染，或存在明显安全隐患	-10
		已受到轻度污染，或存在一定安全隐患	-3
		已有工程保护措施，环境安全得到保证	3

资料来源：国家标准《旅游资源分类、调查与评价》，2003。

本系统设"评价项目""评价系统"2个档次。

评价项目有3项："资源要素价值""资源影响力"和"附加值"。每一评价项目各有若干评价因子。

①资源要素价值　"观赏游憩使用价值""历史文化科学使用价值""珍稀奇特程度""规模、丰度与概率""完整性"5项。

②资源影响力　"知名度和影响力""适游期或使用范围"2项。

③附加值　"环境保护与环境安全"1项。

上列评价因子由"评价依据"和"赋值"2列内容实施操作。

评价依据针对各项评价因子设立，依评价因子涵义不同分别开列4组说明，其内容一致，每组根据其性质、程度差别依次下降为4个档次。

2.3　社会资源

2.3.1　社会资源的概念和分类

社会资源是指自然资源以外的其他所有资源的总称，是人类劳动的产物。社会资源主要包括：人力资源、智力资源、信息资源、技术资源、管理资源。

（1）人力资源

人力资源以人口为自然基础，指人口中那些已经成年并且具有和保持着正常劳动力的人，它是由一定数量具有劳动技能的劳动者构成的。人力资源的质和量的规定性包括两个方面：一是作为劳动者的人的数量，二是劳动者的素质。一定数量的人力资源是社会生产的必要的先决条件，但经济的发展主要靠人口素质的提高，人力资源的质量在经济发展中将起到越来越重要的作用。

（2）智力资源

智力资源是近年来一些学者提出的一个新观念。他们认为在以物质形态存在的资源（第一资源）和知识形态（知识资源或称第二资源）之外，国家还拥有一种"智力资源"。智力资源主要指开发创造知识资源、开发利用物质资源的科技队伍和管理队伍。

（3）信息资源

信息资源是指可供利用并产生效益的一切信息的总称，是一种非实体性、无形的资源，普遍存在于自然界、人类社会和人类的思维领域之中。随着人类社会的发展，面对新的技术革命，社会将从工业化社会转入信息社会(或称知识、智力社会)。信息作为一种重要的资源，对促进现代社会生产和科技发展以及人类的认识论过程有着极其重要的意义。信息资源可分为：数量信息、质量信息、直接信息、间接信息。

目前社会正面临一场以扩展和延长人类信息功能为目标，以信息化、智能化、综合化为特征的信息革命，利用现代信息科学和信息技术对信息进行获取、传递、交换、存储、检索、更新、处理、分析、识别、判断、提取和应用，是信息资源开发、管理和利用的主要内容。

(4)技术资源

技术资源是指人们可用于创造社会财富的各种现实技术和潜在技术。现代科学技术已成为推动生产力发展的第一要素资源，也是实现资源生态经济发展的第一要素资源。

(5)管理资源

管理资源是指管理在经济增长与社会发展过程中所起作用的比喻，当与人力、物力、财力等资源相结合，将显示其重要作用。因此，它是与人力资源、物力资源、财力资源并列的一种资源。

其中人力资源、信息资源、技术资源等各种人类劳动的产物的社会资源能连续或往复地供应人类的需要，因此，也属于可再生资源。

2.3.2 社会资源的特点

(1)易变性

易变性是社会资源的最大特征。社会资源不像自然资源那样相对稳定，由于受不同历史时期生产关系和生产力发展水平的影响，社会资源容易变化，在人类不断创新、扩展科学技术知识、劳动技能、生产科研设备和经营管理技术及各种经济技术信息的情况下，使各种社会资源也得以更新和拓展，而且更新的速度较快、周期较短。所以对社会资源的改造也比自然资源容易得多。

(2)不平衡性

社会资源发展和分布上的不平衡性是由自然资源分布的不平衡性，政治、经济发展的不平衡性，投资政策、资金政策、教育政策、科学技术政策、产业政策等因素直接或间接影响决定的，在经济技术基础较好的地区，经济资源、智力资源、信息资源、技术资源等相对较多也较集中，反之则较少和分散。

(3)社会性

人类用以创造社会财富的劳动资源、智力资源、技术资源、经济资源和信息资源，无不是在一定的社会活动中才能造就出来的，一切社会资源都是社会劳动的产物，不同的社会阶段具有不同的种类、数量和质量的社会资源。而且不同的历史年代、不同的民族、不同的文化、不同的外界条件、不同的社会活动方式，都会形成不同种类、数量、质量的社会资源。社会资源的社会性还表现在：没有疆界、不分民族，谁都可以掌握并用于创造新的社会财富。

（4）继承性

社会资源的不断积累、发展、壮大，一方面来源于人类在现实生活中对社会资源的不断更新、扩大；另一方面，也来源于对前人已有社会资源的继承，一切发明创造不仅需要有现实生活、生产、科学实验上的丰富经验，更多的是在接受前人的经验教训和基本知识的基础上才能实现，没有这种继承，仅凭个人的实践，所能获得的知识和财富是极为有限的，甚至不足以使人类一代一代传下去。同时，人们在成长过程中，又通过学习在获得前人已经积累起来的科学技术知识的基础上，去获得新的劳动技能知识，进而不断创造新的知识和技能，使人类社会、经济不断发展，科学技术水平和文化生活水平不断提高。

2.4 硬资源和软资源

在王铮等人所著的《理论地理学纲要》中，按资源的性能和作用提出了软资源和硬资源的新分类体系。提出这一体系的目的在于：将效用与稀缺性更紧密地结合起来，且更侧重于资源稀缺性的质的差别；建立统一的资源开发模型，特别是硬资源开发模型。

硬资源是指在数量上表现出稀缺性的资源，比如土地、矿产、劳动力、资本等。

软资源是指在质上表现出稀缺性，而量不可度的软件型资源，如技术、市场、信息、区位等。

2.4.1 硬资源

（1）第一类硬资源是储量有限的资源

对于自然资源来说，它相当于耗竭性资源；对于人文资源，这种储量消耗主要表现为被占用，比如劳动力和资本的占用。

这类资源又分为可更新资源和不可更新资源。可更新资源处在快速的自发的循环过程中。其循环速度接近或大于人们开发利用速度，如生物资源和劳动力资源。不可更新资源处于相对稳定状态，或虽有循环但其速度远逊于人类的开发利用速度，如矿产资源、水资源等。显然可更新资源与不可更新资源很大程度上取决于人类的开发利用能力和时空尺度。

（2）第二类硬资源是容量有限的资源

又称为可重复利用资源（Reusable），如土地、旅游景观、交通网等。它们可以重复利用，但这类资源的重复利用需要有一定的时间周期。如农业对土地的利用以年或季为周期，旅游资源的利用周期相当于游客的平均观光时间，交通网的利用周期与交通工具的速度呈倒数关系，因此，这种资源的稀缺性往往表现为"等待容量空出"方面。

第二类硬资源也可分为2种类型：①承载性资源，如土地、交通网等，其容量可用每单位当量的承载力或服务能力来衡量，当然承载能力与承载内容及承载方式有关，因而称为各种专门的容量，如土地的人口容量、环境容量、交通网的客货容量（通过能力）等；②条件性资源，它们作为某种优越条件而表现出资源的特点，如气候资源、风景资源等，它们提供了某种有效性或有利条件而且表现出相对稀缺性。这种资源的容量与环境的稳定性有关,当环境属性未遭破坏时,它的可占用量可达到充分大,即容量充分大(但不是无限大),而过度开发会导致稳定性破坏,使容量收缩。条件性资源有时不用容量来度量,而用单位潜力来衡量,例如,可用农作物的单位潜力表示气候资源的综合优势度。

(3)第一类硬资源、第二类硬资源特性

①功能性与优效性第一类硬资源与第二类硬资源相对有效性和稀缺性的意义不尽相同。一般地讲,第一类硬资源的社会有效性是第一位的,是内在的,推动开发利用的主要原因是它的内在效用,这种内在的有效性称为功能性。第二类硬资源通常构成某种特定环境,其相对稀缺性是第一位的,有效性是在稀缺性突出的条件下才突出的,我们称这一特性为优效性。如旅游资源、气候资源、交通资源等是在相对稀缺的条件下,我们才珍视其有效性的。功能性和优效性是第一类硬资源与第二类硬资源的一个重要的性质差别。

②空间移动性两类硬资源的另一重要区别表现在它们的空间可移动性方面。第一类硬资源是各种具体物质,在空间上的富集程度差异较大,而它们的有效性往往要到加工地点或消费者手中才能体现,因此具有可移动性甚至位移是必须的,如劳动力、矿产、水等。第二类硬资源一般表现为某种宏观环境,他们对地理空间有着极强的附着性,因而具有不可移动性。如土地、气候、风景等。

两类硬资源的上述两方面差别,导出了地理学中关于资源开发的 2 种著名的区位理论。功能性和可移动性的第一类硬资源是指向产业的,即资源优势产生产业优势从而争夺市场,形成帕兰德区位,即市场区位。帕兰德于 1935 年完成学位论文《区位理论研究》,提出了自己的区位理论。在帕兰德的著作中,试图把不完全竞争的概念引入区位论研究中,以价格为变量研究区位空间的均衡。同时他在运费分析上,提出了远距离运费衰减的规律,是对区位论发展做出的一大贡献。例如,煤炭资源开发引致坑口电站的建设,从而形成能源优势的市场区位,导致耗能产业围绕电站布局。

优效性和不可移动性的第二类硬资源是指向市场的,即资源优势产生市场优势从而诱发产业配置,形成杜能区位,即孤立国区位。对某些第一类硬资源来说,如果可移动性并不意味着必须移动,这时资源的区位效应往往也表现出杜能型。

2.4.2 软资源

(1)软资源的分类

软资源可以分为 3 类。第一类作为生产要素,具有"传染扩散"性能的信息与技术类资源;第二类作为经济活动外部"软环境",附着于地理空间的区位和市场类资源;第三类是文化。

软资源的不可量化性,使资源占有者之间形成偏序关系,即可以排序而不可量比的关系,比如工厂布局时我们可以按区位优劣进行厂址比较,说 A 址优于 B 址、B 址优于 C 址,但是我们无法量测 A 址比 B 址或 B 址比 C 址的区位优多少。又比如某厂在建厂之初对市场信息的了解要少于投产以后,但我们不能谈论工厂早期占有的信息比后期究竟少多少;如果甲厂和乙厂了解到同样的信息,也不能说占有同样多的信息,因为对信息的理解能力和理解方式因人而异;当甲、乙两厂各自掌握了对方所不了解的信息时,其至排序也是困难的。

（2）信息与技术类资源的特点

①载体依附性　信息与技术是非物质形态的资源，必须依附于特定的载体，如书籍、磁盘和大脑等。其中大脑是最重要最特殊的载体，就资源意义上说，任何信息和技术只有转入大脑，才能被转化为有效资源。

②非消耗性　一个技术不会因为被使用了就消耗了。他们有用过或没用之分，而无用完与没用完之别。有些技艺也会失传，但这不是因为被利用而消耗了，而是随着载体的消失而消失了。

③可传染性　信息和技术资源对于载体不具有排他性，载体可以通过"学习""拷贝"来获取新的资源，这种"学习""拷贝"的过程是载体的被感染，而不是信息本身的增值，被感染的载体数增加，也并不意味着各载体获得"信息量"的减少，因此，信息和技术资源的传播结果是共享而不是瓜分。当然，信息和技术在传播过程中发生损耗和变质，这是传播介质的问题，而不是资源本身的信息。

④时效性　一项技术或一条信息往往只在特定的时期内有效。例如，关于服装流行款式的信息，往往当年或当季有效，生产厂家掌握了这一信息，就可能在当年大获利益，但到第二年这一信息就自动失效。

时效性是信息和技术类软资源表现出稀缺性的最重要内因。如果只有可传染性和非消耗性，那么信息和技术就不成为资源。时效性标定了信息和技术资源的"市场价格"，而时效之长短往往与其传播速度和范围有关，一项新的发明传播越广，其"市场价格"越低，因此，这类资源的持有者往往限制其扩散，控制稀缺水平来维持"高价格"水平。

（3）信息与技术类资源的区别

信息资源与技术资源也有不同的特点，区别包括：①技术资源主要赋存于劳动力资源，而信息资源具多种赋存形式；②信息资源的时效周期一般要短于技术资源；③信息资源一般不可替代，而技术资源具有很强的内部替代性。

（4）区位和市场资源的区别

地理区位是同地理位置既有联系又有区别的概念。所以，区位一词除解释为空间内的位置以外，还有布局、该事物与其他事物的空间联系的含义。

区位论从空间或地域方面定量地研究自然和社会现象，主要是其中的经济现象。

区位，从字面上来理解就是在区域中的位置，它包含2层含义：一方面指位置，如三江平原发展种植业，具体位置在三江平原地区；另一方面指该事物与其他事物的空间联系，如三江平原发展种植业与其所在地区的地理坐标，农作物、经济作物，气候，资源，今后发展方向等地理要素相关。

影响区位的因子或为地理要素，或同地理现象有关，可概括为7个方面：

自然因子。自然因子包括自然条件和自然资源。对产业区位的影响具体又可分为2类：一类是普遍性的自然条件和资源，如大气、土地和在地表上各处都能找到的那部分原料，这类因子对产业区位的影响不大；另一类是局地性自然条件和资源，这是由于地域差异而造成的。如由于地带性和非地带性规律而形成的特定气候区、土壤区和生物区及相应的自然资源；同地球内外营力组合有关的矿产分布；受河流与地貌结合制约的水力资源等。某些局地性资源，在分布范围和数量上还是相当有限的，如我国热带橡胶的生产环境，某些矿种的分布和储量等。局地性自然因子对于产业区位有相当重要的影响。

运输因子。区位论在分析区域地理现象之间的空间联系时，十分注重运输因子，因为居于不同位置的自然和经济要素间的组合要通过运输来实现。早期的农业区位论和工业区位论，主要考虑原料和运费的问题。现代地理学区位研究中，依然注重交通因素的影响。

集聚因子。区位论中的集聚因子，包括产业在区域空间布置中的集中和分散两个方面。

产业在空间上的集中，具有降低运输成本；成组布局、便于协作，加强信息交流；利用已有市场区位扩大市场服务范围；利用原有城镇市政设施减少社会总费用等益处。与此相反，分散则可以避免诸如地价上升、场地拥挤、劳力供应紧张、污染严重和生活质量下降等问题。集聚问题，是区域结构合理性研究中的重要课题。

劳力因子。劳力资源是社会生产发展的保证，但也具有区域差异性，不同地区劳动力的素质和价格往往存在很大差别。劳动力的数量、质量和价格的地理分布是确定产业区位的重要因子。

市场因子。市场因子对区位的影响包括：市场与产业的相对位置与距离，市场的规模，即其商品或服务的容量，市场的结构，即其商品或服务的种类。后两方面往往构成市场和城市的等级序列。

其他因子。其他因子包括行为、技术进步、文化、时间等因子。其中技术进步因子对于区位的影响是随着历史发展而不断显示出来的。例如，20 世纪 50 年代以前，铁路在运输中扮演了主要角色，世界上许多国家和地区的工业区都位于铁路运输枢纽；60 年代至70 年代，国际上一些地方对海岸带进行了大规模的开发，利用发达的海运，出现了所谓"临海工业区"；70 年代末以来，高速公路和大吨位汽车的大量出现，使得公路运输效率大为提高而运费明显降低，从而在高速公路网的交点附近出现大量的轻型工业和其他产业部门；同时，巨型运输机承担的货运比重也在上升，在航空港附近出现了知识密集型的电子工业区、科学—工业园区等，称为"临空工业区"。

区位和市场是两种特殊的软资源。区位的有效性在于它能够提高资源开发和经济运行的效率，在特定地区的"资源总效用"中，区位资源的效用并不是作为总效用的组成部分，而是作为总效用的"乘数因子"。市场资源的有效性在于它能够拉动经济发展，指引资源开发方向，是经济活动的定向引力因子，是"吃进"其他资源的一种"负资源"。

"区位饥饿"和"市场饱和"。区位的稀缺性起因于它对空间（或土地）的附着性，每个具体的空间单元在特定时期只能有一种利用方式，相应的区位也只能由该种用途占据，土地的有限性决定了区位资源的稀缺性，况且产业活动的优势区位只分布于地表某些"极化"地点或地带，因此经济行动总是表现出"区位饥饿"。

与此相反，市场的稀缺在于它的"饱和"，一个"饱和"的市场，"吃不进"新的资源。

区位与市场的一个特性是它是作为硬资源的对偶而存在的，经济活动"从硬资源身上抽了根骨头而创造了区位与市场"，既是硬资源的衍生物又是其具有活化硬资源意义的对偶。

（5）软资源的特点

①有知识性、创新性特征　软资源的主导要素是知识，是经过分析、整理、组织的各种有用知识信息，应用知识、添加创意成为经济活动中投入软资源的核心问题。软资源的投入和增加活力源于创新，技术创新、制度创新、管理创新、观念创新，以及各种创新的相互结合，成了企业生存和发展的诀窍，成了经济增长的引擎。在技术和产品生命周期日益缩短的情况下，只有持续投入创新的软资源才能赢得和保持企业的竞争优势，增强企业的核心竞争能力，使竞争能力这种无形资产的范围经济得以实现，保证企业的综合可持续发展。

②无污染、可复制和可再生的资源　与原材料、机器设备等硬资源投入生产后产生各种废弃物、污染物而对环境造成不利影响不同的是，软资源在经济过程中的投入与应用，并不产生物质性的多余物，对周围的物化环境不存在污染和损害。明显有别于传统的经济资源，大多数知识作为资源是可以无限制地复制和再生的；例如，它可以驻留在书刊资料、文件中，可以驻留在计算机内和磁盘中，也可以驻留在各类软件介质中，并可以通过现代信息网络和通信手段在瞬间传送到世界各地。知识信息作为资源，可以被不断地反复地使用，其存在质量并不因使用而受到任何影响。

③具有共享性　传统的硬资源的一个显著特性是其稀缺性，由于资源的可共享性差而垄断性强，所以占有资源量的多少就成为企业或国家经济实力的最重要表征；与此相对立的是随着科技发展的加速，逐步形成知识形态生产力的物化，人类认识软资源和开发利用软资源的能力日益增强，以软资源替代短缺资源的能力也呈现了突破性地增强，软资源的广泛应用性和无限复制性使资源短缺问题出现了重大变化。软资源中的大部分内容尤其是生产型和管理型软资源都具有共享性，就是经营型软资源，如商品品牌等也可以通过合作、连锁等经营方式共享品牌资源。知识具有共享性，这正是软资源具有共享性的基础和前提，而由于软资源的可复制性和再生性使得软资源的共享便捷、普遍。

④软资源的快速更新性　知识经济背景下社会经济快速发展的一个重要标志是产品的更新换代呈加速趋势、现代企业竞争已集中而激烈地体现在产品的市场竞争上，激烈的市场竞争，个性化的产品需求，促使企业不断紧跟市场，积极更新产品；而设计自动化、生产自动化和柔性加工系统的广泛采用，又大幅缩短了从研制到投产的周期，使产品的快速更新具备了更充分的手段。产品的加速更新趋势促进了软资源在经济过程中的投入；软资源是以知识信息为主导要素的、知识的快速更新又引致软资源的加速更新，产品的加速更新也反过来促进了软资源的快速更新，在上述社会经济因素的共同作用下软资源呈现出明显的快速更新特征。

（6）软资源的作用

①软资源是社会经济发展的决定性因素　在人类出现以前，各种自然资源就已经存在，并比现在丰富得多，只是由于人类所拥有的软资源的增多，才推动着社会经济的发

展。自然资源只是为经济的发展提供了可能，而软资源却将这种可能变为现实。

新的科技革命、信息革命使现代产业的发展不仅依赖自然资源和资本，而且越来越多地依赖人的智力、信息、技术、管理和组织等软资源。这些软资源已经成为决定现代产业的命运，从而成为决定各个国家和地区的贫富的关键因素。

当今世界有不少国家和地区，如日本、韩国等，自然资源和劳动力较为贫乏，但却具有技术先进、组织和管理等软资源优势，因而比较富裕。而另一些国家和地区如墨西哥、中美洲、巴西、印度等虽然自然资源和劳动力较为丰厚，但由于缺乏软资源，因而较为贫穷。

②软资源使自然资源的品种、数量不断增多　由于人类社会经济的高速发展，自然资源被大量地消耗，使人类面临着前所未有的资源危机，科学技术能够不断发掘新的资源，使自然资源的品种、数量不断增多。主要表现在以下 2 个方面：第一个方面，原来不为人们注意或不明其用途的资源得以利用。例如，以前，一些稀有金属、稀土资源还不被人们所认识，后来却成了工业上宝贵的资源。第二个方面，以前难以利用的低品位矿藏获得了工业利用价值。如铜矿早期品位界限在 10% 以上，1860 年时降至 6%，1940 年时降至 1.15%，到现今的开采边界品位已下降到 0.25%。

③能促进资源的合理开发利用　目前人类对自然资源的开发利用是掠夺式的，这不仅浪费了地球上有限的自然资源，造成资源短缺，而且还造成环境恶化，严重阻碍着社会经济的发展，甚至威胁着人类的生存。智力、技术、信息、管理能使人类广泛地开发利用各类自然资源和废料资源。

例如，核电技术就使 1kgU235 所释放的能量相当于 2500t 优质煤；合成纤维的大量生产，替代了大量农田所种植的天然橡胶和棉花、桑、麻等；塑料等新材料的大量合成替代了大量的钢材和木材；太阳能、水能、风能、潮汐能的利用又使人类得到了无污染的能源资源。

要实现经济增长方式的根本转变，从粗放经营转向集约型，就是要重技术、重管理、重劳动者素质，以提高资源配置效率和利用效率来实现经济的增长。因此，软资源也是合理利用自然资源的必要条件。

2.5　自然资源可得性度量

2.5.1　不可更新资源可得性的度量

(1) 资源基础 (Resources base)

资源基础是关于储存性自然资源潜在可得性度量的一个最泛义的概念。估算某些特殊非燃料矿物资源基础的计算方法是用这些矿物元素的丰度乘以地壳的总质量。资源基础只是表明了理论上的最终极限，而不能在实际上用来预测未来资源的可得性。因此，关于未来自然资源可得性的估算一般不采用资源基础的概念，而采用探明储量、条件储量、假设资源 (远景资源)、理论资源等概念。它们是资源基础的各种动态子集 (图 2-6)。

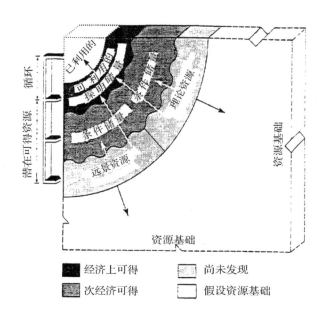

图例：
■ 经济上可得   ▨ 尚未发现
▨ 次经济可得   ▫ 假设资源基础

图 2-6　资源基础及其子集（Rees，1990）

（2）探明储量（proven reserves）

探明储量是指已经查明并已知在当前的需求、价格和技术条件下具有经济开采价值的矿产资源储量。

对多数矿产而言，新发现和技术、经济变动使探明储量增加的速度一直超过（或至少持平于）消费量的增加速度。表 2-8 清楚地表明，所有常用非燃料矿物的实际情况确实如此，这也适用于石油和天然气。1960—1999 年世界煤炭和天然气原油探明储量寿命（表 2-9）的变化也证明了探明储量的增长要大于消费增长量。

表 2-8　世界几种矿产的累计量和已知增加的储量（1950—1974）　　　　　　　　t

矿种	1950 年储量	1974 年储量	1950—1974 年累计产量	1950—1974 年增加储量[①]
石棉	3.09×10^7	8.7×10^7	6.2×10^7	1.1×10^8
铝矾土	1.9×10^9	1.6×10^{10}	8.5×10^8	1.5×10^{10}
铬	1.0×10^8	1.7×10^9	9.6×10^7	1.7×10^9
钴	7.9×10^5	2.4×10^6	4.4×10^5	2.2×10^6
铜	1.0×10^8	3.9×10^8	1.1×10^8	4.0×10^8
金	3.1×10^4	4.0×10^4	2.9×10^4	3.7×10^4
铁	1.9×10^9	8.8×10^{10}	7.3×10^9	7.6×10^{10}
铅	4.0×10^7	1.5×10^8	6.3×10^7	1.7×10^8
锰	5.0×10^8	1.9×10^9	1.6×10^9	1.6×10^9
汞	1.3×10^5	1.8×10^5	1.9×10^5	2.5×10^5

（续）

矿种	1950 年储量	1974 年储量	1950—1974 年累计产量	1950—1974 年增加储量
镍	1.4×10^7	4.4×10^7	9.4×10^6	3.9×10^7
磷	2.6×10^9	1.3×10^{10}	1.3×10^9	1.2×10^{10}
铂	7.8×10^2	1.9×10^4	1.7×10^3	2.0×10^4
钾	5.0×10^9	8.1×10^{10}	3.0×10^8	7.6×10^{10}
银	1.6×10^5	1.9×10^5	2.0×10^5	2.3×10^5
硫	4.0×10^8	2.0×10^9	6.1×10^8	2.2×10^9
锡	6.0×10^6	1.0×10^7	4.6×10^6	8.6×10^6
钨	2.4×10^6	1.6×10^6	7.6×10^5	4.3×10^4
锌	7.0×10^7	1.2×10^8	9.7×10^7	1.5×10^8

①计算方法：累计产量为 1974 年产量加 1974 年储量减 1950 年储量。

资料来源：Rees，1990。

表 2-9　世界煤炭和天然气原油探明储量寿命（1960—1999）

年份	原油探明寿命/a	煤炭探明寿命/a	天然气探明寿命/a
1960—1962	39.34	313	39.2
1974	35.23	189	48.2
1980	29.93	234	48.8
1990	45.2	229	57.4
1998	42.34	213	61.0
1999	42.27	226	59.7

任何油田在发现时所公布的探明储量都是高度保守的估算，而当生产实际进行时都会无例外地向上修正。储量的增加过程表明，任何一年公布的储量都对实际情况打了 3 倍以上的折扣。显然，这种修正过程从根本上影响到储量与产量之比值和期望寿命之估算（Rees，1990）。

从大国尺度上看，也可以说明迄今探明储量的增长超过消费量的增长。美国内政部在 1939 年曾预测其国内石油储量将在 13 年内耗竭，然而后来储量的增加一直与年产量的增加同步。虽然美国探明储量相应于重大新发现而不断波动，但过去 40 年里总保持比产量大 9 ~ 15 倍的水平（Rees，1990）。

我国主要矿产累计探明储量增长的情况反映出探明储量的增长超过消费量的增长（宋瑞祥，1997）。根据中国矿产资源报告，近年来我国主要矿产资源探明储量总体上依然是呈上升趋势。

私人企业的生产目标往往只是追求利润；政府部门的生产目标都很广泛，包括提供就业机会、减少或增加进口等。因此，私人开采公司与政府生产部门之间在探明储量的看法上有很大的差异。

探明储量除了受利润要求和勘探政策外，探明储量还受以下因素的影响：

①技术、知识和工艺的可得性。

②需求水平　这又取决于若干变量，包括人口数量、收入水平、消费习惯、政府政策以及可替代资源的相对价格。

③开采成本　这部分取决于矿藏开采的自然条件和区位，但取决于所有生产要素的费用和政府的税收政策。此外还应包括由于政策、自然灾害等原因带来的风险。

④资源产品的价格　主要取决于需求与供给的消长关系，但也受生产者价格政策和政府干预的影响。

⑤替代品的可得性与价格　包括某些资源循环利用的费用。

所有这些因素都是高度动态的，他们的变动会极大地影响探明储量。

（3）条件储量（conditional reserves）

条件储量和探明储量一样，条件储量也是已查明的储量，但在当前价格水平上，以现有采掘技术和生产技术来开采是不经济的或次经济的。

探明储量和条件储量之间的分界在不同时期和不同地方都不一样。

如铜矿储量的变化，20世纪初，金属含量小于10%的铜矿石是不会被冶炼厂采用的，因而品位小于这个水平的矿藏不会归入探明储量，而40年后，技术发展了，需求也增加了，含量仅为1%的矿藏也被当作探明储量，现在0.4%的铜矿也是经济上可采的了。

（4）远景资源（hypothetical resources）

远景资源是未探明的储量，但可望将来在目前的基础上仅作了少量勘查和试探性开发的地区发现他们。估计远景资源范围的常用方法是根据过去生产的增长率和探明储量的增长率外推，或根据过去每钻井单位深度的发现率外推。

这种外推必须假定曾经影响过去发现率和生产率（政治的、经济的、技术的）将像过去一样继续起作用。诸如价格和技术发展之类的因素是极不稳定的，所以这种估计会有很大的差别，不同时期所做的估计大不一样。

（5）理论资源（speculative resources）

如果说远景资源的估计带有某种任意性的话，那么理论资源的估计就面临更大的困难。理论资源是指那些被认为具有充分有利的地质条件，但迄今尚未勘察或极少勘察的地区可能会发现的矿藏。

例如，全世界大约有600个可能存在石油和天然气的沉积盆地，但迄今只对其中的少部分作了钻井勘探。一旦在未勘察的地区钻井，很可能会发现更多的潜在资源。

估算理论资源的方法是根据已勘察地区过去的发现模式外推。这种方法假设目前尚未勘察的地区将会像那些条件类似的已开发地区一样，具有资源潜力并将带来利润收益。

不足在于这种可能性极小，因为已被开采的都是规模较大、地质条件有利、通达性也较好的构造；当开发推到自然条件和社会经济条件都较差的地区时，是不大可能实现预期的资源潜力和利润收益的。

（6）最终可采资源（ultimately recoverable resources）

探明储量、条件储量、远景资源和理论资源的总和统称最终可采资源。考虑到估算的复杂性以及技术、市场、政策等因素的不确定性，最终资源的估算就可能大相径庭了。

2.5.2 可更新资源可得性的度量

2.5.2.1 最大资源潜力

最大资源潜力(maximun resource potential)是指在其他条件都很理想的情况下，流动性自然资源能够提供有用产品或服务的最大理论潜力。

对各种流动性能源，如太阳能、潮汐能、风能，已估算过它们的最大自然能量潜力，得出的数字显示出非常美妙的前景。

对于生物、土地、海洋资源的总潜力也作过类似的估算，结果表明，如果最大潜力得以发挥，那么按目前的人口数量，地球每年可为每一个人生产出约 40t 食物，这是实际需要量的 100 倍，也是我国目前人均水平的 100 倍。这里还没有考虑从二氧化碳、水和氮中化学合成食物的可能性。当然，这些除了技术上的可行性以外，还要求投入大量能源。

关于初级生产力模型可以概括为以下几个有代表性的方法：密茨里许方程、科洛斯科夫的生物气候潜力、泰京的叶温模式、弗里赛尔模型公式、莱斯模型、罗丁的估算。

上述可再生资源和生物资源潜力的估算都建立在天然系统自然输出的基础上，而忽略了由人类经济、社会系统所施加的局限。另一种估算可更新资源潜力的方法是根据发达地区已实现的生产能力来推算不发达地区和未开发地区的生产潜力。这种方法尤其在估算土地的农业生产潜力时用得更多。

2.5.2.2 持续能力

持续能力(sustainable capacity)是可更新资源自然潜力的利用必须考虑时间上的公平分配，即应留给后代同等的资源利用机会。把这种考虑结合进可更新资源潜力的估算中，就要采用持续能力或持续产量的概念。持续能力是可更新资源实际上能长期提供有用产品或服务的最大能力，即不损害其充分更新的利用能力。

可用渔业资源的例子来说明这个概念。从理论上讲，通过控制捕捞活动，可以使渔产量长期维持，这个能长期维持的产量就是持续能力。如图 2-7 所示，在持续产量曲线的任

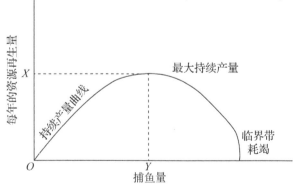

OX=与最大捕捞量相适应的最大资源再生量
OY=与资源再生量相适应的最大捕捞量

图 2-7 持续产量曲线(Rees，1990；蔡运龙，2007)

一点上，鱼的年产量可维持一定水平，使得与可在未来年份生产同样产量的鱼类资源储存水平保持协调。当人类捕捞活动初始时，由于对食料的竞争减少，持续产量水平是上升的，鱼群数及其生物生产率都可以有一定的增长率。这种情形在其他可再生资源中也很常见，如有限地割韭菜、伐薪柴，可促使再生量上升。但是，一旦捕鱼活动超过了 Y 点，持续产量将开始下降；当达到临界点时，鱼群就耗竭到不能维持再生产的地步。

2.5.2.3　吸收能力

人类利用自然资源的结果之一是产生各种废物，为了排放人类活动自觉或不自觉产生的废物，就要利用环境媒介，即大气、水、土地等。这就需要另一个衡量资源潜力的概念，称为吸收能力(absorptive capacity)或同化能力，即环境媒介吸收废物而又不导致环境退化的能力。

任何环境媒介的吸收能力都不是一成不变的，它不仅随气候等环境因素的变化而发生天然变化，也可以被人类改变。

2.5.2.4　承载能力

现在应用得最广的可更新资源可得性度量的概念是承载能力。

承载能力(carrying capacity)指一定范围内的生境(或土地)可持续供养的最大种群(或人口)数量。这个概念建立在一个设想的基础上，即应把资源利用限制在不使环境发生显著变化而使资源生产力得以长期维持的水平上，它类似于持续能力和吸收能力的概念(蔡运龙，2000)。承载能力也称为承载力。

(1) 自然资源承载力的内涵

关于自然资源承载力的认识，源于人口统计学、应用生态学和种群生物学(谢高地，2009)。最早提出承载力的是法国经济学家弗朗斯瓦·魁奈(Francois Quesnay)1758 年发表的《经济核算表》，讨论了土地生产力与经济财富的关系。继后，马尔萨斯(T. Malthus)因素对人口的限制作用。Verhust 将马尔萨斯的理论用逻辑斯蒂方程(Logistic equation)的形式表示出来，用容纳能力指标反映环境因素对人口增长的约束(Hardin，1986)。与承载力有关内容的研究虽然早已开始，但最早将此概念转引到自然资源学科领域内的是生态学。1921 年，人类生态学者帕克(Park)和伯吉斯(Burgess)才确切提出承载力的概念，即"某一特定环境条件下(主要指生存空间、营养物质、阳光等生态因子的组合)，某种个体存在数量的最高极限"。在 19 世纪 80 年代初期，生态学中承载力的概念拓展到土地资源承载力中，研究现存土地到底可养活多少人口。20 世纪 60 年代后，随着经济发展对资源需求的不断增加，相应地提出了水资源承载力、森林资源承载力、矿产资源承载力等概念(景跃军等，2006)。

联合国教科文组织给资源承载力下的定义是："一个国家或地区的资源承载力是指在可以预见到的期间内，利用本地能源及其自然资源和智力、技术等条件，在保证符合其社会文化准则的物质生活水平条件下，该国家或地区能持续供养的人口数量。"

中国科学院牛文元研究员(1994)认为：资源承载力是一个国家或地区资源的数量和质量，对该空间内人口的基本生存和发展的支撑力。

梁吉义(2011)认为，自然资源承载力是集土地、水等资源与生态环境等要素为一体组成的自然系统，所能供养人口基本生存与发展的综合能力。随着科学技术的进步和自然资源的变化，这种综合能力处于不断变化中，同时受到国家社会制度、技术水平、经济状况、资源政策、管理水平等的影响。

（2）自然资源承载力的种类

按自然资源的种类划分为：土地资源承载力、水资源承载力、矿产资源承载力、生态承载力等。

按自然资源的利用方式分为：生存承载能力、最适承载能力和容限承载能力。

生存承载能力（survival capacity），即有足够的食物保证生存，但既不能保证所有个体茁壮成长，也不能保证种群的最优增长，而且当周围环境稍有变动就可能造成灾难性的后果。

最适承载能力（optimum capacity），即有充分的营养保证绝大多数个体茁壮成长。显然，最适承载能力总是小于生存承载能力的。

容限承载能力（Tolerance capacity），它在很大程度上是关于密度方面的考虑。

（3）自然资源承载力的特点

①自然资源承载力的动态性　对于具有一定数量及质量的自然资源来说，其承载力不是固定不变的。当科学技术水平较低时，对资源开发利用的能力及程度较低，资源的承载力就低。但随着经济社会的发展，科学技术在进步，对自然资源开发利用的水平也在提高，资源承载力也在不断提高，可以相信，人类能够按照对自己有利的方式去积极提高自然资源的承载能力。

②自然资源承载力的开放性　任何生态系统之间都是相互联系的，没有封闭的生态系统，这就是生态系统的开放性。生态系统之间的交流决定了自然资源承载力的开放性。对于一定的区域来说，其自然资源的总量是一定的，但由于区域之间的合作与交流，发挥地区之间的比较优势，使自然资源可以比较充分地利用，即可以通过与外界的物质、能量及信息的交流，区域自然资源的承载力得到提高。

③自然资源承载力的综合性　任何自然资源的承载力，都必须与其他资源综合评价，这是因为，一个地区仅靠单一的资源不可能得到发展，如只有土地资源，没有水资源，发展农业是不可能的。如果单从土地资源承载力方面来评价，承载力可能会比较高但由于缺水而不能有效地利用土地资源，土地资源的承载力可能会降下来。我国的北部地区就是这样的典型例子，相比而言，我国北部土地资源丰富，但由于水资源短缺而导致土地资源的承载力下降，所以，不能孤立地评价自然资源承载力，必须对其综合评价。

综上所述，自然资源的承载力可以用公式表达为（陆大道，1995）：

$$C = f(x, y, z)$$

式中　C——自然资源承载力；

x——自然资源的数量、质量及开发条件；

y——经济社会发展水平，包括技术水平；

z——管理水平。

（4）自然资源承载力的计算方法

自然资源承载力研究内容涉及人口、资源状况和社会经济发展规模等多方面因素，涉及面广、内容复杂。目前对于资源承载力的研究国内外尚无统一和成熟的方法，多采用定量与定性相结合、系统多指标、动态综合分析的研究方法。具体评价方法有很多，其中常用的方法有以下几种：概念模型法、单要素加权法、指标体系法、资源承载力法、供需法、系统动力学法、生态足迹法和能值分析法。

本章参考文献

蔡运龙，2007. 自然资源学原理[M]. 2 版. 北京：科学出版社.

韩渊丰，等，1993. 区域地理理论与方法[M]. 西安：陕西师范大学出版社.

刘成武，黄利民，等，2009. 资源科学概论[M]. 北京：科学出版社.

钱伯章，李敏，2018. 能源结构随能源需求增长而持续多样化——2018 年世界能源统计年鉴解读[J]. 中国石油和化工经济分析(08)：51 – 54.

石玉林，2006. 资源科学[M]. 北京：高等教育出版社.

王玉潜，2003. 能源消耗强度变动的因素分析方法及其应用[J]. 数量经济技术经济研究(08)：151 – 154.

魏天兴，2013. "自然资源生态学"课程改革与研究型教学的探索[J]. 中国林业教育，31(04)：76 – 78.

谢高地，2009. 自然资源总论[M]. 北京：高等教育出版社.

第3章　自然资源的性质

3.1　自然资源的性质

3.1.1　自然资源的基本属性

自然资源类型是多种多样的，每种自然资源都有其特性，但所有自然资源都有一些共性。了解这些基本特性，对于认识人类社会与自然资源的关系具有重要意义。

（1）自然资源稀缺性（deficiency of natural resources）

如前所说，任何"资源"都是相对于"需要"而言的。一般说来，人类的需要实质上是无限的，而自然资源却是有限的。这就产生了"稀缺"这个自然资源的固有特性，即自然资源相对于人类的需要在数量上的不足。这是人类社会与自然资源关系的核心问题。

自然资源稀缺有以下几个方面的原因：一是全球范围内人口数量是在不断增长的。储藏性自然资源（如矿产资源、地球陆地面积等）因其数量不会增加，所以人均资源量减少。流动性自然资源（如生态系统提供的生物性产品）因其增加的速度赶不上人口增加的速度，也造成人均资源量的减少。二是人均自然资源需求量是不断增加的。随着社会的发展，人类的生活水平不断提高，人均消耗的自然资源量也不可避免地增加。纵向上看，现代社会人均消耗的资源是古代人均消耗资源量的若干倍。横向上看，生活水平较高的发达国家人均消耗的自然资源量也是生活水平较低的欠发达国家人均消耗量的数倍。欠发达国家也有提高本国人民生活水平，以达到或超过发达国家生活水平的需求，随着欠发达国家工业化进程，未来全球人均自然资源消费量将会进一步提高。三是人类的世代延续是无限的。而很多自然资源是使用后就不能再生了，这也造成了某些自然资源的稀缺。四是自然资源空间分布是不均衡的。这就造成不同地区的资源总量和人均自然资源量存在差异，某些自然资源在一个地区可能是充裕的，而在另一个地区是稀缺的。

自然资源的稀缺有2种情况：一是绝对稀缺，即当自然资源的总需求超过总供给时所造成的稀缺，绝对稀缺是从全球范围考虑的；二是相对稀缺，即当自然资源的总供给尚能满足总需求，但由于分布不均而造成的局部稀缺，相对稀缺是从局部地区考虑的。无论是绝对稀缺还是相对稀缺，都会造成自然资源价格的上涨和供应的不足，产生所谓的资源危机。

（2）自然资源整体性（integration of natural resources）

从利用的角度看，人们通常是针对某种单项资源，甚至单项资源的某一部分。但实际上各种自然资源相互联系、相互制约，构成一个复杂的资源系统。人类不可能在改变一种自然资源或生态系统中某种成分的同时，又使其周围的环境保持不变。

如森林的过度砍伐，失去水分的涵养；植被的破坏，引起水土流失；上游的过量引水，引起下游干旱；矿产资源的开发，引起表土的破坏、环境的污染等。

可见自然资源的整体性主要是通过人与资源系统的相互联系表现出来的，自然资源一旦成为人类利用对象，人就成为"人类——资源系统"的组成部分，人类通过一定的经济技术措施开发利用自然资源，在这一过程中又影响环境，人与自然资源之间构成相互关联的一个大系统。自然资源的整体性告诉我们在开发利用资源时，必须持有全局观点、整体观点和协调观点，使资源系统结构稳定地朝着有利于人类生产和生存的方向发展。

(3) 自然资源层次性(gradation of natural resources)

自然资源系统的结构排列和各类资源内部的组成，都具有一定的序列，表现为明显的层次性。如果我们把自然资源看成一个垂直的剖面，则矿产资源主要存在于土地的下层，岩石圈内部；土壤、生物与陆地水资源则位处土地的表层，即通常称之为生物圈；气候资源则处于垂直系统的最上层，即通常称之为大气圈，从资源组成成分看，由单个资源逐步组成综合资源。如由各种植物、动物、微生物资源组成生物资源；由光、温、降水、大气组成气候资源；由降水、地表水、地下水组成水资源；由各种金属矿产、非金属矿产组成矿产资源；而由土壤、生物、水、气候、岩石—矿产资源组成更高层次的土(陆)地与海洋资源，土(陆)地与海洋是各类资源的载体，是综合的自然资源。

(4) 自然资源区域性(regional of natural resources)

自然资源区域性指各类自然资源在空间分布上的差异性。自然资源的形成服从一定的地域分异规律，因此其空间分布是不均衡的。不同的自然资源遵循不同的分布规律。气候、水、土地和生物资源的分布主要受地带性规律作用，在宏观尺度上表现出明显的地带性特点，也受"非地带"性规律影响；矿产资源的分布主要受地质构造规律所支配。同时自然资源开发利用的社会经济条件和技术工艺条件也具有地域差异，自然资源的区域性就是所有这些条件综合作用的结果。

自然资源的区域性使得它的稀缺性有了更丰富的表现，并由此派生出"竞争性"的特征。由于自然资源的区域性，各种资源开发的方式、种类也就有了差异，从而使文化打上区域性的烙印。因此，自然资源研究除了针对一些普遍性的问题以外，还要对付各地特有的现象和规律。

(5) 自然资源多用性(versatility of natural resources)

在一定时间和一定技术、经济条件下，自然资源可以满足人类利用的功效和性能。这是区别自然资源和自然条件的根本标志。大部分自然资源都具有多种功能和用途。例如煤和石油，既可作燃料，也是化工原料。一条河流，对能源部门来说可用作水力发电，对农业部门来说可作为灌溉系统的主要部分，对交通部门而言则是航运线，而旅游部门又把它当作风景资源。森林资源的多用性表现就更加丰富，它既可提供原料(木材)，又可提供燃料(薪柴)；既可创造经济收入，更有保护、调节生态环境的功能；既可提供林副产品，又是人们休息、娱乐的好去处。自然资源的这种多用性在经济学看来就是互补性和替代性。

然而，并不是所有的自然资源潜在用途都具有同等重要的地位，而且都能充分表现出来的。因此，人类在开发利用自然资源时，需要全面权衡，特别是当我们所研究的是综合的自然资源系统，而人类对资源的要求又是多种多样的时候，这个问题就更加复杂。人类必须遵循自然规律，努力按照生态效益、经济效益和社会效益统一的原则，借助于系统分析的手段，充分发挥自然资源的多用性。

（6）自然资源变动性（variability of natural resources）

资源概念、资源利用的广度和深度都在历史进程中不断演变。从更小的时间尺度上看，不可更新资源不断被消耗，同时又随地质勘探的进展不断被发现；可更新资源有日变化、季节变化、年变化和多年变化。长期自然演化的系统在各种成分之间能维持相对稳定的动态平衡（如顶极植被）。相对稳定的生态系统内，能量流动和物质循环能在较长时间内保持动态平衡状态，并对内部和外部的干扰产生负反馈机制，使得扰动不致破坏系统的稳定性。一般来说生态系统的稳定性与种群数量和食物网的结构有关，种群的数量越丰富，系统的结构越复杂，其对外界的干扰也具有越大的抵抗能力，许多进入成熟阶段的天然生态系统就是明显的例子。反之，组成和结构比较简单的生态系统，对外界环境变化的抵抗能力则比较差，如人工农田生态系统，尽管可能具有高产的生产力，但从系统稳定性的角度来看却是十分脆弱的，经营管理上稍有疏忽，杂草、病虫害等就会蔓延成灾。

自然资源加上人类社会构成"人类—资源生态系统"，它在不断地运动和变化。在人类—资源生态系统中，人类已成为十分活跃、十分重要的动因，因此系统的变动性就更加明显。这种变动可表现为正负两个方面，正的方面如资源的改良增值，人与资源关系的良性循环；负的方面如资源退化耗竭。而有些变动是一时难以判断正负的，可能近期带来效益，远期却造成灾难。人类不要过分陶醉于对大自然的胜利，而应警惕大自然的报复。人类应当努力了解各种资源生态系统的变动性和抵抗外界干扰的能力，预测人类—资源生态系统的变化，使之向有利于人类的方向发展。

与自然资源变动性有关的两个经济学概念是增值性和报酬递减性。自然资源如果利用得法，可以不断增值，例如，将处女地开垦为农田，将农地转变为城市用地，都可大大增加其价值。报酬递减性是指：当对一定量的自然资源不断追加劳动和资本的投入时，很快就会达到一点，在这点以后每一单位的追加投入所带来的产出将减少并最终成为负数。报酬递减性是影响人类利用自然资源尤其是土地资源的一个最重要因素，若无这个客观性质，人类就可以把全部生产集中在一小块土地上，可以在一个花盆里提供全世界的食品供应，可以在一块建筑用地上解决全人类的住房问题。报酬递减性从经济学角度指出了自然资源的限制。

（7）自然资源社会性（social of natural resources）

资源是文化的一个函数，因此在强调它的天然性的同时，也说明了它的社会性。这里要特别说明一下，由于自然资源中所附加的人类劳动而表现出来的社会性。

当代地球上的自然资源或多或少都有人类劳动的印记，人类"不仅变更了植物和动物的位置，而且也改变了它们所居住的地方的面貌和气候，人类甚至还改变了植物和动物本身。人类活动的结果只能和地球的普遍死亡一起消逝"。今天，在一块土地上耕耘或建筑，已很难区分土地中哪些特性是史前遗留下来的，哪些是人类附加劳动的产物。有一点是可以肯定的，史前的土地绝不是现在这个样子。深埋在地下的矿物资源，边远地区的原始森林，表面上似乎没有人类的附加劳动，然而人类为了发现这些矿藏，为了保护这些森林，也付出了大量的劳动。按照马克思的说法，人类对自然资源的附加劳动是"合并到土地中"了，合并到自然资源中了，与自然资源浑然一体了。自然资源上附加的人类劳动是人类世世代代利用自然、改造自然的结晶，是自然资源中的社会因素。

3.1.2 自然资源的本质特征

(1) 资源价值的相对意义

离开了人类、人类社会和地理环境，谈自然资源就毫无意义。自然资源从本质上说是自然环境和人类社会相互作用的一种价值判断与评价，是以人类利用为标准的。正是人类的能力和需要，而不仅仅是自然界的存在，创造了资源的价值。

对自然资源的看法响应于知识的增加、技术的改善、人类需求的变化和文化的发展而随时变动。虽然地球的总自然禀赋本质上是固定的，但资源却是动态的，没有已知的或固定的极限。迄今的资源利用史一直是不断发现的历史，对基本自然资源的定义在不断拓展。旧石器时代的人类所知的资源不多，天然可得的植物、动物、水、木头和石头是那时的全部基本资源。新石器革命，以及后来在苏美尔、埃及和中国产生的金属冶炼技术，既扩展了人类的自然资源领域，又开始了经济、社会和文化结构变化的累积过程。此过程中的每一阶段都产生了对产品和服务的一系列新需求，这又反过来刺激技术革新，并导致对自然环境要素有用性的重新评价。然后，技术和经济的变化又影响社会结构，如此循环往复。

历史上的技术革新，从原先无价值或未利用的自然物质中再创造出各种资源。例如，由于1886年霍尔埃鲁电解精炼工艺流程的发明，使得铝的商业性萃取成为可能，于是铝矾土取得其资源地位；核动力的发展，无论是出于军事目的或用于发电，都创造出铀矿的资源价值。然而，对这一点不能强调得太过分，因为知识和技术技能仅仅创造出一些机会，它们并不是决定性的力量。此类机会实际上能否被抓住，首先取决于对最终产品需求的强度，其次取决于组织经济系统的方式，再次取决于对维持已建立技术起作用的既得利益。例如，从可更新来源(潮汐、风、太阳)中产生可用能源的技术已经存在，但这不一定就能保证它们会被大规模采用来替代不可更新能源。

同样，自然界中环境质量资源的价值虽然不直接伴随技术和经济条件而变化，但响应于人类价值、渴望和生活方式的变化，而不断产生新的意义。"环境保护主义者"理想的加强，主要是对所感受到的工业化"病态"的反应，而这种感受的根据是人与自然关系的分离，生命支持系统的扰动，或者传统社会结构的崩溃，这些因素都间接地影响到人类对环境质量资源的看法。因此，环境价值从来不是静态的，而是相对于世界经济、生活水准的起落及其环境影响或升或降。随着世界持续增长期(19世纪90年代、20世纪20年代、50

年代后期和 70 年代早期）的结束，对新技术的效应和工业扩展步伐的效应所涉及的环境代价有了更加清楚的认识。此外，随着人们越来越相对富足，他们才有能力将注意力转向非物质的价值。

文化组群空间分化的结果是，即使在同一时期，关于基本自然资源也没有完全一致的定义；在一种社会中具有很高资源价值的东西，在其他社会很可能只是"中性材料"。评价资源的方式在空间上也千差万别。然而，现代通讯系统和世界经济体系中所有国家之间日益增加的相互依赖，已使金属和能源矿产的定义显著地趋于一致；现在这些资源在很大程度上是按照发达国家的技术和需求来定义的。迄今占优势的资源价值评价很少考虑诸如景观和自然生态系统那样的环境质量资源。现在已充分认识到，自然环境要素的文化意义在各社会之间显著不同，对那些满足美学需要的资源所赋予的价值或优先权，与一个国家的物质财富大有关系。

虽然在个别社会中，对自然保护、景观的重要性或对河流和大气的质量，会有某些广泛认同的概念，但对特定的环境组分却不一定有一致的价值判断。对某个人可能是具有真正重要价值资源的组分，对另一些人则可能是代价高昂的阻碍或者是毫不相干。例如，沼泽地的积水地段，生态学家和鸟类看守人会看成至关重要的自然保护区，农民会看成降低农业生产力的无用之地，而对失业的城市居民来说则根本不相干。正是这些价值判断的区别，成为当前关于环境资源之利用和配置有如此众多冲突的核心问题。

（2）不可更新资源的本质特征

不可更新资源最终可利用的数量必然存在某种极限，虽然我们既不知道这个极限在何处，也不知道如果达到这个极限时所剩余物质是否仍可看作资源。不可更新资源有两种：一种是使用后就消耗掉了的，另一种是可循环使用的。这两种不可更新资源的本质特征有所不同。

使用后就消耗掉的不可更新资源包括全部化石燃料，其当前的消费速度必然影响未来的可得性。因此一个关键的管理问题是：时间上最佳的利用速率是什么？这个问题并没有公认的简单答案。

可循环使用的不可更新资源主要是金属矿产资源，大多数金属能重复使用很多次而只有少量损失，例如回收废弃的铁制工具，熔炼后再做成铁制工具。当然，生物资源有时也可以循环利用，但是利用价值很可能会降低，例如回收的废纸经过处理做成纸浆生成再生纸，回收的旧棉絮处理后可以生产低等棉织品等。

（3）可更新资源的本质特征

可更新资源有两种：一种是似乎独立于人类活动的可更新资源，即恒定性资源；一种是当使用不超过其繁殖或再生能力时可无限更新的可更新资源，即临界性资源。

相当一部分可更新资源属于临界性资源，都可能被掠夺到耗竭的地步，甚至即使全部掠夺活动已经停止，供给流也不可能再自然恢复。依赖生物繁衍的大多数可更新性资源都属此类。当植物、动物和鸟类群落变得稀少而分散时，它们就不仅不能繁衍，而且会使捕食者更加脆弱。众所周知，过度捕捞、狩猎以及污染、破坏生境，已经严重地降低了很多物种的更新能力，甚至导致一些物种灭绝。

土壤和蓄水层也属于临界性资源。土地一旦被过度使用和误用到由于土壤侵蚀、盐碱化和沙漠化而退化，就决不能保证在与人类活动相应的时间尺度内发生恢复过程，无论自然的恢复还是人工恢复。联合国最近承认，其防治荒漠化计划已经不能控制退化过程，不能恢复重要地区受损害的土地，这清楚地表明，土壤实际上可因人类利用而从可更新资源转变为不可更新资源。同样，蓄水层具有残留物特征，是过去气候状况的产物，它们也可能被开发到耗竭的程度，绝无希望在几百年内恢复。

非临界性的可更新资源尽管有人类活动干预也仍然可更新，但是其中某些会由于过度利用而暂时耗竭。河中的水流会由于过度提取而减少，水体降解废物的能力会由于太多的营养物和污水注入而丧失，地方大气资源的质量会由于污染物的排放而降低。在所有这些情况中，流量和质量水平都是自然形成的，而且一旦使用速率控制在再生或同化能力之内就可迅速恢复。当然，某些污染物的生物降解非常缓慢，环境的同化能力只是在很长的时间里才是可更新的。

可更新资源耗损和退化的许多问题之所以恶化，是因为它们常常被视为公共财产或公共场所。这就是说，它们不能为任何个人或私营企业专有。传统上一直把它们看做不会耗竭的、所有人都可免费获取的资源。人对资源保护和减少污染没有积极性，所发生的技术变化一直假设它们可继续免费获取。诸如鱼、飞鸟、水和空气这样的资源都是在极大范围内不可分割的；没有哪一个用户能支配其供给、控制其他用户的数目或他们获取的数量。因此，短期内生产过度或利用过度的事情就常常发生，形成长期耗竭的危险。当然，除此而外，可更新资源压力后面的原因是复杂的，需要认识自然系统、社会经济关系、政治权力、制度障碍等方面的问题，不可能找到简单的解释和简单的解决办法。

对许多可更新资源来说，自然更新并非指有关全球自然系统内理论上总的可得性和可更新性，而是指在一定地域单元内利用速率和供给间的平衡。这些地域单元一般不是由自然划分的，而是由行政和政治决策决定的。例如，从全球尺度上看，水资源的再循环和供应并没有自然限制，水资源的供给和时空上的不平衡可通过储存和调运来解决，水的净化可通过人为干预得以加速，海水的可得性更是潜力无穷。当然，水的转移和储存对其他流动性资源(如动物、植物)的可得性与质量会有影响，从而在某种程度上限制供给的人为增加；海水脱盐与污水处理都高度耗能，则会进一步限制扩大供给的可能性。然而更为常见的情况是，供给极限是由投资不足而不是任何自然限制造成的。所以水资源稀缺是一种地区性的特殊问题，在各地的情况大不一样，反映不同的政治、制度、经济、环境和可得能源对增加流量和再利用的限制。

可更新资源的可得性其实更取决于人类的管理和利用，虽然自然资源再生过程也在起作用。对于临界性资源，为维持再生过程需要人为增加流量或进行需求管理；而对非临界性的资源(水、太阳能、风能)来说，则需要投资以便将潜在的流动性资源转换成实际的供应源。换句话说，可更新资源的可得性依赖于调控供需的政治、制度和社会经济系统，而且这个系统决定可得流动性资源在时间和空间上的分配。

3.2　自然资源稀缺的性质

3.2.1　自然资源稀缺的性质

资源稀缺是指由资源的资源有限性所引致的在经济上表现为只有通过竞争才能取得和使用资源的一种状态，其标志为资源在市场上价格的存在。自然资源的稀缺性分为绝对稀缺与相对稀缺。当全球尺度上自然资源的总需求量超过总供给量时所造成的稀缺称为绝对稀缺；在自然资源的总供给尚能满足总需求，但由于分布不均而造成的区域性稀缺称为相对稀缺。

3.2.1.1　自然资源的相对稀缺性

迄今为止，世界各地所发生的自然资源稀缺都是相对稀缺而非绝对稀缺的逼近。在国家和区域尺度上，资源稀缺、饥饿、贫困广泛存在。但是这并非意味着全球自然资源的供给已达到了极限，而是在很大程度上由自然资源在全球尺度上分布的不平衡、国际经济秩序的不合理、国家内部经济社会体制不适应、地域经济发展水平差异、社会分配不公以及其他政治、军事文化等原因造成的。自然资源相对稀缺的产生原因主要有以下几个方面：

（1）资源分布不均与经济发展差异造成的稀缺

资源利用是不平等的。首先，资源的地理分布是不平衡的。一些国家可能拥有丰富的矿藏、土地和森林，而另一些国家则可能资源缺乏。其次，经济发展阶段和资源开发的历史不同，有些国家经过长期的资源开发，已经在相当程度上消耗了本国的资源，造成国内资源的短缺。第三，经济发展水平和人口分布的差异，造成人均资源消耗大不一样，如一个美国人每年消耗的能源是一个印度人的 35 倍，消耗的水量是一个加纳人的 70 倍。总的来看，占世界人口 1/5 的发达国家消耗的资源占世界资源消耗量的 2/3。

这种资源分布、消费和生产在空间上的不一致，就会引起地区性的资源稀缺，无论是发达国家还是发展中国家都存在一定程度的资源稀缺问题。

（2）国际关系造成的资源稀缺

由于自然资源分布的不均衡，某些持有某种战略性资源的国家通过控制这种资源的出口价格等手段，影响其他地区这种资源的可得量，造成供不应求的稀缺。例如，成立于1960 年的石油输出国组织（OPEC，目前包括伊朗、伊拉克、科威特、沙特阿拉伯、阿拉伯联合酋长国、阿尔及利亚、利比亚、尼日利亚、卡塔尔、委内瑞拉、安哥拉和厄瓜多尔共 12 个成员国，根据《BP 世界能源统计 2011》，2010 年年底该组织成员石油总储量为 1.0684×10^{12} 桶，约占世界石油储量的 77.2%）的联合行动，已造成被公认的 3 次石油危机，分别发生在 1973 年、1979 年和 1990 年。

20 世纪 50～80 年代世界社会主义与资本主义两大阵营的对峙，对一些重要的战略资源实行了封锁和禁运；近年来，国际社会中存在的一些局部（如伊拉克、波黑、古巴等）的封锁和禁运，导致遭受封锁和禁运的国家或多或少面临着资源稀缺问题，有的甚至导致人民生存必需的食物、燃料等资源的匮乏。但是，国际关系中的对峙随着时间的推移会有所减缓，因而由国际关系紧张造成的资源稀缺是局部的和短期的。特别是 20 世纪 80 年代末以来，东西方对峙的局面已不复存在，世界经济的联系越来越密切，随着经济全球化，同住地球村的世界各国人民之间的交往越来越多，各国、各地区相互之间的依赖程度越来越大，这有利于解决地区性资源稀缺问题。

(3) 贫困造成的资源稀缺

欠发达国家的资源稀缺通常是与其贫困问题、生态退化问题互为因果联系在一起的。

在完备的市场条件下，资源稀缺一般是通过价格的上涨以平抑需求、刺激供给来解决。但是这个过程取决于人民能否承受得了价格上涨带来的冲击。相对而言，大多数发达国家的经济系统更接近这类完备的市场条件因而有能力做出适当的调整，以应对某些特殊种类资源的稀缺。但是在欠发达国家和地区，人们的生活水平很低，价格上涨导致人们的购买力下降，甚至影响其基本生活需求的满足。因此，价格上涨不仅不能解决稀缺问题，反而有可能使稀缺加重。不过，这种稀缺并不意味着自然的限制，而是由于经济原因及消费者缺乏有效需求以调整各种投资去克服稀缺。

对贫困地区或国家而言，当市场上的资源产品与免费的天然可用之物竞争时，改善供应就更加困难。例如，地方河流可以代替自来水，尽管河水已高度污染；在附近的荒野里樵采可以代替在市场上购买燃料。政府出于保护人民身体健康和保护环境与资源的愿望，当然不愿意公众利用这些"替代品"，但又很难投资改变这种状况，很多发展中国家为了发展农业生产和改善生活条件，还经常从非常紧张的财政预算中拨款对灌溉和生活用水实行补贴。由于所收取的水费很低，使很多人感觉节约用水的必要性不大，使用水量进一步增加，这样不仅没有缓解水资源的稀缺，反而使稀缺加重。而为了增加水资源的可得量投资建成的水利设施，收益比计划的要低得多，以至于补贴成为国家巨大的财政负担，许多国家对这些水利设施的运营和维护也不堪重负，水资源稀缺更加严重，这在中国、埃及等国家都是普遍存在的现象。

靠出口本国资源和初级产品的发展中国家，因经济问题引起的资源稀缺，其后果更严重。例如，赞比亚的国民经济在很大程度上依赖铜的生产和出口。20 世纪 70 年代大举借债进口石油和其他设备发展工业和运输系统，以便扩大铜的生产，出口创汇，偿还外债和发展经济。但是由于石油涨价、外债利息上涨，同时铜价在国际市场上下跌，更是雪上加霜。从 1977 年起出口铜矿石已不能收回成本，因而无力支付利息、购买石油、更新设备和运输系统以保持正常的生产能力。发展中国家出口的初级产品价格下降是造成出口收入降低的主要原因，使急需的工业设备、配件、能源和粮食也无力进口，局面继续恶化。

(4) 生态系统退化造成的资源稀缺

自然资源是通过生态学过程产生的，生态系统服务功能是自然资源产生的基础。但是在自然和人为干扰下，自然生态系统发生了退化，从而使生态系统服务功能降低，进而使自然资源稀缺程度增大。

生态系统退化包括生态系统的无机环境退化；生态系统的生物群落的退化。

自然生态系统的无机环境发生变化，导致可再生的生物资源数量的变化，从而使人类社会的食物资源的保障受到冲击。无机环境的变化可以是自然原因造成的(例如因降水量减少而引起的干旱，使粮食产量下降而造成食物资源稀缺)，也可能是人为原因造成的(例如人类排放污水使水体受到污染，造成鱼类等水产品产量降低；人类不合理地利用使耕地肥力下降，造成粮食等农产品产量降低）。当然，实际的生态系统无机环境质量的降低大多是自然和人为原因共同影响的结果。生态系统生物群落的退化表现为物种多样性降低、种群数量和密度降低，生物生产量下降等。生物群落的退化主要是人类活动引起的。例如森林的过度砍伐、草场的过度放牧、鱼类等水产品的过度捕捞等。

3.2.1.2　自然资源的绝对稀缺性

资源绝对稀缺论最早是由英国经济学家马尔萨斯提出的，认为人口的指数增长与自然资源的非指数平稳增长在经过一段时间后，由于自然资源的稀缺性，人口数量或迟或早将超过自然资源所承受的水平。这种资源的稀缺性表现为报酬递减，其结果是所有的自然资源都将很快被人类所占据、所利用。

区域性自然资源稀缺以及由此造成的冲突是如此普遍、复杂和严重，人们自然就会担心全球性的自然资源绝对稀缺。在自然资源是否会出现绝对稀缺的问题上，生态学家和经济学家的观点大相径庭，因而产生了与自然资源的绝对稀缺相联系的极限之争。

第二次世界大战期间，金属矿产和能源矿产的探明储量迅速耗竭；战后重建和工业复兴、经济增长所需要的这些矿产还能得到多少？这个问题曾掀起了一股忧虑的浪潮。各种报告预测着石油储量的枯竭，能源稀缺被看成重建的一大限制；1950 年时曾认为世界铁矿供给仅能维持 20 年。

但是，人类对资源短缺采取的经济和技术适应都十分迅速，使自然资源短缺危机的到来被有效推迟，甚至自然资源的供给量不断增加而使稀缺程度得到缓解，给一部分人留下了全球性自然资源的绝对稀缺不会发生的印象。然而，自然的极限是客观存在的，目前自然资源的消耗速率却不断增大，因此，大多数人仍然相信资源稀缺迟早会出现，甚至会导致经济崩溃。

（1）增长的极限

持全球自然资源将会达到绝对稀缺观点的人们，大致有"太空船地球说""热寂说"和"世界模型 3"几种理论。

"太空船地球说"是从全球物质循环的角度来说明自然资源绝对稀缺的，该假说认为：地球就像一艘太空船，它是一个封闭的系统，其自然资源和环境容量都是有限的，而以此为基础的人口数量和经济总量迄今仍呈无限增长趋势，这是一个根本性的冲突。如果这种冲突得不到调和，迟早会导致地球生命支持系统的崩溃。从该理论中可以得到以下结论：①地球上的自然资源是有限的，人类经济活动从自然界中获取自然资源的速率越低，自然资源绝对稀缺的到来就会越晚；②自然资源利用后形成的废弃物不能离开地球，根据物质不灭定律，从自然界中取得多大质量的物质，就会向环境释放多大质量的废弃物；③人类活动可以改变自然界中的物质形态和位置，例如把自然界中的物质变成对人更有用的物质，把有害的废弃物变成无害的物质或者把有害物质存放在远离人类活动的地方；④物质的循环利用对于减缓自然资源的稀缺非常重要，通过循环利用提高了原材料的利用效率，就可以减少从自然界中获取自然资源的量，同时也减少向环境排放废弃物的量。

"热寂说"是从全球能量流动的视角来看自然资源绝对稀缺。热力学第二定律指出，所有正在转变其形式的能量都倾向于转变成热能而消散。热力学第二定律也可以表述为：在一个封闭系统中，当任何过程中所有的贡献因子均被考虑时，熵总是增加的，而且是一种单方向的不可逆过程。于是系统从非均衡状态趋于均衡状态，从有序到无序。根据这个定律预言作为一个巨系统的宇宙，其熵会不断增加，意味着越来越多的能量不再能转化成有效能，一切运动都将逐渐停止，宇宙将走向"热寂"地球和太阳有着有限的能量交换，但并无物质交换，因此地球实际上是封闭系统，也必然遵循热力学第二定律。这并不是说地球的热寂就在眼前，而是要指出，我们现有的由矿物燃料和特殊金属组合构成的物质能量基础正在濒临枯竭，需要我们向新的物质能量领域转变。历史进程中每种新的物质能量基础都有与之相适应的技术类型，与新技术一道应运而生的还有新的社会组织、新的价值观和世界观，要求人类社会按照新的方式组织生产与生活，从而影响整个社会的面貌。熵定律似乎使人沮丧，哥白尼宣布宇宙的中心不是地球时，很多人同样地感到沮丧，可是人们终于设法适应了现实。熵定律只是为地球上生命和人类的游戏规定了物理规则，然而究竟怎样做这场游戏，还取决于人类的行为。

罗马俱乐部 1972 年发表的《增长的极限》中，将世界系统用一个计算机模型（世界模型3）来模拟未来。这个模型包括：可供耕作之土地数量的极限；单位面积耕地农业产量的极限；可开发的不可再生资源的极限；环境同化生产和消费产生的废弃物能力的极限。对世界人口和经济增长若干方面的统计分析表明，生物系统、人口系统、财政系统、经济系统和世界上其他许多系统都有一种共同的指数增长过程。他们还在对这些系统共同构成的世界系统作了系统动力学模拟后看出，任何按指数增长的量，总以某种方式包含了一种正反馈回路，即某一部分的增长引发另一部分的增长，反作用到这一部分又导致更快的增长。正反馈造成恶性循环，使增长失去控制。而支撑地球上人口、经济等系统增长的自然资源和吸收这些系统增长排放的废弃物的能力却是有限的，它们将最终决定增长的极限。模型研究得出以下结论：①如果世界人口、工业化、污染、食物生产和资源消耗保持目前的速率，地球将在今后 100 年中的某个时候达到增长的极限，结果是人口和工业能力突然且不可控制地下降。②改变这种增长趋势，并建立生态和经济稳定的条件，就能够实现可持续地发展的未来。要达到全球均衡状态，这就是，地球上的每个人的基本物质需要得到满足，有同等的机会去实现个人的潜能。③如果全球所有人都决定为实现可持续发展而不是无限增长而努力，那么行动越早，成功的机会越大。

（2）没有极限的增长

考察人类社会发展的历程，经济发展水平是不断提高的，直接的表现是在全球总人口爆炸性增长的条件下，人均物质产品的占有量也在增加，世界范围内人民物质文化生活水平得到了极大的提高。这样，关于增长的极限的论断在事实面前似乎已经不攻自破了。因而造成一部分人特别是经济学家对全球性自然资源的绝对稀缺持否定观点，在自然资源问题上给世界以乐观的未来图景。他们认为增长是没有极限的，其理论主要包括：历史外推论、市场响应论和耗散结构论等。

①历史外推论　西蒙在《没有极限的增长》一书中宣称，历史和现实都表明：人类的资源没有尽头，生态环境日益好转，环境恶化只是工业化过程中的暂时现象，未来的食物不

成问题，人口将会自然达到平衡。西蒙认为，用数学模型的方法预测世界的未来往往与实际相去甚远，历史外推法才是最切合实际的。

衡量自然资源是否稀缺的最可靠数据是长期的经济指数，最恰当的指标是获取自然资源的劳动成本以及资源相对于工资和其他商品的价格。而迄今的这些数据和指标都表明，自然资源稀缺的状况一直在趋向缓和。环境污染的问题当然有，但总的看来，我们现在的生活环境与历史上相比较，不是趋于恶化，而是更清洁、更卫生。至于人口问题，当然，每增加一个人，必然要消耗资源。但新增的人也是一种有利因素，他可以为社会提供劳动，从而生产商品、增加资源，为净化和美化环境做出努力；更为有价值的是，他通过自己的创造力可以提供新思想，改进技术和工作方法，从而提高社会的劳动生产率。事实上，新增人口的生产大于消费，对于自然资源也是如此。

这些观点过分相信科技进步对于克服自然资源极限的作用，因而被称为"技术丰饶论"，相信技术丰饶论的人又被称为技术乐观主义者。正如西蒙所言："最大的可能是凭借现有的知识和将要增长的知识，我们和我们的后代能够获得所需要和渴望得到的原材料，其价格相对于其他物品和我们的收入，比过去任何时候都要低……"

②市场响应论　人类对自然资源的需求和供给都要通过市场来实现，而市场体系会对极限自动作出响应。

以煤炭资源为例，在完备的市场条件下，当市场上煤炭资源的供应量远小于需求量时，煤炭价格就会上涨，通过减少需求量和增加供应量来实现供需平衡。

减少需求量的途径主要有 2 个：一是当煤炭资源因稀缺而价格上升时以煤炭作为原料的生产企业生产成本增加，企业为了控制成本，可能采取先进的技术(主要是能更充分利用煤炭的节煤技术)来降低单位产品的耗煤量。这样便在生产规模不变的情况下，降低了煤炭资源的需求量。二是当煤炭资源价格上涨时，以煤炭资源为原料的企业经营者选择煤炭资源的替代品(例如石油、薪炭等)为原料，从而在不影响企业生产的情况下，通过降低企业对煤炭资源的消耗，从而降低全社会煤炭资源的需求量。减少煤炭资源的需求量实际上是在煤炭资源稀缺的情况下，利用煤炭资源的经济实体在新的煤炭价格下不用或少用煤炭资源实现供需平衡，克服煤炭资源的稀缺。

增加供给量的途径也主要有 2 个：一是煤炭价格上涨会刺激煤炭资源勘探的积极性并促进勘探技术的发展，勘探热情高涨的人们在更加先进的勘探技术的帮助下，会使煤炭资源的探明储量大大提高，也可能找到更加容易开采的煤炭资源，这就增加了煤炭资源的供给量。二是煤炭价格上涨时原来开采起来不经济的矿藏变成经济的，例如，原来比较薄的煤层开采成本高于市场价格，市场价格提高后开采成本低于市场价格，原来不值得开采的煤层也值得开采了，这就会增加煤炭资源的开采和供应量。经济系统运作的这种自动响应机制也使自然资源的绝对稀缺不会很快到来。

③耗散结构理论　针对宇宙将走向"热寂"和地球将走向无序的熵值增加理论，一些研究地球未来的学者应用耗散结构理论对其进行了反驳。耗散结构理论的核心内容：任何远离平衡状态的开放系统，都能在一定条件下通过与外界的物质、能量交换而发生非平衡相变，实现从无序向有序地转化，形成新的有序结构，即耗散结构。

人类生存于其中的自然地理环境系统本身以及人类社会与自然环境构成的自然经济社会复合生态系统都不是封闭系统，而是能够与外界不断进行物质、能量、信息交换的开放系统。这些系统通过与外界的物质、能量交换，能够获得负熵流使系统的熵值不增加，甚至减少。这样就能保持系统远离平衡状态而产生有序、稳定的结构即耗散结构。耗散结构要求不断地消耗来自外界的物质能量，同时不断地向外界扩散消耗的产物，所以是一种活的有序结构，其产生有序结构的运动过程就是自组织现象。自然经济社会复合生态系统是具有典型的远离平衡状态的耗散结构系统，不仅在于自然地理环境系统不断地与外界(地外系统和地内系统)交换物质和能量(地壳内的岩浆进入地表与地表的岩石进入地下变成岩浆、地外的太阳辐射能到达地表与地表的长波辐射进入宇宙空间等)，而且由于人作为智能生物，具有一定的识别和调控负熵的能力，并会不断提高这种能力。因此，自然地理环境系统和自然—经济社会复合生态系统不会走向无序，而是将更加进步、高级。自然地理环境中的自然资源不会被耗竭，人类的未来是光明的。

3.2.2 自然资源的稀缺与冲突

自然资源的稀缺和冲突已成为当代全球性的问题。尽管目前自然资源消耗和废物产生的规模已经十分庞大，但是一方面世界人口仍在迅猛增长而另一方面人口占世界绝大多数的发展中国家也希望快速发展经济，达到发达国家人们的生活水平，因而自然资源的需求量将更大。特别是发展中国家快速发展经济的目标将仍是通过工业化的途径来实现，并且很可能走发达国家工业化初期先污染后治理的老路，这种低水平的经济发展将造成资源的高速消耗和污染物排放量的急剧增加，因而自然资源的稀缺和环境退化的挑战将长期存在。

3.2.2.1 资源争夺的原因

加拿大地理学家布鲁斯·米切尔曾在《资源与环境管理》一书中论述到，在快速条件变化、巨大复杂性和高度不确定性情况下，对环境或自然资源进行"管理"是用词不当。于是主张，我们应当聚焦于管理人类与环境及自然资源之间的相互作用。如果接受这后一种主张，那么多数"环境与自然资源管理"就成了对冲突的管理。这种情形之所以出现，是因为社会中正常地存在着价值观利益、信念、预期和优先权各不相同的个人与团体。而且，彼此间即便不是水火不容的，也至少经常性地存在着紧张关系。在极端情况下，不同的利益及期望之争会引发国内或国家间的武装冲突。同时将产生冲突的根本原因分为4个方面：①知识或认知上的差异；②价值观的差异；③利益和代价分配上的差异；④因不同利益集团的性质和处境而产生的差异。

而具体到现实中，由于存在着区域性的自然资源稀缺，世界各国之间(特别是邻国之间)或同一国家的不同地区之间为掠夺自然资源而进行的局部冲突和战争时有发生。国家或地区之间的冲突和战争不可避免地会造成人员伤亡和财产损失，因此，一般情况下，各国、各地区都愿意依靠本国的自然资源来满足需求。但随着这些国家或地区内部的自然资源消耗而逐渐走向枯竭，必然会把攫取的目光转向周边国家和地区。

除了地区性的自然资源稀缺这一原因之外，还因为有许多自然资源的主要来源地或储藏地由两个或更多的国家共有，或者是位于有争议的边界地区或近海经济专属区。在某种自然资源稀缺时，国家或地区政府自然会设法最大限度地谋取有争议地区的和近海的储藏，从而与邻国发生冲突的危险随之增加。这种事情即使在所涉及的国家相互之间比较友好的情况下，也具有潜在的破坏性；而如果这种冲突发生在已经敌对的国家之间，就像在非洲和中东的许多地区那样，则对重要资源的争夺很可能是爆炸性的。

　　资源争端可能源于某一跨国资源（例如，大流域系统或地下储油盆地）的分配。尼罗河流经 9 个国家，湄公河流经 5 个国家，幼发拉底河流经 3 个国家。流域上游的国家始终处于能控制下游国家河水流量的有利地位。当上游国家利用这种优势而牺牲下游国家的利益时，冲突就可能发生。同样，如果两个国家跨在一个大型储油盆地上，并且其中之一抽取与石油总供给量不成比例的较多石油份额，那么另一个国家的石油资源就受到侵害，并由此引发冲突。事实上，这就是 20 世纪 80 年代后期伊拉克和科威特关系紧张的一个主要因素。伊拉克声称科威特正在从两国共享的鲁迈拉油田抽取超过其应有份额的石油，因此妨碍他从 1980—1988 年的两伊战争中恢复过来。沙特阿拉伯和也门在鲁卜哈利沙漠的边界不清，为争夺双方共享的石油资源也发生过冲突。第二种类型的冲突归因于对能源或矿产资源蕴藏丰富的近海地区权利主张有争议。《联合国海洋法公约》允许临海国家有主张最多 200 海里（1 海里 $= 1.852$ km）的近海专属经济区的权利，在此专属经济区内享有唯一的开发海洋生物和海底资源储藏的权利。这一制度可在开放型广阔海域上推行，但如果几个国家与一个内陆海（例如里海）相邻，或相邻于一个相对狭小的海域，则会引起摩擦。各国要求的海上专属经济区往往会交错重叠，引起对于近海边界划分的争端。

　　争端还可能产生于对重要资源运输必经通道（例如波斯湾和苏伊士运河）的权利之争。全世界消耗的石油中，有很大比例是通过波斯湾运往欧洲、美洲和日本的，对波斯湾航线权利的争夺不可避免。

3.2.2.2　冲突的化解方法

　　环境评价最常见的特点就是冲突与争执，这是不同价值与利益不可避免的结果，存在于与土地、水和其他自然资源的使用和管理相关的多元社会中。争端的化解之所以常常难以实现，是因为有两个相互关联的原因：首先，发展的收益和代价分配不均，且包含难以评估和比较的无形事物；其次，经常涉及受影响和获利的多方，他们又具有不同的观点和解释。当在资源分配或与环境有关的事务中产生冲突时，至少有 4 种处理冲突的途径：政治途径；行政途径；司法途径；替代性争端化解途径。这些途径并不一定相互排斥，往往可以联合使用。

　　（1）政治途径

　　涉及选出来的决策人，他们要考虑相竞争之价值及磁的范畴，然后做出某种决定。在这种途径中，决策人一般不是资源和环境管理专家，但他们必须得到来自公共服务机构中技术家的建议。此外，他们可以通过各种参与性机制努力让公众参与，听取公众的需求、期望与喜好。在民主制度下，决策人对所有的委托人都负责。然而，由于可获得的财政和其他资源的差异，并非所有的委托人都是平等的。结果，某些委托人对决策可能有不相称的影响。在腐败盛行的地方，选出的决策人并不会致力于平衡各方利益，而是专注于所倾向的一小部分人的利益。不仅如此，决策人与受其决策影响最大的地方和人群相距甚远，对特定的地方情况不可能总是了如指掌或反应灵敏。当然，如果决策人是在地方上选出来的，后面这一点就不太重要。

(2)行政途径

建立在资源与环境管理机构中，让官僚来对某些类型的争端做出决策。这样，一个地区或区域的管理者可以有权力把争执的各方聚在一起，听取他们的看法，考虑技术专家提供的信息，然后做出某种决定。协同管理的情况下，可以让将受该决策影响的人们来分享或代表权力。一般而言行政途径最适合于与战略决策类型相对的所谓常规决策类型。如果受决策影响的人们对结果不乐意，通常就会诉诸管理系统中更高层次的管理者，或诉诸选出的政府官员如同政治途径一样，如果存在腐败，那么所做的决定不一定能反映对系统中所有利益的考虑。

(3)司法途径

涉及诉讼和法庭。这种途径适合于争执各方固守其立场，甚至对其他参与者感到愤怒，以致不愿会见其他争执方以便努力达成解决办法的情况。司法途径有权力(警察)确保人们参与听证，一旦做出决定，有权力强制性执行(罚款、服刑判决)。司法途径建立在已演进了若干世纪的各种程序和指南之上，注重实事、先例、程序和辩护，具有高度可辩解性，因为可上诉较高层次的法院。

尽管司法途径有众多优点，它也有一些不利之处。主要弱点在于对抗性、耗时及昂贵。对抗性意味着对立各方不愿努力相互协商以解决问题，而是仅陈述于己有利的信息，不信任支持对方利益的信息和观点。这一过程很可能既耗时又耗资，使无钱雇用法律专家的某些争执方难以参与。即使他们能请到法律顾问，这些顾问也不能与其他争执方所雇佣的法律团队和其他技术顾问相匹敌。

对许多人而言，司法途径的另一个不利之处是，它通常导致赢家和输家，即法庭裁决结果常常是一方胜而另一方败。司法系统有足够的执行手段(罚款、关押)来保证法庭裁决的执行，但这种决策往往产生明显的恶意，使将来的合作更不可能。所以，司法途径因其众多长处将永远为化解争端所需要，承认这一点固然重要，但就像其他途径一样，它也有其明显的弊端。

(4)替代性争端化解(ADR)途径

该途径是响应于司法途径所出现的弊端以及众多社区中对资源环境管理的参与和地方权力日益增长的呼声而出现的，替代性争端化解途径试图避免司法途径中的对抗和胜败对立结局。ADR的主要特征：①对各种利益和需要的关注超过对地位和先例的关注；②劝说而不是强迫；③承诺共同的协议而不是强制解决；④建设性的交流并增进相互理解，而不是否定性的批判和急切地辩护或捍卫利益；⑤由于共同承诺，所达成的解决方案具有持久性；⑥有效分享和使用信息；⑦更大的灵活性。ADR这些特征，表达了一种始终不可能实现的理想状态，有时要求满足一些不可能满足的先决条件。例如，利益不同且冲突的人们可能并不想见面以分享信息，并不想努力达成长久性的解决方案。这样与司法途径相比，ADR并不必然就成为一条化解冲突的更好途径。

ADR 有 4 种类型：①公共咨询；②协商；③调解；④仲裁。且从公众咨询到仲裁是一个连续系统，其中的过程变得越来越有组织，而参与者则越来越放弃对该过程的控制。哪一种 ADR 较适合？这取决于冲突各方之间关系的历史，尤其取决于是否愿意自愿地走到一起来努力达成一个持久且有利于所有各方利益的解决方案。

3.3 可持续性

3.3.1 "可持续"的含义

"可持续"作为一个明确的概念，至少在 1972 年就形成了，当时提出了"可持续的社会（sustainable society）"。世界环境与发展委员会于 1987 年在《我们共同的未来》报告中正式提出"可持续发展"这一概念，其定义是："可持续发展是既满足当代人的需要，又不损害后代人满足其需要的能力的发展。"从此以后，关于"可持续发展"和"可持续性"的定义如雨后春笋般激增，迄今已出现了数以百计的定义。虽然这些定义不尽相同，但都包含了几个重要的含义：

①理想的人类生存条件　即满足人类需求的、可永续存在的社会，尤其是世界上贫困人民的基本需要必须特别优先得到满足。

②持久的生态系统状况　即保持自身承载能力以支持人类和其他生命的生态系统。

③公平性　不仅在当代人与后代人之间，也在各代人内部，平等地分配利益和平等地承担代价。如果在发展政策中忽视资源分配问题(代间分配和代内分配)，则不能实现可持续发展。可持续发展在很大程度上是资源分配问题，狭义的可持续性意味着对各代人之间社会公平的关注，但还必须合理地将其延伸到对每一代人内部的公平的关注。

"可持续发展"或"可持续性"已成为世界各国制定经济和社会发展目标的普遍共识，无论是发达国家或发展中国家，也无论意识形态和社会制度如何。

3.3.1.1 人类的需求与发展

(1)两种倾向应当扭转

发展中国家大多数人的基本需求——粮食、衣服、住房、就业没有得到满足。他们有权利要求这些基本需求得到满足，同时也有正当的理由要求提高生活质量。一个充满贫困和不平等的世界将易于发生生态危机和其他危机。资源的可持续利用要求满足全体人民的基本需求，要求给全体人民机会以满足他们提高生活质量的愿望。

发达国家很多人的生活超过了世界平均的资源和生态条件，例如能源消耗和其他消费，如果按目前美国的人均标准，世界只能维持 10×10^8 人口，其余 50×10^8 人口生存的权利就被剥夺。人们对需求的理解是由社会条件、经济条件和文化背景决定的，只有各地的消费水平控制在长期可持续性限度内，全体人民的基本生活水平才能持续。资源的可持续利用要求促进这样的观念，即鼓励在生态可能的范围内的消费标准，所有的人都可以合理地向往的标准。

(2)满足需求与发展

满足基本的需要在一定程度上取决于实现全面发展的潜力。显然，在基本需求没有得到满足的地方，资源的可持续利用要求实现经济增长（主要表现为人均国内生产总值 GDP 的增长）。在其他地方，若增长的内容反映了可持续性的一般原则，又不包含对他人的剥削，那么这种经济增长与资源的可持续利用是一致的。但在有些地方，经济增长并非就是可持续发展，当高度的生产率与普遍的贫困共存，当经济增长以破坏资源和环境为代价，就谈不上是可持续发展了。因此，可持续发展要求社会从两方面满足人民需要：①提高生产潜力；②确保每人都有平等的机会。

3.3.1.2 限制因素及其可持续性

（1）人口

人口增长会给资源增加压力，并且在掠夺性资源开发普遍发生的地区影响到生活水平的提高。这不仅仅是个人口规模的问题，也是个资源分配的问题。只有人口发展与生态系统变化着的生产潜力相协调，可持续发展才能够进行下去。

（2）环境

人类社会的发展，尤其是技术发展能解决一些迫在眉睫的问题，但却会导致更大问题的出现。盲目地发展可能会危害许多人的利益。在发展过程中，人类对自然系统的干扰越来越大，从原始的狩猎—采集到定居农业、水道改向（灌溉）、矿物提炼、余热和有害气体排入大气、森林商业化、遗传控制核能利用等，都是人类干扰自然系统的例子。不久以前，这类干扰还只是小规模的，其影响也是有限的。但现在的干扰在规模和影响两方面都更加强烈，并从地方到全球各种尺度上严重威胁生命支持系统。这已对发展的可持续性构成威胁。可持续发展不应危害支持地球生命的自然系统：大气、水、土壤和生物。

（3）资源

资源的开发利用一般是有限度的，超过这个限度就会发生生态灾难。能源、材料、水及土地等资源的利用都有自己特定的限度，其中许多以资源基础的突然丧失的形式表现出来，有些则以成本上升和收益下降的形式表现。知识的累积、科学技术的发展等会加强资源基础的负荷能力，但最终仍有一个限度。可持续性要求，在远未达到这些限度以前，全世界必须保证公平地分配有限的资源和调整技术上的努力方向，以减轻资源的压力。

①可再生资源 经济增长和发展显然会牵涉到自然生态系统的变化。对森林、渔业这样的可再生资源，利用率应控制在再生和自然增长的限度内，否则就会趋于耗竭。土地资源就其肥力而言，只要利用得法，也有恢复的能力。多数可再生资源只不过是复杂的相互联结起来的生态系统的一个组成部分；应考虑开发对整个生态系统的影响，必须明确最高的持续产量，例如最高森林采伐量、最高捕捞量、最高土地产量（不引起土地退化和负边际报酬）。

②不可再生资源 对化石燃料和矿物原料这样的不可再生资源，显然，今天利用多少，将来子孙们可利用的储存量就减少多少，但这并不意味着不能利用这种资源。然而，应确定一个持续的耗损率，这就需要考虑那种资源的临界性，可将耗损减少到最小程度的技术和可利用性，以及可替代资源的可行性。对化石燃料来说，其耗竭的速度，以及循环利用和节约利用方面，都应制定一定标准，以确保在得到可接受的替代物之前（例如，H_2 代替化石燃料，目前是不现实的），资源不会枯竭。总之，资源的可持续利用要求，不可

再生资源耗竭的速率应尽可能少地妨碍将来的选择。

③物种多样性　经济增长和发展趋向于使生态系统简化和减少物种的多样性。而物种一旦灭绝，它们就不可再生。动植物物种的丧失会大大地限制后代人的选择机会，所以资源的可持续利用要求保护动植物物种。

④大气和水　人类经济社会发展至今，一直认为大气和水是取之不竭，用之不尽的，是所谓自由财富。但它们也是资源，也有限度。水的稀缺在许多地区已成限制发展的重要因子；此外，大气、水体容纳生产过程中废弃物的能力也是有限的，不能超过自净能力。资源的可持续利用要求：为了保持生态系统的完整性，要把对大气质量、水和其他自然因素的不利影响减小到最低程度。

以上只是概括地叙述了资源的可持续利用的含义，强调了"需要"和"限制"两方面的概念。但资源耗竭和环境压力等许多危机问题现在之所以产生，往往不是由于缺乏资源，或受环境限制，而是由于经济和政治权利的不平等。因此，要做到资源的可持续利用，还必须强调另一个概念——平等。"满足需要"基本上是经济的概念，"减缓限制"是生态的，而"平等"则是社会的。

3.3.1.3　平等与共同的利益

（1）国际不平等

20 世纪 70 年代人类意识到资源与环境问题没有国界，因而提出"只有一个地球"的口号；但这唯一的地球上，却存在多个世界——至少可以区分出贫穷的发展中世界和奢侈的发达世界。每个社会、每个国家为了自己的生存和繁荣而奋斗，很少考虑对其他国家的影响。富国消耗了过多的地球资源并向环境排放了过多的废物，穷国的人们为了生存又往往不得不过度砍伐森林、过度放牧、过度开垦。两方面都损害着共同依赖的唯一的生物圈，危害着人类共同的利益。

按目前的国际、国内政治经济秩序，要维护共同利益是很难的。因为行政管辖权限的范围与环境影响所及的范围不一致。在一个管辖范畴的能源政策造成另一管辖范围内的酸性沉降，一个国家的捕捞政策影响到另一个国家的捕捞量。

商品的对外贸易使环境容量和资源匮乏问题成为国际性问题，如果能平等地分配经济成果和贸易收益的话，共同利益就能普遍地实现。但目前的国际贸易秩序是不平等的初级产品的低价，不仅影响了这些生产部门，而且影响了主要依靠这些产品的许多发展中国家的经济和生态。

（2）国家内部不平等

这种性质的不平等也处处可见，一个工厂可能排放了浓度不可接受的废气和造成了水污染而不予追究，因为首先受害的是穷人，他们不能有效地申诉。一片森林可能由于乱砍滥伐而遭破坏，因为生活在那里的人们没有选择的余地，或者因为木材商比森林中的居民更有影响力。

生态系统的相互作用不会尊重个体所有制和政治管理权的界限，于是，在一个流域上游农民的土地利用方式会直接影响到下游农场的径流量；一个农场使用的灌溉方法、农药和化肥会影响邻近农场的生产率，特别是邻近的小农场；工厂排放的煤烟和有毒化学品直接影响附近居民的健康；热电厂排入河流或海洋的热水会影响当地渔民的捕捞量。在所有的人都在继续追求狭隘的自身利益时，就不可能实现共同的利益。

(3)不平等是限制资源的可持续利用的障碍

资源分配的不公平产生许多问题。不公正的土地所有制结构使人口密度过大的地区导致过度的资源开发，不仅使资源基础受损，也对环境和发展两方面造成有害的影响。从国际上看，对资源的垄断控制会驱使那些没有参与垄断的人们过度开发稀缺资源。

另外，当某一系统临近生态极限时，不平等变得更加尖锐。这样，当流域环境恶化时，贫苦人由于居住在易受危害的地区，而比居住在环境优美地区的富有者更易遭受对健康的危害；当矿产资源枯竭时，工业化过程的后来者丧失了取得低成本供应的利益；在对付可能的全球气候变化影响上，富国在财政和技术上处于比较有利的地位。

因此，我们没有能力在资源的可持续利用过程中促进共同的利益，往往是国家内部和国家间忽视了经济和社会平等的结果。资源的可持续利用的概念不仅支持"只有一个地球"的口号，还提出"只有一个世界"的口号，以倡议平等，维护可持续发展。世界环境与发展委员会的总观点就是"从一个地球到一个世界"。

3.3.2 自然资源可持续利用战略

可持续性的蓝图将不是唯一的，因为各个国家的经济和社会制度，以及生态条件都很大差异。每个国家必须制订出自己的具体政策。然而，尽管有这些差异，可持续性应作为一个全球目标，是各国制定环境与发展政策的原则基础，一些主要的目标在各国都是一致的。

3.3.2.1 消除贫困与恢复增长

2015 年 9 月通过的《2030 年可持续发展议程》包括 17 个可持续发展目标和 169 个具体目标，可持续发展目标中的第一个就是"在全世界消除一切形式的贫穷"，在其下设的 7 个具体目标中，第一个目标是"到 2030 年，在世界所有人口中消除极端贫穷"。

如前所述，发展的可持续性应致力于解决那些生活在绝对贫困中的许多人的问题，应满足他们最基本的需要。贫困既违反资源可持续利用中"满足需要"的概念；又导对资源利用上的短期行为，加重资源与环境限制；同时也是最大的不平等。因此，资源可持续利用的第一个目标应是消除贫困。

(1)发展中国家

绝对贫困多发生在发展中国家，1990 年，世界银行选取当时一组最穷的国家贫困线，采用购买力平价换算成美元，通过计算出平均值将贫困线设定在每人日均 1 美元左右；2005 年，世界银行进行了新一轮更大规模的国际可比性价格数据收集。此后，世界银行根据新的购买力平价数据和当时 15 个最穷国的国家贫困线的平均值在 2008 年将国际贫困线上调到每人日均 1.25 美元；2015 年 10 月 4 日，世界银行宣布为反映近十年来全球不断上升的生活成本，世行按照购买力平价计算将国际贫困线标准从此前的每人日均 1.25 美元上调到 1.9 美元。现在全球超过 40% 的极端贫困人口生活在撒哈拉以南非洲。该地区极端贫困人口占本地区人口比例仅由 1990 年的 57% 下降到 2015 年的 41%，并没有实现极端贫困人口比例减半目标。且由于这一地区人口总量的增长快于减贫、经济增长乏力、自然灾害频发等原因，极端贫困人口数量由 1990 年的 2.91×10^8 人，增加到 2015 年的约 3.66×10^8 人。

从地理分布的角度看，全球贫困人口主要集中在农村地区。发展农业生产对发展中国家减贫来说十分重要，否则高的经济增长率不一定能达到减贫的效果。例如，印度 20 世纪 80 年代经济增长率为 6%，但是由于农业发展缓慢，不能有效地吸纳劳动力，贫困问题没有因此得以缓解。所以应当提高经济增长率，大力发展农业生产。加快经济增长速度是摆脱贫困的一项长期战略。实践证明，保持高速经济增长，可以提高居民人均收入和生活水平，减少生活在绝对贫困之中的人口总数。

（2）工业化国家与世界经济

然而，发展中国家是世界经济的一部分，与其他部分是相互依赖的，因此它们的繁荣也取决于工业化经济增长的水平和形式。国际金融机构认为，如果工业化国家要在促进世界经济中发挥作用，其必要的最低增长率应为 3%～4%。如果工业化国家能在减少原料密集和能源密集的活动方面以及在提高原料和能源的效率方面继续目前的转变的话，这样的增长速度从环境上讲是能够持续的。工业化国家可以而且应该为振兴世界经济作出贡献。

由于工业化国家将使用较少的原料和能源，因此他们为发展中国家提供的商品和矿物市场趋于减少，这显然会影响发展中国家的经济增长。另外，如果发展中国家集中力量消除贫困和满足人类基本的需要，那么国内对农产品、工业品和服务的需求将增加，国内市场趋向扩大。所以，可持续发展意味着增加对第三世界国家的内部刺激以促进经济增长。

尽管如此，许多发展中国家内部的市场是很小的。即使国内市场较大的发展中国家，例如中国，也有必要加速出口，特别是非传统商品的出口，从而给进口提供资金。这种进口对迅速发展和促进增长是十分必要的。因此，为了促进可持续发展，有必要调整国际经济关系。"南南合作""南北对话"就是这种调整的反映。

3.3.2.2　改变增长的质量

经济增长是资源的可持续利用的关键，但可持续发展包括比增长更多的内容，它要求改变增长的性质，降低原料和能源的密集程度，以及更公平地分配发展所带来的利益，各国都需要把这些改变当作贯彻可持续发展原则的部分措施，以保持自然资源的储备、改进收入分配和减少经济危机的脆弱性。

（1）保持自然资源储备

保持经济发展所必需的自然资源储备，是持续的经济发展过程的基础。但在迄今的经济增长机制中，无论是发达国家或发展中国家都很少做到这一点。例如，按照惯例木材价格减去采伐费用所余全部成了林业收入，很少将树木重新生长起来的代价计算进去更没有把森林退化所产生的环境损失计算在内。自然资源储备只有损耗、没有补充。在开发其他自然资源方面也有类似情况，特别是企业或国家账目上没有统计的资源，如空气、水和土壤。这就使可更新自然资源储备也呈减少趋势，这样的增长是不能持续的。因此，所有的国家无论富国或穷国，在经济发展中必须在发展增加量中拿出一部分来弥补自然资源储备的减少量。

（2）改善收入分配

收入分配问题是衡量发展质量的一个重要方面。发展迅速但分配不合理，可能还不如发展缓慢但分配有利于穷人。古人有"不患寡，患不均"之说，就含有这种意思。例如，在许多发展中国家里，所谓"绿色革命"的结果是：大规模商品农业推广开来，使产量和收入迅速增加；但也可能剥夺大批小农的生计，并使收入分配更加不公平。从长远看，这样的道路是不能持续的。因为它使农业过度商品化（这在发达国家没有问题），使自给自足农民贫困化，从而增加对自然资源基础的压力。相反，更多地依靠小农户的耕作，发展可能较慢，但容易长期维持。

（3）减少增长的脆弱性

经济发展过程中难免会遭遇各种危机，例如自然灾害、市场波动、经济低谷。如果对付这些危机的能力十分脆弱，那么这样的经济发展就不可能是持续的。例如，干旱可能迫使农民屠杀将来生产所需的牲畜，价格下跌可能造成农民或其他生产者过度开发自然资源以维持收入，这些都会危害今后的增长和发展。但采用风险较小的生产技术（如机械代替畜力），造成较能灵活地适应市场波动的经济结构和产品结构，增加储备特别是粮食和外汇的储备，就可以减少脆弱性。把增长与减少脆弱性联系起来的发展道路，比之两者互不联系的道路，显然更具有可持续性。

（4）提高人的素质

同时应当增加人力资本投资，提高人口素质。人口素质特别是教育水平的提高对减贫起着不可估量的作用。韩国、印度尼西亚、马来西亚十分重视教育对减贫的作用，在劳动力转移过程中注重加强对农村人口的教育与培训，成功地解决了农业过剩劳动力向第二、第三产业的过渡。在农业人口由农村向城市转移过程中，如果不重视对人力资源的开发，可能会加剧贫困程度。例如，20世纪80年代的印度，大量向城市转移的农村贫困人口由于缺乏足够的文化知识和劳动技能，在城市中很难找到工作，致使城市出现许多的"贫民窟"。

必须使贫困的人们摆脱无能为力的境地。消除贫困，并不是单纯给钱给物质，更重要的是帮助他们提高脱贫致富的能力。好比治贫血病人，与其输血，不如提高造血机能。因此，改进增长质量包括改进贫困地区和贫困人群取得经济增长的能力。

可持续性要求人们对需求和福利的观点也要有所改进，即不仅包括基本的物质的和经济上的需求，也应包括人们自身的教育和健康、清洁的空气和水，以及保护自然美等这样一些非经济因素。

3.3.2.3 满足人类基本需要

满足人类需求是资源可持续利用的核心概念，也是生产活动和经济增长的目的，因此在资源的可持续利用的主要目标上必须再强调它的中心作用。前面已提到，有两种极端倾向值得注意，一是贫穷的人们生存和福利的需求得不到满足；二是富人的过度消费带来重大资源与环境后果。所以首要的任务是满足发展中世界不断膨胀着的人口的需求。

（1）就业

就业是所有需求中最基本的，因为它是谋生之道。现在每年必须为发展中国家6000

万新增的劳动力提供就业机会，也就是生活机会。经济发展的速度和方式，必须保证创造出持续的就业机会。

（2）食物

粮食危机是指全球性的粮食短缺、产量锐减、价格涨幅过快，以致造成了近 40 年来前所未有的粮食恐慌与危机。联合国粮食及农业组织发布的《世界粮食安全和营养状况 2017》报告指出，世界上的饥饿发生率在经过十多年的稳步下降后，似乎再次出现上升，影响了全球人口的 11%。食物不足人口估计数已从 2015 年的 7.77×10^8 增至 2016 年的 8.15×10^8。除了遭受长期饥饿（食物不足发生率）的世界人口比例增加外，世界上的食物不足人数估计已从 2015 年的 7.77×10^8 增至 8.15×10^8。撒哈拉以南非洲、东南亚、西亚部分地区的粮食安全形势急剧恶化。其中最突出的就是受冲突影响的地区，冲突对粮食安全的影响一定程度上还因与厄尔尼诺现象和气候变化相关的干旱或洪水而变得越加复杂。过去 10 年里，世界上的暴力冲突数量已大幅增加，尤其在粮食不安全状况严重的国家，对农村社区造成的影响最为严重并对粮食生产和供应产生负面影响。

同时，还有其他不同形式的营养不良也都十分令人担忧，1.55×10^8 5 岁以下的儿童发育迟缓。在非洲，解决粮食危机的任务尤其艰巨，目前人均粮食产量不仅不能增加，而且还在下降，发展受到制约。但是，粮食生产的增长不应以生态环境的退化为代价，也不应危害食物保障的长期前景。

（3）能源

能源是人类另一个基本需要。按目前的能源消费方式，这个需要不可能全部满足。最紧迫的问题是贫穷的第三世界家庭的需求，他们的主要能源是薪柴。这不仅威胁着世界上过半数的人口的基本需求，也威胁着森林植被。在大多数发展中国家，能源需求只限于烹饪食物所用的燃料，这只相当于工业化国家家庭能源消费的一小部分。

（4）住房、供水、卫生设施和医疗保健

这些相互关联的基本需要对环境是十分重要的，这些方面的缺乏往往是明显的环境压力的反映。在第三世界，不能满足这些基本的需要是造成许多传染病，如疟疾、肠胃病、霍乱和伤寒的主要原因之一。人口增长和向城市迁移很可能使这些问题恶化，必须制定对策并找出方法。

3.3.2.4　稳定人口数量

发展的可持续性与人口增长的动态密切相关。不过这个问题不单纯是全球人口数量的问题，也涉及人均资源消费量。一个出生在物质和能源使用水平很高的国家的孩子，对地球资源的压力要大于一个出生在较穷国家的孩子。各国内部各地区之间、各阶层之间也有这种区别。然而，问题主要还是人口数量。如果人口数量稳定在与生态系统生产力一致的水平上，那么就比较容易实现可持续发展。

（1）工业化国家状况

人口总增长率在 1% 以下，有些国家已达到或正接近零增长率。工业化国家人口总数在 2025 年时将由现在的 12×10^8 增到约 14×10^8。工业化国家中出生率下降主要是由于经济和社会的发展。收入的增加、城市化水平的提高、妇女地位的改变都起着重要作用。此外也同社会福利、教育程度等有关。

（2）发展中国家状况

联合国日前发布《世界人口展望（2017年修订版）》报告，对未来世界人口发展趋势进行了分析和展望。根据这一报告，世界人口数量自2005年以来增加了 10×10^8 人，已达 76×10^8 人，预计2030年将达 86×10^8 人，2050年将达到 98×10^8 人，2100年将达到 112×10^8 人。印度则将在2024年超越中国，成为世界第一人口大国。

报告显示，全球人口增长主要来自少数几个国家，其中在非洲地区增长最快。从2017年至2050年，预计世界人口增长的50%将集中在印度、尼日利亚、刚果民主共和国、巴基斯坦、埃塞俄比亚、坦桑尼亚、乌干达、美国和印度尼西亚等9个主要国家。顾大男认为，中国提出的"一带一路"倡议有关项目涵盖了上述地区，与这些地区的人口特点和发展趋势十分契合。"一带一路"倡议大部分项目涉及工农业生产、交通、能源、环保，还包括医院学校和商业网点等公共服务，这将使有关国家年轻人口有机会接受教育，到大城市或其他国家找到就业机会，对帮助改善家庭生活、加快当地经济发展和促进社会稳定都会有非常积极的作用。

此外，全球47个最不发达国家仍是人口增长速度最快的国家。人口数量过快增加对有关国家落实联合国2030年可持续发展目标和国际减贫事业构成巨大挑战。随着世界人口平均预期寿命的延长，最不发达国家的老龄人口也会逐渐增加，庞大的人口基数需要更加庞大的自然资源和政府公共服务进行支撑，对这些国家来说是难以承受的负担。因此，人口增长必须遵循科学规律有序发展，既要适当增长缓解人口老化，也要抑制过快增长，尽量减少人口增幅与自然资源配置的矛盾。

3.3.2.5 保护和加强资源基础

如要持续地满足人类需要，必须保护和加强地球自然资源基础。自然资源保护不仅是为了实现可持续发展的需要，也是我们对其他物种和子孙后代在道义上要担当的义务。保护和加强资源基础的原则包括：

（1）政策上扩大人们的选择

当人们别无选择时，对资源的压力趋于增大。例如贫困地区的过度采伐过度开垦、掠夺矿产等。发展政策必须扩大人们的选择去争得一种持续的生计，对于那些资金贫乏的家庭以及处于生态压力下的地区尤其应该如此。例如在山区，可将经济利益与生态效益结合起来，帮助农民把粮食作物改为经济林木，同时为他们提供咨询、设备、服务、销售等方面的支持。又如可在政策上保护农民、渔民、牧民、林业人员的收入不受短期价格下跌的影响，以减少他们对资源的过度开采。

（2）可再生资源的年减少量不得超过其再生量

这些包括表土、鱼群和森林等。必须控制土壤侵蚀，土地利用必须以对土地潜力的科学评价为基础。要制止渔业和森林资源的过度开采，要保护遗传的多样性。

（3）提高农业产量和质量

提高生产力可部分缓解对土地的压力。但是，只顾当前短期生产力的提高，可能会造成各种各样的生态问题，例如丧失现有作物的遗传多样性，灌溉土地的盐碱化，地下水遭硝酸盐(化肥)污染，食物中残留农药等。现在已有一些对生态无害的替代方式。今后，无论是发达国家还是发展中国家，提高农业生产的同时，应更好地控制对农业资源的污染和损害，更广泛地使用有机肥和非化学方法治虫，减少水和农业化学品的使用。

(4) 人工促进资源更新和鼓励使用替代品

对某些可更新资源，如海洋、渔业和森林资源，人类基本上是在依赖开发天然的贮备。而从这种天然贮备中能取得的持续产量很可能不能满足需求，因而有必要使用那些在人为控制和促进下能生产更多鱼、薪柴和森林产品的方法，鼓励使用薪柴的替代物(如沼气)。

(5) 节约并有效地利用能源

化石燃料的固定储量和不可更新性，以及生物圈在吸收能源消耗副产品(余热、温室气体污染等)的容量，很可能决定全球发展的极限，而且达到这种限度比达到其他资源所构成的限度要快得多。首先是供给问题，化石燃料的贮量日益减少，影响能源供给的可持续性；其次是环境影响问题，最引人注目的是酸性沉降和温室气体积聚而造成的全球变暖、海平面上升等。

增加使用可再生能源可以解决一些这类问题，但开发可再生能源，如薪柴和水力，也可引起生态问题。开发恒定性能源，如太阳能和原子能，太阳能在技术上成本还太高，原子能则有风险。因此，可持续性需明确地强调节约和有效地使用能源。

工业化国家必须承认它们的能源高消耗正污染着生物圈，吞噬着稀缺的化石燃料供应。近年来能源效率的提高，产业向能源使用较不密集的部分转移，有助于限制消耗。但必须加快减少人均耗能的进程，并鼓励向无污染能源和无污染技术转移。

发展中国家要注意不要照搬工业化国家的能源使用方式，这既不可行也不理想。为更好地改进能源利用方式，需要在产业结构、工业布局、住房设计、运输系统以及工农业技术的选择等方面实行新的政策。

(6) 矿物原料的循环利用、替代品和提高利用率

矿物原料资源构成的问题似乎较小。技术发展的历史也说明工业可对短缺量加以调整，主要是通过提高利用率、再循环和替代品。更紧迫的任务是改变世界矿物贸易方式，使资源出口者获得更多利益；同时，随着发展中国家对矿物需求量的增加，应提高对它们的矿物供应量。

(7) 防止和减少污染

防止和减少空气和水的污染仍将是资源保护的一个重要任务。现代社会的污染不仅来自工业和城市，也来自农业，主要是化肥和农药。污染问题在发展中国家更为严重，一是因为其工业结构，承袭了工业化国家污染工业的转移；二是因为其技术水平较低；三是因为人口压力迫使超量使用化肥农药提高粮食产量。先污染后治理是耗资昂贵的解决办法。因而，应预见这些污染问题，制订防止和减少的对策。

3.3.2.6　改进技术并控制其危险

完成所有这些任务需要改变技术的发展方向，这是人类与自然之间的关键环节。现在的问题是对第三世界国家的需要和环境副作用的重视不够，为此应采取以下措施。

(1)加强发展中国家技术革新的能力

技术革新的能力在发展中国家需要大大加强，使它们能更有效地对资源的可持续利用的挑战作出反应。工业化国家的技术并不总适于发达国家的社会、经济和环境条件。资本密集型技术，发展中国家花费不起，也导致环境污染和资源枯竭，同时不利于就业。有感于此，著名经济家舒马赫写了一本书，名为《小的是美好的》，提倡发展中国家适用的技术，即所谓"中间技术"。纵观技术发展，世界上迄今重大的研究与发展计划并没有充分重视发展中国家面临的紧迫问题，如旱地农业、热带疾病；在将新材料技术、节能技术、信息技术和生物技术的最新成果应用于发展中国家的需要方面，所做的工作尚不够。只有加强第三世界的技术研究、设计、开发和推广，才能增强资源可持续利用的能力。

(2)改变技术发展方向

要改变技术发展方向，使其对环境因素给予更大关注。技术进步有利于人类的一面，常常也带来对自然的破坏。如化石燃料和核能的使用。迄今的技术发展方向基本上只注意了前者，而未给后者充分重视。因此，在所有国家，今后开发新技术、更新传统技术、选择并采纳进口技术的过程中应了解其对资源与环境方面的影响。同时，也要注意开发、更新、引入环境治理技术，如改善空气质量、污水处理、废物处置等技术。对重大的自然系统工程也要同样对待，如河流改道、森林砍伐、屯垦计划。

3.3.2.7 在决策中协调环境和经济的关系

贯穿资源可持续利用战略的共同主题，是需要在决策中将经济和生态结合起来考虑。实际上，现实世界中经济与生态的运转是结合在一起的。一方面经济效益与生态效益并不一定是对立的，例如保护农田质量和保护森林的政策虽然主要从生态效益着眼，但也改善了农业发展的长远前景，具有长期经济效益。提高能源的原材料的利用效率既符合生态目的，又能降低成本。

但另一方面又常常发生经济追求与生态目的冲突的事，究其原因，举例如下：一是个人、部门或集团、地区只追求自己的利益而不顾对他人的影响；二是追求短期利益而不顾长远后果；三是体制和机构的僵化使决策分散，无综合平衡等。因此，为了在决策中协调环境与经济的关系，至少应从以下几方面入手：

(1)克服部门间职责分割的现象

各部门间客观上存在经济与生态的联系，如农业是工业原料的来源，工业为农业提供技术、装备、物资，又带来环境影响；矿产工业为加工工业提供原料能源等。应把这种联系反映在决策过程中。但各部门只追求其本部门的利益和目标，将对其他部门的影响作为副作用来处理，只有在迫不得已的情况下才去考虑。例如，政府常为经济部门支配，很容易专心于能源、工业发展、农牧业生产或外贸，而对森林减少的影响很少感到忧虑。我们面临的许多环境与发展问题都根源于这种部门间职责的分割，资源的可持续利用要求人们克服这种分割。

(2)改革法律和组织机构，以强调公共利益

按目前的法律和组织机构，负责公共利益的部分发言权是很小的。应该看到，健康的环境对所有人类，包括子孙后代都至关重要的，这是对法律和组织结构进行一些必要改

革的出发点。

（3）公众参与决策

单靠法律和有关机构还不能加强公共利益，公共利益需要社会的了解和支持，需要公众更多地参与影响环境的决策过程。包括：①把资源管理权下放给依赖这些资源生存的地方社会；②鼓励公民的主动性，给非政府组织（NGO）以权力，加强地方民主；③公开并提供有关信息，为公众讨论提供材料；④环境影响特大的工程，要强制进行公众审议，如有可能可进行公民投票。

（4）国际的协调一致

各国对燃料和材料需求的增长，说明不同国家生态系统之间的直接物质联系将增加通过贸易、财政、投资和旅游进行的经济相互作用也将增强，并加重经济和生态的相互依赖。因此，资源的可持续利用要求在国际关系中实现经济和生态的统一。各国把经济和生态因素统一到法律和决策体系中的做法，在国际上必须协调一致。

3.3.3　追求"可持续"的目标

世界环境与发展委员会于 1987 年出版的《我们共同的未来》一书使可持续性受到重视。书中创造了一个有着多重含义的"可持续发展"作为追求的目标。正如"民主"与"平等"一样，可持续发展是一个表面富有吸引力但含义模糊的概念，但它仍然使委员会关于"环境"与"发展"之间适宜关系的讨论得以进行下去。虽然没有哪个社会制度为了其自身的延续就不明智地破坏生态基础，但人类行为的破坏性影响还是使环境问题不断发生，这意味着可持续性确实还是一个问题。

在现阶段，这种讨论常常引起关于自然资源的若干问题，尤其是要保存多少？保持在什么质量水准？保存多长时间？为谁的利益而保存？这些问题的循环往复注定使之要不断讨论下去。没有哪一个资源系统，也没有哪一个与之相联系的社会体制，能够维持到永恒，两者的变化都是不可避免的。然而，生态系统的更新和演化能力以及社会系统的革新和创造能力却是必须维持下去的。可持续性并不是一种要实现的状态，而是一种不断探讨的轨迹，以使各种社会学会认识非持续性的征兆和证据并作相应调整。

从广义来说，资源可持续利用的战略旨在促进人类之间、人类与自然之间的和谐。在当代发展与环境危机（目前国家和国际政治与经济组织尚未解决，或许不能解决这些危机）的具体条件下，寻求资源可持续利用的要求如下：

①保证公众有效地参与决策的政治体系；

②在自立性和可持续性基础上能够产生充裕的物质财富和科学技术的经济体系；

③为不协调发展的紧张局面提供解决办法的社会体系；

④尊重保护发展之生态基础的义务的生产体系；

⑤不断寻求新的解决方法的技术体系；

⑥促进贸易和金融可持续性模式的国际（关系）体系；

⑦具有自身调整能力的灵活的管理体系。

这些要求更多地体现在目标的性质上，应在国家和国际发展行动中加以强调。但更重要的是追求这些目标的真实性，和对偏离目标加以纠正的有效性，这就要求使这些目标具有可操作性。

本章参考文献

Ahmed J, 1976. Environmental aspects of international income distribution[M]//Walter I, ed. Studies in International Environmental Economics. New York：Wiley.

Boulding K E, 1966. The economics of the coming spaceship earth[M]//Jarrent H, ed. Environmental Quality in a Growing Economy. Baltimore, Maryland：Resource for the Future/Johns Hopkins Press.

Daly H E, 1987. The economic growth debate：what some economists have learned but many have not[J]. Journal of Environmental Economics and Management, 14(4).

Forrester J W, 1970. World dynamics[M]. Cambridge, Mass：Wright – Allen Press.

Haggett P, 2001. Geography：A global synthesis[M]. Edinburgh Gate：Pearson Education Limited.

Hirsch F, 1977. Social limits to growth[M]. London：Routledge & Kegan Paul.

Maslow A H, 1954. Motivation and personality[M]. New York：Harper & Row.

Meadows D L, 1995. It is too late to achieve sustainable development, now let us strive for survivable development[J]. Journal of Global Environment Engineering(1)：1 – 14.

Miller Jr G T, 1990. Resource conservation and management[M]. Belmont, Californnia：Wadsworth Publishing & Company.

Miller G Tyler, 1990. Living in the environment[M]. 6th ed. Belmont, California：Wadsworth Publishing Company.

Rees J, 1990. Natural resources：Allocation, economics and policy[M]. 2nd ed. London：Routledge. 自然资源：分配、经济学与政策. 北京：商务印书馆, 2002 年中文版.

Sauer C O, 1963. Land and life[M]. Los Angeles：University of California Press.

Simmons I G, 1982. The ecology of natural resources[M]. 2nd ed. London：Edward Arnold.

Steffen W, Sanderson A. Tyson P D, et al., 2004. Global change and the earth system：A planet under pressure[M]. Berlin：Springer – Verlag.

Zimmermann E W, 1933, World resources and industries[M]. New York：Harper.

蔡运龙, 蒙吉军, 1999. 退化土地的生态重建：社会工程途径[J]. 地理科学, 19(3)：198 – 204.

蔡运龙, 2007. 自然资源学原理[M]. 2 版. 北京：科学出版社.

《辞海》编辑委员会, 1980. 辞海(缩印本)[M]. 上海：上海辞书出版社.

李文华, 沈长江, 1985. 自然资源科学的基本特征及其发展的回顾与展望[M]. 北京：科学出版社.

里夫金, 霍华德, 1987. 熵：一种新的世界观[M]. 吕明, 等译. 上海：上海译文出版社.

刘成武, 黄利民, 等, 2009. 资源科学概论[M]. 北京: 科学出版社.

马尔萨斯, 1996. 人口原理[M]. 朱泱, 等译. 北京: 商务印书馆.

梅多斯, 等, 1984. 增长的极限[M]. 李宝恒, 译. 成都: 四川人民出版社.

梅多斯, 等, 2001. 超越极限: 正视全球崩溃, 展望可持续的未来[M]. 赵旭, 等译. 上海: 上海译文出版社.

美国国务院环境质量委员会, 1984. 公元 2000 年全球研究[M]. 郭忠兰, 等译. 北京: 科学文献出版社.

普里戈金·新唐热, 1987. 从混沌到有序[M]. 曾庆宏, 等译. 上海: 上海译文出版社.

世界环境与发展委员会, 1989. 我们共同的未来[M]. 夏堃堡, 等译. 北京: 世界知识出版社.

世界资源研究所, 联合国环境规划署, 联合国开发计划署, 等, 1997. 世界资源报告 (1996—1997)[M]. 程伟雪, 等译. 北京: 中国环境科学出版社.

宋瑞祥, 1997. 中国矿产资源报告[M]. 北京: 地质出版社.

孙鸿烈, 2000. 中国资源百科全书 [M]. 北京: 中国大百科全书出版社, 石油大学出版社.

伍光和, 蔡运龙, 2004. 综合自然地理学[M]. 2 版. 北京: 高等教育出版社.

西蒙, 1968. 没有增长的极限[M]. 黄江南, 等译. 成都: 四川人民出版社.

肖平, 1994. 对自然资源的再思考[J]. 自然资源学报, 9(3): 161 – 166.

第4章 自然资源生态学原理

4.1 自然资源生态过程

自然资源是自然界中满足人类生活和生产所需要能量与物质的总称，它是人类赖以生存的基础。自然资源的形成、演化、利用等一系列生态过程都是发生在地球生态系统中，如岩石的侵蚀、搬运、堆积等地质循环经历着一系列的生态过程。因此，正确认识自然资源的生态过程是合理利用和开发自然资源的前提。

4.1.1 生态过程基本内涵

生态过程是维持生态系统组成成分的物质循环和能量转换过程。生态过程包括生物过程与非生物过程，其中生物过程主要包括：种群动态、捕食者－被捕食者的相互作用、群落演替、干扰传播等；非生物过程主要包括：水循环、大气循环、地质循环、物质循环、能量流动、干扰等。

4.1.1.1 生态学与人类生态学

生态学的产生与发展一直伴随着人类文明史前进的步伐。在人类历史中，生态学的发展经历了一个漫长的历史过程。1866 年德国动物学家海克尔把生态学定义为"研究动物与其有机及无机环境之间相互关系的科学"，从此揭开了生态学发展的序幕。1935 年英国学者坦斯利提出了生态系统的概念之后，生态学进入了一个新的发展时期，生态学的研究开始涉及农、林、牧、渔、野生生物等生态系统和人类面临的许多重大课题。

生态学是研究生物（包括人）之间、生物与环境之间、环境之间相互作用的科学。根据研究性质，生态学可划分为理论生态学和应用生态学。理论生态学涉及生态学的过程、生态关系的推理及生态学模型等。应用生态学将理论生态学应用于生态保护、管理、建设中，如产业生态学、管理生态学、效益生态学等。

人类生态学作为生态学的一个分支，最先是由美国社会学家帕克在论文中提出，即研究人和社会机构的结构秩序及其形成机制的科学。1924 年，麦肯齐（Me-kenzig）把人类生态学定义为研究人类在其对环境的选择力、分配力和调节力的影响下所形成的在空间和时间上的联系科学。1985 年，世界上成立了国际人类生态学会，生态学正在从传统的生物生态学向人类可持续发展生态学的方向发展，生态学的研究重点将会转移到生态系统和人类关系的可持续能力建设上。

人类生态学是研究人类与其环境关系的科学。人类生态学强调生态规律对人类活动的指导作用，并且指出要从科学、政治、社会等方面来协调和解决人类面临的环境问题，促进人类社会与生态环境的协调发展。自然资源生态过程主要是人与环境相互作用的过程，涉及人类生态学。今天，地球表面上已经没有一个生态系统没有被人类的活动所影响，人类现在正在以不断增强的力量影响着整个地球，生态学未来发展的方向和归宿就是人类生态学。

4.1.1.2　生态系统与人类生态系统

生态系统是指在一定时间和空间内，由生物群落与其环境组成的一个有机整体，各组成要素间借助物种流动、能量流动、物质循环、信息传递和价值流动而相互联系、相互制约，并形成具有自调节功能的复合体(表 4-1)。生态系统定义的基本含义包括：①生态系统是客观存在的实体，有时空概念的功能单元；②由生物和非生物成分组成，以生物为主体；③各要素间有机地组织在一起，具有整体的功能；④生态系统是人类生存和发展的基础。

表 4-1　生态系统的组成

成分	组成	构成	作用(主要生理过程)	营养方式	地位
非生物成分	非生物的物质和能量	光、热、水、土、生	为生物提供物质和能量		
生物成分	生产者	绿色植物、光合细菌、化能合成细菌	将无机物转变成有机物(光合作用、化能合成作用)	自养型	生态系统的基石
	消费者	动物、寄生微生物、根瘤菌	消费有机物(呼吸作用)	异养型	生态系统最活跃的成分
	分解者	腐生微生物、蛔虫	分解动植物遗体(呼吸作用)	异养型	生态系统的关键成分

生态系统范围可大可小，通常是根据研究的目的和具体的对象而定。最大是生物圈，可看作全球生态系统，它包括了地球一切的生物及其生存条件。小的如一块草地，一个池塘都可看作一个生态系统。地球表面的生态系统多种多样，按生态系统形成的原动力和影响力，可分为自然生态系统、半自然生态系统和人工生态系统 3 类；根据生态系统的环境性质和形态特征来划分，把生态系统分为水生生态系统和陆地生态系统。但生态系统的划分往往没有明确的界限，不同的生态系统之间往往有空间的重叠。

人类生态系统指居民及其聚落环境所组成的网络结构，是以人为中心的人工生态系统。在人类生态系统中，人类是生态系统中最为活跃的因素，人构成了自然界食物网中最为重要的一环，人类在与自然环境进行物质能量和信息的交换中生存和发展。人类生态系统是以人的行为为主导，以自然环境为依托，以资源流动为命脉。人类生态系统除了具有一般系统的整体性、层次性、结构性、相对稳定性外，其以人为中心，还具有复合性、复杂性、不可逆性。人类生态系统按聚落类型可划分为城市生态系统和农业生态系统。

人类生态系统的演化和发展，离不开自然资源的生态过程。自然资源中的生物资源和非生物资源是相互转化的。其循环转化机制是非生物资源通过生物的同化作用(生产过程)，制造出蛋白质和核酸，形成新的原生质，构成新的生命体和生物有机体，从而把非生物资源转化为生物资源；而生物资源通过生物的异化作用(消费过程)，把生命物质分解还原为非生命的无机物质，又构成非生物资源。

从自然资源生态过程的角度来看，生态系统复杂关系的含义非常简单。它意味着当人类把某一物种看作资源来使用时，必然在生态系统中引起一系列变化。而由于大多数生态系统的复杂性，这些后果是很难预测的，某些后果不可避免会损害未来人类的生存，甚至生态系统本身的持续能力。

4.1.2 自然资源生态过程中的能量

能量是维持生态过程的基础。自然资源生态过程中的能量主要来自于太阳能，少部分来自于地热能。生态过程中的能量来源主要是通过生产者的光合作用固定的太阳能，进而通过食物链进行能量传递，供生态系统各级组分进行必需的生命化学活动。

4.1.2.1 太阳能与光合作用

太阳能是太阳光的热辐射能。生态系统所需能量的绝大部分都直接或间接地来自太阳。植物通过光合作用把太阳能转变成化学能在植物体内贮存下来，进而通过食物链的能量传递来维持生态系统的运转与更新。煤炭、石油、天然气等化石燃料也是由古代埋在地下的动植物经过漫长的地质年代演变形成的能源，自然中的雨、风等一系列气象现象也是由太阳能所驱动的。因此，太阳能是所有生命的能量源泉，对自然资源的形成演化和生态系统的功能维持有着不可或缺的作用。

太阳在进行核反应向太空发射的太阳能中，只有约 $1/(20 \times 10^8)$ 到达地球大气层。到达地球大气层的太阳能中，30%被大气层反射，23%被大气层吸收。只有47%到达地球表面。但是地球每秒接收的太阳能就相当于燃烧 $5.9 \times 10^6 t$ 煤释放的能量。全球人类目前每年能源的消费总和只相当于太阳在40s内照射到地球表面的能量，因此太阳能的开发利用是目前能源企业发展的重点研究方向。

光合作用在自然资源生态过程中是一个关键环节。光合作用是绿色植物利用叶绿素等光合色素或某些细菌利用其细胞本身，在可见光的照射下，将二氧化碳和水转化为有机物，并释放出氧气的生化过程。同时也有将光能转变为有机物中化学能的能量转化过程。生态系统中的生产者通过光合作用利用无机物生产有机物并且贮存能量，进而通过食物链的等级关系进行能量的传递。光合作用是生态过程的起始，对于生态系统的能量输入和地球的大气循环起着重要的作用。

4.1.2.2 食物链中的能量过程

食物链是生态系统进行物质和能量循环的基础。按生物在生态系统的作用不同，食物链分为生产者、消费者和分解者3类。生产者主要是绿色植物，其利用太阳能通过光合作用来制造营养物质，生产者在食物链中的作用是固定太阳能来进行初级生产，太阳辐射能只有通过生产者，才能不断地输入到生态系统中转化为生物能，成为消费者和分解者生命活动中唯一的能源。消费者属于异养生物，主要那些以其他生物或有机物为食的动物，它们吞食生产者或上一级消费者而得到自己需要的食物和能量。消费者往往有多级，如兔子—狐狸—狼分属第一、二、三级消费者。分解者也是异养生物，主要是各种细菌和真菌，它们把复杂的动植物残体分解为简单的化合物，最后分解成无机物归还到环境中去，被生产者再利用，从而构成一个完整的物质和能量的生态过程循环。

在食物链的能量传递中，其获得的能量是逐级递减的，往往下一级获得能量仅有上一级总能量的 10%，其原因是：①各个营养级生物的呼吸消耗部分能量，用于维持自身的生长、发育和繁殖；②植物的枯枝和败叶、动物的粪便和尸体被分解者利用，经过微生物的呼吸作用消耗部分能量；③各个营养级都有相当部分能量未被下一个营养级的生物所利用加上生态系统的能量传递效率低。因此，食物链中的能量传递总是单向流动和逐级递减的。

根据组成食物链的各个营养级的层次和能量传递的"十分之一定律"，形成了生态系统中的"能量金字塔"。其生态系统中的各个营养级绘制成一个金字塔，塔基为生产者，往上为较少的初级消费者(植食动物)，再往上为更少的次级消费者(一级食肉动物)，再往上为更少的三级消费者(二级食肉动物)，塔顶是数量最少的顶级消费者。能量金字塔形象地说明了生态系统中能量传递的规律。一般情况下，自下往上更高一级的生物数量会更少，但是有的情况下会出现倒置的金字塔。例如，在海洋生态系统中，由于生产者(浮游植物)的个体小，寿命短，又会不断地被浮游动物吃掉，所以某一时刻调查到的浮游植物的生物量，可能低于浮游动物的生物量，这时生物量金字塔的塔形就颠倒过来了。

4.1.3　自然资源生态过程中的物质

(1) 几种重要无机物来源

自然界中 90 种天然化学元素中，有 30~40 种是生物有机体所必需的。它们对生物的供给来自经历不断循环的若干元素和化合物。某些是气态因而包含于生态系统的大气圈中，某些呈固态或溶解状态因而包含于陆地和水域。在前一类中，二氧化碳是植物光合作用所需要的，所以是很重要的一种物质。如果不是生物的呼吸作用和分解作用不断生成二氧化碳(当然还有其他来源，如矿物能源的燃烧)，那么全世界的植物会在大约一年内耗尽大气圈中的全部二氧化碳储备。

氮、氧和水的不断循环对生命也有极大意义。如磷、钙、镁一类的矿物元素也在生态系统中不断循环，这对活物质也很重要。任何生态系统中如缺乏上述元素，都会对某种组分造成限制。

关于生态系统中的无机物循环，已有许多模型，可参考普通生态学教科书。对自然资源研究而言重要的是它们的来源和解体过程中的重要因素。

在自然界，生态系统获得无机物的来源很多。正如能量的情况一样，可以把植物看作无机物循环的起点。大气圈供给植物二氧化碳，供给有固氮菌与其共生的物种以氮气，这些植物又放出动物呼吸所需的氧气。岩石的风化提供基本矿物元素如钙、镁、磷、钾。水的作用方式有多种，或是参与土壤形成和岩石风化过程，或以流水的形态传输营养物质，或将从有机成分中散失的养分搬运走；水对植物蒸腾作用更是必不可少的，在此过程中，水把营养物质从土壤传输到植物体内。

（2）无机物循环及其中的重要环节

在天然状态下（不考虑人为干扰，例如收获取走物质，不合理土地利用引起的水土流失，又如人工施肥），营养物质流大部分保存在生态系统内，少部分由径流带出系统外。与系统内的循环相比较，系统外的输入和输出一般是较少的，陆地生态系统尤其如此。这与能量转换的情况不一样。以森林生态系统为例，起源于岩石中的矿物养分进入土壤，变成植物的组成成分，产生枯枝落叶，被土壤微生物矿化，再被植物吸收。如此循环，都在生态系统内进行。

森林生态系统物质循环中，真菌的作用特别重要。它们对诸如钙、铁、铜、钠、磷和锌之类的养分起着一种储存器的作用。例如，热带雨林中的根瘤菌所持有的矿物养分是树叶中的 85 倍，而且它保持养分防淋滤的效率达 99.9%。动物在物质循环中也起重要作用，在陆地分解者链中，它们对有机物碎屑进行物理搬运；在海洋中，浮游动物是磷和氮循环的关键一环。在气候不宜土壤生物存活的地方，例如北方针叶林带，有机物不断在林地上堆积，其分解主要由林火完成。

在天然陆地生态系统中，生命物质对保存基本营养元素有非常重要的作用，总营养元素储备中约有 50% 都储存在活的或死的有机体中。在生物种群演替过程中，正是由于生物积累了足够的营养物质，才使得种群演替成为可能；而成熟的群落也正是由于保存了其基本营养元素才能维持其稳定性。一个稳定的生态系统如森林，总能通过在土壤—植被亚系统内进行物质循环而保持其大多数营养物质，少数会由径流带出系统，但由于可从系统外得到部分输入（如降水和岩石风化）而保持平衡。如果由于某一生命物质组分的破坏（例如过度采伐或森林火灾）而使营养物质循环通路改变，则将使矿物元素和微粒物质迅速丧失，为下游的富营养化和沉积做贡献。

在受扰动的生态系统中，演替物种（如森林破坏后生长起来的灌木和幼树）对重建物质循环和积存营养物质起着重要作用。例如，有些灌木（如欧洲酸樱桃，pmcherry）积累氮的能力甚至比原始林高出 50%。因此，此类先锋树种的迅速生长显然可以把生态系统中的养分损失降至最低程度（蔡运龙，2007）。

4.1.4 生态系统中的熵与自然资源

熵是描述系统混乱状态的一种度量，它用来描述系统的无序程度。熵越大，系统越无序，熵越小，系统越有序。人类得以生存和发展，需要不断从周围环境摄取能量和物质，同时也向周围环境排出能量和物质，如果这一过程能使生态系统进入正常的循环，即大自然能够向人类提供所需的负熵，同时又能分解处理人类排出的熵，则人类的生存环境将会处于某种稳定的状态之中。生态系统本身具有一定的自净化能力，能分解、处理有机体排出的正熵，使系统的熵增减缓，保持生态系统的平衡。

4.1.4.1 生态系统的熵与耗散结构

耗散结构理论由比利时物理科学家普利高津提出：当系统离开平衡态的参数达到一定阈值时，系统将会出现"临界点"，在越过这种临界点后系统将离开原来的无序，发生突变而进入到一个全新的稳定有序状态。产生耗散结构有 4 个必要条件：第一，系统必须是一个开放系统；第二，系统应当远离平衡态；第三，系统内部各个要素之间存在非线性的相互作用；第四，系统从无序向有序演化是通过随机的涨落来实现的。地球上的生态系统都是远离平衡状态的不平衡的开放系统，它们通过与外界不断地进行物质和能量交换，经自组织而形成一系列的有序结构。

经典耗散结构理论对熵的分析是：耗散结构中的熵是指无序度。系统的总熵变化由两部分组成的：$d_S = d_{Se} + d_{Si}$，式中 d_S 是系统的总熵；d_{Si} 是系统内部不可逆过程而产生的熵变；d_{Se} 是系统与外界环境发生能量和物质交换而产生的熵变，可正、可负或为零。系统内部的熵 d_{Si}，根据热力学第二定律总是 $d_{Si} \geqslant 0$，所以只有当 d_{Se} 远小于零时，系统从外界环境不断获得能量和物质，吸收负熵流，只要这个负熵流足够强，它除了抵消掉系统内部产生的熵 d_{Si} 外，还能使系统的总熵量 d_S 为负，从而使系统进入相对有序的状态。新的有序结构是靠系统不断地从环境中吸收负熵流来维持的，系统的总熵减小，有序性增加，形成了耗散结构。

生态系统是开放系统，生命的发生和物种的进化，都是从简单到复杂、从低级到高级、从无序到有序，或者从较为有序向更加有序、精确有序的发展变化。一个生物个体的生长发育，都是从少数细胞开始的，由此发展成各种复杂的器官，而所有细胞都是由原来无序的原子组成的。一切生物之所以能够维持有序结构、发展进化，主要是靠不断从外界汲取（负熵）养料、空气和水并排出废物。生命的活动是耗散过程，生物体本身就是一种高级的耗散结构，在耗散过程中熵不断增大。高熵意味着混乱，熵达到最大值意味着远离平衡态，对于生命来说，远离平衡态就是死亡。所以，生物有机体要很好地生存下去，必须使自己的身体保持低熵状态，即不断地从外界补充进负熵，以抵偿其内部由不可逆过程所产生的正熵。当生物体从外界获得的负熵大于物体内部的熵产生时，生物体的结构从有序发展为更加有序，意味着生物体处于生长阶段；若负熵正好等于熵产生，生物系统处于一种稳定的有序结构；若负熵数值小于熵产生，系统的熵增加，生物体开始衰老、退化。当熵达到最大时，生物体处于高度的混乱状态，以至于无法维持有序的活动而死亡。

4.1.4.2　自然资源与熵

自从人类在地球上出现以来，人类的生存就一直依赖自然。随着科学技术的发展以及人口的增长，资源利用过程中出现了很多的问题：资源紧缺、全球变暖等，这些问题可能会给人类带来许多不利影响。研究自然资源利用及利用过程中的能量转化等问题成为必要。由此，将熵的概念引入了自然资源及其开发的研究中，用熵的理论指导资源开发利用。

自然界内部的物质运动和转换都要受到热力学定律的制约。人类在开发利用资源的同时，通过各种生产和生活活动将储存高能质的自然资源转变成贮存低能质的废弃物，使自然界的熵增加速，熵增又意味着混乱度和无序度的增加。我们开发资源就是利用其中贮存的有序能，但在利用过程中，不注重效率问题，使"高能质"物质在未得到充分利用的情况下就急剧减少，自然资源出现了向着"低能质"形式演变的逆向演化过程，其"负熵资本贮存"也就相应减少。这样就改变了地球的物质与能量的结构和有序状态。一旦我们把这种有序的结构打乱后，自然系统将很难恢复。而自然界中数量有限的不可更新资源，将不能再为我们人类提供任何发展的基础。

在自然资源当中熵与负熵是并存的，在地球不断接受太阳能并将其作各种转化的过程中，地球的熵值不断下降，相应地，物质与能量会形成具有结构的、非均匀分布的有序状态，形成自然资源；另外，人类在自然资源的开发利用过程中，又不断向环境散热，使熵值增加改变地球物质与能量的结构和有序状态。生物资源归根结底是来自太阳的负熵的聚集，化石燃料也是如此，无机矿物要形成资源，需要有一定的富集程度，也是由太阳能所驱动的风化、沉积、搬运等过程所产生的，因此也可以看作主要来自太阳能的负熵贮存。

人类得以生存和发展，需要不断从周围环境摄取能量和物质，即人类开发利用自然资源时，同时也向周围环境排出废物，是以环境的更大熵增为代价来减少本身的熵。因此，只要有人类存在，自然环境的熵增是不可避免的。同样，人类社会也是一个开放系统，社会系统要维持内部的有序性与进化，必须依靠能量、负熵的输入。在天然自然或者是人类诞生的初期，由于人类认识自然、改造自然的能力有限，人类的活动对自然环境的干扰和影响还是微不足道的。地球作为一个自组织系统通过物质、信息、能量的交换，能够承受保持地球正常运行和演进所能容纳的熵流的最高极限，包括人类少量的能源开发、消费和废物的排放所产生的熵流。也就是说，大自然既能够向人类提供所需的熵流，同时又能分解处理人类排出的熵，这样人类的生存环境会处于某种稳定的状态之中。

自然资源的正熵超过它的自组织能力时，自然资源原有系统就会崩溃。合理地利用自然资源，最大限度地吸取负熵，才能保证自然资源的可持续性。因为自然界中的能量与物质系统的运动是遵循热力学定律的。从熵的角度来看，现在人类开发利用自然资源的方式，使系统熵值快速增加，不利于环境系统的有序和稳定。而人类作为智慧圈的主体，是可以通过智慧和知识，向其输入负熵，以延缓熵增速度。目前的形势下，可以采取适当的对策，坚持科学的发展观，实行节约型经济模式，从熵的角度出发寻找高效的新能源，充分利用不可逆过程的建设性作用，通过知识技术的进步提高资源能源的利用率。

4.1.5 自然资源生态过程中的生产与服务功能

4.1.5.1 生物系统生产力

生物生产力是全部可更新生物资源的关键，它也涉及生态系统中的非生物部分。植物和动物的新陈代谢对维持大气圈中气态物质的平衡起显著作用，全球水分循环也在某几个环节上与生物生产有关。生物生产也涉及矿物原料，尤其在人类主宰的生态系统中(如农田生态系统)，人们会投入大量的矿物能源和元素。

因此，生物生产力在人类生产生活中具有十分重要的意义。对各种生态系统作第一性生产力测算的结果显示(Simmons, 1982)：高生产力的有热带森林，河口湾和礁岛(常称为珊瑚礁，但称为藻礁更合适)以及诸如木本沼泽(swamps)和草本沼泽(mrshes)的湿地也有很高的生产力。冻原和荒漠的生产力很低，开放性海洋(opcnoceans)(占全部海洋的92%)生产力很低也较低。因此，陆地支配着全球生物生产的分布模式，这部分是因为太阳能在海洋中的穿透深度有限，部分因为浮游生物死后沉积深海而使养分大量散失。

　　耕地在生物生产力的排序中位置较低，这是由于作物生长的季节性，以及植株间常需有间隙，因而耕地单位面积上的叶绿素数量相对较少，所以即使现代农业附加了很多矿物燃料的能量、水、杀虫剂和肥料，耕地的生物生产力与一些天然生态系统相比也还是较低的。但是，某些耕地在作物生产季期间的生物生产力是很高的，因此如能控制生长季（提高复种指数）对提高作物生产力很有意义。此外，作物的生物化学质量也使野生植物和农作物的数据对比没有很大意义。

　　应该指出，干物质产量高的作物或植物，并不一定在经济上合意并在文化上可接受。因此，净第一性生产力研究中还应做更多的工作来考虑高产作物和植物在经济和文化上的可接受性，而不是简单地以高产生物群落来取代低产植物或动植物系统。净第一性生产虽然并不是可直接获取的，但它确实代表了一个地区或国家在一个长时期里的可更新生物资源，人均净第一性生产量显示了一个国家对生物产品的自给程度，而食物是其中最重要的部分。

　　如果说测算第一性生产力都有很多困难的话，那么测定第二性生产力的困难就更多了。食物网常常是如此复杂，不能简单地把某种动物归入某一营养级上；即使在简单的食物网中，也由于动物的移动而很难测算）用生物量或卡路里值，尤其是那些不常见的物种。通常采用的测算法是所谓净生长效率：

净生长效率 = 用于生长的卡路里 ÷ 消耗掉的卡路里

　　例如，牧场上的奶牛，其净生长效率为 4%；猪、鸡和鱼的效率大致相等，可达 20% 左右，这显然只适用于现代集约饲养方法。在天然系统中，效率要低得多。例如，坦桑尼亚草原地上部分的净第一性生产为 747kcal*/（m^2·a），而食草动物的生产率仅为 3.1 kcal/（m^2·a），净生长效率仅为 11%，实际上要略高，因为并非全部植物都被动物消耗掉。英国北部落叶疏林地的净第一性生产为 6247kcal/（m^2·a），其中只有 14kcal/（m^2·a）被食草动物消耗，净生长效率仅为 2.2%。可见，第二性生产不仅受第一性生产限制，还受第一性产物被食草动物利用的程度以及它们转化为动物组织的效率限制。

　　生物生产力的全部讨论对于自然资源生态过程的意义可用两个字来概括：极限。它包括入射进地球的太阳辐射总量的极限，以及由于入射能量中一般仅有 0.1%~0.3% 转换为净第一性生产而出现的光合作用率局限。在无机养分方面也存在极限，无论就其供给量的相对短缺，还是就其循环周期之漫长而言都是如此。此外，由于食物网上的每一环节都有能量损失，第二性生产及后续各级生产的局限就更为严重。同时我们还应看到，通过分解者链的有机物质流也是大量的，其资源价值还未得到应有重视。

4.1.5.2　生物多样性与生态系统服务功能

　　生物多样性是一个概括性的术语，包括全部植物、动物和微生物的所有物种和生态系统以及物种所在的生态系统中的生态过程。生物多样性和生态系统是 2 个密切相关的概念。生物多样性是指来自陆地、海洋、其他水体生态系统，以及其他生态复合体中的生命有机体的变异性，包括种内多样性、种间多样性，以及生态系统的多样性。多样性是生态

---

　　*　1kcal = 4.184kJ，下同。

系统的一个结构特征，同时，生态系统的变异性是生物多样性的重要组成成分。生物多样性的产出包括生态系统提供的多种服务功能（例如，食物和生物遗传资源），生物多样性的变化可以影响生态系统的其他服务功能。除提供生态系统服务功能这一重要作用之外，生物多样性还具有独立于人类关注的问题之外的内在价值。

生物多样性有几个层次的含义，包括遗传多样性、物种多样性、生物群落或生态系统多样性。多种多样的生态系统使营养物质得以循环，也使水、氧气、甲烷和二氧化碳（由此影响气候）等物质以及其他诸如碳、氮、硫、磷等得以循环。因此，生物多样性也包括生态系统功能的多样性，指在一个生态系统内生物的不同作用，例如，植物的作用是吸收能量，而草食动物的作用在于使植物的生长受到控制。

尽管至少 2000 余年来，人类已系统地计算并划分人类以外的生物，关于物种数量的估计却差别很大。最好的猜测认为物种的总数量在 $300 \times 10^4 \sim 3000 \times 10^4$，其中至今已被肯定的最多只有 180×10^4 种。大多数鸟类、哺乳动物和植物已有科学的记录，但其他种类却所知甚少，如绝大部分的昆虫和微生物（包括病毒、原生动物和细菌）。世界上大多数的生物多样性处于热带——大约世界物种的 40%~90% 生活在热带森林。国际鸟类组织搜集了全部鸟类品种和 50 000 km^2 鸟类繁殖地区的信息。他们发现，这些物种的繁殖地带有 3/4 在热带地区，并且，全部鸟类品种的 20% 局限于全球陆地总面积的 2% 之内。例如地中海气候区、珊瑚礁、岛屿和一些湖泊地区是物种特别丰富多样的生境。

每个水平的生物多样性都具有实用价值。例如，遗传多样性对玉米的收成是很重要的，因为某些玉米群落具有抵抗某些害虫的独特天性。农民遇到虫害时，可以选用这些特性而避免使用大量农药或受到收成的重大损失。物种多样性为我们提供大量野生的和家养的植物及动物产品，用作药品、化妆品、工业品、燃料与建筑材料、食物及其他物品。从野生物种中提取出来的产品是传统及现代医学的基础。例如，美国已有 1/4 配制的药品含有从植物产品中提取出来的有效成分。适于在不良气候和土壤中生存的新的药用植物及粮食作物可以提高气候严酷和土壤贫瘠地区的生物生产力，改善全球日益增长之人口的健康和生活水平。多样性在生态系统中的重要性有一部分是由于它们可以为人类提供服务，例如，水、气体、营养物和其他物质的循环；湿地可以改善降雨时的水流，并在此过程中滤去沉积物。又如，菌根真菌和土壤中的动物有助于植物获取营养物，对于维持粮食作物、饲料和木材的生产具有极为重要的作用。此外，生物多样性还由于野生生物和荒野地区所提供的旅游、娱乐效益而备受青睐。

印度加尔各答农业大学一位教授对一棵正常生长 50 年的树的作用进行折算，总的生态价值高达 20×10^4 美元。其中包括生产氧气 3.3×10^4 美元，净化空气、防止空气污染 6.2×10^4 美元，防止土壤侵蚀、增加肥力 3.1×10^4 美元，涵养水源、促进水分循环 3.7×10^4 美元，为鸟类和其他动物提供栖息环境 3.1×10^4 美元，生产蛋白质 0.25×10^4 美元。还未包括树木果实和木材的价值。日本科学家 20 世纪 70 年代对日本全国树木的生态价值进行了综合调查和计算，得出了惊人的数据：在一年内，全国树木可储存水逾 $2300 \times 10^8 t$，防止水土流失 $57 \times 10^8 m^3$，栖息鸟类 8100×10^4 只，供给氧气 $5200 \times 10^4 t$。将这几项按规定价格换算成资金，其总的生态价值达 1208×10^{12} 日元，相当于日本 1972 年全国的经济预算。

我国吉林省环保所等单位 1984 年依照日本的方法对长白山森林的生态价值进行了初步估算，他们把长白山森林的效益分成涵养水源、保持水土、提供氧气、保护野生动物、调节气候等 7 项，而只对其中 14 项进行了计算，结果逾 95×10^8 元，是当年所产 $450 \times 10^4 \, \mathrm{m^3}$ 木材价值 6.67×10^8 元的 13.7 倍。

国际生态经济学会主席科斯坦扎等（Costanza et al.，1997）将生态系统服务功能分为：稳定大气、调节气候、缓冲干扰、调节水文、供应水资源、防治土壤侵蚀、熟化土壤、循环营养元素、同化废弃物、传授花粉、控制生物、提供生境、生产食物、供应原材料、遗传资源库、休闲娱乐场所，以及科研、教育、美学、艺术用途等 17 种。并按全球 16 类生态系统估算其经济价值每年至少约为 33×10^{12} 亿美元，是目前全世界年国民生产总值的两倍。《中国森林资源核算报告》显示，第八次全国森林资源清查期间（2009—2013 年），计算了森林涵养水源、保育土壤、固碳释氧、净化大气环境、森林防护、生物多样性保护、森林游憩等 7 类 13 项服务指标，我国森林生态系统每年提供的主要生态服务价值达 12.68×10^{12} 元，相当于 2013 年地区生产总值（56.88×10^{12} 元）的 22.3%。

上述方法都是计算生态系统服务功能的绝对值，说明了生态系统的服务功能价值非常可观而不容忽视。但所计算出来的天文数字，目前还难以纳入实际的资源价值系统。另一种计算方法是计算相对量，即计算生态系统服务价值是上升还是下降，以此判定获得一定经济资产的生态资产代价。研究实用而合理的生态服务价值量化方法，是时代给我们提出的要求，应该投入更大的力量，促其尽快实现。

4.1.6　种群增长与资源承载力

对于人类来说，可利用的自然资源既包括生态系统的生物又包括其赖以生存的。因此，正确认识生态学规律，人既是作为生态系统的重要组成部分，同时也要认识到人类对生态系统影响的特殊性。因此要用生态学理论管理好生态系统是管理好人类自己的命运。在生态系统中，生命物质形式的能量流和物质流，以及生物个体对其环境空间的适应都可用某一物种的种群动态来表达。弄懂植物、动物甚至人口的数量动态变化，对认识生态系统和生物资源，以及人口增长与资源极限的关系都是很重要的。

（1）种群增长潜力、限制因素与逻辑斯蒂增长曲线

对动物和人来说，一个物种的个体数量取决于出生率和死亡率之间的关系，当出生率超过死亡率时，种群（人口）就会增加；反之，当死亡率超过出生率时，种群将会减少某种消亡。

对于生殖性种群（breeding population）而言，种群增长模型可用式（4-1）表达：

$$N_t = N_o \, \mathrm{e}^{rt} \tag{4-1}$$

式中　N_t——t 时的个体数；

　　　N_o——0 时的个体数；

　　　e——自然对数的底；

　　　r——种群增长率；

　　　t——逝去的时间。

其增长曲线呈指数形式，此类增长率称为指数增长，其数量增长的潜力是很高的。

在实际的自然界，因为有很多因素阻碍了种群按照指数形式增长，把此类因素称为环境阻抗(environmental resistance)。有了这类阻抗，种群的增长变成了"S"形，用逻辑斯蒂模型表示如式4-2。

$$N = \frac{K}{1 - e^{\alpha + rt}} \qquad (4-2)$$

此式说明一个种群会不断地、无灾变地增长到接近资源承载能力，此时 $r = 0$，α 为积分常数。种群也可能超过这个数值，然后由于死亡率增高和出生率减小而回落(可能有所波动)到承载能力以下。

环境阻抗又称限制因素，一切妨碍物种实现其全部种群增长潜力(繁殖潜力)的环境要素在生态学上称为限制因素。限制因素分为4类，即食物供应、气候、疾病及异种捕食。食物供应对种群增长的限制作用是不言而喻的，有人认为恐龙的灭绝、鲸的下海都与食物供应短缺有关。而当今和历史上的人口减少，也常常是因饥荒引起。气候因素最明显地表现在某一特定地区动、植物的种类和数量上。例如，在北极冻原，只有很少几种动植物能够抵抗严寒；而热带雨林温暖、潮湿的气候则对很多动植物生长都有利。疾病曾有效地控制了人口的增长(如13~14世纪欧洲的黑死病)，人类也利用这个因素来控制那些对人类不利的有机体的繁殖。

(2)资源承载力与人口增长

人是有智慧的动物，人除了有生物性外，更有复杂的社会性。因此，人口增长与动物种群增长既有联系又有本质区别。作为"理智"的人类，对于其种群增长必须研究3个基本问题：第一，研究和了解人类种群的增长型；第二，定量测定人类种群的最适规模和结构(与一定尺度环境范围内的自然资源承载力相关)；第三，研究如何采取"文化调节"措施，尤其是在自然调节不起作用时(或者不可接受、没有意义或为时太晚)。

关于第一个问题，人类种群的增长型与逻辑斯蒂型和指数型不尽一致。由于人的生态幅较宽，人类社会的缓冲能力较大，因此人类的"自我拥挤效应"和过度利用自然资源的效应有一定的滞后。这就使种群密度和数量在开始感觉到有害效应以前已超越了承载力限度。对此，人类可以有2个基本的选择。其一，假设人口增长继续不受限制，直到超过自然资源的承载能力，然后是人口大量死亡，或忍受深刻的灾难，直到种群数量下降；或者承载能力上升(如果有可能的话)，如此往返波动。事实上，地球上已有部分地区经历过或正在经历这个过程，只要稍有干扰，如洪水、旱灾或一季作物歉收，就造成成千上万人的死亡。对这种灾难往往归咎于"天灾"，其实倒不如说是"人祸"，它是人口过度增长所造成的。其二，如果人类自觉采取有责任心的态度，预测承载力限度，建立人口控制机制，降低出生率，合理利用资源，保护环境，适度消费等，或提高自然资源承载能力，这样使人口数量保持在临界限度(甚至是最适承载能力)之下。

关于第二个问题，人口承载能力研究和自然资源承载能力研究，以及各国各地区的人口计划，都在努力研究这个问题，这是为解决第一个问题所必需的。

关于第三个问题，目前的主要观点可归纳为2种：①技术可以解决人口、资源与环境问题；②技术只能延缓灾难发生时间，而不能根本解决人口、资源与环境的困境，必须采取道德、法律、政治和经济的约束措施。

（3）资源承载力动态与组合逻辑斯蒂曲线

资源承载能力受投入水平、技术进步等因素的影响，因此是动态的。从生态系统的性质看，生态系统处于不断的演替过程中，这种演替受多种生态因子影响，按其作用可归为2类因子：利导因子和限制因子。在利导因子起主要作用时，各物种竞相占用有利生态位，种群呈指数型增长；但随着生态位的迅速被占用，一些短缺性生态因子逐渐成为限制因子。优势种的发展受到抑制，种群增长趋于平稳。但生态系统有其能动的适应环境、改造环境、突破限制因子束缚的趋向。通过改变优势种，调整内部结构或改善环境条件等措施，旧的限制因子又逐渐让位给新的利导因子和限制因子，系统出现新的"S"形增长。整个系统就是在这种组合"S"形的交替增长中不断演替进化，不断打破旧的平衡，出现新的平衡。具有持续的发展能力，又具备一定的自我调节功能，能自动跟踪其不断演变着的生态环境，实现组合"S"形增长，因而其过程稳定性较好。过程稳定性可由发展速度、"S"形波动的振幅，与受限制因子约束的滞留期等来测度（王如松，2004）（图4-1）。

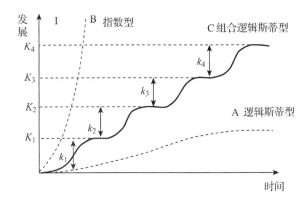

图 4-1　资源承载力动态与组合逻辑斯蒂曲线（王如松，2004）

4.2　自然资源生态服务功能与资源利用生态环境影响评价

自然资源利用的生态环境影响关系到人类社会的可持续发展，不仅包括对人类社会发展方面，同时包括对生态系统服务功能的影响。关于生态环境影响评价有很多方法。本节介绍2种途径：一是核算人类活动对生态资源的占用；二是联系整个人类生态系统的可持续做总体评价。

4.2.1　生态占用核算

4.2.1.1　生态占用和生态潜力的概念

生态占用这个词最先是由加拿大著名生态学家 William E. Rees 教授和他的学生 Mathis Wackernagel 于 1992 年提出的，后来 Mathis Wackernagel 等于 1996 年完善了生态占用的方法和模型。

生态占用(ecological footprint, 也译为生态足迹)指人类消耗自然资源或消纳废物所占用的具有生态生产力的地域面积(包括水域和陆地), 其实质是将人类对自然资源(包括生态服务功能)的消耗与生态影响联系起来。它是一组基于土地面积的量化指标, 生态占用这个概念被形象地比喻为"一只负载着人类与人类所创造的城市、工厂……的巨足, 踏在地球上留下的脚印"。这个形象化概念反映了人类利用自然资源对地球生态系统的影响, 也隐喻着一旦生态占用超出了地球所能提供的生态潜力, 人类文明终将无法支撑。

生态"占用"的是生态"潜力"(ecological capacity), 即一定区域能够提供的生态生产性地域面积。生态占用代表着人类对自然资源的利用程度, 而生态潜力代表着自然界为人类的生存和发展提供的支持能力。

生态占用与生态潜力都可用"生态生产性地域"(ecologically productive area)来表征。生态生产性地域可分为 6 大类: 化石燃料土地、可耕地、林地、草地、建筑用地和水域。

①化石燃料土地 主要指开采化石燃料所占用的土地, 以及吸收化石燃料排放废气所需的生态空间, 例如, 林地面积。这里的生态空间并不包括生物多样性保护所需的林地和提供木材的林地, 它们提供的产品和生态服务需另占生态空间。

②可耕地 主要指提供粮食、纤维、油料等农产品的土地。从人类生态角度看, 可耕地是所有生态生产性土地中生产力最重要的一类, 它所能集聚的适合人类生存需求的生物量最多。

③林地 包括人造林和天然林, 其生态生产力主要提供木材和其他林产品, 还具有防风固沙、涵养水源、调节气候、维持大气水分循环、防止土壤流失、保护物种多样性等诸多生态服务功能。

④草地 其生态生产力可通过单位面积承载的牛羊数及牛奶、肉类产量来核算, 也具有诸多生态服务功能。

⑤建筑用地 包括各种工程建设、人居设施、道路等所占用的土地, 是人类生存必需的场所。人类多定居在最优质的土地上, 由于城市化的急速发展, 大量可用于生产的耕地已被建筑用地侵占, 因此建筑面积的增加意味着生物生产量的降低。

⑥水域 水域的生态生产力主要指水产品的单位面积产量, 水域还具有诸多生态服务功能。

生态生产性地域以标准化的土地面积单位——全球公顷(global ha, 简记为 gha)来度量, 代表世界所有生态生产性土地的平均单位面积产量, 据此可以进行不同地区、国家之间的比较。通过均衡因子(生态潜力差异)和产量因子(管理技术差异)进行实际生态生产性土地面积向标准化全球公顷的转化。

生态占用的度量可分为 2 类, 一类是直接的, 依赖生态系统的供给功能, 例如, 为满足食物消费占用农用地; 另一类是间接地, 依赖生态系统的其他服务功能, 例如, 能源消费需要地域来吸纳 CO_2(图 4-2)。

生态潜力的度量是用一个地区所能提供给人类的生态生产性土地面积的综合来度量。也有用自然资源承载力或生态承载力来表示生态潜力。生态承载力(ecological capacity)在

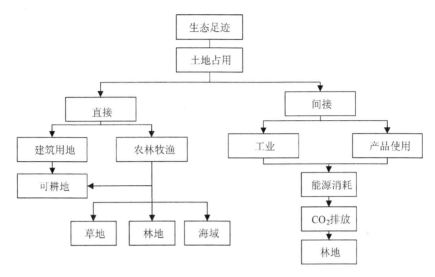

图 4-2 生态占用的度量类型(引自蔡运龙, 2007)

不削弱某一地区的生产能力的情形下, 该区域所能持续支持某种群的最大生物数量。用生态足迹来衡量时, 指在不损害有关生态系统的生产力和功能完整性的前提下, 一个区域所拥有的生物生产性空间的总面积(资源科学技术名词, 2008)。

生态占用(生态足迹)是指在一定技术条件和消费水平下, 某个国家(地区、个人)持续发展或生存所必需的生物生产性土地面积; 生态潜力则指某个国家(地区)所能提供的生物生产性土地面积的总和, 表征该地区的生态容量。当一个地区的生态潜力小于生态占用时, 就出现生态赤字(ecological debt)。不可持续的程度可用生态赤字来衡量, 表明该地区的自然资源利用超过了其自然资源的生态容量; 当生态潜力大于生态占用时, 则产生生态盈余(ecological remainder), 可用来表示可持续程度。

《中国生态足迹报告 2010》中明确提出, 将生态足迹和生态承载力的对比关系作为衡量生态文明的指标之一。继原始文明、农业文明、工业文明之后, 生态文明作为一个全新的文明形态, 已经成为中国当代与未来发展的战略选择, 减少生态足迹和提高生态承载力都是实现生态文明的重要路径。通过得到生态盈余或赤字, 可以定量反映一个国家或地区的人类活动和自然的和谐状况, 跟踪当地生态资源发展变化和利用情况, 为国家制定政策和发展规划提供科学依据(中国环境与发展国际合作委员会, 2010)。

4.2.1.2 生态占用核算的基本假设

生态占用核算的基本假设主要包括以下几个方面:

①能够追踪国家或地区年度资源消耗量和废物排放量, 找到其生产区和消纳区(assimilate)类别, 度量单位可以是重量单位、热量单位或体积单位。

②大多数自然资源消耗量废物排放量可以被转化为提供和消纳这些流量的、具有生态生产力(biologically productive)的土地面积。

③可赋予不同类型的土地面积一定的权重, 从而折算成同一标度(全球公顷)。

④各类生产性地域在空间上是互斥的, 若一块土地当它被用来修建公路时, 它就不可

能同时是森林、可耕地、牧草地等。"空间互斥性"使得我们能够对各类生态生产性土地进行加总，从宏观上认识自然系统的总供给能量和人类系统对自然系统的总需求。

⑤累加的生态占用和生态潜力可以直接进行比较，都用标准面积来表示，分别度量对自然资源的需求和供给。

⑥需求面积可以超过供给面积。达到均衡的方式有 2 种，一是通过自然资源的进口来平衡赤字；二是通过过度开发当地自然资源来满足需求，结果导致自然资源的耗竭或生态耗竭。

4.2.1.3　生态占用核算

经典生态占用计算模型采用的是自上而下的综合法，随后出现了自下而上统计计算的成分法；而能值理论和投入产出的思想方法引入到生态足迹理论中，诞生了能值法、投入产出法。总的来说，生态足迹的基本模型包括 3 个方面：生态占用、生态承载力和生态赤字/盈余。

（1）生态占用的计算

①计算各主要消费项目的人均年消费量，对区域内的消费项目按生物资源类型进行划分，并计算区域内每一项的人均年消费量。

②计算生产各种消费项目人均占用的生态生产性土地面积，计算公式为某消费项目人均占用生态生产性土地面积 = 某消费项目人均年消费量（kg）/单位年均生产量（ kg/hm² ）。

③计算各类用地的人均生态足迹，汇总生产各种消费项目人均占用的各类生态生产性土地，然后 6 类生态生产性用地分别乘上等价因子。在这个计算过程中，难点在于能量消费的生态足迹计算。能量消费作为生态足迹中一个重要的组分，是指专门用于吸收来自化石燃料的 CO_2、吸收核电厂的辐射以及建设水电站的面积等。能量足迹所占比例较大，发达国家的能量足迹一般占生态足迹总量的 1/2 以上，一个国家的生态赤字也主要来自于能量组分，因此，能量消费和能量土地常进行单独计算。

④计算生态占用，求和六类生态生产性用地的人均生态占用，得出人均生态占用。再乘以区域总人口，就得出总生态占用。

总公式如下：

$$EF = \sum \gamma_j \frac{C_i}{Y_i} = \sum \gamma_j \frac{P_i + I_i - E_i}{Y_i} \tag{4-3}$$

$$ef = EF/N \tag{4-4}$$

式中　$j = 1, 2, \cdots 6$ 分别代表化石能源用地、耕地、草地、森林、建筑用地、水域；

i——消费项目的类型；

EF——总的生态足迹，hm^2；

ef——人均生态足迹，hm^2/cap；

γ_j——均衡因子；

C_i——第 i 种消费项目的年消费量，t；

Y_i——生物生产性土地生产第 i 种消费项目的全球年均产量，t/hm^2；

P_i——年生产量；

I_i——第 i 种消费项目的年进口量；

E_i——第 i 种消费项目的年出口量；

N——人口总数。

（2）生态承载力的计算

①计算生物生产性面积，一般根据相关统计资料或实地测量，得出各类生态生产性面积。

②计算生产力系数，生态生产性面积不能直接比较，需先计算出一个参数以转化为全球平均水平。其计算公式为：某区域某类用地生产力系数＝该区域单位平均产量/该类用地全球平均产量。

③计算均衡因子，也称为等价因子，等价因子就是为使不同类型的生态生产性土地面积转化为在生态生产力上等价的面积，以便于加总求和。其计算公式为：某类生态生产性土地的等价因子＝全球该类用地的平均生态生产力/全球所有生态生产用地的平均生态生产力。由于平均生态生产力用实物表达不能直接比较，故一般用货币价值体现。表 4-2 为 2010 年世界自然基金会（WWF）采用的等价因子表。

表 4-2　不同的等价因子表

生态生产性土地类型	等价因子
耕地	0.51
草地	0.46
森林	1.26
水域	0.37
建筑用地	2.51
化石能源（森林）	0.31

注：建筑用地假设是占用了基本农业土地，因此建筑用地和耕地具有相同的等价因子。

④计算各类人均生态承载力，计算公式：某类用地人均生态承载力＝某区域某类用地生产力系数/某区域某类用地生产力系数/某类生态生产性土地的等价因子。

⑤加总 6 类用地人均生态承载力，得出人均生态承载力，再乘上该区域总人口，就得出总生态承载力。

$$BC = a_j r_j y_j \tag{4-5}$$
$$bc = BC/N \tag{4-6}$$

式中　BC——各类生物生产性土地的生态承载力，hm^2；

bc——人均生态承载力，hm^2/cap；

a_j——各类生物生产性土地面积，hm^2；

r_j——均衡因子；

y_j——产量因子。

（3）生态赤字/盈余的计算

按照"生态赤字/盈余＝生态承载力 EC－生态足迹 EF"进行比较。如果 EC＞EF，则产生生态盈余，反之则表示出现生态赤字。生态赤字表明该地区的人类负荷超过了其生态容量，要满足其人口在现有生活水平下的消费需求，该地区要么从地区之外进口欠缺的资源以平衡生态足迹，要么通过消耗自然资本来弥补生态供给流量的不足。

表 4-3 为 Wackernagel et al. 在 2004 年做的全球生态占用情况。

表4-3　全球生态占用情况　　　　　　　　　　　　　　　　　　　　hm^2

年份	人均生态占用	人均生态潜力	生态赤字
1993	2.8	2.1	0.7
1995	1.8	1.5	0.3
1997	2.3	1.8	0.5
1999	2.3	1.9	0.4
2002	9.6	5.2	4.4

资料来源：Wackernagel et al. , 2004。

据统计，日本每人的生态足迹为 4.3 全球公顷（目前以 ghm^2 为单位），远远超过日本土地，所以日本只能利用别国资源。此外，这一面积是世界人均值（$1.8ghm^2$）的 2.4 倍。如果都像日本人这样生活，就要准备 2.4 个地球，像美国那样要 5 个地球。就世界整体而言，生态足迹已超过 1980 年的地球生产能力，而 2001 年已超过 20%。主要原因是工业国的消费，1992—2002 年，世界上高收入的 27 个国家人均生态足迹增加了 8%，但中低收入国家却减少了 8%。

4.2.1.4　生态占用核算方法的评价

生态占用的核算结果与自然资源提供的生态服务功能进行比较，能反映在一定的社会发展阶段和一定技术条件下，人类对自然资源消耗与生态承载力之间的差距。生态占用的概念新颖，核算简明，使用范围很广，可核算个人、家庭、城市、地区、国家乃至整个世界不同对象的生态占用，还可以进行纵向、横向等方面的比较。

生态占用核算方法的主要优点：概念的形象和内涵的丰富性，能形象地反映人类利用自然资源对地球生态的影响；思想的新颖性，与"承载力"概念不同，生态占用概念一方面从供给角度对区域的生态潜力进行测算，另一方面从需求角度估计要承载一定生活质量的人口需要多大的生态空间。具有可测度性和全球可比性，而且具有政策含义，方法容易理解且易于进行重复性研究，是比较科学的一种测度方法。

同时，生态占用核算方法还存在一些不足：生态偏激性，没有考虑到经济、社会、技术方面的进步和响应；对生态系统功能认识具有片面性；忽视不同类型土地性质的差异；理想化假设前提脱离现实，从而造成了生态占用核算的误差；模型的预测功能不足，不能全面反映地区的环境压力。

因此，生态占用核算方法的改进趋势有：

①通过长时间序列的研究，检验不同假设条件下该方法的有效性和灵敏度，从生态占用的角度为决策者提供更丰富的决策信息。

②修正和完善方法，如修正均衡因子，产量因子，区域公顷，废弃因子，将水资源纳

入生态占用的核算，考虑污染问题等。

③跟其他指标结合，与其他能反映社会经济方面的可持续度量指标结合起来，互相补充，如传统的 GDP 等。

4.2.2　环境经济一体化核算体系

目前，国际上关于可持续评价，比较流行的方法有物质流核算、能值分析以及环境经济一体化核算体系。本节主要对这几种方法进行分析。

4.2.2.1　经济系统内的物质流核算

经济系统内的物质流核算（material flow accounting，MFA）主要是利用进入经济系统的物质流作为环境压力和可持续性的跟踪指标。通过核算经济系统中物质需求总量，物质消耗强度和物质生产力等 3 项指标，来判断一个国家或地区的经济系统是否可持续。

其中，经济系统的物质需求总量主要是指经济系统某一年的资源消耗总量，其值越大越背离可持续目标。

物质消耗强度主要是指经济系统某一年的人均资源消耗量，其值越大越背离可持续目标。

物质生产力主要是指经济系统某一年的资源利用效率，其值越低越背离可持续目标。

4.2.2.2　环境—经济系统能值分析

环境—经济系统能值分析（energy-based analysis，EBA）主要是把环境系统内的各种关键自然资源换算成标准太阳能当量形式（Emergy）的能值，这些能值为经济系统使用时则按其能效换算成有用能形式（Exergy）的能值。

在此基础上，核算生态系统的国民能值剩余（National Emergy Surplus，NES），即一个国家在一定时期内所生成的环境能值与同期该国经济所消耗的环境能值之差（Emergy－标准太阳能当量）；经济系统的国民能值剩余（National Exergy Surplus，NXS），即一个国家在一定时期内适合于经济生态投入的有用能值与同期该国经济生产或消费所消耗的有用能值之差（Exergy-经济系统能使用的有用能值）；经济系统的熵度（Ne-Nm）即因经济活动引起的自然环境熵增（Ne）与获取同样的经济产品时从技术上说可能出现的最小熵产生（Nm）之差。

所以，当生态系统的国民能值剩余（NES）≥0，经济系统的熵度（Ne-Nm）趋近于 0 时，生态系统可持续；当经济系统的国民能值剩余（NXS）≥0，经济系统可持续。而当生态系统的国民能值剩余（NES）<0，经济系统的熵度（Ne-Nm）趋近于无穷大时，生态系统不可持续；经济系统的国民能值剩余（NXS）<0，经济系统不可持续。

4.2.2.3　环境经济一体化核算体系

环境经济一体化核算体系（system of environmental and economic accounting，SEEA）原理提供了一套度量可持续性的指标。将环境和资源账户作为国民经济核算账户体系（system of national accounting，SNA）的卫星账户，并与之对接而形成一体化核算。由于核心账户是货币型账户，环境账户和资源账户是实物型账户，需要将环境账户和资源账户转换成货币型账户。最后，核算出真实储蓄（Sg）如果 $Sg \geqslant 0$，且能一直得以维持，则发展是可持续的；

反之，则是不可持续的。

按照上述思路，真实储蓄(Sg)为经济净储蓄(Sn)与资源净产值(NRP)、环境净产值(NEP)之和：

$$Sg = Sn + NRP + NEP \tag{4-7}$$

其中，

$$Sn = Y - C \tag{4-8}$$
$$NRP = n(g - R) \tag{4-9}$$
$$NEP = \sigma(d - e) \tag{4-10}$$

式中　　n——自然资源租金；

　　　　g——自然资源增长量；

　　　　R——自然资源消耗量；

　　　　σ——污染排放的边际社会成本；

　　　　d——环境的自净能力；

　　　　e——污染排放量；

　　　　$n(g-R)$和$\sigma(d-e)$——自然资源净消耗价值；

　　　　Y——国民可支配净收入；

　　　　C——最终消费支出。

所以，

$$Sg = Y - C + n(g - R) + \sigma(d - e) \tag{4-11}$$

由于存在多种资源和多项环境污染物，则上式变成如下形式：

$$Sg = Y - C + \sum_{i=1}^{n} n_i(g_i - R_i) + \sum_{j=1}^{m} \sigma_j(d_j - e_j) \tag{4-12}$$

4.2.3　生态系统服务功能评价

4.2.3.1　生态系统服务及其功能

生态系统服务对于现代文明是绝对必需的，但是现代城市生活模糊了他们的存在。生态系统服务一直被排除在经济政策和决策的制定之外，在正式的资源管理结构和程序中总是被忽略，重要的生态系统服务如水和空气的净化、自然界为农作物提供基因库服务等没有包含在传统的经济模型中。

在已有定义中，被广泛接受的生态系统服务概念如下：

①生态系统及其生态过程所形成与维持的人类赖以生存的环境条件与效用(Daily，1997)。

②生态系统物品和服务，代表人类直接或间接从生态系统功能中获得的利益(Costanza等，1997)。

③人们从生态系统中获得的利益(WGMEA，2003)。

在已经识别出的生态服务中，不同学者对生态服务进行了分类，主要的分类形式：

a. 功能分类：如调节、承载、栖息、生产和信息服务(Daily，1997，1999；de Groot et

al. , 2002）是目前主要的分类方法，也更便于生态系统服务功能评价工作的开展。

b. 组织分类：如与某些物种相关的服务，或者与生物实体的组织相关（Norberg, 1999）。

c. 描述分类：如可更新资源物品、不可更新资源物品、物理结构服务、生物服务、生物地化服务、信息服务以及社会和文化服务（Moberg et al. , 2003）。

d. 其他分类：一次性服务，连续性服务；有形服务，无形服务；空间服务，方向性服务，转移性服务，竞争性服务等。

Daily（1997）、Costanza（1997）、MA 都列举了各种特殊的生态系统服务（表4-4）。

表4-4　生态系统服务的 3 种分类

Daily（1997）	Costanza（1997）	MA（WGMEA，2003）
净化空气	气体调节	供给
缓解干旱和洪水	气候调节	（食物、淡水、薪材）
废物分解和解毒	扰乱调节	
产生、更新土壤和土壤肥力	水调节和水供应	调节
植物授粉	侵蚀控制和沉积保存	（气候管理、疾病控制）
农业害虫控制	土壤形成	
稳定局部气候	营养循环	
缓解气温骤变、风和海浪	废物处理	文化
支持不同的人类文化传统	授粉	（精神、娱乐、美学）
提供美学和文化、娱乐	生物控制	
	庇护	支持
	食物生产	（土壤形成、养分循环）
	原料、遗传资源、娱乐、文化	

生态系统服务是指生态系统与生态过程所形成及所维持的人类赖以生存的自然效用，尽管不同的学者对某些特殊的是否应该包括在生态系统服务之中存在着不同的解释，但生态系统向人类提供各种物品和服务这一点是十分确定的（表4-5）。根据中国大众和决策者对生态服务的理解状况，将生态服务重新划分为食物生产、原材料生产、景观愉悦、气体调节、气候调节、水源涵养、土壤形成与保持、废物处理、维持生物多样性共 9 项。

表4-5　生态系统服务类型的二级分类

一级类型	二级类型	服务的定义	生态服务描述指标
供给服务	生物量生产	将太阳能转化为食物的植物和动物产品，将太阳能转化为生物能给人类做建筑物和其他用途	总生物量、生物生产力、食物生产力、原材料生产力
	淡水供给	给人类提供淡水	产流
调节服务	气体调节	生态系统维持大气化学组分平衡，吸收 SO_2，吸收氟化物，吸收氮氧化物	CO_2 调节，O_2 调节
	气候调节	生态系统对区域气候的调节作用，如增加降水，降低气温	—

（续）

一级类型	二级类型	服务的定义	生态服务描述指标
调节服务	水文调节	生态系统的淡水过滤、持留和储存功能	削减洪峰，植被截流降水，枯落层蓄水，土壤蓄水
	养分累积	N 累积、P 累积、K 累积	N 累积、P 累积、K 累积
	碳蓄积	植被碳蓄积，凋落物碳蓄积，土壤碳蓄积	植被碳蓄积，凋落物碳蓄积，土壤碳蓄积
	净化环境	植被和生物在多余养分和化合物去除和分解中的作用，滞留灰尘	吸收 SO_2，吸收氟化物，吸收氮氧化物，滞留灰尘
支持服务	保持土壤	有机质积累及植被根物质和生物在土壤保持中的作用，养分循环和累积	减少废物土地，减少泥沙滞留，减少有机质流失，减少全 N 流失，减少全 P 流失，减少全 K 流失
	维持生物多样性	野生动植物基因来源和进化、野生植物和动物栖息地	动物物种数、植物物种数、微生物物种数
文化服务	提供美学景观	具有(潜在)娱乐用途、文化和艺术价值的景观	旅游参观人数

4.2.3.2　生态系统服务功能价值

由于生态系统功能和服务的多面性，因此生态系统服务具有多价值性。近十几年来，Pearce、Mc-Neely、Turner 等对自然资本与生态系统服务价值的分类进行了理论上的研究。同时，联合国环境规划署(UNEP)、经济合作与发展组织(OECD)等机构组织也对环境资产的经济价值进行分类。

（1）Mc-Neely 的分类

Mc-Neely 等人根据产品是否具有实物性和产品是否通过市场以及消耗的性质，将生态系统所涉及的价值分为消耗性使用价值、生产性使用价值、非消耗性使用价值、选择价值和存在价值。

（2）Pearce 的分类

他将环境价值分为 2 个部分：使用价值和非使用价值。而使用价值包括直接使用价值和间接使用价值以及选择价值；非使用价值包括遗产价值和存在价值。并且他还提出了准选择价值的概念，并且把它归为非使用价值，与选择价值相区分。

（3）UNEP 的分类

UNEP 在《生物多样性国情研究指南》中将生物多样性的价值分为：显著实物形式的直接价值、无显著实物形式的直接价值、间接价值、选择价值和消极价值。

（4）OECD 的分类

该组织基本沿用了 Pearce 的分类方法，不同的是它认为选择价值是介于使用价值和非使用价值之间。

由此可以看出，生态系统服务功能的价值(ESV)包括 2 个部分：使用价值(UV)和非使用价值(NUV)。使用价值包括直接价值(DUV)和间接价值(IUV)；非使用价值包括遗产价值(BV)、存在价值(EV)。而选择价值(OV)归为使用价值、非使用价值均可。

①使用价值　指人们利用生态系统服务的支付意愿(willingness to pay，WTP)，是消费者为消费一种商品、获得一次机会或一种享受而愿意支付的货币金额。使用价值按照使用方式可分为直接利用价值(DUV)和间接利用价值(IUV)。直接利用价值主要是生态系统服务功能中可直接计量的价值，是生态系统生产的生物资源的价值(毛文永，1998)，比如木材、粮食、药材、动物毛皮等，这些资源可在市场上交易，可以在国家收入账户中体现出来。间接使用价值主要是指生态系统对人类的生命支持系统功能的价值(欧阳志云和王如松等，1996)，此种价值远远高于可消费的生物资源价值。

②非使用价值(non-use values)　指与子孙后代将来利用有关的生态系统经济价值，以及与人类利用无关的生态系统经济价值。它又可以分为存在价值(EV)和遗产价值(BV)。存在价值(existence values)是人们为确保生态系统服务功能继续存在的支付意愿，如生境、濒危物种等均属于存在价值。遗产价值(bequeath values)是人们为了子孙后代将来能利用生态系统服务功能的支付意愿。

③选择价值(option values)　人们为了将来能利用生态系统服务功能的支付意愿，选择价值可看作人们为了确保自己在将来能利用某种资源或服务而提供的一笔保险金。选择价值可分为 3 类，即自己将来利用、子孙后代将来利用、别人将来利用。选择价值是一种未来的、潜在的价值，很难计量。

4.2.3.3　生态系统服务功能价值评价方法

生态系统服务功能的价值化，是非常困难的，目前还没有国际上公认的、标准的方法。生态系统服务功能价值化方法主要有市场价值法、影子价格法、替代工程法、机会成本法、费用分析法、条件价值法、旅行费用法等。

(1)市场价值法

市场价值法(market value method)即生产效率法。其基本原理是将生态系统作为生成中一个要素，生态系统的变化将导致生产率和生产成本的变化，进而影响价格和产品水平的变化，或者导致产量、预期收益的损失(李金昌等，1999)。市场价值法可分为以下 2 种情况：生产要素价格不变、生产要素价格变化。

①生产要素价格不变　在此情况下，产量的变化不会影响市场格局，即产量变化与供需矛盾的整体结构无关。生态系统服务功能的价值为：

$$V = q(P - C_v)\Delta Q - c \tag{4-13}$$

式中　V——生态系统服务功能的价值；

　　　P——产品的价格；

　　　C_v——单位产品的可变成本；

　　　C——成本；

　　　q——产量 Q 的每一单位，常取值为 1；

　　　Q——产量的变化量。

②生产要素价格变化　在此情况下，产量的变化将引起生产要素和产品价格的变化，生态系统服务功能的价值为：

$$V = \Delta Q(P_1 + P_2)/2 \tag{4-14}$$

式中　V——生态系统服务功能的价值；

Q——产量的变化量；

P_1——产量变化前的价格；

P_2——产量变化后的价格。

（2）影子价格法

对于没有市场交换和市场价格的生态系统服务功能，即"公共商品"，可利用替代市场技术寻找其替代市场，以市场上与其相同的产品的价格来估算其价值。这种相同产品的价格称为"公共商品"的影子价格（欧阳志云等，1996），其数学表达式为：

$$V = QP \tag{4-15}$$

式中　V——生态系统服务功能的价值；

Q——生态系统产品或服务的量；

P——生态系统产品或服务的影子价格。

评价生态系统固碳价值的碳税法属于影子价格法。

（3）替代工程法

替代工程法是在生态系统遭受破坏后人工建立一个工程来代替原来的生态系统服务功能，用建造新工程所需的费用来估计生态系统破坏所造成的损失的一种方法（李金昌等，1999）。替代工程法又称为影子工程法，是恢复费用法的一种特殊形式。其数学表达式为：

$$V = G = \sum i \quad (i = 1,2,3,\cdots,n) \tag{4-16}$$

式中　V——生态系统服务功能的价值；

G——替代工程的造价；

$\sum i$——替代工程中项目 i 的建设费用。

评价生态系统固碳放氧价值的造林成本法、涵养水源价值的水库成本法都属于替代工程法。

（4）机会成本法

机会成本法是指做出某一决策而不做出另一决策时所放弃的利益（毛文永，1998），常用来衡量决策的后果。资源是有限的，但其用途是多种多样的，选择一种方案，意味着放弃了使用其他方案和获得相应利益的机会，其他方案中最大的经济利益，即为该资源选择方案的机会成本。机会成本法的数学表达式为：

$$C_k = \max\{E_1,E_2,E_3,\cdots,E_i\} \tag{4-17}$$

式中　C_k——k 方案的机会成本；

$E_1,E_2,\cdots,E_i$——k 方案以外的其他方案的效益。

机会成本法是费用—效益分析法的一部分，多用于不能直接估算其社会净效益的一些资源。

（5）费用分析法

对于生态系统的退化，人类会采取相应的措施以应对其变化，这些措施都需要一定的费用，通过计算这些费用的变化可以间接地计算生态系统服务功能的价值。费用分析法分为防护费用法、恢复费用法两类。

防护费用法是指人类为了消除和减少生态系统退化的影响而愿意承担的费用。用于评价生物多样性价值的物种保护基准价法就属于防护费用法，它是保护该物种生产所需要的最低费用。

恢复费用法是用生态系统受到破坏后恢复到原来状态所需的费用作为该生态系统的价值，多用于净化功能的评价。

（6）条件价值法

条件价值法（CVM）即调查评价法、支付意愿调查评估法、假设评估法。该方法是对消费者进行直接调查，了解消费者的支付意愿，或者他们对产品或服务的数量选择愿望来评价生态系统服务功能的价值（李金昌等，1999）。常用于评价生态系统维持生物多样性的价值。

（7）旅行费用法

旅行费用法（travel cost method，TCM）即费用支出法、游憩费用法，是通过往返交通费、住宿费、餐饮费、门票费、设施运作费、摄影费、购买土特产或纪念品费用、购买或租借设备费、电话费、停车费等旅行费用资料确定某项生态系统服务的消费者剩余，并依此来估计该项生态系统服务的价值。该方法是最为流行的游憩价值的评价方法。

（8）资产价值法

资产价值法是利用生态系统变化对某些产品或生产要素价格的影响，来评估生态系统服务功能的价值（李金昌等，1999）。20 世纪 70 年代以来资产价值法得到了广泛应用。资产价值法的数学表达式为

$$V = f(S,N,Q) \tag{4-18}$$

式中　V——资产的价值（生态系统服务功能的价值）；

　　　S——资产本身的特征；

　　　N——资产周围社区特点变量；

　　　Q——资产周围的生态系统变量。

资产价值法的局限性主要表现在以下 3 个方面：①资产价值法为获得个人的边际效益而做出的 3 个假设，是否切合实际，需要进一步验证。其 3 个假设为：假设边际效益即支付意愿为一条水平直线；假设每个买主的边际支付意愿曲线，从他们的观测点起，直线下降到零；假设所有买主的收入和效用函数都相同。②资产价值法要求足够大的单一均衡的资产市场。③资产价值法需要大量数据，如资产特性数据、生态系统数据，以及消费者个人的社会经济数据，数据采集的准确性和完整性直接影响结果的可靠性。

4.2.3.4　生态系统服务功能价值评价实例

从 20 世纪 70 年代开始至 90 年代中期，主要是对生态系统服务功能的概念、内涵和生态系统服务类型以及分类进行研究。同期，也在积极探讨有关生态资产和生态系统服务

的价值评价理论和方法，为以后生态系统价值评估的开展和区域、全球生态系统服务评估框架的建立提供了重要的理论基础。90 年代中期以来，生态系统服务及其价值评估的研究变成生态学研究的一个热点并广泛开展。

Costanza 等(1997)将生态系统根据土壤覆盖区分为远洋、海湾、森林、草原、湿地、湖泊河流、农田等 15 类生物群落，以生态系统服务求供求曲线为一条垂直直线为假定条件，逐项估计了各种生态系统的各项生态系统服务价值(表4-6)。

表 4-6　Costanza 等评估的全球生态系统服务价值

			单位面积服务价值/ (美元/m²)	服务价值/ (×10⁹美元/a)	构成/%
海洋			0.0577	20 949	62.97
	远洋		0.0252	8381	25.19
	海岸		0.4052	12 568	37.78
		海湾	2.2832	4110	12.35
		海草	1.9004	3810	11.43
		珊瑚礁	0.6075	375	1.13
		大陆架	0.1610	4283	12.87
陆地			0.0804	12 319	37.03
	森林		0.0969	4706	14.15
		热带森林	0.2007	3813	11.46
		温带森林	0.0302	894	2.69
	草地		0.0232	906	2.72
	湿地		1.4765	4879	14.67
		湖沼湿地	0.9990	1648	4.95
		沼泽湿地	1.9580	3231	9.71
	湖泊、河流		0.8498	1700	5.11
	农田		0.0092	128	0.38
全球价值				33 268	100

Pimentel 等(1997)根据相关研究结果及部分生态系统服务功能的单价评估了全球和美国生物多样性的经济价值，包括废物处理、土壤形成、氮固定、化学物质生物分解、作物繁殖、牲畜繁殖、生物技术、害虫生物控制等，总价值 2.93 10¹²美元(全球)。虽然该结果与 Costanza 等的评估结果存在较大差异，然而两个研究都清楚地强调自然生物区系和生物多样性对人类的巨大价值(表4-7)。

表 4-7　**Pimentel 等(1997)对生态系统服务价值的评估**

生态系统服务	美国/×10⁹美元	全球/×10⁹美元
废物分解	62	760
土壤形成	5	25
N 固定	8	90
生物修复	22.5	121
作物育种(基因)	20	115
家畜育种(基因)	20	40
生物技术	2.5	6
害虫生物控制(作物)	12	100
害虫生物控制(森林)	5	60
寄主植物抗性(作物)	8	80
寄主植物抗性(森林)	0.8	11
多年生谷物生产	17	170
授粉	40	200
渔业	29	60
狩猎	12	25
海产品	2.5	82
其他野生食物	0.5	180
木产品	8	84
生态旅游	18	500
植物医药	20	84
森林碳汇	6	135
合计	319	2928

联合国组织完成的一项有世界影响的生态系统千年评估项目(millennium ecosystem assessment，MA)，以掌握关于生态系统变化和人类福利关系的最新科学，提出可供选择的解决方案，为决策提供依据。MA 研究发现：①在过去 50 年，人类比历史上任何可比较的时期对生态系统的改变都更迅速和广泛；②对生态系统的改变使得人类福利和经济发展获得许多净收益，自从 1960 年以来，人口倍增的同时经济增长了 6 倍，食物生产增加了 2.5 倍，用于造纸的木材砍伐量为原来的 3 倍，但是这些收益的获得所付出大代价不断增加，如果不解决，将大大消减后代从生态系统获得的利益。在评估 24 种生态系统服务中，有 15 种服务正在降低(表 4-8)。

表 4-8　Pimentel 等(1997)对生态系统服务价值的评估

生态系统服务类型	生态系统服务类型	生态系统服务类型	状态
供给服务	食物供给	作物	□
		家畜	□
		捕捞渔业	□
		水产	□
		野生食物	□
	纤维供给	木材	+/-
		棉花、丝	+/-
		薪材燃料	□
	基因资源		□
	生物化学、医学产品		□
	淡水		□
调节服务	空气质量调节		□
	全球气候调节		□
	区域气候调节		□
	水文调节		+/-
	侵蚀调节		□
	水质净化和废物处理		□
	病害调节		+/-
	害虫控制		□
	授粉		□
	自然灾害调节		□
文化服务	精神与宗教价值		□
	美学价值		□
	休闲与生态旅游		+/-

　　以谢高地 2015 年当量因子法计算的全国生态服务价值为例，来介绍生态系统服务价值评价过程。

　　案例研究将生态系统划分为 6 类一级生态系统和 14 类二级生态系统，将生态系统服务概括为供给服务、调节服务、支持服务、文化服务 4 个一级类型，在一级类型之下进一步划分出 11 种二级类型，梳理国内以实物量计算方法为主的生态系统服务价值量评价结果，并结合遥感影像数据对 NPP 和生物量的模拟分析及专家经验，修订得到中国二级生态系统服务价值当量因子表(表 4-9)。把单位面积农田生态系统粮食生产的净利润当作一个标准当量因子的生态系统服务价值量。具体计算得到 2010 年标准生态系统生态服务价值当量因子经济价值量的值为 3406.50 元/hm²。

表 4-9 单位面积生态系统服务价值当量

生态系统分类		供给服务			调节服务				支持服务		文化服务	
一级分类	二级分类	食物生产	原料生产	水资源供给	气体调节	气候调节	净化环境	水文调节	土壤保持	维持养分循环	生物多样性	美学景观
农田	旱地	0.85	0.40	0.02	0.67	0.36	0.10	0.27	1.03	0.12	0.13	0.06
	水田	1.36	0.09	-2.63	1.11	0.57	0.17	2.72	0.01	0.19	0.21	0.09
森林	针叶	0.22	0.52	0.27	1.70	5.07	1.49	3.34	2.06	0.16	1.88	0.82
	针阔混交	0.31	0.71	0.37	2.35	7.03	1.99	3.51	2.86	0.22	2.60	1.14
	阔叶	0.29	0.66	0.34	2.17	6.50	1.93	4.74	2.65	0.20	2.41	1.06
	灌木	0.19	0.43	0.22	1.41	4.23	1.28	3.35	1.72	0.13	1.57	0.69
草地	草原	0.10	0.14	0.08	0.51	1.34	0.44	0.98	0.62	0.05	0.56	0.25
	灌草丛	0.38	0.56	0.31	1.97	5.21	1.72	3.82	2.40	0.18	2.18	0.96
	草甸	0.22	0.33	0.18	1.14	3.02	1.00	2.21	1.39	0.11	1.27	0.56
湿地	湿地	0.51	0.50	2.59	1.90	3.60	3.60	24.23	2.31	0.18	7.87	4.73
荒漠	荒漠	0.01	0.03	0.02	0.11	0.10	0.31	0.21	0.13	0.01	0.12	0.05
	裸地	0.00	0.00	0.00	0.02	0.00	0.10	0.03	0.00	0.00	0.02	0.01
水域	水系	0.80	0.23	8.29	0.77	2.29	5.55	102.24	0.93	0.07	2.55	1.89
	冰川积雪	0.00	0.00	2.16	0.18	0.54	0.16	7.13	0.00	0.00	0.01	0.09

该研究进一步分析确定了 NPP、降水和土壤保持调节的时空动态因子,结合生态系统服务价值基础当量表,通过下式构建了生态服务时空动态变化价值当量表:

$$F_{nij} = \begin{cases} P_{ij} \times F_{n1} & \text{或} \\ R_{ij} \times F_{n2} & \text{或} \\ S_{ij} \times F_{n3} \end{cases} \quad (4\text{-}19)$$

式中 F_{nij}——某种生态系统在第 i 地区第 j 月第 n 类生态服务功能的单位面积价值当量因子;

F_n——该类生态系统的第 n 种生态服务价值当量因子;

P_{ij}——该类生态系统第 i 地区第 j 月的 NPP 时空调节因子;

R_{ij}——该类生态系统第 i 地区第 j 月的降水时空调节因子;

S_{ij}——该类生态系统第 i 地区第 j 月的土壤保持时空调节因子;

n_1——食物生产、原材料生产、气体调节、气候调节、净化环境、维持养分循环、维持生物多样性和提供美学景观等服务功能;

n_2——生态服务功能是水资源供给或者水文调节服务功能;

n_3——土壤保持服务功能。

当量因子法是根据已有的单位面积生态服务价值乘以对应的面积进行计算。综合评估表明：

①2010 年中国各种生态系统的总服务价值量为 38.10×10^{12} 元。就生态系统而言，森林的总服务价值最高，占总价值的 46.00%；其次是水域和草地，分别占总价值的 21.16% 和 19.68%（表 4-10、表 4-11）。

表 4-10　各类生态系统提供的生态服务价值

生态系统	森林	草地	农田	湿地	水域	荒漠	合计
面积/ $\times 10^4$ hm²	223.94	291.70	178.05	16.34	22.51	192.09	92 371.57
生态服务价值总量/ $\times 10^{12}$ 元	17.53	7.50	2.34	2.45	8.06	0.23	38.10
价值构成/%	46.00	19.68	6.15	6.42	21.16	0.60	100.00

表 4-11　不同生态系统服务类型的生态服务价值

一级类型	二级类型	生态服务价值/ $\times 10^{12}$ 元	价值构成/%
供给服务	食物生产	1.00	2.62
	原材料生产	0.89	2.33
	水资源供给	0.35	0.91
调节服务	气体调节	2.83	7.43
	气候调节	6.85	17.99
	净化环境	2.52	6.62
	水文调节	14.96	39.27
支持服务	土壤保持	3.86	10.13
	维持养分循环	0.30	0.80
	维持生物多样性	3.08	8.08
文化服务	提供美学景观	1.45	3.81

②就生态系统服务类别而言，调节功能服务价值最高，占 71.31%；支持服务占 19.01%；供给服务占 5.87%；文化服务占 3.81%。

③生态系统服务价值在年内随生长季节变化，中国生态系统在 5~9 月提供的生态服务价值较高，而在 11~2 月提供的生态服务价值较低。

④生态系统服务单位面积价值最高的地区主要分布在南方和东北地区，在总体趋势上从东南向西北逐渐降低。

4.3 自然资源利用的生态环境影响

4.3.1 矿产资源利用的生态环境影响

矿产资源是经济发展的物质基础，在我国的经济发展中起着非常重要的作用。但是根据我国现状来看，我国在资源开发和利用过程中存在着许多问题。矿产资源的开发与利用对生态环境造成了很大影响。

随着经济的发展，矿产资源的需求也日益增多。矿产资源作为自然资源的一部分，是经济可持续发展的源泉，在经济发展过程中起着越来越重要的作用。

目前，我国已发现矿产 171 多种，几乎拥有全世界所有的矿种，其中已经探明储量的有 156 种，在世界各国矿产资源占有量中遥遥领先。但在矿产资源开发和利用过程中存在着许多问题，导致大量矿产资源耗费造成资源短缺。资源短缺、环境污染问题严重影响着人类社会的可持续发展，使得矿产资源的开发利用和经济可持续发展之间的矛盾越来越突出。

自 2013 年以来，矿业形势持续下滑，矿业转型发展势在必行，提高资源节约与综合利用水平是促进资源利用方式转变的重要途径。2017 年，党的十九大提出"创新、协调、绿色、开放、共享"的五大新发展理念。新的发展理念要求告别传统的粗放发展模式，转入绿色矿业建设新常态，实施可持续发展的生态保护政策，即做到在保护中开发、在开发中保护，两者相辅相成。

采矿分为地下开采和露天开采。采矿活动的生态影响不仅取决于被开采矿物的种类、采矿方法、采掘机械的选用，还取决于矿山周围的自然地理特征和社会文化环境等。可以按采矿对自然环境和社会文化环境各要素产生的影响及其机制进行讨论；但是应该清醒地认识到；环境是各要素相互联系、相互作用而构成的有机整体，采矿活动对其各要素的影响不是孤立地发生作用的，它在使此要素发生变化时，也直接或间接地使彼要素发生变化（蔡运龙，2007）。

4.3.1.1 对地形及土地的影响

（1）占用和污染大量土地，大面积地貌景观遭到破坏

①露天开采对地形的影响　露天开采是将矿体的上覆地层和表土剥离后直接采掘矿石。剥离方式有面状剥离和等高剥离 2 种，一般都会大规模地挖损土地；剥离后的土体或岩石还需要堆放，又占压了大量土地。因此，露天开采造成双重的土地破坏。土地挖损形成岩石裸露的深坑。有些挖损地常年或季节性积水。特别是干旱、半干旱地区的露天开采加剧了沙漠化和水土流失，往往对脆弱生态系统造成不可逆转的破坏。

②采矿占用和损毁大量土地　无论是露天开采还是地下开采，都有大量的剥离物和废弃物，此外还有坑口电厂排放的粉煤灰，它们的堆放严重占用土地。采煤和洗煤废弃物即煤矸石的不断堆积形成矸石山，占用大量土地。据国土资源部（2008）公布的中国地质环境公报显示：2007 年年底，全国矿业开发占用和损毁的土地约 $166 \times 10^4 \, km^2$，其中尾矿堆放占地约 $91 \times 10^4 \, km^2$，露天采坑占地约 $52 \times 10^4 \, km^2$，采矿塌陷占地约 $20 \times 10^4 \, km^2$，以及为

采矿服务的厂房、矿区、公路铁路交通设施等占用大量土地。

截至 2010 年年底，内蒙古矿山开发占用土地面积达 3963.04km²，由于矿业开发占用、破坏污染的土地面积达 1100.95 km²，占矿山用地总面积的 27.78%（表 4-12）。

表 4-12　内蒙古矿山企业破坏土地资源统计表

名称	类型	面积（km²）	破坏面积百分比（%）
矿山活动	地面塌陷	254.51	23.11
	采矿场	587.76	53.39
	固体废弃物等其他	258.71	23.50
开采方式	井工开采	386	35.06
	露天开采	678.38	61.62
	露天/井工开采	36.57	3.32
矿产类型	煤矿开采	641.22	58.24
	金属矿开采	158.53	14.40
	非金属矿开采	301.20	24.36

资料来源：内蒙古自治区矿山地质环境保护与治理规划(2011—2015 年)。

矿产资源的开发过程对土地资源的破坏主要表现在：露天采矿致使的表土破坏、运输道路两侧的土壤碾压、井式采矿形成的矿坑。

③对土壤的影响主要是引起土壤侵蚀　在自然状态下，纯粹由自然因素引起的地表侵蚀过程，速度非常缓慢，表现很不显著，并常和自然土壤形成过程处于相对平衡状态。但采矿活动如大面积的剥离、清理地面、搬运土、石、矿渣堆积物等，都会加速和扩大自然因素作用所引起的土壤破坏和土体物质的移动、流失。在废弃矿区，典型的土壤侵蚀率约 950t/km²，这 100 倍于相同面积的森林地区的侵蚀率。在生产着的矿区，土壤侵蚀率约 19 000t/km²，2000 倍于同面积的森林地区的侵蚀率。细小微粒组成的疏松土壤由于侵蚀而受到的损失明显比质地粗或紧实的土壤要严重，而原始土壤表层因存在集合体要比有废弃物的土壤稳定性大（蔡运龙，2007）。

④采矿活动对土壤的影响除了产生土壤侵蚀外，还能造成土壤污染、土壤酸化等　对某些重金属矿的开采可致使更多的重金属进入土壤，由于土壤的吸附、络合、沉淀和阻留等作用，绝大多数重金属都残留、累积在土壤中，造成土壤污染。一旦土壤中重金属的含量超过了土壤环境容量，就会对生长于其上的植物产生污染与危害，造成农作物产量的下降。土壤酸化是指人类活动所产生的酸性物质使土壤变酸的过程，一般硫化矿床的开采可使土壤环境酸化。土壤酸化的不良后果反映在许多方面，最重要的是随着 pH 的降低，土壤对呈离子态的元素的吸附能力发生显著变化，如对钾、钙、镁等养分离子的吸附显著减少，导致这些养分随水流失。土壤酸化还对多价离子的元素活动性影响很大，它使某些金属离子的活动性增加，某些毒害性阳离子毒性增加。

　　为了保护矿区土壤，在采掘之前分层剥离和保存，就近堆置，以备采掘后复垦时利用。这个过程本身就可能影响土壤的各种特性。在采集土壤时要使用许多大型机械，这样可能会压实土壤，造成土壤结构及微生物的损害；堆放土壤如果堆放过高且堆存期过长，土壤中的微生物将停止活动，土壤将发生板结，土壤的性质会迅速恶化，雨水淋溶后有机质含量将下降。这些影响均会使土壤的肥力降低，给以后利用这些土壤带来困难。

　　(2) 造成地质损害严重，地质灾害频发

　　矿产开发造成地质损害类型主要有地表塌陷、矿山崩塌、矿石滑坡及泥石流。

　　① 地表塌(沉)陷　地下开采常引起地层的变形、裂缝甚至塌陷，此外还有固体废物堆砌。把矿物从地下开采出来后形成的地下空间使矿区周围的应力分布发生了变化，这种持续不断的应力变化一般发生在地下矿工作面周围，导致地下采空区上方的岩层变形、运动乃至破坏。当地下采空区面积越来越大时，应力变化超过了阈值，岩层就会塌陷，从而在采矿区上方形成塌陷区。塌陷区的形状取决于地下采空区的深度、高度，顶板的坚固程度，岩层的性质以及采矿方法等。塌陷区的面积通常取决于采矿活动造成的地层往下垂直拗陷的深度，小的可能仅几百平方米，而大的却可能达数十公顷甚至更大。煤矿开采所引起的地表塌陷按其形态和破坏程度可分为 2 种类型：一类是浅层开采急倾斜煤层或厚煤层形成的漏斗状陷坑和台阶状断裂，这类塌陷常突然发生，其上方的植被和建筑物均遭猝不及防的损害，但塌陷局部发生，虽危害剧烈但范围小；另一类塌陷是开采深部的急倾斜煤层，以及开采深厚比大于 20 倍、倾角小于 45°的煤层所发生的大范围平缓下沉盆地，这类塌陷是在不知不觉的缓慢过程中形成的。一般地表塌陷的最大深度约为煤层开采厚度的 70%～80%，甚至可达 90%。通常由于地下留有各种煤柱，它们对地层的支撑作用使塌陷区出现凹凸不平的复杂形状，塌陷容积约为煤层采出体积的 60%～70%，塌陷面积约为煤层开采面积的 1.2 倍。

　　裂缝往往伴随着塌陷出现，但它也可单独出现。当应力变化扩展到岩层以外的地区时，在地下采空区上方就会形成许多裂缝。这些岩层中的裂缝垂直扩散的距离可以是开采厚度的百倍之多。通常，在致密的细粒嵌布岩层内，发生剧烈破裂的垂直区估计是被开采地区厚度的 20～30 倍。

　　地表塌陷使塌陷区上的建筑物(包括房屋、管道、铁路、公路、桥梁等)变形乃至破坏，尤其是塌陷区下沉不均匀时对建筑物危害尤大，建筑物的变形直接危及了人类安全和生产建设。当塌陷深度超过地下水位时，塌陷区被地下水浸满，陆地变为沼泽、湖泊，原来的陆生植物被水生植物取代；陆生农业生态系统也变为水生农业生态系统或水—陆生农业复合生态系统，随之改变了当地的生产劳作习惯。这种沼泽地或湖泊含有较多的矿物质，并且这些矿物质还有可能进入附近的河流及其他水体，从而扩大它们的影响范围，进而对这些水体内及其周围的植物和土壤产生影响。在靠近塌陷区的边缘部分，平坦的耕地一般要产生小于 5°的坡地，形成所谓"坡子地"，影响农业生产。大面积塌陷区积水还可能对周围小气候产生一定的影响，因为它们的蒸发和热容作用使空气湿度增加、气温变化幅度减缓。在裂缝较多的地区，水体常常会逐渐干涸，地表水、浅层地下水会沿着裂缝渗入到更深层地下，从而导致该地区生产和生活用水的困难以及植物水分匮缺。另外，与矿床伴生的一些有毒、有害气体会沿着裂缝逸出地表，也会对该地区的人类健康、动植物生长以及土壤性状产生不良影响，例如，从煤矿逸出的沼气可改变土壤的结构并导致动植物死亡（蔡运龙，2007）。

截至 2010 年年底，内蒙古由于矿业开发形成的采空区域造成的地表塌（沉）陷总面积 254.50km²；形成的地表塌陷坑、塌陷群总共 366 处。地表塌陷灾害直接经济损失约 4.75×10^8 元。从矿产开发类型进行分析，内蒙古地表塌陷主要分布在煤矿集中开采的矿区。形成地表塌（沉）陷面积为 252.70km²，占内蒙古总地表塌陷面积的 99.30%（李文龙等，2017）。

②地面崩塌、矿山滑坡、泥石流　由于采矿对地表的破坏、部分不稳定的矸石山和尾矿堆积容易引发地面崩塌、矿山滑坡、泥石流等灾害。据统计，内蒙古矿山发生地面崩塌、矿山滑坡、泥石流灾害共 202 处，占矿山地质灾害总数的 35.50%，造成直接经济损失为 0.91×10^8 元，约占内蒙古矿山地质灾害总数损失的 16.0%。因地面崩塌、矿山滑坡、泥石流类的矿山地质灾害伤亡人数为 15 人。地质灾害发生以小型为主。地表崩塌灾害多发生在采石矿区域。矿山滑坡灾害多发生在大、中型露天矿的采矿场和排土场，并多以煤矿为主（李文龙等，2017）。

4.3.1.2　对生物资源的破坏

（1）对植物的影响

采煤引起地面沉陷，破坏土壤生态系统的稳定，土壤质量下降。土壤是陆生植物的营养来源，土壤生态系统平衡被破坏，直接影响到植物生态系统的物质迁移、转化，从而引起地上植物的减少。煤炭开采还加剧水土流失，使林草生长受到影响，甚至导致森林植被的死亡。据统计，我国因采煤直接破坏的森林面积累计达 $106 \times 10^4 \, hm^2$，草地面积 $26.3 \times 10^4 \, hm^2$。森林草地的减少引起植物多样性的下降，生物量和生产力减少，引起植被的逆向演替（耿殿明，姜福兴，2002）。

（2）对野生动物和微生物的影响

由于煤炭开采造成矿区自然景观发生巨变，影响植物的分布和生长，减少了动物的活动范围，改变了动物和微生物生存的栖息环境，降低了动物的生存活力，一些物种因不适应环境的变化将减少或者灭绝，导致生物多样性受损。

4.3.1.3　对大气和水资源的影响

采矿形成的矸石山，有的含有较多的碳、硫物质。这些物质氧化自燃后，释放出大量的二氧化碳、一氧化碳、硫氢化物和粉尘，从而造成大气污染；而有的矸石山含有铝、砷、铅、硫化铁等可溶性盐，被雨水淋滤后析出，并随着地表径流或地下径流进入附近水体，引起这些水体的污染。

（1）地下水资源破坏严重

采矿使地下水的隔水层、含水层遭受破坏，从而采煤使地下水资源遭受严重污染，一些区域地下水位下降，造成大面积漏斗。地下水资源受到破坏。例如，山西省采煤使地下水资源受到破坏，据测算，2006 年约有 $12 \times 10^8 \, m^3$ 的地下资源受到破坏（梁吉义，2011）。

（2）固体废弃物污染

我国是个矿业大国，目前矿山固体废弃物占全国工业固体废弃物的 85%，特别是采煤业居世界首位，国有重点煤矿堆积山累计 1500 余座，仅碎石一项约有 $30 \times 10^8 t$，且其中有 300 余座自燃，排放大量二氧化硫、一氧化碳、二氧化氮、粉尘等有害毒气和热辐射，污染大气产生酸雨，损害作物生长，污染地下水源，危害矿区及人身健康。

（3）废液污染

矿山生产中的许多生产工艺过程都需要用水，需要排放大量工业废水，其中以采矿、选矿用水量较多，危害最为严重。全国每年采矿产生的废水、废液排放量约为 $3.6 \times 10^8 t$，占全国工业总排放量的 10%，但处理率仅有 4.23%，虽然排放量不大，但其处理率低，污染危害严重，不容忽视。除此之外，露天矿、尾矿、碎石等废弃物受雨水淋滤后排出的废水，以及矿区其他工业及生活排放的污水也是重要的污染源。

（4）气体污染

矿产资源开发利用对大气环境影响较大。煤、石油、天然气与金属等矿产开发利用都会排放气体污染。石油、煤炭以及炼焦等物质的热解过程、燃烧过程会产生大量的 CO、CO_2、NOx、SO_2、H_2S、多环芳烃（PAHs）及其他污染物，它们会随着烟尘等介质排入大气，存在对人体潜在健康风险。在露天矿开采过程中，爆破产生的粉尘气体可飘浮 10～12km，特大型矿山在数公里直径范围降落的粉尘达数百吨。煤矿的粉尘中硫分含量达到 1%～12% 时，在空气中氧化遇水能产生酸雨。矿区由于运输车辆的运行中发生矿石散落和矿尘也是矿区空气的重要污染源。

气体污染主要是经手口、皮肤和呼吸等途径进入人体，会造成人体机能功能性的障碍以及不可逆性的损伤。

自从工业革命以来约 80% 的温室气体造成的附加气候强迫是由人类活动引起的，其中 CO_2 的作用约占 60%，而化石燃料的燃烧是能源活动中的主要排放源 80%。

4.3.1.4　对人类活动的影响

采矿过程中爆破、采掘、运输等均会产生噪声，长期在噪声较强的环境中工作和生活会对人体产生 2 类不良的影响：一是听觉器官的损伤；二是对全身个别系统特别是神经、心血管和内分泌系统的影响。同时，噪声对人们休息和睡眠的干扰是不容忽视的，得不到充足的休息和睡眠，人的健康必然受到损害。另外采矿过程中要产生大量的矿渣和粉尘，排土场内的矸石山和尾矿坝也含有大量的矿渣和粉尘，这些粒度不一的微粒通过呼吸系统进入人体后，或沉淀于肺泡内，或被吸收到血液和淋巴液内，随后输送至全身各个部分，造成危害。一些矿排放出例如一氧化碳、硫化氢、二氧化硫等有毒气体，也会影响人体健康，造成各种疾病。

4.3.2　可更新资源利用的生态环境影响

可更新资源也称可再生资源，指可以被人类开发利用后可以继续利用的资源或者在短时期内可以再生，或是可以循环使用的自然资源。其主要包括生物资源（可再生）、土地资源、水能、气候资源等；是经使用、消耗、加工、燃烧、废弃等程序后，能在一定周期（可预见）内重复形成的、具有自我更新、复原的特性，并可持续被利用的一类自然资源，与不可再生资源相对应，是可持续发展中加强建设、推广使用的清洁能源。

4.3.2.1 土地利用变化的生态效应

土地资源是一种最基本的资源，是人类生产和生活活动的基本场所，它支撑着整个陆地生态系统。人类对土地资源的开发利用过程与人类自身的物质文明发展史同步。在不同的历史阶段，人类对土地资源的开发利用方式、手段和效益有明显的差异，也出现了不同程度的生态环境问题，严重地制约着土地资源的可持续发展。然而，人类对土地的利用往往只关心经济收益，而不顾对生态的影响，由此导致一系列生态环境效应。

(1)食物生产和工业化用地挤占生态用地

不管对土地的利用方式作何种改进，土地面积都是基本不变的。然而，人口增加和经济发展对土地需求日益扩大，有限土地所受的压力越来越严重。为了满足人口增加的需求，人类不断开垦自然土地，导致很多生态服务功能丧失。例如，巴西政府在20世纪70年代对亚马孙河流域热带雨林实施开发利用计划("草原化计划")，鼓励该国东北部干旱区的农民迁移到亚马孙热带雨林区去开发土地。但亚马孙流域热带雨林的土壤并不适合于耕作或放牧。广大雨林赖以生长的土壤其实是贫瘠的，养分都在植被里而不是土壤里。森林一旦被砍伐，土壤很易遭受侵蚀。结局是既没了农地和牧场，也没了雨林，只剩下不毛之地。此外，亚马孙雨林的生态服务功能至关紧要，森林的破坏对全球生态系统产生显著影响。人类对土地的开发利用等干扰活动直接影响了陆地生态系统的结构和组分，导致生物栖息环境变化，这已经成为影响生物多样性的一个重要因子。在过去的300年中，以农业用地扩展和木材采伐为主的人类活动已造成大约 $700 \times 10^4 \sim 1100 \times 10^4 \ km^2$ 的森林消失(杜习乐等，2011)。

湿地是"地球之肾"，是淡水之源，是维护国土生态安全的基本保障和实现社会经济可持续发展的物质基础。由于人类不合理地开发利用和破坏，湿地面积急剧缩减，其生态系统的结构和功能也受到严重的影响，引起生物多样性减少。过度开垦沼泽湿地，还会导致小气候变化。湿地下垫面能够调节地表热量平衡，使区域性温度不会发生大幅度的变化。

国土资源部于2003年发布的《全国土地开发整理规划(2001—2010)》指出，《土地开发整理》包含土地整理、土地复垦和土地开发3项内容。其中土地整理是对土地资源及其利用方式的再组织和再优化过程，狭义上主要指农地整理，广义上包括土地复垦和土地开发，其目的是增加耕地面积，保持耕地总量动态平衡。土地整理作为实现土地资源优化配置的重要手段，在实施过程中，土地利用方式的变化会影响到生态系统的结构和功能。从生态学角度看，土地整理是生态系统的重建工程，在较短的时间内会对整理区域的水、土壤、植被、生物等环境要素及其生态过程产生正的或负的生态效应(王军等，2012)。

随着社会的进步和城市化的发展，土地资源的有限性和需求的无限增长性已成为人类面临的不可调和的人地矛盾。土地利用/土地覆被变化给人类带来社会经济效益的同时，生态问题也日益突出，它不仅改变了地表生态系统组成结构，还影响着生态系统的功能，威胁着土地资源的生态安全。人类对土地资源的开发利用导致地表植被以及生物群落发生变化，这些覆被类型及其组合又因各系统的结构与功能的复杂性表现出不同的生态效应。合理开发利用土地资源，因地制宜，有利于土地资源发挥自身的自然属性，体现土地资源的生态服务价值，进而达到人类追求经济效益的目的。

（2）土地开发和不合理利用加速土地退化

土地开发和不合理利用加速土地退化，主要有水土流失、土地荒漠化、土壤次生盐渍化 3 种表现形式。

①水土流失　即使土地资源遭受破坏最严重的过程之一。2011 年我国水土流失面积约 $129.32 \times 10^4 km^2$，最严重的水土流失在黄土高原地区。黄土本身是疏散沉积物，缺乏有机质，抗侵蚀能力很低，且黄土的垂直节理发育，易发生崩塌。在 2000 年以前，由于生产力水平低，过度开垦放牧，毁林挖草，使地面失去保护，加速了水土流失。另外，黄土高原地区降雨集中，降水强度大，更助长了侵蚀。水土流失损失土壤肥力，降低作物产量。产量越低越要求多垦，越多垦，水土流失越重，这样就形成了"越垦越穷，越穷越垦"的恶性循环。随着我国开展生态环境工程的实施，这种局面得到控制，生态环境明显改善。

②土地荒漠化　干旱、半干旱地区土地的不适当开发往往导致荒漠化。目前地球上沙漠及荒漠化土地面积共 $46 \times 10^8 km^2$，占地球上土地面积的 35%，威胁到全球 15% 的人口和 100 余个国家和地区。荒漠化正威胁着可利用的土地，成为当今时代的一个严重的环境问题。在一些生态脆弱的地区，土地支持人口生存的能力很弱，使由于人口对土地的压力引起的荒漠化土地在这些地区迅速蔓延。

土地污染方面，全国遭受不同程度污染的农田达到 1.5×10^8 亩*，因农田污染每年损失粮食 $120 \times 10^8 kg$。耕地生产力不断下降，中国耕地的有机肥投入普遍不足，使耕地土壤有机质含量逐年减少；化肥结构不合理，氮、磷、钾失调。全国土壤有机质含量平均为 1%~2%，9% 的耕地有机质含量低于 0.6%，59% 缺磷，23% 缺钾，14% 磷钾俱缺。同时，大量施用化学肥料，导致土壤板结，生产力明显下降。

③土壤次生盐渍化　人类的灌溉活动对盐渍土的生成有很大影响。正确的灌溉方式可以达到改良盐渍土的目的；而不正确的灌溉（灌溉水量过大、只灌不排、灌溉水水质不好等）可以导致潜水位提高，引起土壤盐渍化。由于人类不合理的农业技术措施灌溉而发生的盐渍化被称为次生盐渍化，土壤次生盐渍化是干旱、半干旱地区土地资源农业利用中最易产生的重要环境问题之一。中国北方耕地盐碱化面积约 1×10^8 亩，在干旱半干旱区较为严重，主要由于不合理灌溉造成，东部沿海地区主要由于海水倒灌所致。据有关资料统计，我国目前盐渍土地面积为 $9913 \times 10^4 hm^2$（彭补拙等，2007）。

（3）土地资源开发利用对水资源的影响

为了保障人们的正常生活，必须保证粮食产量不断增加，然而粮食产量的提高往往通过加大耕地利用强度、增加化肥施用量来实现的，这不可避免地引起土壤性质的改变，降低土壤生产力、造成土壤污染、降雨之后残留的农药、化肥进入水体还会造成水污染。土地利用变化对水资源的影响主要表现在水量和水质 2 个方面。土地利用中农业用水对水资源的影响最为突出，全球总耗水量中农业用水量占 85%。农业灌溉中提水和分流会直接影响流域的淡水供应和空间分配，灌溉农业和城市用地的扩张使用水量迅速增加，导致河流水量锐减，至断流、干涸，如近年来黄河下游断流频繁且断流时间增长，就与中游地区的

---

* 1 亩 = $666.7 m^2$，下同。

过度引水有关。不当的土地利用方式还会造成面源污染，导致水质下降。如土地耕垦产生水土流失，继而引起泥沙、土壤养分和农用化学品流失到地下水和河流中。此外，土地利用变化还会影响水循环，改变地表植被的截留量、土壤水分的入渗能力和地表蒸发等因素，扰乱地表水的平衡和降雨在蒸散、地表和地下径流间的分配，进而影响流域的水文情况和产汇流机制。城市化的快速发展导致城区不透水面积大量增加，改变了地面径流的时空模式和水量平衡状况，使水分转化的界面过程发生变化，径流系数增大，使雨洪过程线更加尖陡，洪峰流量频次增加，而雨洪不易蓄积，地下水补给减少(李丽娟等，2007)。

4.3.2.2 水利工程的生态环境影响

(1)影响地表水体、湿地与区域水平衡

在我国华北和西北等干旱地区，不合理地过度引地表水已导致河湖干枯。湖泊本身有调节洪水、灌溉、供水、航运、旅游及水产养殖等多种功能。由于我国人口众多，耕地面积相对较少，为扩大耕地面积，曾一度大量围湖造田，造成对湖泊水体的破坏。我国在20世纪60~70年代对湖泊盲目围垦，致使湖泊面积和容积日益缩小，不但增加了洪水灾害，而且也削弱了湖泊的其他功能，并使有的湖泊完全消失。

(2)影响地下水循环

作为重要水源的地下水，不仅能弥补地表水时间分配上的不均，也能弥补地表水空间分配上的不均。地下水水质一般比较地表水为好，从化学成分上看大部分地下水是最适于饮用的。随着城市及工业的发展和人口增加，世界上许多大城市对地下水的开采量越来越大，地下水位逐年下降。由于不合理开采地下水，使许多地区地下水开采量大大超过其补给量，导致地下水位连续大幅度下降。

4.3.2.3 生物资源利用的生态影响

物种多样性及其生境热带雨林遭破坏成为目前最重要的环境问题之一，也是国际社会关心的热点。在1992年巴西里约热内卢联合国人类环境会议上，与会国家专门签署了一项公约——"联合国生物多样性公约"。此公约与另一项早一个月在纽约签署的"联合国气候变化框架公约"是当前国际环境保护方面最重要的两项公约。可见，这两个环境问题的严重性和解决的迫切性。

(1)森林破坏与生物多样性减少

物种多样性被破坏，特别是热带雨林植被的大量破坏，势必大大改变碳、氮等营养元素和微量元素的源、汇分布，使营养元素和微量元素在地球系统中的循环遭到破坏，从而给自然生态系统和人类利益带来巨大影响。

世界森林的不断减少直接导致生物多样性的消失和物种灭绝。从地球出现生命起直到现在，物种灭绝过程是始终存在的。古生物学的研究表明，现代的几百万个物种是曾生存过的几十亿个物种中的幸存者。地质时期的物种灭绝是由自然过程引起的。而在今天，人类活动无疑是造成灭绝的主要原因。

(2)生物入侵

外来物种资源的引入是人类利用生物资源的一个重要途径，例如，我国食物中的玉米、小麦、甘薯、马铃薯、番茄等都是从国外引进的，猪、牛、羊等家畜中的一些优良种类或品种也引自国外，园林园艺的引入更是不胜枚举。但外来物种也造成生物入侵的问题。

生物入侵或称外来物种入侵，是指通过人类活动有意或无意地将外来物种引入到其自然分布区之外，在那里的自然、半自然生态系统或生境中建立种群，并对那里的生物多样性构成威胁、影响或破坏物种和生物资源。外来入侵物种对生物多样性的影响表现在 2 个方面：第一，外来入侵种本身形成优势物种，使本地物种的生存受到影响并最终导致本地物种灭绝，破坏了物种多样性，使本地生态系统物种单一化。第二，通过压迫和排斥本地物种，导致生态系统的物种组成和结构发生改变，最终导致生态系统受破坏。

外来物种的引入是人类利用生物资源的一个重要途径，例如，我国食物中的玉米、小麦、甘薯、马铃薯、番茄等都是从国外引进的，猪、牛、羊等家畜中的一些优良种类或品种也引自国外，园林园艺的引入更是不胜枚举。但外来物种也造成生物入侵的问题。

外来种入侵最根本的原因是人类活动把它们带到了不该出现的地方。人类在利用生物资源的时候，有意地引入一些物种或品种，作为粮食作物、纤维作物、牧草或饲料、水产养殖品种、观赏植物、观赏动物或宠物、药用植物，或作为改善环境的植物等，都可能导致外来种入侵。此外，人类活动也通过人口迁徙、旅游、贸易、交通等，无意中带来外来种入侵。那些生态适应能力强、繁殖和传播能力强的物种，一旦处于适当的生境，获得足够的生长条件，在入侵地区缺乏自然控制机制的情况下，就会泛滥成灾。

我国凤眼莲（水葫芦）原产南美洲，1901 年作为花卉引入我国，并曾作为饲料用于净化水质的植物推广，后来逸为野生，广泛分布于华北、华东、华中、华南、西南大部分地区的主要河流、湖泊和池塘中。至 20 世纪 90 年代，在我国南方一些河道和湖泊里，凤眼莲覆盖率达 100%，泛滥成灾，严重破坏水生生态系统的结构和功能，导致大量水生动植物死亡。例如，昆明滇池引入凤眼莲后，水生植物已由 16 种到大部分消亡，水生动物从 68 种到现仅存 30 余种。

互花米草（大米草）于 1979 年从美国引进我国，1980 年 10 月在福建沿海等地试种，1982 年扩种到江苏、广东、浙江、山东等地。当初引进互花米草的目的是保护海滩、改良土壤、绿化与改善海滩环境，未曾料到会损害沿海生态系统，成为影响沿海地区渔业产量、威胁红树林等原生态系统的严重生物入侵问题，1990 年仅福建建宁德东吾洋一带的水产损失就达每年 1000 万元以上（李振宇等，2002）。

紫茎泽兰（飞机草）在 20 世纪 70 年代传入我国西南地区，最初呈零星分布，后来泛滥成灾，云南、四川、贵州很多地方深受其害。

4.3.3　自然资源利用与气候变化

4.3.3.1　气候变化的现状和趋势

（1）温室气体积聚与全球变暖

在地球大气层中有一些微量气体，它们的作用相当于给整个地球建造了一个巨大的温室，所以称它们为温室气体（表 4-13）。根据世界工业化以来计算出的大气中主要温室气体的变化和对全球平均温度的影响（表 4-14）。

表 4-13　温室气体种类和作用

种类	增温效应(%)	生命周期(a)
二氧化碳(CO_2)	63	50~200
甲烷(CH_4)	15	12~17
氧化亚氮(N_2O)	4	120
氢氟碳化物(HFC_s)	11	13.3
全氟化氮(PFC_s)		50 000
六氟化硫(SF_6)及其他	7	—

资料来源：秦大河等，2005。

表 4-14　工业化前后温室气体浓度变化

温室气体	工业化前浓度(ppmv)	2000 年浓度(ppmv)	全球均温变化(℃)
CO_2	280	380	+0.96
CH_4	0.7	2.1	+0.30
N_2O	0.21	0.31	+0.12
F-11	0	0.14	+0.06
F-12	0	0.55	+0.08

资料来源：胡庆东等，2012。

关于全球气候变化比较一致的结论是：自 19 世纪以来的 100 年间全球地表气温上升 0.2~0.6℃。由于工业化的急剧发展，必然导致大量化石燃料的燃烧，使得 CO_2 等温室气体的排放量急剧增加，导致全球范围内的温室效应日趋严重，全球气候发生明显变化。全球气候变化关系到人类社会和经济生活、农林牧生产和生存环境的重大问题，目前已经引起世界范围的学者、公众及政府的高度关注。温室效应导致全球变暖的危害在 20 世纪末，人们就大致肯定了气候变暖的可能趋势(Pollack et al.，1998)，IPCC 的历次报告也分别对人类活动影响气候变暖给出了 50%（1990 年），66%（1995 年），90%（2001 年），95%（2007 年）和 99%（2014 年）的确信度。尽管如此，21 世纪的长期气候变暖仍受到温室气体排放量的强烈影响，科学家针对各种各样的情况（比如从快速经济增长到适度经济增长，从过于依赖化石燃料到不太依赖化石燃料等），对未来的气候进行了模拟。在各种不同的排放情况下，全球温度将上升 1.8~4.0℃。

（2）全球变暖的可能效应

全球变暖对环境以及人类的生活影响深远。它首要表现为全球平均气温的升高，并且引发一系列次级效应，例如海平面上升、农业分布的改变、恶劣气候的增加以及热带疾病疫情的扩大。

在气候方面，全球气候变暖将明显提高各地的有效积温，使无霜期延长，造成喜温作物的种植北界向高纬延伸以及作物产区的地理位移。在海洋方面，全球变暖使极地冰川融化和使海水热膨胀从而导致海平面上升。在极端天气方面，气候变化率发生变化，极端气候将频繁出现。如干旱和洪涝等极端天气在近几十年发生次数明显增加。在农业方面，气温升高现象一方面有利于各种复种、耐温性植物的生长，并造成了喜温农作物逐渐向高纬度延伸，但是也意味着我国农作物生长习性受到了一定的影响。虽然目前种植区的不断北移有效地促进土地资源的利用，但是温度的升高也造成了整个植物生长习性出现了严重影响，更是造成了极大的农业生产阻碍。

4.3.3.2　自然资源利用与气候变化

干旱、水资源短缺、环境恶化等一系列环境问题，人们不仅仅关注全球范围的气候变化，而是更加关注生态系统脆弱区、气候变化敏感区的区域气候变化。已有研究表明，在区域乃至更小的尺度上，地表能量和水分收支变化对气候的影响通常比碳排放更为直接。其次，面对气候变暖，人们必须提高自己的适应能力，减少其对人类生产生活的不利影响，并尽可能使气候朝着有利于人类发展的方向变化。

（1）土地利用变化与气候变化

人类活动作用下的土地利用/覆盖变化对区域气候的影响，是通过打造可持续的土地系统，有效适应气候变化，成为全球变化研究的关键科学问题之一。国际科学联合会理事会（International Council for Science，ICSU）于 2010 年启动了未来地球计划（Future Earth），突出强调了未来全球变化研究的基本目标是在可持续性科学的指导下，有效适应全球变化，实现全球可持续发展。

①土地利用变化影响气候变化　土地利用变化影响气候变化主要通过生物地球化学和生物地球物理两个方面实现。从 19 世纪下半叶即第二次工业革命开始至今，全球大约有 35% 的人为 CO_2 释放是由土地利用/土地覆盖变化（land - use and land - cover change，LUCC）直接引起的。LUCC 通过向大气中排放或吸收 CO_2 等温室气体，改变大气中的化学物质组成（主要表现为对温室气体增加的净贡献），使全球碳循环发生变化，从而影响气候系统。森林的过度采伐、城市建设以及农业生产活动，都会向大气中释放大量的温室气体。森林在生长过程中需要从大气中吸收并存贮大量的碳，因而是重要的碳汇。相反，砍伐和破坏森林可将其原先贮存的碳释放到大气中，从而加剧了温室效应。因此，在全球变暖的背景下，植树造林和森林恢复成为减缓气候变化的应对措施之一。农业生产活动对碳排放也有不可忽视的作用，自然植被退化为农田使得生物量损失严重，加之作物深耕，加快了土壤有机质的分解，成为重要的碳源。此外，化肥的使用、农业灌溉、畜牧业生产，也在不同程度上释放或吸收 CO_2、CH_4、N_2O 等温室气体。城市工业活动所产生的硫氧化物和氮氧化物同样是温室气体的重要来源，在某些 SO_2 浓度高的地区，还会引发酸雨。总体上，LUCC 对气候系统的生物地球化学影响主要表现在大尺度区域上。

土地利用会引起土地覆盖发生变化，而土地覆盖变化则引起下垫面的生物物理属性，如地表反照率、粗糙度、植被叶面积指数以及植被覆盖度等发生改变，这些改变会打破地表的水热平衡（曹茜等，2015）。由于地表是大气的重要热源，地表水热状况的变化必将导致大气原来的热量分布和气压分布平衡被打破，从而引起温度、湿度、风速以及降水等气候要素发生变化。这样，LUCC 首先在局地尺度上对气候产生影响，而这种能量变化并不受局部范围的限制，所以它能在区域尺度甚至可能在全球尺度上产生影响。

②气候变化改变土地利用格局　土地覆盖和土地利用的结构与功能都与气候变化存在

着密切的联系，特定的气候环境具有特定的土地覆盖类型，因而全球气候格局分布的变化，必将影响地表植被覆盖类型的分布特征，进而使土地利用类型的结构和功能发生改变。土地利用与覆盖变化是全球变化最直接、最重要的表现，土地利用这种人类干涉活动几乎对绝大部分全球环境产生了巨大影响，尤其是对全球气候变化，因此其也成了全球变化研究备受关注的焦点。土地利用变化对气候变化的影响主要包括：大气中二氧化碳浓度的改变，二氧化碳浓度改变对气候变化的影响以及土地利用方式改变对气候变化的影响程度。其核心问题就是土地利用变化对陆地生态系统碳循环改变而影响大气中的二氧化碳浓度。

目前以温度升高为特征的全球气候变化已经产生了巨大的影响。气候变化对土地利用与土地覆盖的改变主要通过 3 种途径实现：气候的长期变化，特别是目前的全球气候变暖；年际和季节上气候变化；与气候变化有关的各种自然灾害，如干旱、洪涝、森林火灾、草原火灾、荒漠化和病虫害等（李克让等，2000）。全球气候变化对农业生态系统的影响最大，而且对农业生产的影响表现复杂且具有较大的不确定性，全球变暖将使温度带北移，年平均温度每增加 1℃，北半球中纬度的作物种植带将在水平和垂直方向上分别向北移动 150~200 km 和上移 150~200m（蔡运龙，1996）。二氧化碳的倍增，总体上不利于水稻的生产，水稻产量将下降，而小麦产量则会上升，这将进一步导致农业种植格局的改变（徐斌等，1999）。气候变暖影响区域或局地降水和温度，进而改变森林草地等生态系统的净初级生产力，而且还会影响到生物多样性等。另外，气候变暖导致的应对气候变化政策措施促进了生物能源的发展，届时将进一步改变局地的土地利用格局，进而影响到土地覆盖类型的改变，又将进一步影响到气候变化。

土地利用与覆盖变化研究的基本过程是认识人类驱动力、土地利用与覆被变化、全球变化与环境反馈之间动力学过程及其相互作用机制；构建能用来预测土地利用与土地覆被和评价不同尺度环境变化的 LUCC 模型，并提供决策支持，从而预测土地利用/土地覆被变化，评估生态环境变化状况，通过决策支持系统（LUCC 模型系统）寻求积极的人为干预措施。基于主体的土地利用变化模拟模型对鄱阳湖区 1985—2035 年的土地利用变化过程分析（闫丹等，2013）得出：①气候变化对鄱阳湖区的土地利用变化的影响非常显著；②气候变化对农田、森林、水域、城市和草地的影响更为明显。

尽管人们在 LUCC 与气候变化的关系领域取得了丰硕的研究成果，但仍然存在一些问题亟待解决。要深刻认识景观格局与大气过程关系。景观格局的组成和配置都会对气候要素产生影响。要充分考虑人类活动对下垫面的影响，人类活动对下垫面地表覆盖特征的改变，必将影响地气相互作用特征，从而影响大气过程。因此，深入理解人类活动对气候系统的影响，将人类的生产、生活生态建设活动与土地系统特征参数化有效结合，从气候驱动因素的角度定量表达人类活动，建立影响主要气候要素变化的人类活动因素指标体系，对于揭示不同人类活动对气候变化的影响，提高区域气候预测精度以及改善当地环境质量具有重要现实意义。

不仅要研究 LUCC 对气候变化的影响，研究尝试通过土地系统设计来适应气候变化。

通过合理规划农业土地系统，农业系统要实现适应气候变化的智能型目标，需要通过合理布局农业景观来实现使其产量在气候变化的情况下仍然保持不减。通过对城市景观的研究，合理布局城市附近的森林覆盖、农业布局，以及通过城市郊区的建筑设计及建筑材料选择等，有效降低城市的热岛效应；减小气候变化对城市的不利影响。

（2）水资源与气候变化

水是大气环流和水文循环中的重要因子，是受气候变化影响最直接和最重要的因子之一。气候变化必将引起全球水文循环的变化，并对降水、蒸发、径流、土壤湿度等造成直接影响，引起水资源在时间和空间上的重新分配以及水资源总量的改变，增加洪涝、干旱等极端灾害发生的频率和强度，进而使得区域水资源短缺问题更加突出，对人类社会水资源的开发、利用以及规划和管理等诸多环节造成严重影响，并进一步影响生态环境与社会经济的可持续发展。因此，研究气候变化对水循环影响的机理及评估水资源安全影响，提出应对气候变化的水资源适应性管理策略，对水资源的合理利用和规划管理具有十分重要的现实意义。

流域水文要素除了受气候因素的影响还与人类活动有着密切的联系。而不同流域内气候变化和人类活动对径流的影响程度是不同的。对于未来径流变化影响因子的贡献率分析，首先要预测未来气候和人类活动的变化趋势，假定两者是径流变化的 2 个相互独立的影响因子，利用水文模型分别模拟单一因子变化下的未来径流变化，最后比较两者的影响程度大小。但至今为止，限于未来气候变化和土地利用变化情景的预测及其不确定性，大部分研究主要针对过去气候变化和人类活动对水文要素的影响，有关未来水文要素变化的驱动因素定量分析的研究还比较少。

开展气候变化下水资源适应性管理策略研究必须以未来气候情景下水循环要素对气候变化的响应规律、极端水文事件发生的概率和程度以及气候变化对水文水资源影响研究的不确定性等基础研究为前提。然而由于以上方面研究的限制和公众对这方面问题的意识不够，中国在应对气候变化的水资源适应性管理策略方面的研究还比较薄弱。因此，要充分认识气候变化对水文水资源影响研究的重要性和艰巨性，加强水资源适应性对策研究。

（3）森林生态系统与气候变化

森林生态系统是陆地生态系统的主体，植树造林被公认为是吸收大气 CO_2 降低其浓度进而调节气候变化的重要方法。因此，研究气候变化对森林生态系统的影响，评价森林生态系统对全球气候变化的响应及适应，对调节气候变化具有至关重要的作用，对指导林业可持续发展、保护环境及生物多样性具有重要意义。

①对森林植物物候的影响　物候学主要是研究自然界动植物季节性现象同环境条件（气候、水文、土壤条件）周期性变化之间相互关系的科学。植物物候对气候变化高度敏感，且物候能够控制多项植物应对气候变化的反馈。因此，物候是研究监测生态系统物种对气候变化响应的首选方法之一。当前，物候对全球气候变暖的响应正成为物候研究的一个热点方向。很多研究也表明随着气候变暖，植物物候发生了显著变化。Menzel 等（2006）对欧洲 21 个城市的 542 种植物的物候进行了研究，发现在 1971—2000 年 78% 的植物物候

均有提前趋势。英国长期(几百年)有关植物发芽的记录和北美有关草本和木本植物开花的记录，也说明随着气温的上升，物候期提前。在中国的研究(方精云，2000；Zheng JY et al.，2006)发现，随着温度上升，东北、华北以及长江下游地区春季物候期提前，而西南地区东部长江中游地区及华南地区则得到相反结果，且物候期随纬度的变化幅度逐渐减小。

②对森林结构、组成和分布的影响 森林结构是指森林植被的构成及其状态，其大致分为组成结构、空间结构、年龄结构和营养结构等。气候变化会在一定程度上影响森林结构。吴卓(2014)以江西泰和县为研究区，利用 PnET-II、LANDIS-II 和 APACK 模型，模拟研究在不同气候排放情形下，气候变化对森林生态系统结构和功能的影响，结果表明2010—2100 年，该地区杉木、马尾松、湿地松、木荷的过熟林将逐步占据很大比例，而其他龄级所占比例较小。

气候是调节树种地理分布的首要因子。在过去数十年的研究中，发现由于温度的升高，许多植物的分布都有北移向极地扩张的现象。例如在气候变暖情况下，我国东北地区暖温带和温带范围明显扩大，植被分布(红松林)发生了显著北移。刘丹等(2007)对大兴安岭和小兴安岭地区的研究也得出了相似结论在北半球的研究表明，一些山地系统的森林林线有明显向更高海拔地区迁移的趋势。

③对森林生产力的影响 森林和森林生产力是贯穿人类社会发展的不可分割的部分，很多研究均表明，森林生产力对气候变化十分敏感。如李双元(2014)利用 CASA 模型的模拟估算结果表明，1998—2012 年，赣州流域植被净初级生产力(NPP)对气温、降水十分敏感。而大部分在人工控制环境下的模拟实验结果也表明，CO_2 浓度上升将促进植物生长，对植物生产力和生物量的增加起着积极作用。而戴尔阜等(2015)以江西泰和县为例，研究中国南方红壤丘陵区植被净初级生产力空间分布及其与气候因子的关系，也得出了相似的结论。

④对森林碳库的影响 森林以占全球 1/5 的陆地面积固持着全球陆地总碳储量的46%。在过去的几十年，由于大气 CO_2 浓度持续上升，气温不断升高，导致植物生长期延长，再加上氮沉降和日益合理的森林经营措施的制定等因素，森林年均固碳能力呈稳定增长趋势(Nabuurs G. J. et al.，2002)。我国东北地区森林清查数据和 NDVI（Normalized difference vegetation index，归一化植被指数）指数表明，1982—1999 年，该地区森林生物量碳贮量不断增长，特别是长白山和小兴安岭北部增长最大，而气候变暖可能是促进森林生物量碳储量增长的主要因子(Tan K. et al.，2007)。

(4)生物多样性与气候变化

对森林生物多样性的影响森林生态系统维持着丰富的生物多样性，然而在全球气候条件不断变化的情况下，生态系统的稳定性将会受到很大的威胁，物种的有效生境及其种群数量将会受到严重的影响，甚至可能导致部分物种的灭绝。据估计，目前生物多样性丧失的速率是有人类活动之前的 1000 倍，而未来将是现在的 10 倍。由于各个生物种或类群间通过食物链和食物网的密切联系，一个生物种或类群的消失将导致与其相关联的生物种或类群的消失或爆发，并导致生物灾害。Marion Pfeifer 等(2017)评估了人为造成的森林片段化对全球森林中 1673 种哺乳动物、鸟类、爬行动物和两栖动物的丰度的影响。他们发现林缘已影响了其中 85% 的物种丰度（11% 的鸟类，30% 的爬行动物，41% 的两栖动物和 57% 的哺乳动物），表明林缘地带物种丰度大幅度下降。

随着大气中 CO_2 浓度增大以及海平面上升，大西洋和太平洋海岸的很多森林树种出现死亡现象。但气候变化并不是对所有物种均产生消极影响。Thom 等（2016）利用 iLand 模型，结合 36 种不同的干扰和气候情形，对澳大利亚卡尔克国家公园的森林生态系统生物多样性进行了研究，发现步行虫科、寄生虫科以及森林种的密度降低了 33%，但膜翅目昆虫、软体动物类、食蚜蝇科的密度有一定的增加。Ma 等（2016）利用蒙特卡洛模拟耦合森林动态干扰模型，研究在气候变化的背景下，美国中部阔叶林的响应，结果表明到 2100 年该地区的优势树种由橡树和山核桃木变为枫树，且物种多样性减少了 9.6%~11.5%。

中国森林生物多样性监测网络（http：//www.cfbiodiv.org/）于 2003 年组建成立，该网络是我国森林生态系统物种多样性变化的监测基地，在我国共建立了 7 个生物多样性监测大样地（牛书丽等，2009），其中 20~25hm² 的大样地分别设置在吉林长白山、浙江古田山、广东鼎湖山和云南的西双版纳，此外还建立了 6 个 5hm² 的大型监测样地，为我国生物多样性研究奠定了很好的基础。此外，目前我国有国家标本资源共享平台（http：//beta.cvh.org.cn）、中国数字植物标本馆（http：//www.cvh.org.cn）、中国生物多样性信息系统、物种植被资源信息共享，可在这些信息平台的基础上，结合卫星遥感、地面生态网络和历史资料等方面的信息综合研究分析全国尺度上生物多样性在全球气候变化驱动下的响应和适应，阐明气候因素如何决定我国物种分布格局的机制，以及气候变化对我国生物多样性可能产生的潜在影响，为进一步阐明气候变化对我国生物多样性的影响提供支持。

因此，研究气候变化对生物多样性的影响以及生物多样性对气候变化的响应、适应和减缓机制，是保护生物多样性、维持自然生态系统结构、功能和稳定性，实现其为人类社会提供生态产品和服务功能可持续的关键。

（5）荒漠化与气候变化

第四纪以来，随着青藏高原的隆起，西北地区干旱气候日益加剧，雨水稀少，风大沙多，使土壤沙化逐渐发展。有关研究表明，近百年来全球气候变化最突出的特征是温度的显著升高。

根据我国第五次荒漠化和沙化土地监测数据显示，截至 2014 年，全国荒漠化土地面积 $261.16 \times 10^4 km^2$，占国土面积的 27.20%；沙化土地面积 $172.12 \times 10^4 km^2$，占国土面积的 17.93%；受荒漠化影响，全国 40% 的耕地在不同程度地退化，其中 $800 \times 10^4 hm^2$ 危在旦夕，$1.07 \times 10^8 hm^2$ 草场也是命若游丝，荒漠化形势十分严峻。我国近百年来的温度变化与世界的平均情况基本相似。

据研究，1951—1999 年中国北方地区最低气温显著升高，暖冬年份连续出现，近 50~100 年有明显的干旱化趋势，20 世纪 70 年代开始干旱化趋势加快。我国沙化土地集中分布的西北地区，由于深居大陆腹地，是全球同纬度地区降水量最少、蒸发量最大、最为干旱的地带。气候变暖、降水减少加剧了该区气候和土壤的干旱化。这使得该区的植被盖度降低，土壤结构变得更加松散，加速了土地的荒漠化。另外气候增暖，大范围气候持续干旱，给各种水资源（冰川、湖泊、河流等）带来严重的影响，使冰川退缩、河流水量减少或断流、湖泊萎缩或干涸，地下水位下降。大面积的植被因缺水而死亡，失去了保护地表土壤功能，加速了河道及其两侧沙化土地的扩展及沙漠边缘沙丘的活动，使荒漠化面积不断扩大(表4-14)。

表4-15　我国荒漠化类型及其面积比例

荒漠化土地类型	所占比例(%)	荒漠化土地类型	所占比例(%)
风蚀荒漠化	69.5	冻融荒漠化	13.8
水蚀荒漠化	7.8	盐渍化土地	8.9

资料来源：王守华等，2017。

4.3.3.3　气候变化对人类活动的影响

第一，气候变化对自然环境的影响

(1)对水文水资源的影响

气候变化对水文水资源的影响较为明显，表现在海平面上升、降水总量增加、径流量总体增加、冰川消融加剧，气候变化影响海洋的溶氧量，而对海洋碳循环和碳酸盐化学有间接影响作用。

①海平面上升，诱发海水入侵、淹没土地、洪涝灾害加剧、土地盐碱化、风暴潮作用加剧、海水侵蚀作用加强等问题。例如，近5年来上海海平面上升明显加速；预计到2100年全球海平面上升最低幅度为0.3m，最高上升幅度可能超过1m，极端上升幅度可能超过2m；由于全球海平面上升与地面沉降叠加等因素，上海本世纪末相对海平面上升有可能超过1m。

联合国2014年研究报告显示，本世纪以来，因全球变暖导致海平面升高而引发的自然灾害造成的经济损失已高达2.5×10^{12}美元，到2050年，每年造成的损失预计将超过1×10^{12}美元。

②大气中CO_2含量加倍后，全球总体降水总量增加，年总量将增加7%~11%，但各纬度变化不一样。径流量总体增加，季节性变化明显。

③冰川是地球上重要的淡水资源来源，在陆地上，冰川的分布也十分广泛。但随着全球变暖以及其他诸多因素的影响，大多数冰川正处在十分危险的消融阶段，水资源问题日益严峻。

有几个典型例子：阿拉斯加哥伦比亚冰原2009年和2015年相比消融了6.5km。瑞士特里夫特冰川2006年和2015年相比消融了1.17km。瑞斯坦因冰川2006年和2015年，消融了550m。冰岛索尔黑马冰川2007年和2015年消融了620m。阿拉斯加门登霍尔冰川2007年和2015年消融了550m。

(2)对大气环境的影响

气候变暖会引起温度升高、中纬度气旋减弱或北移、风速减小、天气系统停滞以及热带气旋频数降低等，加重区域大气污染。据世界卫生组织统计，2016年，在全球103个国家和地区的3000多个监测空气质量的城市中，80%以上城市空气中颗粒物(PM10)和细颗粒物(PM2.5)污染水平超过世卫组织建议标准。在人口超过0.14×10^8的全球特大城市中，2011—2015年的监测数据显示，德里、开罗、达卡、加尔各答、孟买是全球颗粒物污染水平最高的 5 个特大城市，北京和上海分别排名第 6 和第 7。

气候变暖引起暴雪、暴雨、冰雹、台风等极端天气频繁出现。已有研究表明，全球变暖正对极端天气的出现带来越来越大的影响，18% 的强降水和降雪以及 75% 的高温天气事件都是由全球变暖助推形成，生物多样性将降低极端气候出现的频率（Forest Isbell et al.，2015）。Carlo Fezzi 等（2015）预测，如果全球气温升至比 1750 年工业革命前气温高 2℃的水平，那么由人类活动导致的全球变暖将助推 40% 的强降水和降雪以及 96% 的极端高温天气出现。大气如果变得更暖和、更潮湿，对极端天气现象的形成显然更有利。

（3）对土壤的影响

气候变暖加剧了土壤水分蒸发，带动土壤盐分向上移动，引起耕作层盐分增加，导致土壤盐渍化危害加剧。土温升高加快有机质的氧化速率。某些地区降水量增高将会提高对土壤的水解、淋溶和侵蚀速率，以及加强低洼地区中有机质的积累及还原和降解作用。

（4）对生物多样性的影响

物种向"温凉"的地方迁移。研究发现，生活在北美洲和欧洲的斑蝶分布区已经向北迁移了多达 200km。物种之间出现生态失调。植物开花、卵孵化，青蛙产卵都会提前。动植物为适应气候变化，不断地改变其活动范围和行为，有些造成生态灾难。例如，由于迁徙鸟类到达欧洲的时间太晚，以致其产下的后代错过了毛毛虫生长旺季，因缺少足够的食物而生存困难。物候期改变，生物节律被打乱。植物不能移动，"迁移"滞后于动物，它们主要通过改变物候期而适应逐渐升高的全球气温。动物例如许多迁徙的鸟类正在改变它们的旅行日程，英国蝴蝶春天出现的时间比 20 年前提前了 6d。一些冬眠的动物如蛇类因气温上升而提前结束"冬眠"，生物节律受到影响。带菌或传染病传播生物爆发。随着温度的升高，带菌者的繁殖速度、数量增长；寄生虫的生长速度加快，传染期加长。

物种濒危或消失，这是全球变化带来的最大危害。有人悲观地估计，当地球平均温度升高 6℃时，地球上将有 90% 以上的物种消失。土地利用格局的变化。全球 1/3～1/2 的陆地表面被人类活动所改变。拥有全球 50% 物种的热带雨林面积消失了 1/2；1/3 的温带森林已被砍伐；温带雨林已成为濒危生态系统类型。气候变化会引起外来生物的入侵，扩张地盘，排挤本地物种。

第二，气候变化对社会经济的影响

（1）气候变化对农业生产造成巨大影响

气候变化对区域水热要素时空分布及其肥力变化产生影响；还会影响作物品种抗逆性和品种改良，影响作物种植制度、生产结构与地区布局；由其引起的农业病虫害、旱涝等气象灾害会导致农作物减产；而气候变化导致的化肥施用量的增加，则会使农业投入和生产成本提高。全球变暖对作物产量的影响在不同作物、不同地区、不同农业系统上有不同的表现。一般说来，中纬地区将受损，高纬地区将受益，但益不敷损。有些学者认为全球变暖将使中国的寒潮之害减轻，有利于农业生产。特别是在中国的干旱区，由于降水将增加，土壤水分条件将得到改善，干旱频率将减少，灌溉面积将扩大，农业生产潜力将提高，作物产量也会较稳定（蔡运龙，2007）。

气候变化与波动导致的农业生产空间分布和作物产量变化，会影响到农业系统的很多方面，如区域比较优势、农业结构、粮食供给、区域产业结构、农产品的价格和贸易、就业等，甚至会影响到区域经济和国民经济。

（2）气候变化对工业也造成巨大影响

气候变化尤其是极端气候天气事件，如极端气温、强风、暴雨、高湿、冰雪、恶劣能见度等影响工业生产的效率和质量，增加能耗，尤其对能源、建筑、采矿、交通、食品、石油化工等行业影响大。承担温室气体减排义务对工业生产造成制约。在夏季气温升高对工业生产尤其是重工业生产不利，在冬季对工业生产却有利；夏季降温耗能明显增加，而冬季取暖耗能则有所减少，且夏季降温耗能大于冬季取暖耗能。节水节能技术、耐高温耐干旱的培育技术获得广阔市场。

4.3.4　千年生态系统评估

千年生态系统评估（millenium ecosystem assessment，MA），是一个由联合国有关机构及其他组织资助，于2001年正式启动的为期4年的国际合作项目。它是世界上第一个针对全球陆地和水生生态系统开展的多尺度、综合性评估项目，其宗旨是针对生态系统变化与人类福祉之间关系，通过整合现有的生态学和其他学科的数据、资料和知识，为决策者、学者和广大公众提供有关信息，改进生态系统管理水平，以保证社会经济的可持续发展。从生态系统服务的变化情况看，供给功能的增强会使调节和文化功能减弱。

4.3.4.1　生态系统现状及变化趋势

当前，由于人类对各种生态系统服务的需求极大，因此协调各种生态系统服务之间的利与弊，已成为一项重要原则。许多迹象显示，在未来的几十年里，人类对各种生态系统的需求仍然会大幅增加。根据当前估计，至2050年，世界人口将会净增逾 30×10^9，而世界经济总量将会翻两番，这意味着人类对生物与物质资源的需求与消费将会剧增，同时对生态系统及其服务的影响也逐步增强。由于生态系统提供服务的能力日益严重衰退，所以因对生态系统服务的需求持续增长而引起的问题也变得更加复杂。在1950—1980年，人类开垦的森林、稀树草原和天然草地的面积超过了人类在整个18世纪和19世纪上半叶所开垦面积的总和。目前，地球上近1/4的陆地面积已被人类开垦。除此之外，人造氮肥和磷肥的施用量也大幅增加，未被作物吸收的部分通过淋洗作用流入江河并最终汇入海洋，导致了富营养化。又由于人类用水量的增加以及大坝和蓄水池的修建，使得世界部分河流的流量大大减少，同时，河流所携带的沉积物大大减少，导致以其为食物来源的河口动物的减少，影响着生态状况。由于人类的流动性增强，动植物也随之迁移至世界各地，并入侵到当地的生命系统，有时甚至会引起当地生命系统出现重大转变。

4.3.4.2　生态系统与人类福祉

人类对生态系统服务的利用正在快速增长。在这次评估的生态系统服务中，大约60%的服务正处于退化或者不可持续利用的状态。20世纪下半叶，人类对诸如食物、水和木材这些生态系统供给服务的利用量一直快速增长。它们通常超过了人口增长的速度，但总体上低于经济增长的速度。目前，人类对生态系统供给服务的利用仍在继续增长，但是在许多情况下这种利用是以不可持续的速度增长的。

　　面对日益退化的生态系统，人类对其服务的需求反而持续上升，这使得人类实现可持续发展的前景受到了严重的影响。和城镇人口相比，生态系统退化对乡村人口的危害往往更加直接，并且大多直接的和剧烈的冲击常常是加害于贫困人群。这是由于富裕人群控制着较大份额的生态系统服务，面对退化的生态系统他们还可以以更高价位购买稀缺资源。相比之下，贫困人群常常是生活在对环境威胁特别敏感的地区，而且缺少应对这些环境威胁的资金与制度保障。目前，尽管我们在提高部分生态系统服务的产量及利用率方面取得了一些进展，但全世界的贫困状况并未好转，贫富不均的现象日益加剧，很多人仍无法获得充足的生态系统服务。2001 年，全世界有逾 10×10^8 人口的日均收入不足 1 美元，其中约 70% 的贫困人口生活在农村地区，主要依靠农耕、放牧和打猎为生。在过去 10 年，收入及其他人类福祉的分配不均现象日益加剧。与在工业化国家出生的儿童相比，出生在非洲撒哈拉沙漠南部非洲地区的儿童在 5 岁前夭折的可能性要多 20 倍，这种儿童夭折的比率比前一个 10 年还高。

4.3.4.3　寻找最佳解决途径

　　本次评估的一项重要内容，是要指出为缓解自然系统所承受的压力有哪些可能的解决方案。但是，MA 并不是想要找到一个能解决所有问题的万能方案，而只是系统地分析了哪些措施已经证明有效，与此同时必须排除那些根本性的障碍才能减小自然系统所受的压力。通过分析认为以下 3 点十分重要。

　　①如果我们仍把自然服务看做是可以随意获取、取之不尽的东西的话，那么，自然服务的保护就不可能受到重视——只有那些在进行经济发展决策时要求考虑自然服务成本的政策，才是真正行之有效的政策。

　　②如果当地社区民众能真正对如何利用自然资源的有关决策发挥影响，并能更公平地分享到有关惠益的话，那么他们的行为方式将更有利于保护这里的自然资源。

　　③如果中央政府和企业在集中决策的过程中能认识到保护自然资产的重要性，而不是将有关生态系统管理的决策交给权力相对较小的环保部门，那么自然资产就将获得更好的保护。

4.3.4.4　结论

　　世界上每个人的生存都离不开地球的生态系统及其提供的服务，在过去的 50 年中，为了满足人类需求，人类对生态系统的改变超过了任一时期，本次评估对生态系统有 4 项发现：

　　①在过去的 50 年中，主要为了满足快速增长的食物、淡水、木材、纤维和燃料需求，人类对生态系统改变的规模和速度皆超过了历史上任何时期同一时间段的情况。因此，造成了地球上生物多样性的巨大丧失，而且其中大部分是不可逆转的。

　　②人类对生态系统的促进已经极大地促进了人类福祉的提高和社会经济的发展，但是，获取以上效益的成本却日益上升。

　　③在 21 世纪的上半叶，生态系统服务退化的状况可能显著恶化，这是实现千年发展目标的一个障碍。

　　④根据 MA 考虑的某些情景，在满足日益增长的生态系统服务需求的同时，扭转生态

系统的退化状况，这一挑战可以得到部分解决，但是他们涉及重大的政策、体制和作业方式改革，事实上目前还未着手这些工作。在多种生态系统服务中，通过消除负面的利害关系，或者通过正面的协同共生，人类可以找到保护和提高特定生态系统服务的许多选择（表4-16）。

表4-16　MA 所评估的生态系统服务功能在全球范围内的状况

生态系统服务	分类	说明
供给服务	—	
食物	农作物	产量大幅增长
	家畜	产量大幅增长
	捕鱼业	因过度捕捞导致产量下降
	水产养殖业	产量大幅增长
	野生食物	产量下降
纤维	木材	部分地区森林丧失，另外部分地区出现增长
	棉花、麻类、丝绸	产量有增有减
	薪柴	产量下降
遗传资源		因物种灭绝和作物遗传资源丧失导致遗传资源丧失
生物化学物、天然药材及药物		因物种灭绝和过度采集导致部分药材丧失
淡水		不合理地用于饮用、工业和灌溉 水能总量保持不变，但大坝建设使人类利用能力增强
调节服务	—	
调节空气质量		大气自我净化能力下降
调节气候	全球	自20世纪中期以来成为净碳源
	区域和局地	不利影响更多
调节水源		情况不同，视生态系统变化和所处地点而定
控制水土侵蚀		土壤退化加剧
净化水源、废物处理		水质下降
控制疾病		因生态系统变化不同而存在差异
控制病虫害		因使用杀虫剂导致自然控制疾病的能力退化
授粉		全球传粉者的数量明显下降
控制自然灾害		湿地和红树林等天然屏障的丧失
文化服务		
精神和宗教价值		具有宗教意义的圣林和物种迅速减少
审美价值		具有审美价值的自然地的数量减少，质量下降
休闲和生态旅游		可以观光旅游和休闲度假的地方增多， 但很多地方出现了退化现象

注：生态系统供给服务功能的增强，是指随着供给服务的面积增大，该项服务功能的产量随之增加或单位面积的产量增加。供给服务功能的退化，是指现有的利用水平超过了对其可持续利用的水平。调节服务功能的增强，是指该项服务功能为人类带来更多、更大的惠益。文化功能的退化，是指随着生态系统的特征出现变化，生态系统在文化方面提供的惠益减少（千年生态系统评估）。

4.4　自然资源保护的生态学原理

4.4.1　与自然资源相关的生态学原理

自然资源是生态系统的重要组成部分，资源的开发利用和管理都离不开生态学原理。除了上文提到的能量转化与守恒定律、物质循环原理外，下面介绍生态平衡原理、林德曼定律原理、因子限制律原理和生物多样性原理。

4.4.1.1　生态平衡原理

生态平衡是指生态系统在漫长的进化过程中形成的存在于其内部各组分间的相互补偿和自动调节的能力，这种固有能力使生态系统经常地、反复地保持相对动态平衡。生态系统的这种补偿能力、调节能力是和系统的组成成分成正比的，即生态系统组分越多样，能量流动和物质循环的途径越复杂，其调节能力越强，反之越弱。但生态系统的调节能力也有一定的限度，超过限度，调节失灵，生态平衡就会失调。所以，要保护资源的多样性，有效适度地利用可更新资源；节约利用不可更新资源；维持可更新资源的持续利用，在维持已有平衡的前提下，促使资源生态系统向有利于人类生存的方向发展。

各营养级上都有复杂的营养关系(图 4-3)，所有这些关系连接起来，就形成所谓食物网(foodwebs)。若再考虑其他一些关系，如对空间的竞争关系和其他竞争形式，那么实际生态系统中的关系就扩展为物种网络(species network)。

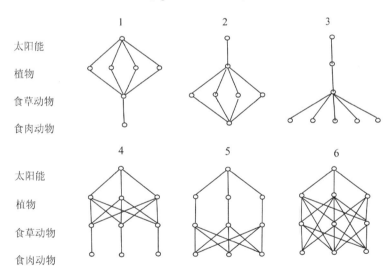

图 4-3　营养级关系(资料来源：Watt，1968)

1. 一种食草动物食几种植物，又仅被一种食肉动物捕食
2. 四种食草动物食一种植物，又仅被一种食肉动物捕食
3. 五种食肉动物食一种食草动物
4. 三种食草动物食三种植物，又分别被一种食肉动物捕食
5 和 6. 表示各种杂食关系，若其中某种关键种消失，对该生态系统影响不大

4.4.1.2 林德曼定律原理

英国学者林德曼(R. L. Lindeman)1942年发表"食物链"和"金字塔营养基"报告,提出了"十分之一"定律。每一级以不超过10%的能量沿箭头的方向被传递到了上一个营养级,即林德曼定律。林德曼定律表述的能量传递类似于资源的"升值传递"。比如生物群落中的食物链:植物→食草性动物→食肉性动物1→食肉性动物2。资源开发利用的原则就是要获得最大得到经济效益和生态效益,十分之一定律十分重要。根据食物链原理,要尽量增加资源利用层次,而从能量损失出发,则要减少不必要的中间过程。

在生态系统中的每一营养级上都有能量损失(作为热能),这使通过物种网络的潜能的数量减少。因此,第二性生产和第三性生产中的生物个体数量和活物质数量递减(这些活物质通常按单位面积上的干物质来度量,称为生物量(biomass))。这就形成生态系统中的所谓金字塔现象。图4-4是个体数量金字塔的实例。如果按生物量来测算,那么金字塔现象的表现就更为明显。生物量还不能表示能量浓缩度的差别,所以最好的方式是以能量关系表示金字塔现象(图4-5)。

4.4.1.3 因子限制律原理

最小因子定律是德国学者李比希(Liebig)发现的。最小因子定律可以表述为"植物的

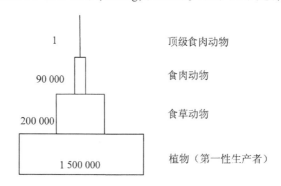

图4-4 夏季草原生态系统中的个体数金字塔(不包括微生物和土壤动物)

(资料来源:Odum, 1971)

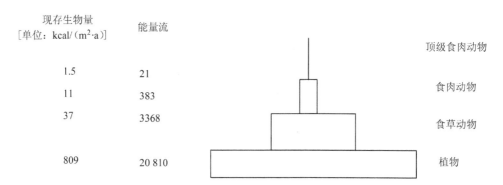

图4-5 佛罗里达银泉村生态系统的能量金字塔

(资料来源:Odum, 1971)

生长取决于处在最小量状况的营养要素",这也被称为李氏最小因子定律。

耐性定律是由英国科学家谢尔福德(V. E. shelfor)1913 年把最大量和最小量限制作用的概念合并成的。即生物对环境要素的要求就有一个生态学上的最大量和最小量,其间的幅度就是耐性限度(limit tolerance)。

限制因子就是最小因子定律和耐性定律的结合。生物的生存和繁荣取决于所有环境要素的综合状况,任何低于或超过耐性限度的要素都可以称为限制因子。认识和理解限制因子的概念及其作用方式,将有助于人类认识资源,尤其是可再生资源的承载能力,从而更合理地利用可再生资源。

4.4.1.4　生物多样性原理

生物多样性概念,包括遗传多样性、物种多样性和生态系统多样性 3 个层次。而各层次的生物多样性对于生态系统以及资源利用过程都具有不同的实际意义。其中物种多样性是生态系统复杂程度的象征,一般情况下,它是影响生态系统稳定性的重要因素之一。人类在开发利用资源过程中,一直扮演着不断消灭生物多样性的角色,造成物种资源的不断减少、消亡和生态系统的单一化。从长远看,这种生物多样性的衰减势必对自然界尤其是人类的生存与发展产生难以预见的灾难性后果。因此,人类在开发利用自然资源时,要充分了解生物多样性的概念和理论,以指导我们的实际,避免生物多样性的损失(石玉林,2006)。

4.4.2　自然资源与人类生态

在人类出现以前,地球的地理环境处于纯自然状态。自从产生了人类,自然界便开始了由自然状态向自然与人类相互作用状态的转变,而人类在不同时期充当着不同的角色,进行着不同的活动,对自然资源的开发利用对自然环境和自然资源产生的影响也不尽相同。

4.4.2.1　采集狩猎时代

语言符号和思维的产生、工具的使用以及人类社会群体的形成使得人地关系由强烈依赖、顺应和服从转向积极地适应以及干预地理环境。在这个时期,有两重人地关系,一类是人与地理环境之间和谐共生的状态,一类是人与环境之间对立分裂的紧张状态。虽然后期的狩猎者和采集者对环境产生了稍大的影响,尤其是用火使森林转变为草地的环境影响较为明显。但他们人数仍不多,又四处迁徙,而且仍然主要依靠自己的肌肉力量来与环境抗争,所以对环境造成的影响还是很小的。

4.4.2.2　农业文明时代

在这个时期,人地关系由采集时代的掠夺式,到刀耕火种时期的开垦式,发展到传统农业的栽培式。进入到农业社会,地理环境一跃成为生产活动的组成部分和条件,人与环境的作用面、作用强度产生了质与量的飞跃。农业生产是人类有目的的活动,人类通过劳动过程已经改变了土地、生物的天然性状。由于在人与自然之间建立了缓冲体系,减缓了石器时代人类面临的生存危机和生态危机,但也因为农业活动的产生造成了一些环境问题。

4.4.2.3 工业文明时代

从文艺复兴到 20 世纪中叶，人类社会和全球人地关系进入到一个波澜壮阔的崭新阶段。工业生产方式是人类真正意义上的物质创造活动，使得人类的活动不再严格受制于光、热、水、土。工业为人类提供大量的生活资源，随着物质的丰富、人类需求的增长，便产生了机械生产系统，"人—动力—机器"组成的系统使得人类具有了更强大的利用自然、影响自然的能力。虽然工业社会的兴起解决了农业社会发展缓慢以及缓解了部分农业生产带来的生态环境压力，但也造成了更严重的环境问题。

4.4.2.4 建设人地关系协调发展阶段

面对工业发展所带来的越来越严重的人类危机，人类中有人提出了"可持续发展"的概念，并且逐渐得到人类的认同。所谓可持续发展，就是"既满足当代人需要，又不损害后代人满足其需求的发展"。

人类在生态系统中经历了完全受制于自然界采集狩猎时代、可以自给自足的农业时代、可创造非天然物质的工业时代，工业时代的出现使得人类一度认为自然界是可以支配的，因此人类与自然界的矛盾达到了顶峰，由于对自然资源的开发利用的不断发展变化，对自然资源及其环境都有不同程度的影响，尤其是对生态系统的影响，有的环境已经恶化。现在已经意识到了人与自然最终归宿是和谐相处、协调发展。因此我们应该认识到人类与生态系统的密切关系，在自然资源开发利用过程中，处理好人类的发展与生态环境的关系。

4.4.3 Miller 的生态学原理

要实现自然资源管理的社会目标和可持续利用，需要认同和贯彻一系列的生态学原理，其中最重要的是由 Miller(1990)提出的以下 3 个定律：

第一，生态学第一定律即生态反冲原理：人类在自然界中所做的每一件事都会产生一定的后果。

第二，生态学第二定律即生态关联原理：自然界的每一件事物都与其他事物相联系，人类的全部活动也处于这种联系之中。

第三，生态学第三定律即化学上不干扰原则：人类产生的任何化学物质都不应干扰地球上的自然生物地球化学循环，否则地球上的生命支持系统将不可避免地退化。

Miller 提出了一套基本原理、原则和定律，加以总结、整理如下：

①资源有限性原理 自然资源是有限的，绝不允许浪费。

②自然界无废物原理 大部分废弃物和污染物都是资源，人类应予利用，否则将贻害无穷。人类应尽可能减少废弃物和污染物的产生。

③回收和再利用原则 减少污染，减少资源消耗，减少废物，对其进行回收和再利用。

④回收代价最小原则 但回收并非最终解决，因为回收资源要消耗能源，会再次引起环境污染和退化，因此回收和再利用过程中也要尽可能节约资源和减少废弃物和污染物的产生；不要对废弃物进行稀释，也不要将有用产品与可回收的废物混合在一起。

⑤就地解决原则　为了减少资源浪费和保证资源的可持续供给，应尽可能就地满足需要，也应尽可能就地处置和回收废物。

⑥适度原则　为减少污染、减少资源消耗和减少废物，在利用资源时应优先考虑最迫切的需求，以使对资源的利用达到最高效率。

⑦可持续生产原则　强调对可再生资源的永续性利用，利用可再生资源的速度不得超过该资源的自然再生速度。

⑧资源多样性原则　应从众多来源获取资源。

⑨物质不灭定律　物质不能创造，也不会消灭，只能将物质由一种形态改变为另一种形态，扔掉任何物质都将永远以某一种形式与人类共处。

⑩优质原理　人类通常只利用高质量的物质，用合算的代价对其进行开发、加工，并转化为有用产品；人们一般不会利用低质量的、要花昂贵代价才能转化为有用产品的物质。

⑪热力学第一定律即能量守恒定律　能量不能创造，也不能消灭，只能将能量由一种形态改变为另一种形态。能量不能无中生有，只有消耗能量才能得到能量。

⑫优能原理　人类通常只利用优质的、有广泛用途的能量；人们一般不会利用低质、代价昂贵的能量。

⑬热力学第二定律即能量退化定律　在能量由一种形态向另一种形态转化时，高质量的有用能通常退化为低质量的无用能。低质量的能不可能再被回收和转化为高质量的能。

⑭优能优用原则　"杀鸡不用牛刀"不要使用高质能量去做使用低质能量可以完成的事。

⑮限制原理　地球生命支持系统能够承受一定的压力，但其承受力是有限度的。

⑯容限原理　每一个物种和每一个生物个体只能在一定的环境条件范围内存活。

⑰承载力原理　在自然界中，没有哪一物种的数量能够无限地增长，而必然被限制在生态系统一定的承载力之内。

⑱复杂性原理　自然界不仅比我们所知的复杂，而且比我们所能想象的复杂。

4.4.4　生态学和可持续发展

生态学是研究生物与其环境关系的科学。生态学关注自然系统运行方式。与其他学科相比，生态学对自然资源管理和可持续发展更重要。拥有生态学的坚实基础，有助于资源管理者更好地预测各种行动，比如从一个生态系统去除捕食者的影响。对生态学的基本原理的掌握，可帮助资源管理者预测人类活动，比如建一座堤坝或修建一条穿越森林的公路时，会对施工地及其周边地区的物种产生影响。生态学知识可帮助人们避免一场灾难性的后果，可能建议人们采取可替代的方法，或促使人们重新思考计划。

生态学的学习将有助于将人类文明引导到可持续道路上来。例如，对能量定律和食物链物质损失的认识会让我们知道，如果我们更多地以水果、谷物和蔬菜为食，就更容易养活全世界不断增长的人口。对养分循环及工农业发展可能造成的不利转变的认识，有助于我们制定战略，避免破坏对生命世界来说十分重要的循环过程。

　　认识生物与环境因子的关系，有助于采取措施保护其他生物所需的环境条件。比如根据生物因子的耐受性法则，提醒人们关注环境。如果超过这些限值，将破坏生物生存环境。生态位的概念有助于更好地理解一个物种的全部需求，从而有助于我们更可持续地管理生态系统。全面了解这些生物与环境因子的相互依存的关系，对于人类开发利用管理自然资源中，可持续发展的观点有重要意义。

　　生态学中能量流动和物质循环原理，对于自然资源循环利用、可再生资源利用、发展循环经济有重要意义。种群生态学理论对于自然保护、生态恢复和种群控制等生态系统可持续发展有指导作用。

　　在农地、森林和草地等生态系统管理中，应用演替及不同演替阶段群落生产力的知识，确定可持续生态服务价值提供的资源管理。结合对生态系统长期健康的关键因素的认识，将有助于我们实现最适的可持续产量，即最合适的生产速率保证农场、森林或其他生态系统的健康。

　　自然界本身也是可持续的，因为它依赖可再生资源——太阳、土壤、水分和植物，以可再生资源为基础将保证生命的延续性。另外，自然生态系统也能够修复损伤。它们可以自我恢复。

　　人类必须适应这个不断变化的世界，但我们没有那么多的时间来从生物学上进行适应。我们必须做出社会、经济、政治，甚至个人的改变来确保我们的长期生存。通过把这些发展应用到我们自己的社会中，我们能够适应这个环境条件不断变化的世界，而实际上威胁也主要来自于我们自身的行动(Daniel, 2016)。

本章参考文献

Carlo Fezzi, Amii R. Harwood, et al., 2015. The environmental impact of climate change adaptation on land use and water quality[J]. Nature Climate Change, 5(3): 255 – 260.

Costanza R, et al., 1997. The value of the world's ecosystem services and natural capital[J]. Nature, 387: 253 – 260.

Daily G C, 1997. Nature's service: societal dependence on natural ecosystem[M]. Washington: Island Press.

Daily G C, 2000. The value of nature and the nature of value [J]. Science, 289(5478): 395 – 396.

Daniel D. Chiras, John P. Reganold, 2016. 自然资源保护与生活[M]. 10 版. 黄永梅, 段雷, 等译. 北京: 电子工业出版社.

Davin E L, Noblert – Ducoudré D, 2010. Climatic impact of global – scale deforatation: Radiative versus nonradiative processes[J]. Climate, 23(1): 97 – 112.

DeGroot R S, Wilson M A, Boumans R M J, 2002. A typology for the classification, description and valuation of ecosystem functions, goods and services[J]. Ecological Economics, 41: 393 – 408.

Egoh B, Rouget M, Reyers B, et al. , 2007. Integrating ecosystem services into conservation assessment: A review [J]. Ecological Economics, 63: 714 – 721.

Forest Isbell, Dylan Craven, Nico Eisenhauer, 2015. Biodiversity increases the resistance of ecosystem productivity to climate extremes[J]. Nature, (526)574 – 577.

Lautenbach S, Kugel C, Lausch A, et al. , 2011. Analysis of historic changes in regional ecosystem service provisioning using landuse data [J]. Ecological Indicators (11): 676 – 687.

M. Pfeifer, V. Lefebvre, C. A. Peres, et al. , 2017. Creation of forest edges has a global impact on forest vertebrates[J]. Nature (551): 187 – 191.

Ma W, Liang J, Cumming J R, et al. , 2016. Fundamental shifts of central hardwood forests under climate change [J]. Ecological Modelling, 332: 28 – 41.

McNeely J A, Miller K R, Reid W V, et al. , 1990. Conserving the word biological diversity [M]. Washington, D. C. : Word Bank.

Menzel A, Sparks T H, Estrella N, et al. , 2006. European phonological response to climate change matches the warming pattern [J]. Global Change Biology, 10: 1969 – 1976.

Millennium Ecosystem Assessment, 2005. Ecosystems and human well – being: Synthesis[J]. WashingtonDC: Island Pess.

Millennium Ecosystem Assessment, 2007. 生态系统与人类福祉：综合报告[M]. 赵士洞，张永民，赖鹏飞，译. 北京：中国环境科学出版社，213 – 214.

Mölders N, 2012. Land – Use and Land – Cover Changes—Impact on Climate and Air Quality [M]. Heidelberg,, Germany: Springer.

Moore, S. A. T . J . Wallington, et al. , 2009. Diversity in current ecological thinking : Implications for environmental management [J]. Environmental Management, 43.

Nabuurs G J, Pussinen A, Karjalainen T, et al. , 2002. Stemwood vol – ume increment changes in European forests due to climate change: a simulation study with the EFISCEN model [J]. Global Change Biology(4) : 304 – 316.

National Research Council, 2005. Radiative forcing of climate change: Expanding the concept and addressing uncertainties [R]. Washington. D. C. : The National Academies Press, 208pp.

Noberg J, 1999. Linking nature's services to ecosystems: some general ecological concepts[J]. Ecological Economics, 29: 183 – 202.

Odum E P, 1971. Fundamentals of ecology[M]. 3rd ed. Philadelphia: Saunders.

Odum E P, 1968 . The stategy of ecosystem development[J]. Science, 164: 26 – 270.

OECD, 1995. The economic appraisal of environment protects and policies: a practical guide [M]. Paris: OECD.

Pearce D W, Moran D, 1994. The economic value of biodiversity[M]. Cambridge.

Pearce D W, 1994. Assessing the returns of economy and to society from investments in forestry [C]. Whiteman A. Forestry expansion. Edinburgh: Forestry Commission.

Pimentel D W, Wilson C, McCullum C, et al. , 1997. Economic and environmental benefits of biodiversity[J]. Bioscience, 47: 747 – 757.

R. Brinkman, 胡钦红, 1991. 气候变化对土壤性质的影响[J]. 土壤学进展(6): 23 – 25.

S·弗雷德·辛格, 崔伟宏, 2016. 气候变化: 一个不可阻挡的自然趋势[J]. 前沿科学 (2): 33 – 43.

Shelford, Victor E, 1939. Bio – ecology [M]. J. Wiley & Sons, inc.

Simmons I G, 1982. The ecology of natural resources[M]. 2nd ed. Baltimore, Maryland: Edward Arnold.

Spears T, 2008. Study of ocean life show s a "chaotic" balance of nature[J]. The Ottawa Citizen, February 13.

Stevens W K, 1990. New eye on nature: The real constant is eternal turmoil[J]. New York Times, July 31.

Suer C O, 1963. Land and life[M]. Los Angeles: University of California Press.

Tan K, Piao S, Peng C, et al. , 2007. Satellite – based estimation of bio – mass carbon stocks for northeast China's forests between 1982 and 1999[J]. Forest Ecology and Management, 240(1): 114 – 121.

Tansley A G, 1935. The use and abuse of vegetational concepts and terms[J]. Ecology, 16: 284 – 307.

Thom D, Rammer W, Dirnbck T, et al. , 2017. The impacts of climate change and disturbance on spatio – temporal trajectories of biodiversity in a temperate forest landscape[J]. Journal of Applied Ecology, 54(1): 28.

UNEP, 1993. Guidelines for country study on biological diversity[M]. Oxford: Oxford University Press.

Vitousek P, Mooney H, Lubchenco J, et al. , 1997. Hunan domination of Earth's ecosystems [J]. Science, 277(5325): 494 – 499.

Wainger L A, King D M, Mack R N, et al. , 2010. Can the concept of ecosystem services be practically applied to improve natural resource management decisions[J]. Ecological Economics, 69: 978 – 987.

Watt K E F, 1968. Ecology and resources management: A quantitative approach[M]. New York and Maidenhead: McGrw – Hill.

WGMEA (Working Group of the Millennium Ecosystem Assessment), 2003. Ecosystems and human well-being: a framework for assessment[M]. London: Island Press.

WGWMA(Working Group of the Millennium Ecosystem Assessment), 2003. Ecosystems and human well-being—biodiversity synthesis[M]. London: Island Press.

Whittaker R H, 1975. Communities and ecosystems[M]. 2nd ed. New York: Macmillan.

William M, Rees W E, 1995. Our ecological footprint: reducing human impact on the earth[M]. Philadelphia, PA : New Society Publishers.

William M, Rees W E, 1997. Perceptual and structural barriers to investing in natural capital: economic from an ecological footprint perspective [J]. Ecological Economics, 20 (1):

3 – 24.

William M, Monfreda C, Schulz N B, et al., 2004. Calculating national and global ecological footprint time series: resolving concept challenges[J]. Land Use Policy(21): 271 – 278.

William M, 1998. The ecological footprint of Santiago deChile[J]. Local Environment, 3(1): 125 – 136.

William R S, 2002. A modern earth narrative: what will be the fate of the biosphere? [J]. Technology in Society, 22(3): 303 – 309.

Word Bank, 2004. Word Development Indictors(9ᵗʰ Sep 2004/First edition). ESDS International, University of Manchester.

Zhang Xuexia, Ke Xu, Dianjun Zhang, 2012. Risk assessment of water resources utilization in Songliao Basin of Northeast China, Environmental Earth Sciences, 67: 1319 – 1329.

Zhang Xuexia, Wenfei Sheng, Shanzhong Qi, 2018. Grassland environmental hazards of the Gannan region in Gansu province of China[J]. Northeastern Qinghai – Tibetan Plateau, Disaster Advances, 11(2): 36 – 37.

Zheng J Y, Ge Q S, Hao Z X, et al., 2006. Spring phenophases in recent decades over eastern China and its possible link to climate changes[J]. Climatic Change, 77(3 – 4): 449 – 462.

包浩生, 1993. 自然资源学导论[M]. 南京: 江苏教育出版社.

蔡晓明, 2000. 生态系统生态学[M]. 北京: 科学出版社.

蔡运龙, 1996. 全球气候变化下中国农业的脆弱性与适应对策[J]. 地理学报, 51(3): 202 – 212.

蔡运龙, 2007. 自然资源学原理[M]. 2 版. 北京: 科学出版社.

曹茜, 于德永, 孙云, 等, 2015. 土地利用/覆盖变化与气候变化定量关系研究进展[J]. 自然资源学报, 30(5): 880 – 890.

曾昭美, 严中伟, 1993. 近 40 年中国云量变化的分析[J]. 大气科学(6): 688 – 696.

陈继伟, 左洪超, 2014. 干旱区地膜覆盖农田下垫面反照率的观测研究[J]. 干旱区研究 (3): 397 – 403.

陈锦, 2011. 水源涵养林生态服务功能评估及优先区划分[D]. 北京: 北京林业大学.

陈永文, 2002. 自然资源学[M]. 上海: 华东师范大学出版社.

陈之荣, 1993. 人类圈与全球变化[J]. 地球科学进展, 8(3): 135 – 140.

程伟, 吴秀芹, 等, 2012. 基于 GIS 的村级土地生态评价研究——以重庆市江津区燕坝村为例[J]. 北京大学学报, 48(6): 982 – 988.

戴尔阜, 李双元, 吴卓, 等, 2015. 中国南方红壤丘陵区植被净初级生产力空间分布及其与气候因子的关系——以江西省泰和县为例[J]. 地理研究, 34(7): 1222 – 1234.

丁一汇, 任国玉, 石广玉, 等, 2006. 气候变化国家评估报告(I): 中国气候变化的历史和未来趋势[J]. (01): 3 – 8.

杜习乐, 吕昌河, 王海荣, 2011. 土地利用/覆被变化(LUCC)的环境效应研究进展[J]. 土壤, 43(03): 350 – 360.

段昌群, 2017. 资源生态学[M]. 北京: 高等教育出版社.

方精云, 2000. 中国森林生产力及其对全球气候变化的响应[J]. 植物生态学报, 24(5): 513 - 517.

封珊, 徐长乐, 2014. 全球气候变化及其对人类社会经济影响研究综述[J]. 中国人口资源与环境, 24(S2): 6 - 10.

冯剑丰, 李宇, 朱琳, 2009. 生态系统功能与生态系统服务的概念辨析[J]. 生态环境学报, 18(04): 1599 - 1603.

冯明, 2004. 气候变化对水文水资源的影响研究[D]. 武汉: 武汉大学.

傅桦, 吴雁华, 曲利娟, 2008. 生态学原理与应用[M]. 北京: 中国环境科学出版社.

高广生, 2006. 气候变化与碳排放权分配[J]. 气候变化研究进展(6): 301 - 305.

耿殿明, 姜福兴, 2002. 我国煤炭矿区生态环境问题分析[J]. 中国煤炭, 28(7): 21 - 24.

龚道溢, 1999. 全球变暖背景下的南极地区气候变化[J]. 地理科学(2): 6.

郭建平, 2015. 气候变化对中国农业生产的影响研究进展[J]. 应用气象学报(1): 1 - 11.

韩士杰, 王庆贵, 2016. 北方森林生态系统对全球气候变化的响应研究进展[J]. 北京林业大学学报(4): 1 - 20.

韩赜, 2016. 西部生态脆弱区气候变化对社会经济系统的影响[D]. 重庆: 重庆交通大学.

胡庆东, 余博鹏, 陈京远, 2012. 温室效应与全球变暖[J]. 科技创新导报(23): 134 - 135.

姜汉侨, 2010. 植物生态学[M]. 2版. 北京: 高等教育出版社.

李峰平, 章光新, 董李勤, 2013. 气候变化对水循环与水资源的影响研究综述[M]. 地理科学, 33(4): 457 - 464.

李金昌, 姜文来, 靳乐山, 等, 1999. 生态价值论[M]. 重庆: 重庆大学出版社.

李俊梅, 樊林, 段昌群, 2012. 全球气候变化条件下云南生态环境变化趋势研究[J]. 云南地理环境研究(5): 67 - 73.

李克让, 陈育峰, 黄玫, 等, 2000. 气候变化对土地覆被变化的影响及其反馈模型[J]. 地理学报, 55(S1): 57 - 63.

李丽娟, 姜德娟, 李九一, 等, 2007. 土地利用/覆被变化的水文效应研究进展[J]. 自然资源学报(02): 211 - 224.

李双元, 2014. 基于 CASA 模型的赣江流域植被净初级生产力估算研究[D]. 兰州: 兰州交通大学.

梁华炎, 2017. 气候变化对大气污染影响的探究[J]. 环境与发展(4): 30 - 31.

梁吉义, 2011. 自然资源总论[M]. 太原: 山西经济出版社.

廖静秋, 2010. 全球气候变化及其对人类生存的影响[J]. 西华师范大学学报(3): 284 - 291.

刘春蓁, 1997. 气候变化对我国水文水资源的可能影响[J]. 水科学进展, 8(3): 220 - 225.

刘丹, 那继海, 杜春英, 等, 2007. 1961—2003 年黑龙江省主要树种的生态地理分布变化[J]. 气候变化研究进展, 3(2): 100 - 105.

刘世梁，2014. 土地整理对生态系统服务影响的评价研究进展[J]. 中国生态农业学报(9)：1010 – 1019.

刘洋，2014. 全球气候变化对长三角河口海岸地区社会经济影响研究[D]. 上海：华东师范大学.

刘尧，张玉钧，贾倩，2017. 生态系统服务价值评估方法研究[J]. 环境保护，45(06)：64 – 68.

罗丽艳，2009. 自然资源参与分配——兼顾代际公平与生态效率的分配制度[J]. 中国地质大学学报(社会科学版)，9(1)：24 – 29.

马知恩，1996. 种群生态学的数学建模与研究[M]. 合肥：安徽教育出版社.

毛文永，1998. 生态环境影响概论[M]. 北京：中国环境科学出版社.

牛书丽，万师强，马克平，2009. 陆地生态系统及生物多样性对气候变化的适应与减缓[J]. 生物多样性，24(4)：421 – 427.

牛文元，1989. 自然资源开发原理[M]. 开封：河南大学出版社.

欧阳志云，王如松，等，1996. 中国生物多样性间接价值评估初步研究[J]. 王如松，等译. 现代生态学的热点问题研究. 北京：中国科学技术出版社，409 – 421.

潘根兴，高民，胡国华，等，2011. 气候变化对中国农业生产的影响[J]. 农业环境科学学报(9)：1698 – 1706.

潘愉德，J. M. MELILLO，D. W. KICKLIGHTER，等，2001. 大气 CO_2 升高及气候变化对中国陆地生态系统结构与功能的制约和影响[J]. 植物生态学报(6)：175 – 189.

庞超，谢芮，吴秀芹，等，2015. 沙区聚落生态安全评价——以宁夏北部风沙区为例[J]. 中国水土保持科学，13(5)：72 – 78.

彭补拙，濮励杰，黄贤金，等，2007. 资源学导论[M]. 南京：东南大学出版社.

普里戈金·新唐热，1987. 从混沌到有序[M]. 曾庆宏，等译. 上海：上海译文出版社.

溥奎，2007. 植物地理[M]. 长春：吉林美术出版社.

秦大河，丁一汇，苏纪兰，等，2007. 中国气候与环境演变(上卷)：气候与环境的演变与预测[M]. 北京：科学出版社.

任国玉，任玉玉，李庆祥，等，2014. 全球陆地表面气温变化研究现状、问题和展望[J]. 地球科学进展，29(8)：934 – 946.

任海，邬建国，彭少麟，2000. 生态系统健康的评估[J]. 热带地理，4：310 – 316.

施雅风，1996. 全球变暖影响下中国自然灾害的发展趋势[J]. 自然灾害学报，5(2)：102 – 116.

石玉林，2006. 资源科学[M]. 北京：高等教育出版社.

孙儒泳，2002. 基础生态学[M]. 北京：高等教育出版社.

孙儒泳，2008. 生态学进展[M]. 北京：高等教育出版社.

孙贤国，1998. 中国自然资源利用与管理[M]. 广州：广东省地图出版社.

覃志豪，唐华俊，李文娟，2015. 气候变化对我国粮食生产系统影响的研究前沿[J]. 中国农业资源与区划(1)：1 – 8.

谭灵芝，王国友，2012. 气候变化对社会经济影响的风险评估研究评述[J]. 西部论坛(1)：

74 – 80.

唐纳德·沃斯特, 侯文蕙, 1999. 自然的经济体系[M]. 北京: 商务印书馆.

汪再祥, 2011. 生态平衡是值得维护的吗? ——新生态学兴起背景下对环境立法目的的反思[J]. 中国地质大学学报(社会科学版), 11(5): 19 – 24.

王兵, 鲁绍伟, 2009. 中国经济林生态系统服务价值评估[J]. 应用生态学报(2): 417 – 425.

王根绪, 李琪, 程国栋, 等, 2001. 40a 来江河源区的气候变化特征及其生态环境效应[J]. 冰川冻土(4): 346 – 352.

王姮, 李明诗, 2016. 气候变化对森林生态系统的主要影响述评[J]. 南京林业大学学报(自然科学版), 40(6): 167 – 173.

王景升, 李文华, 任青山, 等, 2007. 西藏森林生态系统服务价值[J]. 自然资源学报(5): 831 – 841.

王如松, 2004. 复合生态系统生态学[M]. 见: 李文华, 赵景柱主编. 生态学研究回顾与展望. 北京: 气象出版社.

王守华, 2017. 浅析中国土地荒漠化生态治理现状、存在问题及对策[A]. 中国治沙暨沙业学会、中国林业教育学会.《联合国防治荒漠化公约》第十三次缔约大会"防沙治沙与精准扶贫"边会论文集[C]. 中国治沙暨沙业学会, 中国林业教育学会: 中国治沙暨沙业学会(9).

王守华, 2018. 浅析土地荒漠化的成因、危害及治理对策[A]. 中国治沙暨沙业学会. 中国治沙暨沙业学会 2018 年学术年会论文集[C]. 中国治沙暨沙业学会: 中国治沙暨沙业学会(9).

王双晶, 2015. 二氧化碳增加和气候变化对海洋碳储量、酸化及氧储量的影响[D]. 杭州: 浙江大学.

王燕, 高吉喜, 王金生, 等, 2013. 生态系统服务价值评估方法述评[J]. 中国人口·资源与环境, 23(S2): 337 – 339.

魏胜文, 陈先江, 张岩, 等, 2011. 能值方法与存在问题分析[J]. 草业学报, 20(2): 270 – 277.

吴钢, 肖寒, 赵景柱, 等, 2001. 长白山森林生态系统服务功能[J]. 中国科学, 31(5): 471 – 480.

吴息, 缪启龙, 顾显跃, 等, 1999. 气候变化对长江三角洲地区工业及能源的影响分析[J]. 南京气象学院学报(S1): 541 – 546.

吴小玲, 廖艳阳, 2011. 气候变化对农业生产的影响综述[J]. 现代农业科技(11): 302 – 304.

吴卓, 2014. 气候变化对我国红壤丘陵区森林生态系统结构的影响[D]. 北京: 首都师范大学.

武吉华, 1983. 植物地理学[M]. 2 版. 北京: 高等教育出版社.

武立磊, 2007. 生态系统服务功能经济价值评价研究综述[J]. 林业经济(3): 42 – 46.

夏菁, 2010. 北京山区土地利用变化及其生态服务价值评价[D]. 北京: 北京林业大学.

谢高地, 鲁春霞, 冷允法, 等, 2003. 青藏高原生态资源的价值评估[J]. 自然资源学报, 18(2): 189 - 196.

谢高地, 肖玉, 鲁春霞, 2006. 生态系统服务研究：进展、局限和基本范式[J]. 植物学报, 30(2): 191 - 199.

谢高地, 张彩霞, 张昌顺, 等, 2015. 中国生态系统服务的价值[J]. 资源科学, 37(09): 1740 - 1746.

谢高地, 甄霖, 鲁春霞, 等, 2008. 一个基于专家知识的生态系统服务价值化方法[J]. 自然资源学报, 23 (5) : 911 - 919.

谢高地, 2009. 自然资源总论[M]. 2 版. 北京：高等教育出版社.

徐斌, 辛晓平, 唐华俊, 等, 1999. 气候变化对我国农业地理分布的影响及对策[J]. 地理科学进展, 18(4): 316 - 321.

徐胜, 付伟, 平琴, 等, 2017. 气候变化对树木凋落物分解的影响研究进展[J]. 生态学杂志, 36 (11) : 3266 - 3272.

徐世晓, 赵新全, 孙平, 等, 2001. 温室效应与全球气候变暖[J]. 青海师范大学学报(自然科学版)(4): 43 - 47.

闫丹, Uwe A. Schneider, Erwin Schmid, 等, 2013. 未来气候变化对鄱阳湖区土地利用变化的影响评估[J]. 资源科学, 35(11): 2255 - 2265.

杨启国, 2008. 气候变化对区域社会经济可持续发展的影响及适应性对策分析[D]. 兰州：兰州大学.

叶功富, 尤龙辉, 卢昌义, 等, 2015. 全球气候变化及森林生态系统的适应性管理[J]. 世界林业研究, 28(1): 1 - 5.

游松财, Kiyoshi Takahashi, YuzuruMatsuoka, 2002. 全球气候变化对中国未来地表径流的影响 [J]. 第四纪研究(2): 148 - 157.

张建云, 宋晓猛, 张建云, 等, 2013. 气候变化和人类活动对水文循环影响研究进展[J]. 水利学报(7): 779 - 790.

赵景柱, 萧寒, 等, 2002. 生态系统服务的物质量与价值量评价方法的比较分析[J]. 应用生态学报, 11 (2) : 290 - 292.

赵同谦, 欧阳志云, 郑华, 等, 2004. 中国森林生态系统服务功能及其价值评价[J]. 自然资源学报, 19(4): 480 - 491.

朱文德, 陈锦, 魏天兴, 2011. 北京市生态系统服务价值时间变化和区域差异分析[J]. 林业调查规划, 36(2): 38 - 42.

朱芸, 雷国良, 刘秀铭, 等, 2012. 全球气候变暖的影响问题辨析[J]. 亚热带资源与环境学报(1): 47 - 54.

第5章　自然资源经济学原理

自然资源是人类社会赖以生存和发展的基础，在社会发展中起到基础性、战略性作用。如何在经济社会中合理的开发、利用、保护和管理自然资源是自然资源经济学研究的主要目的。当今社会可持续发展的研究以及循环经济的研究，其本质就是资源利用在经济社会中的可持续发展以及资源的循环利用。资源利用技术的进步与科学技术本身的发展是密切相关的，但是部门资源合理利用的目标如何确定、如何评价、如何达到目标最优等问题，属于资源经济学研究的范畴。自然资源对人类的重要性，决定了资源经济学在资源科学学科体系中的重要地位。

5.1　自然资源与经济社会的关系

5.1.1　自然资源在社会经济发展中的作用

5.1.1.1　自然资源是经济发展的必要条件

经济发展需要有充足的、稳定的、长期的自然资源保障，自然资源是社会生产的基础，离开了自然资源就谈不上社会生产，也就谈不上经济发展。自然界资源提供劳动的素材，劳动把自然资源素材变成财富。"无此必不然"，没有自然资源这个必要条件，绝不可能出现某种生产活动。例如，没有油田、气田，采不出原油和天然气；没有足够的积温、营养，作物无法成熟。人类劳动和自然资源共同构成生产力，共同构成社会财富的源泉。

发展中国家和地区的经济发展更多地要建立在自然资源可能性的基础上，否则，不但达不到预期目的，还会给国民经济带来不应有的损失。例如，过去我国曾在天然气不足的地方，建设大型天然气田，修建大口径运输气管线。投入了大量资金，引进设备，修桥铺路，沿管线兴建消费天然气的企业，最终却因为资源不足而不得不下马，造成惊人的浪费。

但是，"有此未必然"，有了必要的自然资源，并不必然出现某种生产活动和经济发展。自然资源是经济发展的必要条件，但还不够成为充分条件。经济发展的充分条件是由自然资源、资本资源和人力资源共同构成的。一些自然资源禀赋并不很好的地区能够有较高的经济发展水平而一些自然资源禀赋很好的地区反而经济落后，造成这种现象的主要原因之一正是资本资源和人力资源的差异。

5.1.1.2　自然资源对经济发展的影响

（1）影响生产力布局

自然资源的分布状况是影响生产力布局的一个不可忽视的重要因素。自然资源的地理分布是生产力布局的基础条件之一，特别是第一产业的开发布局，一般都是与自然资源的地理分布相一致。多种自然资源的地域组合状况也可影响生产力布局，例如，土地的开发离不开水，有色金属的冶炼必须有充足的能源。自然资源与消费地的距离常常是资源开发布局的决定因素，特别是用量大、运输难的资源。

（2）影响经济结构

经济结构具有广泛的含义，一般是指国民经济各部门、各地区、各种经济成分和组织、社会再生产各方面的构成及其相互关系。一个国家或地区的经济结构是多种因素综合影响的结果，特别是社会制度、国民素质、自然条件、经济基础、历史背景等。诸多因素中很重要而且不易改变的是自然条件，自然条件的主要方面则是自然资源。

目前世界各国受自然资源自给情况影响的经济结构大体可分为以下 3 类：①以加工工业为主导产业的经济结构，这类结构的国家一般都是本国资源已不能满足生产需要或资源比较贫乏，主要靠进口资源来发展经济。如西欧、日本和美国等国家，以矿产资源为例，它们的产量不足世界的 1/4，而消费量却占世界 3/5 以上。②以矿业为主导产业的经济结构。如沙特阿拉伯、巴西、澳大利亚等国家。③资源生产和加工工业并重的经济结构。这些国家由于技术和资金的限制，经济结构建立在资源基本自给自足的基础上。如印度、中国等。

可直接出口的自然资源产品主要是矿产资源和生物资源，而土地资源、水资源和气候资源，是以其生产力和产品（例如农产品）等资源载体间接形式出口的。自然资源的存量不仅对一个国家的经济结构会产生重要影响，而且使各国之间的经济联系变得越来越广泛和紧密，许多国家的经济相互依赖，并因此趋向集团化和区域化。这种经济关系，虽然具有不平等的性质，但对各国都有有利的一面（封志明，2005）。

（3）影响经济效益和劳动生产率

资源质量好，开发利用流程短、投入少、产出多，经济效益就高；反之，生产流程长、复杂，投入多、产出少，经济效益就低。随着科技的发展，人们开发能力的增强，对资源质量的认识也在不断更新。从提高经济效益的目标来看，应尽可能利用高质量的资源。在某种意义上来说，经济竞争是对高质量资源的竞争。谁首先利用了高质量的资源，谁就掌握了竞争的主动权。另外，对自然资源要优质优用，"地尽其力，物尽其用"。诸如林区大量优质木材被当作普通燃料、焦煤仅用于取暖、上等耕地被取土烧砖、共生矿和伴生矿被白白丢弃等现象，都大大降低了优质资源的经济效益，造成极大的浪费（封志明，2005）。

资源开发条件显著影响经济效益和劳动生产率。例如，我国大型煤井建设周期不断延长，原因之一是平均井深逐年增加。第一个五年计划期间，煤矿平均井深不到 200m，建设周期 3.5 年；第二个五年计划期间，煤矿平均井深超过 400m，建设周期达 6 年。地形影响工矿企业与聚落建设。地面坡度在 2%～5% 时，如果建筑物与等高线垂直布置，建筑物的长度受到限制。地面坡度在 5%～7% 时，建筑物一般只能与等高线平行布置。地面坡度超过 7% 时，大规模建设的经济效果较差（胡兆亮，1999）。

（4）影响产品质量

自然条件是影响产品质量的自然基础。许多特产，如密云金丝枣、乐陵无核枣、山西沁州小米等，都有特定的自然环境。新疆哈密瓜、吐鲁番葡萄、库尔勒梨与当地大陆性气候有关。名酒如贵州茅台酒、山西杏花村汾酒、四川泸州老窖特曲、青岛啤酒、绍兴黄酒等都得益于其产区有良好水质等优越的自然条件。小溪铸造铁又称"人参铁"，铸成的球墨铸铁合格率高，不必经过热处理便可获得较高的强度和韧性，深受国内外机械工业界的好评。经过分析，主要原因是矿石中硫、磷含量低，微量有害杂质如铝、钒、铬等都较少，这是大自然赋予本溪的礼物（胡兆亮，1999）。

5.1.1.3 自然资源影响的阶段性

自然条件和自然资源的影响是不断变化的，而且变化是有规律的。制约这一变化的主导因素是生产力水平。生产力的发展水平左右着人与自然间的相互关系。生产力水平越低，人们对自然的依赖性越大。生产力水平越高，人们对自然的依赖性越小，人们利用自然的程度越高。生产力水平提高的结果，并不是人们可以离开自然，而是更深入地认识自然，利用自然，更恰当地对待自然。从这个意义上说，生产力水平提高以后，人与自然的关系更加密切了。

在生产力发展的不同阶段，影响经济发展的主导自然因子是有变化的。在人类历史的长河中，为什么经济中心、文化中心不断转移？为什么文明古国出现在亚热带地区，资本主义国家首先出现在温带地区？为什么在工业高度发达的国家，人口和经济出现新的再布局的趋势？如果要探索其中的规律性，必须研究不同阶段影响社会发展和生产力布局的主导自然因子的变化。

马克思指出："外界自然条件在经济上可以分为 2 类：生活资料的自然富源，例如土壤的肥力、渔产丰富的水等；劳动资料的自然富源，如奔腾的瀑布，可以航行的河流，森林、金属、煤炭等。在文化发展初期，第一类的自然富源具有决定性意义；在较高发展阶段，第二类自然富源具有决定性意义。"马克思认为，在较低的农业生产力水平下，亚热带地区可以提供较多的剩余产品，提供产生文明古国的物质基础。但是，到了生产力进一步发展的资本主义阶段，更重要的不是自然的丰饶性，而是自然的多样性。"资本主义生产方式以人对自然的支配为前提。过于丰饶的自然'使人离不开自然的手，就像小孩子离不开引带一样'，它不能使人自身的发展成为一种自然的必然性。资本的祖国不是草木繁盛的热带，而是温带。不是土壤的绝对肥力，而是它的差异性和它的自然产品的多样性，形成社会分工的自然基础，并且通过人所处的自然环境的变化，促使他们自己的需要、能力、劳动资料和劳动方式趋于多样化。"

新的技术革命出现后，自然条件影响经济发展的主导因素又有新的转机。随着人们物质生活和精神生活的提高，普遍要求良好的生活环境，首先是良好的自然环境，包括气候温暖、风景秀丽、空气新鲜，或依山傍水，或面临海湾。同时，新兴工业对原料、燃料的依赖性较小，布局上的机动性较强，对自然条件的主要追求是温暖的天气、新鲜的空气、纯洁的水源。新兴工业要求接近科学教育中心，而科学教育中心对自然环境的要求更强（胡兆亮，1999）。

自然资源对一个国家经济发展和社会繁荣的重要意义自不待言，但发展阶段不同的国家或地区自然资源所起的作用却不尽相同。随着发展阶段的提升，自然资源的作用会逐渐减弱，而资本和人力资源的作用会越来越显著。

5.1.2　资源环境问题与经济社会的关系

5.1.2.1　经济增长与环境污染

一些环境经济学家基于技术、感知和环境投资的静态假设认为：经济活动的增长不可避免会损害环境，可表达为：

$$e = ay \tag{5-1}$$

式中　e——某种污染物的人均排放量；

$\quad\quad y$——人均收入；

$\quad\quad a$——系数。

因此，e 随 y 线性增加，如图 5-1(a)所示。假定 a 自身与 y 是线性函数：

$$a = \beta_0 - \beta_1 y \tag{5-2}$$

将式(5-2)代入式(5-1)，得：

$$e = \beta_0 y - \beta_1 y^2 \tag{5-3}$$

e 和 y 的关系为一个倒"U"形曲线[图 5-1(b)]，即经济增长意味着更多的人均污染排放，直到人均收入达到拐点，然后人均污染物排放量会明显下降。这种关系类似库兹涅茨(Kuznets，1955)提出的一个假设：收入分布不均的度量与收入水平之间的关系是一个倒"U"形。环境经济学家根据这个假设提出环境污染与收入的上述关系，并称之为环境库兹涅茨曲线(environmental kuznets curve，EKC)。

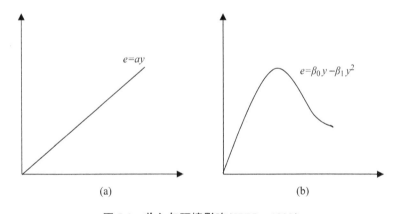

图 5-1　收入与环境影响(IBRD，1992)

环境库兹涅茨曲线假设的论点如下：当经济发展处于低水平时，环境退化的数量和程度受生存活动对基础资源及有限的生物降解废弃物数量的影响。当经济发展加速，伴随着农业和其他资源开发的加强和工业化的崛起，资源消耗速率开始超过资源的再生速率，所产生废弃物的数量和毒性增加。在经济发展到更高水平，产业结构向信息密集的产业和服务转变，加上环境意识的增强、环境法规的执行、更好的技术和更多的环境投入，造成环境退化现象逐步减缓和消失(Panayotou，1993)。

这个假设具有极大意义，如果总的经济增长确实对环境有益，那么就没有必要通过减缓世界经济增长来保护环境。尽管 EKC 假说被广泛接受，但也有学者质疑。Holtz - Eakin and Selden(1995)认为经济的发展并不必然提供对环境污染治理关注的担保，实证表明并没有出现预期的"拐点"，环境污染随着经济发展水平的提高反而持续地越加严重；Dinda(2002)则认为环境污染或许是经济发展的原因之一，因为环境污染排放是生产过程中产生的；Hong and Martin(2008)指出人均二氧化碳排放与人均收入呈线性递增关系，并不存在环境库兹涅茨拐点；林伯强和蒋竺均(2009)则认为除了人均收入变量之外，能源强度和能源结构碳强度对二氧化碳的排放影响明显，因此简单的二氧化碳库兹涅茨模型无法科学地预测中国未来的二氧化碳排放。

因此，对于环境库兹涅茨适应性有以下说明：①只是某些有选择的污染物排放的经验数据符合环境库兹涅茨曲线假设，环境库兹涅茨曲线假设不能普遍应用到整个环境质量上。②即使可以证明某个国家的经验数据符合环境库兹涅茨曲线假设，也并不能说明全球环境动态今后会按照环境库兹涅茨曲线假设发展。所以，经济增长并非改善环境质量的万灵药方，促进 GDP 增长的政策不能代替环境政策。

5.1.2.2 资源环境问题的经济社会根源

关于资源环境问题的成因，有 5 个比较流行，即人口压力、技术变化、经济增长、市场失效及伦理信念等(Rees，1990)，相关研究对这些原因都提出了一些解决办法。

(1)人口压力

许多研究者把人口压力看成资源环境问题的根本成因，并呼吁"人口零增长"，或采取严格的控制生育政策。然而这些办法不一定在政治上或道德上可接受，此外，人口数量显然只是自然资源产品和服务需求水平的一个方面。如果那些剩下的人对物质繁荣的欲望增长，那么稳定的甚至下降的人口也不能防止资源耗竭、稀缺及环境退化。例如，近几十年来西欧的人口已经稳定或低增长，但这既没阻止北海鱼类储量的耗竭，也没有防止污染。

欠发达国家人口控制计划的首要目的是提高(或至少是维持)生活标准，同时减少需求对资源的压力。然而，如果少生育减少的需求使多出来的产品被人均食物、木材或水资源消费的增加所抵消，那么资源环境的压力并不会减少。此外，随着物质财富的增长，人们需求更多的产品和服务，因而对自然系统将施加更大负担。不可否认，人口控制计划对解决欠发达国家的资源稀缺和耗竭问题是合乎需要的，甚至是很重要的，但同时又只能将它们看作其他社会和经济政策的一种附属物。此外，减少人口增长并未触及不确定性问题和福利分配问题的实质。

(2)技术变化

技术是一把"双刃剑"，技术进步使某些资源环境问题加剧，但它将继续为另一些问题提供解决办法。一些研究者认为现代工业化技术比其所取代的传统技术具有更大的破坏性和污染性。无疑，大批量生产技术、包装水平的提高、复杂加工品的生产、能源密集技术及"非自然"合成物质的开发等，所有这一切都增加了对自然系统的需求。但须知，传统的生产技术也可引起资源耗竭和污染，例如，土壤侵蚀、荒漠化、水分稀缺和森林退化等往往都是基本传统技术所引起的。也有研究者认为，现代工业化技术比传统技术含有更大的风险和不确定性，这不过是一种主观判断。风险的性质无疑已经改变。技术发展创造出发生可能性更小、因而潜在破坏性更大且扩散效应更广的风险。就生命损失和工作条件而言，可以认为核发电比采煤风险更小。也有一些技术比其所代替的技术破坏性明显更小；当污染物和污水处理代替直接往河中排污、污水池和化粪池时，健康风险和污染就明显地减少。

(3) 经济增长

由于技术与经济增长相互关联，技术受经济增长的驱动，反过来又驱动经济增长。这就提出了资源环境问题的第三个普遍成因，即按照物质标准衡量的经济增长步伐。普遍提倡的解决办法是停止增长，或至少重新限定增长的含义，以包括诸如"生活质量"等变量。这个成因之所以导致资源环境问题，是因为：

① 经济增长的无限性与本质上是封闭的、有极限的自然系统不协调。

② 政治家和经济学家都被短期经济增长所吸引，趋向于根据目前偏好和收入水平来衡量的物质产出的最大净现值。这损害了时空分配的公平，不仅忽略了后代人的需求，而且也不顾当代消费者对不可上市的生活质量和服务的需求。就长期来说，对实物增长的一味追求将减少而不是增加真实社会福利。

③ 采用国民生产总值 (GNP) 作为经济福利的度量，歪曲了人类福利的本质。国民生产总值指的是在一个经济系统内所生产的全部财富和服务的市场价值。作为一个概念，它以市场系统内的财货交换为依据。任何非市场产品和服务 (无偿家庭劳动、自我服务、家庭生产的蔬菜等) 都被排除，不合意但无价格的环境和社会代价，如污染、栖息地损失、犯罪、过分拥挤或精神紧张等也被排除。更有甚者，某些此类有害活动的增长实际上还可以增加 GNP，如更多的犯罪必须更多的警察力量，污染的增长可增加对药物治疗的"需求"或增加净化机构等。

无论对经济增长如何度量，都包含了消费的增加，因此也增加了对地球资源基础及其生命支持系统的需求。所以经济增长本身就是所有资源环境问题的基本成因。因此有些研究者提出所谓"非增长"的解决方案。然而，为使那些生活在仅够生存水平上的人继续生存下去，就不得不有某种增长，除非人口增长也降为零。"非增长"只会使千百万人沦于仅在物质水平上生存，这是难以接受的。增长是资源耗竭和环境退化的一个因素，但这并不能证实"非增长"是一个道义上、政治上或经济上可行的政策选择。

(4) 市场制度的缺陷

导致环境问题的第 4 个普遍成因是市场制度的不完善、不完全运作。这里主要是指"外部性"。

外部性概念是传统经济学研究资源耗竭和环境退化问题的核心。简言之，外部性 (外部成本及外部效益) 就是在做个人决策时所有未被个人考虑的经济或社会活动的无补偿副作用。当一种活动的副产品引起其他人的市场外成本或收益，而这又没有通过现金或商品交换得到补偿时，外部性就发生了。如在拥挤房间里吸烟，在图书馆谈话等。

在可更新资源方面，外部性无所不在。在目前的经济系统中，只有那些直接用于生产和消费的资源环境产品和服务才标价并纳入市场，环境吸收和改造废物的有限能力是没有价值的。

现存经济制度在考虑资源利用所涉及的全部社会代价方面是有缺陷的，对资源耗竭和环境退化负有责任。但是从这类分析而得出的经济政策药方，不能解决由于不同利益团体的价值和志趣冲突而产生的那些基本的问题。实际上，也不能解决代际公平和保持可持续发展模式的两难境地。

（5）伦理观念

最后一个普遍认同的资源环境问题成因与人类的基本伦理信念有关，基本上有两种相互关联的观点。第一，在"先进"文化中占优势的宗教和政治哲学，把人类想象成是与自然分离且高于自然的。许多"传统"的社会没有这种情况，他们认为自然、人类和上帝是相互依赖的，人类与自然界和上帝分不开。在"人类高于自然"的哲学中，资源环境是提供产品和服务的一种集合，要满足人类需求而不顾其他物种的权利。此外，一个广泛流行的信念认为，自然是可驯服、可征服来为人类眼前需要服务的，而未充分注意对复杂而相互作用的生命支持系统的长期影响。第二，人类天生就目光短浅，根深蒂固地偏向于已知的当前，而不顾不确定的未来。这意味着社会、政治和经济的决策不可避免地要倾向于当代人的需要，而很少顾及后代人的潜在需要。

生态学家倾向于强调人仅是全球生态系统中的一个物种，而经济学家长期关注眼前利益问题。其实两者本质上都以人为中心，差别在于是否有必要让人种延续下去或给后代人以平等享受地球资源的权利。然而，其他一些学者认为，植物、动物甚至岩石自身都有存在的权利，应该独立于人的看法（人的看法是，之所以要保证它们的生存，是因为它们能为人类提供或可能提供某些服务或美学满足）。其实这种推理仍然是一个人类的概念，是人类道德判断和推理的产物，自然界并不关心生物伦理，保护是建立在人类价值系统基础上的，其有效性有赖于人类的状况和人类的关怀。

有的研究者指出，自然保护运动中有些"环境伦理学派"的支持者不过是在利用稀缺环境资源方面的利益集团。此外，环境伦理的抽象概念，也与寻求解决资源耗竭和环境质量问题的可行办法关系不大。

所有这5个原因都对资源环境问题提供了一定见解，但资源环境问题的原因显然不是单一的，针对单一原因提出的解决办法也不是万能的。

在以上讨论的5个普遍成因中，市场缺陷的关键在于"外部性"。由于自然资源往往具有公共财产的性质，还产生了特别尖锐、难以克服的外部性问题，如自然资源的公共性质和外部性问题。

（6）自然资源的公共性质

①国际公共财产资源　在全球尺度上，生态系统本身及所有包含在其中的生物—地球化学循环都表现为最明显的公共财产资源。当利用维持在系统的自然吸收或调整能力以内时，无控制的自由进入不一定构成问题。但一旦超出这个限度，继续利用就将使每个人遭受损害代价，无论任何个人对这些代价的贡献如何。除非有一个强有力的世界政府承担全球生命支持系统的有效拥有权，而且能控制人与环境相互作用的各个方面，否则它们将保持公共财产性质。个人的利用决策将继续忽视有关的社会代价，继续产生资源耗竭和环境退化问题。

全球内的次级系统如大气、海洋、迁徙鸟类和鱼类等，它们都不是人类人为的国家主权界线所能界定的，具有明显的国际公共财产性质。对此也有必要达成国际协议，但此类协议绝不是可以轻而易举达成的。即使像京都议定书那样经全球各国艰难努力所达成的国际协议，由于美国在布什总统任期内退出，其实施的效果也大打折扣。欧洲经济共同体对公共渔业政策就曾争吵不休，国际捕鲸的协议甚至经历了更长时间的争论。尽管每个国家都可在原则上同意限制准入和进行控制，但也不可避免地力图把它们自己承担的有关代价降低到最小程度。甚至在那些已签署承诺协议的领域，也存在严重的实施问题。

②国内资源的公共性　国家尺度上，自然资源的公共财产特性更多源于制度而不是自然性质。很多自然资源都是公共所有（或国家所有），例如地表水、地下水、公共土地、国家公园、自然保护区甚至大气。大多数国内公共财产资源的准入不是对所有人都开放，而是通过习惯法、公共法令或立法限制在特殊的使用者阶层。

具有多种用途的资源表现出一种更为不同的公共财产性质。尽管一个特定的土地拥有者可能有绝对的财产权，但他可能不是唯一从其经营中获益的人。森林不仅为其拥有者提供木材和其他林产品，而且对其他人也很有价值，例如可为他人提供视觉审美、娱乐资源、野生生物栖息地、防止土壤侵蚀或调节径流等生态服务功能。土地拥有者常常面临巨大潜在利益的开发机会（如将林地开垦为农地，将耕地转变为建设用地），而其他人则希望他全部或部分地放弃机会，以使自然资源维持对他们的价值，这就产生了利益的冲突。

当所有权与使用权分离时，会出现更进一步的问题。例如，租赁安排所给的土地使用权仅限于有限时期，那么使用者很可能会努力使当前的产出达最大，而忽视土壤或森林的长期生产力。换句话说，租用者在其使用权期间只会关心他们自己当下的成本和收益，而忽视其行为的长期社会代价。

③矿产资源的公共性质　自然资源的公共性质不仅在可更新资源上表现突出，在矿产资源上也有特殊的表现。许多国家的矿产资源所有权都属于公共或国家。谁代表公共或国家行使所有权？是中央政府，省政府？还是地方政府？这些权力不同的机构在矿产资源开发上会有不同的利益和代价，它们对待矿产资源开发的态度也就有所差别。即使矿产资源的所有权是明晰的，矿产资源开发的环境效应却是公共的。这就产生了与上述森林资源和土地资源开发类似的利益冲突问题。

(7) 外部性问题

自然资源的公共性质和多用性质产生了 3 种外部性问题。

①外部效益　主要指个人对自然资源的经营和保护能为公共带来福利。但如果个人付出的成本超过他的全部所得，那么就不能刺激个人在资源保护或提供环境服务方面投资。虽然总的社会收益超过相关费用，但这对个人来说没有多大关系，也不能保证外部受益者提供这些费用做出贡献。例如，保留森林或沼泽地对公共来说具有显著的生态价值，但当其所有者面对开发的可观利益时，景观美感、野生生物栖息、调节径流等公共生态价值方面的外部效益与自己的关系不大，对他们的决策起不了什么作用。此外，个人对这些外部效益往往不用分担成本而分享收益，因此也难以使他们主动做出贡献。这种外部效益的维护需要社会组织来灌输集体责任感，对自私行为的道德约束在传统社会里曾经很普遍，但

在发达的工业化经济里却大为减弱。

②交互外部性　这是指公共财产资源的所有使用者都对大家（包括他们自己）造成损失。例如，当大家抽取地下水的速率超过自然补给的速率时，超量抽取的每一升水都将增加每个人的抽水成本。其实所有使用者都很容易明白，他们是在利用一种正在耗竭的自然资源，超量抽水是不可能长期持续下去的，需要每个人都采取保护措施。然而，限制抽水对个人造成的损失非常具体，而限制抽水所产生的长期效益却较为虚幻，很难使大家都自觉地采取保护措施，而必须制定强制性的保护规则。在公共土地、渔场及野生生物的开发上同样存在交互外部性问题，个别利用者可能忽视其利用对资源耗竭的作用，也难以控制他人的行为。除非采取强制性的保护规则，否则在短期内资源会使用过度，而从长期看则可能耗尽资源。当耗竭速率相对较低时，利用者把资源耗竭的问题转交给了后代，这就出现了世代之间的外部性问题，对付这种问题的困难将更为棘手。

在理论上，公共资源的私有化在一定程度上可解决此类外部性问题。因为明确其资源所有权的生产者在制定利用速率的决策时，要考虑所有短期和长期的利用成本和收益。然而，私有化的解决办法将加重社会不公平。此外，如果按所有者的估计，目前的收益超过与耗竭有关的成本，那么业主仍将继续掠夺资源。

③转移外部性　在交互外部性情况里，所有受影响的个人都分担他们造成的损失；而在转移外部性情况下，损失的制造者把代价强加其他人身上。在损失代价转移给后代的情况里，不同时代之间也发生了转移外部性。废物的排放就是一种典型的转移外部性问题。当一个工厂利用水道来排放污水时，就把污染损失转移给了排污口下游。

当转移外部性问题只涉及少数有关单位时，他们可以谈判达成一种协议。然而，这类自行解决外部性问题的情形很有限。通常许多单位并不完全知道他们施加或引起的代价，以致很难达成一个现实的完整协议。

自然资源的公共性质使其开发倾向于滥用和耗尽，那么明晰产权能否解决这些问题呢？由于各种利益的冲突，私人拥有权既不能解决时间和空间分配的公平问题，也不能减少不确定性，而且它仍可能导致耗竭和稀缺。公众拥有权使资源利用冲突"内部化"，也不能解决这些问题。

5.1.2.3　解决资源环境问题的经济社会途径

对资源环境问题及其解决途径的看法严重依赖于意识形态，而不同思想学派之间的意识形态差别巨大。大致可分成3种类型：生态革命派、社会革命派和社会改良派，前2种主张整个地改造经济社会，第3种企图在现存的社会、经济和政治框架内寻求解决办法。

（1）生态革命派

生态革命派提倡根本变革，其出发点是生态系统内各要素的性质、极限、需要和权利。其中一些人将管理目标看作把资源环境或生态系统恢复到"自然"状态。另一些人则怀疑此目标的意义，认为不存在"自然"的资源环境状态，应该追求"可持续性"。这就引出了"可持续性是什么"和"为谁而可持续"的问题。如果接受所有的物种都有平等的生存权利而不只是关注人类的可持续性，那么就隐含了非常不同的利用水平和类型。虽然此学派的不同成员在具体目标等方面有所不同，但都强调经济社会的整体变革，要创造与自然协调的人类生产方式、生活方式和经济社会体制。

(2)社会革命派

社会革命派也主张根本变革，但不同意把自然界放在首位。其中一些人认为，资源环境本身不存在问题，或者说存在的是一个虚假的问题，问题的根源在政治、经济和社会上。他们担心资源保护和污染控制会有利于富人，而那些本来可带来收益的资源开发如被制止或限制，将不利于穷人。而另一些人认为，环境改善也有利于穷人，因为穷人一般都居住在污染和退化最严重的地区。此派都承认主要流动性资源的稀缺问题(水资源稀缺、土地退化等)正在发生，而且愈演愈烈；但不接受那种终结经济增长、工业化和技术变化的解决办法。他们认为这种办法完全没有抓住空间不均衡和社会不公平的实质问题，而且不能使每个人都有满意的生活质量。变革不是为了创造一个与自然限制更协调的系统，而是为了满足所有人的需求。

(3)社会改良派

企图在现存社会经济和政治框架内寻求解决办法的人群是一个多样化的集团，可称之为社会改良派，他们与改革派的界线并不清楚，但是都持有比较现实的观点，即必须以非革命的方式使当前的经济社会体制对资源环境问题做出敏感的响应。这个广泛的派别对资源环境管理的最终目标并无一致看法，大部分人主张提高社会或经济福利，但对这些概念的实质意义却未达成共识。一些人坚持经济效益标准，主张改变市场体制以使资源的开发和配置能发挥其最大价值；另一些人把实际收入的分配公平看作最终社会目标；还有另一些人则主张机会均等。最后这群人强调，需要改变管理系统以使所有人都平等地进入决策过程，然后可达成关于资源环境问题的折中解决办法。其中一些人特别主张公众参与，或把持异议者纳入咨询过程，这样才能实现真正的机会均等。但有证据表明，当反对派成为正式讨价还价过程的一部分时，他们常常被政府和大企业招安，因此变成无效的监督力量；不仅如此，除非人们有平等的资源和影响，否则平等参与决策必然流于形式。

此外，还有一个有影响的思想团体，即技术中心丰饶论者，他们认为根本不存在所谓资源环境问题，主张依赖经济和技术变化的动力机制来解决已出现的资源耗竭或环境退化。

其实，意识形态与社会经济地位和利益密切相关，不同的意识形态很可能反映出不同的社会经济利益和地位。衣食无忧者看重环境质量、资源保护、生态系统完整性、审美享受等，而对那些温饱需求还得不到满足的人来说，这类目标并不重要，甚至简直就与他们不相干。

5.2　自然资源产权与稀缺性问题

5.2.1　自然资源的产权

自然资源资产产权制度，是生态文明的一项基本制度，关系自然资源资产的开发、利用、保护等各方面。

产权，就是财产权的简称，是法定主体对财产所拥有的各项权能的总和。或者是指一定经济主体依法对特定经济客体(资产)所有、使用、处分并获取相应收益的权利。产权有3个基本要素,一是产权主体,即享有或拥有财产所有权或具体享有所有权某一项权能以及享有与所有权有关的财产权利的人(自然人、法人)、单位、组织或国家;二是产权客体,即产权权能所指向的标的,即产权主体可以控制、支配或享有的具有经济、文化、科学等价值的物质资料以及各类无形资产;三是产权权利,即产权主体依法对产权客体行使的一组权利和享受的相应利益。产权权利是产权的核心,由一系列的权利构成,包括所有权、使用权、处分权和收(受)益权,这些权利又往往称为"权利束",其中最核心的是收(受)益权。

自然资源产权是指自然资源所有、占有、处分、受益权利的总和。自然资源产权往往具有以下特性:以固定资产产权为主,尤其表现为不动产产权;以物权为主,同时也表现为债权及股权;是有形产权与无形产权的混合;具有突出的空间毗邻性、时间关联性和类别关联性特征;权利束的可分离性,即往往发生自然资源所有权与使用权、收益权的分离,以及所有权与处分权的分离等。

自然资源产权可分为以下几类:按资源种类可分为土地产权(地权)、水资源产权(水权)、矿产资源产权(矿业权、矿权或矿产权)、森林资源产权(林权)、其他资源产权,其中土地资源产权往往是其他资源产权的载体;按产权主体可以分为公有、私有、共有,在我国没有私有产权的自然资源,全部为公有,包括全民所有和集体所有2种公有形式。在2种所有制下,资源均不能随意转让或买卖,开发、利用资源的收益由国家或集体在全体所有者之间根据各自贡献大小进行分配。

5.2.2 自然资源稀缺性

经济学产生于资源的稀缺(scarcity),经济学研究的主题也围绕着稀缺。全部自然资源问题,在生态学看来就是"限制"二字,在经济学看来则是"稀缺"二字。稀缺是指在获得人们需要的所有产品、资源和劳务方面所存在的局限性,稀缺的严格定义是:供给相对于需求的不足。与生态学一样,经济学中的稀缺概念也承认物质世界是有限的,正是这种有限性造成了种种经济学问题。

(1)稀缺的生产要素

物质财富和无形服务的稀缺,是由于它们必须用稀缺的资源来生产。经济学上的资源有时称为生产要素,是用来生产物质财富和服务的基本投入物。有3种基本生产要素:

①人力资源 即劳动,包括从简单劳动到具有最高技能的管理人员和专业人员的所有形式的劳动。

②土地 即自然资源,如土地本身、地下矿藏、野生植物和动物等。

③资本 固定资本(厂房、机器、设备等)和流动资本(资金、产品)。

在任一特定的时间内,生产要素的数量是一定的。过了这一特定时间,它们的数量和质量都会发生变化,但仍然是有限的。所以,我们必须确定这些资源在许多种用途中派作何用,这是经济学中的一个基本点。经济学经常有一个提法,就是"稀缺资源的最佳配置"。经济学家所关心的,就是以最好的方式利用我们所拥有的稀缺资源。

物质财富和无形服务可以划分为经济的和自由的 2 种,其中大部分是经济的,也就是稀缺的。但是,有少数财货在零点价格上的供给仍大于需求,这些财货就称作自由财货(free goods)。例如,加拿大广阔草原上的空气、印度洋中的水、非洲海岸与世隔绝的沙滩上的沙子等。自由财货还可以是人们不想要的东西,例如,被污染的空气或水域。自由财货无论是人们想要的还是不想要的,都不是稀缺的,因为它们相对于需求来说,其供给量足够大,也不是用稀缺的生产要素生产出来的。因此,它们不属于经济学家的研究范围。随着自然资源概念的演进,自由财货也会变为经济财货。大部分商品和劳务是利用稀缺的生产要素生产出来以满足某种需要的,相对于零点价格上的需求而言其数量有限,因此这些商品和劳务需要有一个正值的价格,这类财货就称为经济财货(economic goods),这就是经济学家所关心的问题。如果利用稀缺的生产要素移动自由财货,或改变它们的状况从而使其变得更为有用,那么自由财货也可以变为经济财货。如有空调房间中的空气,被处理净化了的污水,以及作为建筑材料的沙子,都属于经济财货。

(2)自然资源稀缺的经济学含义

自然资源的一个基本特性是稀缺性,自然资源稀缺概念的经济学含义如下:

①自然资源的绝对稀缺　当对自然资源的总需求超过总供给,这时造成的稀缺就是绝对稀缺,这里的总需求包括当前的需求和未来的需求。从关于自然资源可得性度量的阐述中可知,很多不可更新资源按现在开采量的年增长率计算,会在不久的将来枯竭。在其枯竭以前,绝对稀缺的问题会日益尖锐,获取这些资源的代价会越来越高。从全球和人类整个历史来看,所有自然资源都是绝对稀缺的。在此限制内,有时或有些地方还会面临更紧迫的相对稀缺问题。

②自然资源的相对稀缺　当自然资源的总供给尚能满足需求,分布不均衡会造成局部的稀缺,这称为相对稀缺。例如,当前世界粮食总产量可以满足人口的需要,但一些发展中国家农业生产比较落后,人口增长过快,食物不能自给,又无足够的外汇用于进口粮食,产生显著的相对稀缺。又如,全世界的石油资源和产量迄今都足以满足需求,但对一些国家来说,石油资源的藏量和产量,以及世界石油对这些国家的分配,却不能满足需求,也造成相对稀缺。在此相对稀缺期间,石油价格会不断上涨。

无论是自然资源的绝对稀缺还是相对稀缺,都会造成该种自然资源价格的急剧上升和供应的短缺,一般称之为资源危机。例如,近年来频频出现的石油危机,随着老石油生产国资源的逐渐耗竭,石油相对稀缺的态势将进一步加剧,绝对稀缺也可能逐渐逼近。当自然资源的开发利用超越了资源基础的最终自然极限,就发生自然资源的自然耗竭。然而,在自然耗竭远未出现时,由于高质量的自然资源逐渐先被开采,余下较低质量的自然资源,其开采成本必然上升,当自然资源的开发成本超过其价值的时候,就发生了经济耗竭。目前看来,对人类发展构成威胁的还不是自然资源的绝对稀缺和自然耗竭,而是相对稀缺和经济耗竭。自然资源经济学首先关注的也是自然资源的相对稀缺和经济耗竭。

(3)自然资源稀缺与价格

在运作完善的市场经济中,随着经济耗竭的出现,自然资源利用的报酬递减,生产成本增加,这就意味着在现有价格水平下生产者倾向于减少市场供给,因而价格会上涨,直到再恢复到供求均衡。这种价格上涨会立即引发一系列的需求、技术和供给的响应。首先，由于用户转向较便宜的替代品，或采取节约、经济的措施，需求会减少。对于金属来说，由于循环利用在经济上更有利，废料就更有价值因而更值得收购，对原始资源的需求也会减少。其次，价格的上涨和对稀缺的担忧都会为技术革新和发明提供一种刺激。所导致的技术变化很可能增加资源的可得性，降低替代品的成本，并促进节省方法。然后这些变化又会通过价格机制反馈来抑制需求，从而减小原商品的稀缺压力。再次，价格的上涨将使原来开采起来不合算的矿藏变成经济的，将鼓励探寻新的供给源泉，并将促进萃取技术的发展从而提高已知矿藏的有效产量。

虽然很难准确地判断需求对价格变化的响应，但就长期而言，一般认为价格每上涨10%，大多数非燃料矿物的需求将降低6%~20%（US Congress，1974；Tilton，1977）。例如，石油的需求即使在很短的时期内也会显示出明显的价格响应，每当石油价格上涨，消费就会减少。但是价格并不一定总能反映某种资源的稀缺程度。若某种资源的生产者能完全控制其供给，就形成垄断。于是他就可能减少供给，人为地制造稀缺，提高该种资源的价格。某种资源的主要供给国就该种资源的生产、供给和价格达成协议，这就形成卡特尔（Cartel），石油输出国组织（OPEC）就属于这种卡特尔，它们起着垄断的作用。在上述情况下，资源本来并不稀缺，但价格高涨，影响资源分配，造成相对稀缺。

政府可通过各种手段刺激或控制某种资源的供给，从而在价格以外影响到资源的稀缺程度。这些手段可能是免税、征税、补贴、贷款等经济手段；也可能是法规、行政命令等行政司法手段。对生产者来说各种补贴可减少资源开发成本，鼓励多开发；对消费者来说，尽管这种人为的降低资源价格并不反映该种资源不稀缺，却降低了消费者保护、节约此种资源的热情，例如我国的粮食资源就曾出现过这种情况。政府也可鼓励保护某种资源通过对造成环境问题和损害资源基础的企业征税等手段增加其生产成本，从而限制其生产；对消费者来说，这种资源产品的价格必然上涨，迫使其珍惜、节约此种资源，刺激其去寻求代用品。

5.2.3 经济决策与自然资源管理

5.2.3.1 经济决策与经济制度

如果生产要素的供给是无限制的话，人们就会得到他们所希望得到的一切，社会也就无需制定经济决策。然而，一切生产要素都是稀缺的，于是社会面临资源利用的决策问题，即如何利用可得的有限的资源生产何种商品和劳务？生产多少？如何生产？如何分配？人们解决这些基本问题的方式方法很大程度上取决于经济制度。

（1）经济决策

①生产什么和生产多少　这个问题是基于这样一个不可回避的事实：无论现在还是将来，都不得不就稀缺资源用在何处做出抉择。土地是稀缺的，我们是用它来种庄稼，还是修房子或是建公园。答案经常是都需要，我们需要做出各种土地利用决策，这是回答生产什么的问题。但关键在于它们的生产量各是多少？一个地区用多少土地种粮食？用多少土地建城镇和交通网络？还要划定多少面积的自然保护区？这些是要回答生产多少的问题。

②如何生产　当第 1 个问题得到解决时，就面临着要确定何种资源用于生产的抉择问题。我们曾经指出，资源的一个基本特征是互补性(或可替代性和多用性)。扩大到生产要素层次上来看也是这样，几乎总是存在着一种要素代替另一种要素的可能性。比如，多用机器(资本)来代替一些劳动力(资本密集型生产)，或者用少量较先进复杂的机器代替大量不太先进的机器(技术密集型生产)，用大量劳动来弥补资本和资源的不足(劳动密集型生产)，或仅生产自然资源的初级产品(资源开发型生产)等。各国、各地区由于各自的劳动力、资本储备、自然资源情况不同，解决如何生产的具体方式就大不一样。

③如何分配　这个问题既涉及每个消费者能够得到多少商品和劳务，又包括消费者能够得到何种商品和劳务的问题。当我们决定了生产什么？生产多少？如何生产商品和劳务，我们还必须确定向最终消费者提供的数量和品种搭配，以及让谁来享用这些商品和劳务。是分配给"最需要的人"或"出价最高的人"或"先来先到的人"呢？还是"按劳分配"。除了这种资源产品的分配问题外，自然资源的分配还涉及资源利用的收益如何分配？以及资源开发利用的环境代价如何分配？

就自然资源分配而言，国际经济关系和区际关系起很大作用。大家熟知的全球南北不平等问题，是由一方(发达国家)支配的不平等国际贸易关系造成的。由于发展水平的差距，各国经济实力和综合国力不均衡，发展中国家一般受国际经济状况的影响，而反过来影响国际经济状况的实力却有限。我国东、西部不均衡的问题也与此类似。这种不平等的经济关系给试图管理自己的环境、维护自己的自然资源基础的贫穷国家和地区设置了特别的难题。因为在这些国家和地区中，自然资源的出口仍然占很大比例。大多数这类国家和地区所面临的不稳定和不利的物价动态，使得它们不可能管理好自己的自然资源基础，以保证持续性生产。日益沉重的债务负担和新的资本流动的减少，加剧了牺牲长远发展利益、导致环境恶化和资源枯竭的不利因素。例如，热带木材的交易是导致砍伐热带雨林的一个因素。对外汇的需要促使许多发展中国家以伐林快于植林的速度滥伐林木，这种乱砍滥伐不仅造成了世界木材贸易赖以存在的森林资源的枯竭，还导致了以林木为生计的人们失去生存基础，加剧水土流失和下游水灾泛滥，而且加速生物品种和物种资源的灭绝，近年的研究还发现这是全球变暖的一个因素。不平等的国际关系同样导致一些发展中国家拼命发展经济作物以换取外汇，例如，非洲干旱地区的棉花生产，正是在 1983—1984 年干旱和饥荒席卷萨赫勒地区时，这个地区的 5 个国家(乍得、马里、尼日尔、塞内加尔和布基拉法索)的棉花生产创造了最高纪录，而此期间国际市场上的棉花价格实际上却在不断下跌，这些国家只有用再扩大生产来弥补价格下跌对他们外汇收入的影响，陷入恶性循环，同时付出饥荒和土地退化的代价。所有国家，无论大国小国、富国穷国，都要面临这些问题，并提出解决办法，不同经济制度有不同的解决办法。

(2)经济制度

可以总结出 4 种基本经济制度：传统经济制度、纯市场经济制度、纯计划(指令)经济制度、混合经济制度。

①传统经济制度　在传统经济制度中，人们按照习惯和传统来回答和解决那些基本决策问题。传统经济一般都是自给自足(subsistence)经济，以家庭、部落或其他群体的组织

形式生产产品，其产品仅用以满足生存需要，基本上没有什么剩余供出售和贸易。传统经济制度是建立在家族群体基础上的，这种基础后来逐渐消亡，在传统经济体制中，采集什么植物、捕猎什么动物，种植什么作物，谁来完成这些任务，如何分配食物，这些问题的决定都是以部落过去的惯例为依据的。每个部落成员的作用都由习惯所规定，都很明确。任何个人都很难有推进经济变动的愿望，即使有也会受到阻止。与传统相抵触并威胁到社会秩序的技术进步和发明也会受到阻止。非传统经济社会中也还保留一些以传统为基础做出决定的习惯。例如，决策中男性的意见往往占上风，这是迄今几乎一切经济制度都或多或少保留的一种传统。

②纯市场经济制度　纯市场经济制度也称纯(自由)资本主义，所有的决策皆在市场上做出，在市场上买者(需求者)和卖者(供给者)对各种经济财货自由地讨价还价，没有政府或其他因素的干预。这种制度的一个特点是生产专业化分工。人们既无时间，也无能力和资金去生产自己所需要的所有东西，而只能生产某一样或少数几样商品，以这些商品供给市场，从而得到货币，再买他们需要的其他商品。因此纯粹市场经济制度是按生产来分配的，即生产者才有收入从而能够买商品；而不生产任何东西的人则没有收入，因而无参与分配的权力。这种分配形式，既包括按劳分配，也包括按资分配。

市场经济制度建立在财产私有、自由选择、完全竞争的基础上。一切经济资源皆为私人或私有企业所有而不是政府所有；所有私人或私有企业在保持其所得，和以其所得买何物上都是自由的(例如无税、无投资限制)，他们也可以用掉、卖掉甚至放弃其所有而无任何限制。所有的买和卖都建立在完全竞争的基础上，在这种竞争中，很多小买者和很多小卖者都独立行动。没有任何买者或卖者强大到足以控制需求、供给和价格的程度。任何人都允许生产某种商品，并允许卖给他人。但要参与市场竞争，买者和卖者都必须接受当时的市场价格，此即自由资本主义。市场经济制度下的资源分配受市场价格支配，即价格控制供给与需求之间的消长关系；另一方面，需求与供给之间的消长关系也影响价格，达到一种所谓市场均衡状态。

③纯指令经济制度　纯指令经济制度也称完全计划经济制度，全部经济决策皆由政府做出。政府决定生产什么、如何生产、生产多少、卖多少钱、怎样分配。这种经济制度是对所谓"资本主义生产无政府状态"的反对，相信政府控制是生产、利用和分配稀缺资源的最有效方式。

④混合经济制度　实际上没有哪一个国家是纯市场经济制度或纯指令经济制度，所有国家都实行的是混合经济制度，即既有市场经济成分，又有指令经济成分，还带有某些传统经济的色彩。不同之处在于各种经济成分占的比重不同。

为什么不能实行纯市场经济？因为它不能满足整个社会的需要，政府的干预是很有必要的，其作用至少有以下几方面：

a. 促进和保护市场竞争，阻止垄断的形成；

b. 提供国防、教育和其他公共需要；

c. 通过对收入和财富的再分配(例如所得税和发放失业救济)，促进社会公平，尤其是保证穷人的基本需要；

d. 防止纯市场经济制度下常见的经济过热和经济衰退，保证经济发展的稳定性；

e. 帮助补偿洪水、地震、飓风等自然灾害造成的剧烈损失，减轻灾害对社会的冲击；

f. 制止和减少环境污染；

g. 管理公共的自然资源。

为什么不能实行纯指令经济制度？实际上多数社会主义国家都实行过以指令经济为主的制度，结果普遍出现生产者生产热情不高、生产效率低下、官僚主义盛行的弊病。因此，多数社会主义国家或多或少地引进了市场经济的一些机制，近年来则普遍进行着经济改革，我国正在由计划体制向社会主义市场体制转变，将更多地倾向市场经济。

5.2.3.2　自然资源管理的手段

（1）自然资源保护与环境污染控制的分寸

保护自然资源与改善环境质量至关重要，我们都希望有一个清洁的环境和持久的自然资源基础。但环境应清洁到什么程度？是否应把污染控制的目标定为零污染（zero pollution）？自然资源的保护与开发利用之间如何权衡？能不能因为不可更新资源正走向枯竭而停止其开发利用？能不能因为可更新资源的退化而使生态系统回复原始状态？为达到保护资源与改善环境的目的，人们愿付出多大代价？愿把自己的生活方式改变到什么程度？这些问题都是需要研究的。

显然，零污染或零损耗既不可行也无必要。以污染治理为例，首先，因为我们做任何事都会产生某种程度的潜在污染物，只要不超过一定限度，自然界有一定的自净能力，可以消化某些废物。问题在于不要破坏自然过程，不要使之退化或使之超载。当然，某些不能被自然过程降解或在环境中分解很慢的非常有害的产物除外，这些污染物是既不应生产又不应使用的。其次，对于大多数有害物质来说，达到零污染的代价是非常昂贵的。把空气、水和土壤中的污染物清除少部分，代价一般不会太高。但清除的比例上升时，其单位成本将成倍增长，呈指数增长的"J"形曲线（图 5-2）。

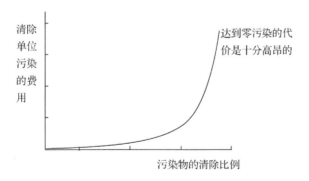

图 5-2　清除不同比例污染物的成本指数曲线（Miller，1990）

如果我们在治理污染上走得太远，那么其代价会大到超过其有害作用的程度，这可能导致一些企业破产，从而引起失业、减少国民收入。但是如果我们迈的步子太小，那么污染的有害外部成本又会使我们付出比把污染减少到适当程度更大的代价。因此，找到一个正确的平衡是至关重要的。做这件事的基本方法是：绘一条治理污染的估计社会成本曲线，再绘一条污染的估计社会成本曲线。然后把这两条曲线综合起来得到总社会成本曲线。第三条曲线的最低点就是允许污染的适当水平(图5-3)。当然，这个曲线图看起来单纯而简单，问题在于环境保护者与企业家们在估算污染的社会成本时意见会大不一致。此外，不同的地区其适当污染水平也不一样。人多且产业密集的地区适当污染水平应更低些；就酸性沉降来说，某些地区的土壤和湖泊可能比其他地区的更为敏感。

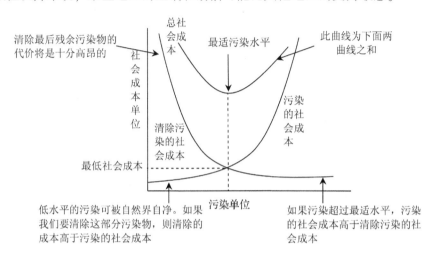

图5-3　最适污染水平(Miller, 1990)

(2)自然资源保护与环境改善的经济、政策途径

在自由市场经济制度下要防治污染和减少不必要的自然资源耗损需要政府干预。政府一般可以采取以下干预途径。

①使有害活动非法　通过有关法律法规，制定污染标准，限制有害活动，要求保护某些资源等；并用经济、行政手段强制执行这些法律法规，违者罚款。

②惩罚有害活动　对排入大气或水体中的每一单位污染和不必要的每一单位资源耗损征税。

③使用权商品化　建立市场污染权和资源利用权，出售可允许污染到适当水平的权利，以及对公共土地或其他公共资源开发使用到一定程度的权利；使这些权利商品化，以市场机制加以约束。

④奖励有益活动　以税收所得来鼓励或补贴安装了污染控制设备的企业和个人，奖励那些通过资源重复利用和循环利用、通过发明更有效的加工工艺和设施而减少了不必要的资源利用和耗损的单位和个人。

以上4个途径在处理环境和资源问题时常常并用。①~③是让污染者或资源耗损者负担的方式，其实质是将某些或大部分污染和资源耗损的外部成本内化。这对厂家是一种约束，不仅如此，由于内化的成本要转嫁到消费者身上，这些方式会使我们每一个人都直接承担生产我们所消费的经济财货所引起的环境污染和资源耗损的费用，从而也促使消费者约束此类消费，反过来又约束厂家。

②和③的方式使市场机制发挥作用以控制污染和资源耗损，在使外部成本内化上更为

有效。而大多数资源与环境保护主义者主张这前 3 种方式都结合起来使用。

但这前 3 种方式也有一些问题。由于污染成本的内化，产品的初始成本会更高，除非开发出更高生产效率的技术。在国际市场竞争中，这就使这些国家的产品处于不利地位。较高的初始成本还意味着穷人被排斥在购买者之外，除非减免他们的某些税收，或从公共资金中拿出一部分给他们补贴。此外，罚款和其他惩罚必须足够严厉，并执行得足够快才能阻止违法，这就必须建立一支庞大的执法队伍，即使如此也难免挂一漏万。

④的方式是让纳税人负担，而未将外部成本内化。这会导致污染和资源耗损高于适当水平，污染企业和资源耗损者通常倾向于这一方式，这不难理解。因为这实际上是把外部成本转嫁到他人身上，而污染者和耗损者则能得到最大化的近期利润。而这最终使每个人在经济上和环境上都受到损害。

由于对污染物近期影响和长期影响的信息既不完备又有争议，所有以上 4 种方式都受到限制。关于如何估计不可更新资源的可得供给，如何估算可更新资源的持续产量，也存在争论和不同算法。这 4 种方式都要求大大加强环境监测，以决定其效果如何。此外，为抓住反耗损和反污染法的违法者，也需要进行广泛的监测。总之，我们需要做大量研究工作和监测工作以取得更完备的信息，但我们很难做到这点。缺乏信息会使我们在努力减少污染和资源耗损时犯错误。但若听之任之，那么从长期看我们将遭受更严重的危害和付出更大代价。

上述控制污染和资源耗损的方式还有另一个问题，即潜在的国际经济讹诈。跨国公司都以一国为基地，但在很多国家经营。如果在一个国家为控制污染或保护资源要支付的成本太高，跨国公司会关闭在该国的工厂，而在环境和资源法规不太严格的国家开新厂。这意味着资本、就业机会、税收等的转移，当然也意味着环境污染和资源耗损的转移。但是政府不能用这种经济讹诈作为不过问资源和环境问题的借口。既然很多此类问题都涉及区域和全球，各国政府必须着手制定全球政策。目前这方面已有了进展，例如，"政府间气候变化委员会"（IPCC），1992 年巴西里约热内卢联合国环境与发展大会上通过的《保护生物多样性公约》《森林公约》《保护大气层公约》《环境与发展宣言》《21 世纪行动议程》《土地荒漠化公约》等。

5.3　自然资源配置、效率及核算

5.3.1　自然资源配置

5.3.1.1　自然资源配置主题

自然资源配置涉及 3 个经济学基本主题：效率、优化、可持续性。

（1）效率（efficiency）

简单地说，如果资源的利用存在某种程度的浪费，就是无效率。但这仅指技术或物质生产上的无效率，而经济学更关注的是配置上的无效率。即使自然资源利用在技术上是有效率的，但在资源配置方式的选择上仍会导致无效率。例如，发电厂选择污染较严重的化石燃料而不是污染程度较轻的替代燃料（例如乙醇），是因为化石燃料的价格较低。以利润最大化为目标的厂商这样做具有技术效率，但损害人类健康，导致环境污染，对此要付出治理污染的成本，可能大大超过使用廉价燃料所节约的成本，在配置上无效率。进一步来看，在目前的市场机制下，污染代价中很多是外部成本，厂商并不支付，采用廉价燃料对厂商来说较有效率，但对整个社会来说代价很大，导致无效率。纯粹市场经济中充满着这种自然资源和环境利用的无效率。

（2）优化（optimality）

优化指自然资源利用的决策从社会的角度看是否合乎需要。对某种自然资源利用方式的选择在受到约束的情况下，能够使目标最大化，那么该选择就是社会优化。优化与效率有关，一种资源的配置如果没有效率就谈不上优化，效率是优化的必要条件。但效率不是优化的充分条件，即使资源配置是有效率的，也不一定令全社会最满意。因为总存在各种不同的有效率的资源配置，但从社会观点看只有一个是"优化"。

（3）可持续性（sustainability）

可持续性关系到子孙后代。我们可能觉得既然已经给定了最优的概念，则可持续性概念就是多余的。因为如果资源的配置是全社会最优，那么它也必然是可持续的。如果可持续性重要的话，那么可以推测，它应进入社会目标日程并在达到最优的过程中被考虑到。其实事情并不如此简单。经济学关于资源配置优化的追求，没有必要也不可能考虑长远的未来。如果把照顾子孙后代的利益看作一种伦理义务，那么对优化的追求就需要用可持续要求来约束。

5.3.1.2 自然资源配置的基本关注

（1）产权、效率与政府干预

自然资源经济学的一个基本主题是有效配置，而市场和价格的作用就是该主题分析的中心。现代经济学的一个核心观点是：给定必要的条件，市场能导致有效的配置。明晰且可实施的产权是必要条件之一。因为很多环境资源的产权不存在或不明晰，所以资源得不到有效配置。因此，价格信号不能反映真正的社会成本和收益，于是，政府有必要为增进效率而采取干预政策。判断何时、何处需要干预以及应采取何种干预措施，是自然资源与环境经济学研究的中心问题。

（2）经济决策的时间尺度

自然资源利用的效率和优化不仅要在某一短时间段上考虑，而且必须要在长时间段上考虑。效率和优化具有短期和长期、静态和动态2个尺度。在短期尺度，必须注意由储蓄和投资所积累的资本的生产率变化。如果消费推迟到未来某个时期，由这种投资引起的未来消费的增值将超过被推迟的初始消费的数值，推迟消费所得报酬就是投资报酬率。为了鉴别资源环境利用的长期有效且优化的方式，必须考虑一般经济学意义上的资本回报率和自然资源环境资产的回报率（罗杰·珀曼等，2002）。

（3）可耗竭性、可替代性及不可逆性

自然资源的可耗竭性涉及一个重要问题：当下的利用影响未来利用的机会。各种资源在一定程度上可以互相替代，环境资源在一定程度上可以由其他投入（尤其是人工资本）替代。这对于经济和环境的长期相互作用以及对可持续性具有深远意义。人工资本的存量是可再生的，而很多自然资源的存量是不可再生的，在某种意义上说，对其利用是不可逆的。自然资源的各种生态服务功能，具有作为生产投入（供给功能）的潜在价值，也具有调节功能、文化功能和支撑功能方面的潜在价值，考虑开发利用的不可逆性，应该给予保护更大的优先权。

5.3.2　自然资源配置效率

5.3.2.1　经济效率

经济效率包括 3 个相关但又明显不同的组成要素，即技术效率、产品选择效率和配置效率。如果用自然资源生产出一定产品的过程成本低而收益高，那么这个产业就可说有技术效率。竞争的私人公司会自动寻求这个效率，因为无效率的生产者不能赢利，这样的企业就不能生存。

一个资源利用者所生产的产品和服务必须反映消费者的偏好，这就是产品选择效率。表面上看，对产品的偏好是消费者自己的事情，生产者只不过对消费者的要求做出响应。然而，在现实世界里，生产者能通过广告，通过选择把什么产品放到市场上去，来操纵和控制消费者的偏好。消费者的选择取决于可得到什么东西（可得性限制）和消费者会购买什么东西（有条件偏好限制）。当然，假如没有更好的产品上市，短寿命的产品和将要淘汰的产品也会被购买；如果已安装了昂贵的空气加热系统，家庭主妇就不会再选择其他能源。

因为自然资源是有限的，对它的需求又是多种多样的，这就产生了稀缺。稀缺性要求在两方面就竞争的各种用途之间分配资源做出选择。第一，在同一时间点上如何在各种用途、各人群、个人和国家之间配置资源？第二，在长时期里如何在代际之间配置资源？任何"明智的"配置都必须考虑资源的有效利用，这就是自然资源的配置效率。

5.3.2.2　配置效率与帕累托改进

配置效率涉及生产要素、产品或服务在一定经济体制内的全面分配。资源的所有权意味着如何使用资源的权力以及谁有权利从资源使用中获益。可将盛行的所有权格局称为资源的最初分配。资源的重新分配，如果使一方较有利的同时又不使另一方较不利，那是无效率的，这就是帕累托标准。现实世界中大多数有效率的决策，事实上都使某些人占另一些人的便宜。如果要使一个人或更多人受益又不使其他人受损，需要对帕累托标准加以改进，这涉及"补偿规律"的应用。

按照帕累托标准，大多数资源的再分配将会使一些人较不利，这不是一个值得追求的配置效率。如果一些人获得的收益大得足以使他们补偿亏损者，那么资源的重新配置就会更有效率。

补偿规律可用图 5-4 直观地反映，图中显示的是两个消费者对单一产品的需求（边际效用）曲线。我们假设开始的情形是：消费者 B 有 OX 单位产品，消费者 A 没有。B 增加一单位额外产品所获得的价值已降为零，但对 A 来说却非常有价值（OZ）。如果仅仅从 B 处把一单位产品给 A，B 的损失很小（黑影部分），而 A 增加的价值（阴影部分）很容易地补偿 B 的损失，还会有明显盈余。这个再分配过程和可能的补偿可以一直进行到 XY 个单位产品从 B 转移到 A，这时产品的价值对消费者 A、B 都已相同（EE）；进一步的补偿已不再可行，这时就达到了产品的优化再分配。在这种帕累托改进下，配置效率本质上意味着所有人的经济总收益达到最大。

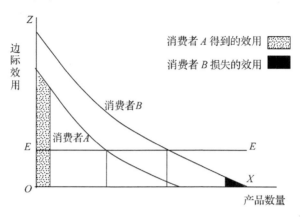

图 5-4　边际效用曲线与补偿规律(Rees，1990)

按照帕累托改进，当获益者补偿了受损者之后，无人会吃亏，甚至某些人还会增益。根据效率的标准，如果1%的人口拥有90%的财富，这种情况可能是有效率的；如果某个计划或政策使所有的收获都集聚于这1%的人口，也可能是有效率的。是否补偿并不重要，重要的是能够补偿。这就涉及分配公平的问题，所有关于配置效率的定义与资源配置的结果在经济上并不相干，配置效率不一定要求分配公平。

5.3.2.3　效率和完备的市场条件

经济学认为市场体系能自动运行实现效率，但必须具有完备的市场条件如下：

①消费者是理性经济人，不仅要求而且能够在现在和将来都使他们的效用函数达最大，包括掌握充分的信息；

②生产者也是理性经济人，理性地要使他们的利润达最大，也具有这种能力，包括掌握充分的信息；

③经济的各个部分是完全竞争的，包括资本和劳动市场；

④所有的生产要素都完全可流动；

⑤产权完全明确，所有的物品和服务都在市场体系内。定价的公共物品，不存在公共性质的环境资源；

⑥不存在外部性；

⑦经济不受政府干预。

显然，这些条件并不适用于现实世界。经济学研究为了认识主要变量如何运作，必须对现实世界加以简化和抽象。帕累托改进设想经济系统由 A、B 两人组成，对某种资源实行再分配，假设上述条件的部分甚至全部成立。这种抽象模型产生了 2 个普遍认同的经济学结论：第一，市场机制能产生近似的技术效率和资源配置效率；第二，无效率根源可以得到纠正，普遍认为某些特殊的市场缺陷可通过立法、管理变革和价格管制来校正，从而恢复"效率"，这就为政府干预提供了理论基础。然而，现实中并不存在完备的市场条件，相反，现实中普遍存在不完全竞争的公司、不能充分流动的劳力和资本、非理性的行为、不可流动的生产要素、政府行为、无定价的公共物品、公共性质的环境资源等，要设计出有意义的纠正面临极大的挑战。

5.3.3　自然资源核算

资源核算是资源配置和建立综合环境与经济核算(SEEA)体系的前提和基础工作。

5.3.3.1　资源核算的概述

(1)资源核算的概念

资源核算是指以一定的经济理论为指导，综合运用统计、会计和数学等方法，对一国(或一地区)在一定时期内的各种自然资源的存量、流量及其变化，以及资源开发利用造成的环境污染等情况进行全面、系统的测定，用以描述一国的资源经济运行全貌。

由于在国内外都存在划不清资源和环境、环境和生态两对概念的现象，也导致存在划不清资源核算和环境核算、环境核算和生态核算两对概念的现象。从整体上考察，自然界同时为人类提供 4 种服务。但就自然界的每个构成部分、要素来说，并不一定都能提供 4 种服务，或都能同时提供 4 种服务。而且即便是后一种情况，4 种服务对人类的意义—价值也是不同的(从量到质)。如矿产(铁矿、石油等)主要提供资源服务，林地可以同时提供 3 种服务，但经济林地主要提供林产品服务，生态林地主要提供生态服务等。因此，研究资源核算，首先，需要把自然资源核算、自然环境核算和自然生态核算 3 个概念区分开来。而且，由于人类消费包括物质消费、环境消费和生态消费等 3 个方面的内容，从而以实现可持续社会福利最大化为目标的国民收入核算，也需要有这 3 种核算。其次，在研究每种自然事物的核算时，必须具体弄清它为人类提供的服务种类及其强度，以及多种服务之间的关系等，进而才能确定其核算的性质和选择相应的核算方法。

(2)资源核算的内容

资源经济学、环境经济学和生态经济学应该成为相互联系和平行的经济学分支学科，资源核算、环境核算和生态核算在内容上也应该有所区别。资源核算的主要内容包括：

①定(估)价理论与方法，包括资源价值—价格理论和估价方法，环境损害估价方法、资源的折旧计算方法等。

②建立自然资源账户(包括实物量账户和价值量账户)和资源与污染流量账户。

③绿色国民经济核算。

5.3.3.2　资源价值量核算

资源价值量核算是指以货币为尺度对资源价值进行的核算，近年来主要有 5 种一般资源定价方法和环境损害估价方法。这里的定价方法不仅可以为资源价值量核算服务，还可以为资源管理、经营等其他目的服务。

(1)影子价格理论和方法

影子价格又称最优计划价格或效率价格。它是指有限资源在最优分配、合理利用的条件下，对社会目标的边际贡献或边际收益。一般分投入物和产出物 2 种情况来具体计算影子价格。投入物(自然资源一般属此)的影子价格为它产生的边际收益。边际收益随投入物的增加而递减。显然，投入物的影子价格以边际效用价值论为基础；产出物的影子价格为增加单位产出的边际成本，产出物的影子价格以费用价值论为基础。那么，同为影子价格的求算方法所依据的价值理论是不同的。

（2）机会成本理论与方法

自然资源的机会成本是指将其安排这种用途，而不安排其他用途所造成的最大损失或付出的最大代价。这种定价方法是一个从个别到一般反复进行的社会过程。在费用—收益分析中，把社会费用看作机会成本，从社会角度看，把有限资源用作某种用途后，就放弃了用于其他用途的机会。因此，费用就是收益的损失：一种抉择的费用，可由其他抉择的收益来评价。显然，机会成本以费用价值理论为基础，但在具体求算中，又将费用转化为收益来评价。

（3）替代价格理论与方法

自然资源的替代价格是在研究不可再生自然资源的稀缺性及其人类社会对该种自然资源的需求、消费不断产生矛盾时提出的。其大小根据发现、开发和获取替代资源的费用来确定，由于研究和开发的途径、方案不同，导致取得替代资源的费用变动幅度往往较大。因此，用此法确定的价格，只能作为确定不可再生自然资源价格的参考，或作为预测其价格的重要参数。

（4）补偿价格理论与方法

补偿价格是研究可再生自然资源的恢复和更新时提出的。虽然可再生性自然资源可依据自然规律再生、恢复和更新，但这是在其被开发、利用有限的范围和强度之内而言的。今天，人类开发利用自然资源的规模和强度常超过资源的自身恢复能力，要使其继续再生、恢复和更新，就必须予以人工的协助，这种人工协助的耗费，称为"补偿费用"，由这种费用来确定的资源价格，即为自然资源补偿价格。

（5）戴维·皮尔斯等人的自然资源产品定价理论与方法

皮尔斯在其环境价值论的基础上，提出自然资源产品价格应该反映以下几点内容：

①开采或获取自然资源产品的边际成本（marginal cost，MC）。

②相关的边际环境成本或"边际外部成本"（marginal external cost，MEC）。

③"边际使用者成本"（marginal user cost，MUC）。

用 P 代表资源产品的价格，有 $P = MC + MEC + MUC$。

这一定价方法依据的是边际定价原理。与一般产品的边际定价相比，公式的右边多了环境成本和使用者成本。使用者成本应该反映皮尔斯等人所称的自然资源的内在价值，但他们又将其定义为由于今天使用单位自然资源而被放弃的未来收益。在经济学中，使用者成本（user cost）曾经是指使用自有资源所放弃的收益，即自有资源的机会成本。由于现在有了正常利润概念，使用者成本概念已不再沿用。在今天的资源环境经济学中，使用者成本特指当代人开发利用耗竭性资源给后代人造成的损失，体现的是与自然资源相联系的代际补偿关系，其实质依然是机会成本。

因此，根据皮尔斯的定价原理，自然资源本身的价格应该由资源的环境价值和资源的代际补偿2项内容构成。

（6）环境损害估价方法

西方经济学家开展环境价值计量研究已经有三四十年的历史，其环境价值量的基本思路要点为：

①开展环境价值计量的宗旨是改善自然环境提供的环境服务。

②将环境为居民提供的服务作为居民效用函数的变量，建立居民享用"环境商品"的效用函数。

③以效用价值论为理论基础，视环境效用为环境价值的实体，用环境效用决定环境价值。

④在开发项目的成本—收益分析（CBA）中，把项目开发造成的环境损害视为环境（或外部）成本（EC），并纳入分析模型，发展为环境成本—收益分析（ECBA）。

⑤确定环境成本（EC）。将项目环境成本看作无项目时环境为居民提供的多项服务所带给他们的多项效用之和。

⑥以消费者行为理论（包括边际效用理论、货币边际效用理论、消费者均衡理论，消费者剩余理论和希克斯提出的一系列用货币计量效用变化的方法等）作指导，将居民效用因环境服务质量变化而发生的变化货币化（即用货币计量）。在此基础上开发出一系列环境价值计量技术，大体分为直接价值计量方法和间接价值计量方法。

下面具体介绍作为环境价值计量核心内容的环境成本—收益分析（ECBA）。

假设在一个森林保护区发现一个具有商品开采价值的矿床，是否开采这个矿床需要通过成本—收益分析来决定。传统的成本—收益分析的计算公式为：

$$NPV = \sum_t \frac{(B_t - C_t)}{(1 + r)^t} \qquad (5\text{-}4)$$

式中　NPV——项目的净现值；

　　　B_t，C_t——t 时期的项目收益和成本；

　　　r——消费贴现率。

如果 $NPV > 0$，表示项目可以实施。现在要求把矿床开发引起的环境损害纳入成本—收益分析中，其计算公式变为：

$$NPV = B_d - C_d - EC = NPV' - EC \qquad (5\text{-}5)$$

式中　B_d，C_d——项目周期中通常的收益流和成本流的折现值；

　　　EC——项目周期中项目对环境造成损害的净现值；

　　　NPV'——忽视环境损害的项目净现值。

这时，如果

$$NPV' = B_d - C_d > EC \qquad (5\text{-}6)$$

表示项目可以实施。应用这一决策原则要求识别和计量项目对森林保护区的环境服务影响。

5.3.3.3　绿色国民经济核算

（1）绿色国民经济核算原理

绿色国民经济核算是为了适应可持续发展的需要，通过弥补传统国民经济核算（SNA）缺陷而发展起来的新型核算。它与 SNA 的主要区别在于：①资产定义的范围远远大于 SNA，因为它把市场和非市场的自然资源资产都包括其中；②修改了 SNA 的指标，用新的

绿色指标 $gGNP$ 取代 GNP（国民生产总值），$gNNP$ 取代 NNP（国民生产净值），gNW 取代 NW（国民财富）。这 3 个新指标的取值模型如下：

$$gGNP = GNP + ES \pm ED_1 - DE - IR$$
$$gNNP = NNP + RD - DEP - ED_2$$
$$gNW = NFA + TA_H + TA_N$$

以上 3 个公式中的符号含义和定值方法如下（朱启贵，1999）：

GNP 为国民生产总值，是指一国在一年内所生产的最终产品（即最后供人们使用的产品）和劳务的市场价值的总和。其值有 3 种确定方法：

$$GNP = C + I + G + (X - M) \qquad （指出法）$$
$$= 要素所得 + 间接税 + 折旧 \qquad （收入法） \qquad (5\text{-}7)$$
$$= 各部门产品和劳务总值 - 中间产品总值 \qquad （生产法）$$

式中　C——个人消费支出；

　　　I——为私人总投资；

　　　G——为政府在最终产品和劳务上的支出；

　　　X——出口总值；

　　　M——进口总值。

从以上收入法和生产法的公式看出，GNP 由各部门生产的最终产品的总价值和劳务的总价值构成，但缺少各部门生产的副产品总价值和环境无偿提供的服务价值 2 项内容。

NNP 为国民生产净值，其值为：

$$NNP = GNP - 资本耗费$$
$$= 要素所得 + 间接税$$

由此可以看出，NNP 由各部门创造的净价值构成。

ES 为环境服务价值，西方不少学者（包括 H. Peskin）提倡用增加环境服务指标来提高 GNP。但他们的主张又存在以下几点不足：

①把"环境服务"仅理解为自然环境服务，而忽略良好的社会环境（如安定和谐的社会环境、良好宽松的政策环境等）服务。

②对自然环境服务的理解还过于偏窄，如佩斯金把环境服务主要看作废物处理服务。其实，大自然对人类无偿提供的服务很大、很多。这在资源业的生产中表现尤为突出。

③把 ES 加到 GNP 是犯了重复计算的偏差，佩斯金也发现了这个偏差，他认为，在一定程度上，生产者使用这些服务的价值也反映在利润之中，从而也就包括在 GNP 中了。但他却没能由此进一步发现导致 SNA 指标体系不完善，以致混乱地根植在传统价值理论的缺陷上。如果用以上价值模型来建立国民经济核算指标体系，就可以避免现有的混乱和克服不完善。

ED_1 为环境损害价值，但学者们对如何处理 ED_1（是加入还是从 GNP 中扣除）有分歧，因此在 ED_1 前面加了" ± "号。佩斯金认为，企业生产对环境产生的负效应应作为 GNP 的扣除项。哈里森（A. Harrson）持相反的态度：一是认为，总产值中包括资产消耗（折旧），但却没有把自然资源资产消耗计入其中，因而 GNP 被低估了，应该把这一项加入；二是认为，要把防止环境恶化的支出加入到 GNP 中。其实，他们的争论本身就是混乱的，因为他们不是在为同一件事而争论。用产出模型来衡量佩斯金的观点，由于 GNP 中没有包括副产品总价值一项，而作为对环境造成损害的污染价值，理应从 GNP 中扣除；用投入价值模型来衡量哈里森的观点，由于 GNP 中没有包括自然物质资料消耗和抗自然环境干扰耗费两项，故把它们加入到 GNP 中，自然也是对的。

DE 为防护支出，是指住户和政府承担的环保支出。西方学者认为，住户的环境支出并不增加福利，仅维持现状；政府的环境保护支出在性质上属于中间消耗，故这两项都应该从 GNP 中扣除。

IR 为"投资租金"（朱启贵译，1999），应该译为不可再生资源权利金，而实际上应为不可再生资源净价值。因为，根据哈特维克准则，来自不可再生资源的开发租金，必须用于储蓄，然后以资本的形式积累。否则，就无法实现长时间恒定的消费。正因为如此，塞拉菲才要求从 GNP 中减去 IR，因此，IR 应代表不可再生资源净价值（为权利金的上限）。

RD 为新增资源价值。雷佩托（R. Repetto）等认为，为了保持生产与财富账户的一致性，应把当期新增自然资源价值（应为净价值，而不是总价值）加入到该期的 NNP 中。

DEP 为资源耗减值（折旧）。雷佩托等认为，减去自然资源的耗减值，是对 NNP 的主要调整，联合国建议用使用者成本或净价格法估价资源耗减值。

ED_2 为环境损害价值，代表用不同于 ED_1 估价方法估算出的资源损害价值。如巴特尔穆茨（P. Partelmus）等认为，可把环境损害视为自然资源资产消耗，再把恢复到核算初期的资源资产状态所需的成本作为 ED_2 的值（故此方法实为重置成本法），进而将 ED_2 从 NNP 中减去。

NFA 为金融资产净值，西方学者认为，金融资产净值是一国总财富中的一个重要部分，应该加入到国民财富（NW）中。

TA_H 为人造资产（如机器、设备、建筑物和基础设施等）。

TA_N 为自然资本。

综上可以看出，绿色国民经济核算尚处于探索阶段，还很不成熟。为了改变目前这种认识不统一、建立新核算体系的思路不统一、核算指标不统一和指标值方法不统一的局面，很有必要从理清基础理论（如价值—价格理论、可持续发展理论、评价理论等）做起。

（2）绿色国民经济核算方法

绿色国民经济核算的基本方法，是有约束条件的动态最优控制模型法。考察的问题包括：生物自然资源、不可再生资源、污染物排放和环境服务、二氧化碳问题、住户防护支出等。对于每个考察问题都拟给出一个独立模型，这些模型的共同特征为：①在不同的时间序列上考察效用现值，在一些模型中，效用是消费和环境服务的函数；②效用贴现率为常数；③用确定的新古典生产函数描述生产；④系统的基本动态约束由国民经济核算恒等式（生产 = 消费 + 投资）提供。模型被高度抽象和综合，具有单效用函数和产生同一产出的单生产函数。

为了方便讨论，先定义下列符号：

C 为资源消费水平（量）；K 为资本存量；K^* 为资本存量关于时间的变化率，代表净投资；Q 为资源产出量；S 为资源存量；S^* 为资源存量消耗率；R 为资源存量开采/收获率（量）；P_R 为资源价格；G 为资源开采/收获成本；MG 为资源边际开采/收获成本；g 为资源自然增长净值。

生物自然资源 gNNP 核算　假定有一种具有商业价值的生物资源，有收获成本，其价格等于边际产量，按最佳路径收获（消耗），则实现效用现值最大化的 2 个核算约束条件，即基本核算等式为：

$$K^* = Q - C - G \tag{5-8}$$

$$S^* = -R + g \tag{5-9}$$

则
$$gNNP = NNP - (P_R - MG)R + (P_R - MG)g \tag{5-10}$$

式中：$NNP = C + K^*$；$P_R - MG$ 为单位资源租金。

上面公式含义为：对于具有商业价值的生物资源，其绿色净产值 $gNNP$ 等于传统 NNP 减去当期资源租金（假设单位资源租金等于单位资源净价值），加上以其租金率计算的资源自然增长净值。

非同质不可再生资源 gNNP 核算　令 $g = 0$，即可得到单一同质不可再生资源的 $gNNP$。但对于非同质不可再生资源储量 $gNNP$ 核算，情况就要复杂一些。

如有一个共生矿床，共有 n 个共生矿体，设 R_i 为第 $i(i = 1, 2, \cdots, n)$ 个矿体的开采量；MG_i 为第 i 个矿体的边际开采成本；G_i 为第 i 个矿体的开采总成本。则实现效用现值最大化的 2 个核算约束条件为：

$$S^* = -\sum_{i=1}^{n} R_i \quad K^* = Q - C - \sum_{i-1}^{n} G_i \tag{5-11}$$

则
$$gNNP = NNP(= C + K^*) - \sum_{i=1} (P_R - MG_i)R_i \tag{5-12}$$

污染物排放和环境服务核算良好的自然环境为消费者提供直接效用，是生产正常运行的必要条件，可作为生产投入处理。环境服务流量会因污染排放而减少，又会因环境物质的生长和增长而增加；污染排放又与生产水平相关，可通过削减投资而降低。现用以下符号表示新变量：X 为污染存量，B 为环境服务流量，b 为降低排放的变价成本，e 为与生产水平相关的污染排放量，d 为污染物的自然衰减量，a 为降低污染的支出，P_B 为环境服务价格（消费者边际支付意愿）。环境服务流量 B 可视为非市场公共资源（如清新空气等）提供的服务流量。其变化可由一组简单方程表述：

$$X^* = e - d \tag{5-13}$$

$$B = B_0 - \beta(X - X_0) \tag{5-14}$$

式（5-13）的含义：污染物存量的变化率等于排放量减去污染衰减量；

式（5-14）的含义：环境服务水平以假定的清洁存量水平 X_0 的污染积累 β 倍衰减（B_0 为清洁状态的环境服务水平）。

则问题变为，在以上的环境服务方程和核算等式：

$$K^* = Q - C - a \tag{5-15}$$

的约束下，使效用最大化。则其经济福利指标：

$$MEW = C + K^* - b(e - d) + P_B B \tag{5-16}$$

$$= C + K^* - b(b^*/\beta) + P_B B$$

式中　$(e-d)$——污染物排放量与污染自然衰减量的差额；

　　　$b(e-d)$——减低污染水平的成本；

　　　$P_B B$——环境服务总价格。

$$C + K^* = GNP - a \tag{5-17}$$

以上表明，环境服务从 2 个方面影响 MEW：

①环境服务水平（$P_B B$），因为是无偿服务，故在等式中为正的加入项；

②环境服务变化 $[b(e-d)]$，因此变化是有成本，故在等式为扣减项。

式中 b^*/β 为环境服务的变化率，以等量污染测算，以边际降低成本计价。当排放速度超过自然衰减速率时，该项为负，代表福利将减少。

以上式子还表明，污染排放的"合适"价格为降低污染的边际成本。

其他绿色国民经济核算需要处理的问题（如温室气体核算等），可以根据以上原理处理。

5.4　自然资源的交易与估价

5.4.1　自然资源的市场交易

自然资源既是人类生存和发展的物质基础，同时也是环境要素的重要内涵。为了对自然资源的节约形成激励，有必要"建立更为有效的生产要素交易市场，消除自然资源价格的低估和扭曲，使得各种资源价格能够真实反映其稀缺程度，从而迫使企业自觉减少稀缺资源的消耗，研发节约稀缺资源和利用替代资源的技术。作为权益的自然资源一般具有稀缺性、公共性、区域性特征，其较强的外部性与多样性特征又造成了其复杂的产权结构"（罗浩，2007）。

理论上，市场是合理配置资源的有效途径，通过反映资源稀缺性的价格这一敏感信号，有效运行的市场机制作为"看不见的手"可以引导配置各种资源以发挥其最大的效用，甚至能够使市场追逐私利的"经济"人行为产生有益于社会公益的理想效用。但是由于自然资源权益的特性，其交易往往难以达到理想效果，在一定条件下甚至违背构建交易机制的初衷，以种种"失灵"的方式变现出对市场的背离。

5.4.1.1　市场不普遍，价格机制失调

价格机制是市场配置资源的主要途径，丧失价格机制作用的空间即构成市场机制不能有效发挥的空白领域，整体上构成不普遍的市场。自然资源权益的价格构成中开发成本的非完全性、利用成本的非充分性及自然资源税收的非合理性，使自然资源权益价值产生瑕疵，价格机制难以按照市场规律正常调节对自然资源的开发利用。没有将自然资源开发利用中的各种成本有效地反映到价格构成中，就无法保持自然资源权益价值构成的完整性，促进自然资源的高效开发和利用。因此，价格机制的失效容易发生在自然资源领域，资源权益因市场的"缺位"而处于低价甚至无价的境地，甚至对滥用资源及破坏环境构成激励。

5.4.1.2　外部性问题

外部性是指由于市场活动给无辜第三方造成的成本或指社会成员在从事经济活动时，其成本与后果不完全由该行为人承担，进而造成行为举止与行为后果不一致的情形。外部性分为负外部性和正外部性，负外部性是指私人收益大于社会收益而私人成本小于社会成本的情形，例如自然资源的滥伐或环境的污染；负外部性的存在往往对不良行为构成激励，而正外部性则可能减损对良好行为的激励。两者都将促使资源配置偏离帕累托最优点，而降低资源配置的效率。自然资源市场难以有效克服生态保护负外部性。如滥伐自然资源既是一种行为，也是一种"公共害品"；在环境侵害的案例中，负外部效应的受体为了维持原有生产或消费效用，必须增加一定的成本支出，如安装防污设施等，其将造成私人成本与社会成本、私人收益与社会收益的不一致。正外部性是私人收益小于社会收益而私人成本大于社会成本的情形，如教育或者个人注射甲流疫苗。对于正外部性问题，自然资源市场自然仍无法解决。由于自然资源市场的正外部性使生产者无法获得其收益，即正外部性是第三方公共益品。有利于维持自然资源质量、保护生态环境的行为，如植树造林、退耕还林、农林水利工程等，均属于生态正外部性。此种公共益品往往被集体所消费，而"搭便车"等现象的存在使提供者通常不能通过市场机制收回"扩散"出去的社会福利，自然资源配置也难以达到帕累托最优。此外，外部性的时滞效应是自然资源市场失灵的典型变现，如对林木等自然资源的乱伐滥采所造成的气候无常、生物多样性贬损等负外部性需要长达几十年乃至几代人的时间跨度才可能被察觉到。

5.4.1.3　信息失灵

自然资源市场体制与普通市场体制一样，是一个决策分散化的体制，在该体制中，包括公权机构、企业等在内的各种主体常会做出多种决策。信息是一种构成决策基础的稀缺性资源，由此市场中的各主体对信息的依赖性更大，但现实中并不当然存在充分、有效、易于获取的信息，由此决策主体在做出决策时往往面临信息不足、偏在等问题，进而导致更多的不良效应。同时，由于信息问题引起的道德风险将更大程度上导致市场配置资源的低效率，由信息失灵而产生的关系交易可能使市场被人为割裂，由信息不对称而产生的逆向选择甚至可能导致市场的消亡。即便在非因道德风险造成的信息不对称情形中，信息问题也可能导致市场机制功能的缩减。例如，处于信息较为封闭的社会环境条件下的自然资源交易者，其只有在急需转让手中的自然资源权益时，才会重点关注并收集相关的有效信息，这种根据短时间内收集信息所做出的判断的准确性毫无疑问会受到质疑，而长期从事该行业的经营者会由于掌握更多获取信息的途径而处于优势地位，这种信息不对称所导致的交易成本分布不均不仅使市场主体处于不平衡的地位，市场机制也难以发挥有效的作用。

5.4.2　自然资源的价值

5.4.2.1　自然资源价值的概述

自然资源是一切能为人类提供生存、发展、享受的物质条件。按照马克思的劳动价值论来说，未经人类劳动加工开发的原生的自然资源不存在人类抽象劳动所创造的价值。但是必须注意，这种作为自然经济资源的商品价值构成是二元的，一方面由自然资源部分构成无价值；另一方面由经济资源构成部分有价值。因而，自然资源的价值构成是部分无价值和部分有价值的统一。商品价格是价值的货币表现，自然经济资源的价格一部分是自然经济资源价值的表现，另一部分则不是价值的表现，而是所有权在经济上的实现。

目前关于对自然资源是否有价值的问题仍然存在着不同的看法，但从发展趋势来看，总的来说是朝着自然资源有价值的方向发展的。主要观点有以下几点：

①劳动价值论　劳动是价值的源泉，自然资源是大自然的恩赐，不是人类劳动的产物，因而没有价值。但是，劳动价值论已不能全面解释现实世界的资源价值，而且将其绝对化更造成一系列问题。

②效用价值论　商品价值并非由劳动决定而是由效用决定。这一理论后来被进一步完善为边际效用价值论。边际效用价值论认为价值起源于效用，效用是形成价值的必要条件，又以物品的稀缺性为条件，效用和稀缺性是价值得以出现的充分条件；价值量取决于边际效用量，即满足人的最后欲望的那一单位商品的效用；人们对某种物品的欲望程度，随着享用的该物品数量的不断增加而递减，此即边际效用递减规律；效用量是由供给和需求之间的状况决定的，其大小与需求强度成正比例关系，物品的价值最终由效用和稀缺性共同决定；生产资料的价值是由其生产出来的消费资料的边际效用决定的；有多种用途的物品，其价值由各种用途中边际效用最大的那种用途的边际效用决定。

③生产要素价值论　人的劳动通过使用生产要素作用于劳动对象，使劳动对象发生形态变化，即生产出产品。生产要素和劳动一样参与了产品生产，都为产品生产做出了贡献，也都应该是价值创造的源泉。

④稀缺价值论　主张从资源的有限性、稀缺性出发，结合资源的丰饶度和地理位置等方面的差异来论述自然资源的价值。

⑤价格决定论　认为有价格的东西必定有价值，自然资源的价值其实就是资源所有者能获得的经济利益，因此，可以根据收益的多少来确定价值。

⑥替代价值论　主张自然资源的价值是在资源的社会再生产过程中产生的，人类为了使资源恢复到原来应有水平，投入了必要的社会劳动，资源因此被人类赋予了更新、恢复的价值。

5.4.2.2　自然资源价值类型

现代自然资源价值主要包括 3 个部分：经济价值、生态价值和社会价值。其中，经济价值又包括天然价值、人工价值和稀缺价值。

（1）经济价值

①天然价值　自然资源的天然价值是自然资源本身所具有，未经人类劳动参与的价值，之所以有这种价值，是因为自然资源具有使用价值而且稀缺。不具有使用价值的东西没有价值，自然资源作为生产基本要素，其使用价值是不言而喻的。因此，未经人类勘测、开发、改造、利用、整治、保护过的自然资源，或已经人类勘测、开发、改造、利用、整治、保护过自然资源中的原始部分，虽未凝结人类的活劳动和物化劳动，也是具有价值的。因此，自然资源的天然价值主要取决于两个要素：自然资源的丰饶度和质量、自

然资源的自然地理位置。

自然资源的丰饶度是自然属性的总和，是天然客观属性。如一处矿藏资源的自然丰饶度应该包括：储量、品位、有益伴生矿、有害伴生矿、可选程度、埋藏深度、矿层厚度与倾斜度、矿床周围岩体性质等。每一个因素对于丰饶度的影响有大有小，然而在评价其丰饶度时，都不可忽略。

自然资源的位置包含着自然的客观方面的因素，也包含社会的主观方面的因素，前者称自然地理位置，后者称经济地理位置，是人类活动的产物，属人工价值。自然资源与山脉、河川、海岸线等自然要素的相对位置关系是自然地理位置，它是相对稳定的，是位置的客观方面，是位置的自然基础。

②人工价值(即劳动价值)　自然资源上附加的人类劳动是人类世世代代利用自然、改造自然的结晶，绝大多数自然资源只有经过人类的附加劳动后，才具有充分利用的可能性。自然资源上附加的这些人类劳动就是自然资源的劳动价值，附加的人类劳动越大，价值越大。在自然资源上附加的人类劳动可以分为以下2类：

第一，直接附加价值，就是直接作用于自然资源对象上的那部分劳动，如土地平整、排干沼泽中的积水、人工造林、梯田、施肥、灌溉等。这是人类在从事自然资源的勘测、开发、改造、利用、整治、保护、更新等活动过程中，直接附加到自然资源上的活劳动和物化劳动，使对自然资源有了认识，并改变其性状，形成了自然资源不可分割的部分。

第二，间接附加价值，是指那些并不直接作用于自然资源上，但对于改善自然资源的使用价值有影响的劳动，如在离土地颇远的地方修建防洪堤坝，使土地免受洪水威胁；改善矿产资源开发的经济、社会条件等。

③稀缺价值　自然资源的稀缺性构成了与自然资源的天然价值和劳动价值相联系但相对独立的另一类价值，联系是指稀缺价值以使用价值(其中包括劳动价值)为前提，无使用价值的东西，当然谈不上稀缺；另一方面，稀缺又是使用价值之所以具有价值的条件，空气、海洋、泥土等都具有使用价值，但由于不稀缺，一般不具有价值。相对独立是因为稀缺价值在市场上已脱离了其使用价值和劳动价值，而是由供求关系来决定的。

(2)生态价值

自然资源的生态价值包括直接利用价值和间接利用价值。

直接利用价值主要是指生态系统产品所产生的价值，它包括食品、医药及其他工农业生产原料，景观娱乐等带来的直接价值。直接使用价值可用产品的市场价格来估计。

间接使用价值主要是指无法商品化的生态系统服务功能，如维持生命物质的生物地化循环与水文循环，维持生物物种与遗传多样性，保护土壤肥力，净化环境，维持大气化学的平衡与稳定等支撑与维持地球生命支持系统的功能。间接利用价值的评估常常需要根据生态系统功能的类型来确定，通常有防护费用法、恢复费用法、替代市场法等。

为了强调自然资源的生态价值，欧阳志云等在评估生态系统价值时提出了生态资产的概念。

生态资产是指在一定时间、空间范围内和技术经济条件下可以给人们带来效益的生态系统，包括森林、草地、湿地、农田等；生态系统生产总值(gross ecosystem product，

GEP)则是生态系统为人类福祉和经济社会可持续发展提供的产品与服务价值的总和(欧阳志云等，2013)。生态资产是形成生态效益和生态系统生产总值的基础；生态补偿又是以生态系统服务为基础，调节生态保护利益相关者之间利益关系的公共制度(欧阳志云等，2016)。

在生态学学科，人们提出了自然资本的概念。自然资本是指能从中导出有利于生计的资源流和服务的自然资源存量(如土地和水)和环境服务(如水循环)。不仅包括为人类所利用的资源，如水资源、矿物、木材等，还包括森林、草原、沼泽等生态系统及生物多样性。这个概念强调了自然资源的生态价值，提醒人们要重视对生态系统提供服务价值的认识。

(3)社会价值

自然资源的社会价值主要是指满足人类精神文化和道德需求的资源价值，体现的是经济价值和生态价值等转化为社会功能的间接价值，主要包括提供就业保障、保障粮食安全和维护社会稳定等方面存在的价值。

5.4.2.3　自然资源价值的构成

较系统地研究自然资源价值构成问题的代表，按时间顺序依次有美国环境经济学家弗里曼(Freeman III and Myrick，1993)、英国经济学家皮尔斯(PearceAnd Turner，1990)、经济合作与发展组织(OECD，1994)以及联合国千年生态系统评估计划(Millennium Ecosystem Assessment，2005)。

(1)弗里曼的资源价值构成系统

1970 年以后，国际上资源价值研究的主流皆以效用价值理论为基础。根据效用价值论，自然资源的价值取决于 2 个因素：是否具有效用，是否稀缺。此期间，人们从社会经济福利最大化引出最优资源配置问题，由此引出了用数学规划计算影子价格来量化资源价值的主流方法，并出现了许多研究资源价值的文集和专著，提出了许多资源价值观念，但是这些理论偏重于计算资源价格，缺乏价值说明。

1979 年，弗里曼打破了这种局面，他在美国的未来资源研究所(RFF)的支持下，完成了他的著作《环境改善的效益：理论与方法》。但随着时间的推移，该书中所涉及的环境效益评价的方法(主要是成本—效益分析)已难以满足要求，一些新的方法(如意愿评估法)随即产生。弗里曼重新修订了原书，新书名为《环境与资源价值评估：理论与方法》(弗里曼，2002)。书中系统地将新古典经济学的有关理论运用于环境和资源价值评价中，为资源和环境价值评价提供了坚实的理论基础；同时，该书还阐述了早期环境和资源价值评价方法的进展，并对目前新出现的一些环境和资源价值评价方法进行了深入分析。

他侧重从资源—环境与人类行为关系角度研究自然资源的价值，认为资源—环境系统提供的价值可以由 3 组函数关系来表述：

第一组是关于资源或环境质量水平与人类对其干预的关系。用公式表示为：

$$q = q(S) \tag{5-18}$$

式中　q——一定质量或数量的资源—环境；

S——政府干预。

在政府对影响 q 的私人活动进行管制的地方，S 所产生的变化取决于私人决策者对公共规章的响应，鉴于此，弗里曼又将上述函数关系式表述为：

$$q = [S, S(R)] \tag{5-19}$$

式中　$S(R)$——私人对政府规章响应的程度。

第二组是关于资源—环境对人类的用途以及用途对 q 的依赖性，其函数关系可表达为：

$$X = X[q, Y(q)] \tag{5-20}$$

式中　X——资源—环境用途的活动水平；

　　　Y——获得资源—环境服务而输入的其他资源。

第三组是资源—环境的价值函数，其函数关系表达式为：

$$V = V(X) \tag{5-21}$$

式中　V——资源—环境服务的货币价值。将三组函数综合，可以得到：

$$V = f\{S, S(R), Y[S, S(R)]\} \tag{5-22}$$

（2）Pearce 与经济合作与发展组织的资源价值构成系统

皮尔斯（Pearce and Turner，1990）将环境资源的价值分为 2 个部分，即使用价值和非使用价值，各部分又分别包含若干种价值。这一自然资源的价值系统特别指出了非使用价值，包括自然资源自身的传承价值和存在价值，它与对人类福利的贡献无关。这就是说，虽然目前对人类还没有使用价值，但根据伦理、宗教以及文化观点来判断，自然资源本身及其内涵具有内在的价值。

经济合作与发展组（OECD，1994）的《项目和政策评价：经济学与环境的整合》一书，提出与皮尔斯系统类似的自然资源价值构成系统。

（3）联合国千年生态系统评估计划的资源价值构成系统

联合国千年生态系统评估计划（Millennium Ecosystem Assessment，2005）联系人类福利来评估生态系统的服务功能及其价值，即把生态系统服务功能看成自然资源。

已经发展了许多方法来试图量化生态系统服务功能及其价值，其中对供给功能的量化方法尤为完善，近年来的研究也提高了对调节功能以及其他功能用价值进行量化的能力。在特定情况下，价值评估方法的选择，受评估对象的具体特征以及可获得的数据资料的限制。

5.4.2.4　自然资源价值评估

由于市场的不完备性，自然资源的使用具有外部性，市场机制不能达到其配置的最优状态。为了弥补市场机制的不足，需要对自然资源的这些外部性进行非市场评估。于是，根据自然资源价值的不同属性和获得信息的不同途径，把自然资源价值评价方法划分为 3 种基本类型。

①传统市场法（conventional market approaches）　包括生产函数法（production function method）、人力资本法（human capital method）、重置成本法（replacement cost）。

②替代市场法　包括旅行费用法（travel cost method）、规避行为（averting behavior）与

防护费用法(defense cost)。

③意愿评估法(contingent valuation method，*CVM*)　或译作条件估值法、市场模拟法。

(1)传统市场方法

①生产函数法　生产函数法把自然资源作为生产要素之一，利用自然资源产出水平变动导致的产品或服务的变动来衡量其价值。将自然资源作为生产要素，自然资源产出 X 的生产函数可表述为

$$X = f(K, L, N, q) \tag{5-23}$$

式中　K——资金；

L——劳动；

N——自然资源价值；

q——自然资源投入值。

②人力资本法　人力资本法将人自身的生产能力作为计量自然资源变动影响的尺度，来观察自然资源变动造成的劳动者收入的损失。为了避免重复计算，用人力资本法评价自然资源价值，只计算因自然资源变化而导致的劳动者收入的损失，故人力资本法也称收入损失法。收入损失可描述为：

$$l = \sum_{l}^{\square} Y_t \times P_T^t (1 + r)^{-(t-T)} \tag{5-24}$$

式中　l——个人收入损失；

Y_t——预期个人在第 t 年内所得的总收入，扣除由他拥有的任何非人力资本(如继承遗产)的收入；

P_T^t——个人在第 T 年活到第 t 年的概率；

r——贴现率。

收入损失更为复杂的计算公式为：

$$V_x = \frac{(P_x^n)_1 \cdot (P_x^n)_2 \cdot (P_x^n)_3 \cdot Y_n}{(1 + r)^{n-x}} \tag{5-25}$$

式中　V_x——年龄为 x 的人未来收入的现值；

$(P_x^n)_1$——年龄为 x 的人活到年龄 n 的概率；

$(P_x^n)_2$——年龄为 x 的人活到年龄 n 并且具有劳动能力的概率；

$(P_x^n)_3$——年龄为 x 的人在年龄 n 时还活着，并且具有劳动能力和工作机会的概率；

Y_n——n 年龄时的收入；

r——贴现率。

人力资本法在道德上、理论上和实践上都引起不少争论。例如，人力资本计算中只考虑了作为工作单元的人的有形损失，而没有考虑个人因失去自然资源而带来的痛苦、压力等因素。尽管如此，社会已经不知不觉地给人的生命确定了价值。从实际运用角度看，这种评价方法提供了自然资源变化给劳动者带来的收入的变化，是自然资源价值的一部分，有其可取之处。

③重置成本法　重置成本法又称恢复费用法，是通过将受损自然资源恢复到原有状态

所需的费用来衡量原自然资源的价值。重置成本法具有易度量的优点，故被广泛地用来评价自然资源生态服务价值。运用重置成本法衡量自然资源生态服务价值所需的信息数据可通过2种途径获取：一是对自然资源生态恢复费用作直接调查（如修建防止农田泥沙淤积的挡墙和堤坝的费用）；二是通过恢复成本的工程核算。使用重置成本法隐含着许多假设，例如，它假设所恢复状态完全可替代原有的自然资源生态服务功能，实际上这不可能。此外，成本和效益之间的界限有时比较模糊；重置成本法只能用于度量恢复的成本，而不能直接度量效益。

④传统市场法　传统市场法是目前普遍使用的自然资源价值评价方法，大多数自然资源价值评价研究，特别是发展中国家的研究全部或部分地依赖这种方法。传统市场法以所观察到的市场行为为依据，具有直观明了、易于解释和有说服力等优点，因而应用广泛。但当市场发育不良或严重扭曲时，或者产出的变化可能对价格有严重影响时，它的局限性就表现出来了。由于存在消费者剩余和忽略外部效应，市场价格常常会低于被评估对象真实的价值。因此，传统市场法在自然资源价值评价中的运用只能在一定适用条件下和适用范围内：

a. 自然资源数量、质量变化直接引起了自然资源产品或生态服务产出的增减，这种产品或服务是市场上已有的，或者在市场上有替代品；

b. 自然资源数量、质量变化影响明显，并可观察到，还可通过实验检验；

c. 市场比较成熟，市场功能比较完善，价格能准确反映经济价值。

(2)替代市场法

当所评价对象本身没有市场价格来直接度量时，可以寻求替代物的市场价格。例如清新的空气、美好的环境、自然资源的旅游/休闲价值等，并没有直接的市场价格，需要找到某种有市场价格的替代物来间接度量其价值，这就是自然资源价值评估的替代市场法。其基本思路是：首先对待估自然资源进行价值分析，再寻找某种有市场价格的替代物来间接衡量待估自然资源的某种价值。例如，对自然资源的旅游/休闲价值评价，就可以用旅行成本作为替代物来衡量。替代市场法包括旅行费用法、规避行为或防护费用法等。

①旅行费用法　旅行费用法是用以评估非市场物品价值最早的方法之一，最初是为评估环境物品的社会效益而发展起来的。旅行费用法以旅游成本（如交通费、门票和旅游地的花费等）作为旅游地入场费的替代，通过这些成本，求出旅游者的消费者剩余，以此来测定自然资源的游憩价值。

在实际评估中，旅行费用法是针对具体旅游地而言的。首先确定旅游目的地，把目的地四周的面积分成若干距该目的地距离逐渐加大的同心区，距离增大意味着相应旅游成本的增加。在目的地对游客进行调查，以便确定游客的出发地区、旅游率、旅游费用和游客的各种社会经济特征，然后分析来自这个游客样本的资料，用分析产生的数据将旅游率对旅游成本和各种社会经济变量进行回归。

$$Q_i = f(TC, X_1, X_2, \cdots, X_n, E) \tag{5-26}$$

式中　Q_i——旅游率（每1000个i区的居民中到该旅游地旅游的人数）；

　　　TC——旅游成本；

$X_1, X_2, \cdots, X_n$ ——包括收入、教育水平和其他有关变量的一系列社会经济变量；

E ——该旅游地的环境质量。

②规避行为法　规避行为法(防护费用法)面对可能的自然资源变化，人们会试图保护自己免受危害。他们将购买一些商品或服务来抵消自然资源变化所带来的损失。这些商品或服务可被视为自然资源价值的替代品。购买替代品的费用构成了人们对自然资源价值的最低限度衡量。这种以自然资源变化而导致的替代物费用的变化来度量自然资源价值的方法就称为规避行为法或防护费用法。规避行为法用实际购买花费来度量人们对自然资源的偏好，度量自然资源价值，具有很强的直观性。运用规避行为法度量自然资源的非市场价值，其主要步骤为：

第一，识别有害的环境因素。这一步骤也许就一目了然，但是由于逃避行为经常有若干动机，所以在任何情况下都应识别主要的有害环境因素。用规避行为体现自然资源价值，会因多种行为动机和环境目标的存在而夸大单个有害环境因素的价值。因此，在运用规避行为法时，应分出主要和次要环境因素，并将规避行为归到某个主要目的上。

第二，确定受影响的人数。对于某个不利的自然资源因素，需要划分受影响的人群。根据受影响程度的不同，可区分为受影响较大和受影响较小人群。规避行为法研究应从前一类人群中抽取数据，以避免只考虑受部分影响的人群而导致对价值的低估。

第三，获取关于人们对所受影响之响应措施的数据。数据的收集有几种方式：对潜在受影响者的综合调查；在受影响者较多时采用抽样调查，这主要适用于因空气、水质量下降或噪声问题采取预警措施的家庭，采取对丧失养分的土壤施肥等防止土壤侵蚀措施的农民等；还可以咨询专家意见，通过专家可以了解采取预防措施的费用，恢复资源环境原状或替代环境资产的费用，以及资源环境替代品的购置费用。然而专家意见只能是作为补充的信息来源，并用于检验其他方法得到的数据之可靠性，而不能直接利用专家意见进行价值评估，或改变通过观察到的行为所获取的数据。

相对其他方法，规避行为法较为简单也较为直观，但在运用中也存在着以下一系列的问题：

a. 有时找不到能完全替代自然资源质量的物品，如用化肥来补充土壤养分并不能恢复土壤结构，只能是部分替代。因此，用规避行为法求得的自然资源价值只是其最低的价值。

b. 规避行为法建立在一个假设基础上，即人们了解防护费用的水平并能计算其大小。但对于新风险或跨时间风险，人们可能会不自觉地低估或高估。

c. 即使人们了解实际需要的费用，市场机制的不完备性以及收入水平的限制也会制约他们的行为，例如因为贫困而使自然资源变化受害者无力支付足够的花费来保护自己。这些问题最终都会影响到用规避行为法所度量的自然资源价值。

因此，这个方法也只在一定条件才适用：在人们知道他们受到自然资源变化所带来的威胁，采取行动来保护自己，且这些行动能用价格体现。

(3)意愿评估法

通过向被调查者描述自然资源变动的影响来创建一个模拟的市场，然后直接向个人询问他们对自然资源变化的支付意愿。这种通过创建模拟的市场来收集人们对自然资源变化的支付意愿,进而推断相应自然资源价值的方法就是意愿评估法。与替代市场法通过观察人们的市场行为来推测他们显示出来的偏好不同,意愿评估法从人们声称的偏好中获取信息。意愿评估法的主要代表是意愿调查法,即直接通过向人们询问来得到自然资源的价值。意愿评估法的优点是一种万能的自然资源价值评价方法,任何不能通过其他方法进行评价的几乎都可以用意愿评估法评价。

意愿评估法是在缺乏市场价格数据的情况下,通过对不能在市场上交易的自然资源效用(如空气净化功能等外部效益)假设的一种市场,让被调查者假想自己作为该市场的当事人,通过对被调查者的直接调查,了解被调查者的支付意愿。被调查者根据自然资源给自己带来的效用,在待评价自然资源服务供给量(或质)变化的情形下,为保证自己的效用恒定在一定的水平上的支付意愿(willingness to pay)或者获取补偿的意愿(willingness to accept)作出回答,研究者据此评价该自然资源服务价值的方法。意愿评估法通过采用补偿变量(compensating variation)和均衡变量(equivalent variation)指标来测度自然资源的消费者剩余,以此求取自然资源的价值。

意愿评估法通过构建假想市场,揭示人们对于环境改善的最大支付意愿,或对于环境恶化希望获得的最小补偿意愿。当应用于游憩领域时,使受访者面对环境状况的假想变化,引导其说出对游憩资源或游憩活动的支付意愿(Walsh,1986)。

在意愿评估调查中,需要通过某一种引导评估技术来获得受访者的支付意愿/补偿意愿。这些引导评估技术主要包括投标博弈法(bidding games)、支付卡法(payment card)、开放式问卷法(open-ended questionnaire)、封闭式问卷法(close-ended questionnaire)等,其中后3种方法应用比较广泛。

意愿评估法通过调查采访中人们所表达的支付意愿/补偿意愿来评估自然资源的价值,几乎可以用来评价任何自然资源变化所具有的经济价值。特别是在缺乏市场价格或市场替代价格数据的情况下,意愿评估法便有了用武之地,是目前评价非使用价值的唯一方法。

意愿评估法是很有用的方法,但它要求的数据多,需要花费大量的时间和费用,问卷的设计和解释专业性很强。意愿评估法更大的缺点在于它不是基于可观察到或预设的市场行为,而是基于调查对象的回答,意愿评估法是从人们声称的偏好中获取信息,所以是一种主观评价法。对于持不同环境伦理观的人,回答会大异其趣,是在尚无科学、客观方法情况下差强人意的评价方法。在对模拟的市场进行回答中会产生许多偏差,这些偏差虽然可以通过对问卷的精心设计来控制,但完全避免偏差是不可能的。因为模拟市场与实际市场毕竟不同,它缺少反馈调节机制,由此而得的评估结果的精度没有实际市场高。问题在于这种偏差是否在人们所容忍的范围之内,还是大得足以让人们放弃意愿评估法的使用。

5.4.3 自然资源价格

5.4.3.1 自然资源价格的概念及特性

自然资源价格是指在一定的技术条件下,自然界中对人类有用的一切物质和非物质的价格。按照联合国出版的文献对自然资源涵义的解释,自然资源价格又可表述为人在其自然环境中发现的各种成分，只要它能以任何方式为人类提供福利，都具有资源价格。从广义上来说，自然资源价格是全球范围内的一切要素。价格是价值的货币表现，自然资源价格是自然资源价值的货币表现。

在市场经济中，自然资源可以买卖，就必须有价格，但资源的价格有自己的特殊性。就城市土地价格而言，主要取决于市地区的区位和交通条件；作为住房用地，交通和生活条件、地势和气候条件好的地方要比差的地方地价高；作为商业用地，市地区位是级差收入的主要原因。用地位置和环境条件不同，土地的价格就不同。如果抛开具体的用地类型，土地价格完全是由土地质量的优劣（由用地位置、土地肥力等因素体现）给人们带来的收益大小所确定。对于森林资源的价格，不管是人工林还是天然林，完全决定于森林的材质和距市场的远近，材质好，材价就高，否则材价就低。因材质不同，带来的收益不同，因而森林资源的价格也不同。对于矿产资源来说，它的价格取决于矿产的品种、丰度和质量，不同类型的矿产，由于其用途大小和稀有程度的差异，价格也就不同。总之，自然资源的价格取决于把它作为一种生产要素使用时所带来的收益的大小。

价格是价值的货币变现，在资源成为具有价值的商品后，资源的价格也应该反映资源的价值，但实际上资源的价格并不体现资源的价值，资源的价格与价值是相互独立的。具体表现在：

①等量劳动投入的同类而不同质的资源，其价格可以具有明显的差异，如矿产资源的铁矿、金矿等；

②不等量劳动投入的同类资源，其价格可以相等，如森林资源的人工林和天然保护林；

③几乎没有价值的资源可以具有价格，如未开垦的土地资源；

④不同类型资源的比价，不依赖各自价值量，取决于作为生产要素使用时带来收益的大小。等价值量的不同资源可以有相同的价格也可以有不同的价格，不等价值量的不同资源可以价格相等或不等，如森林资源、土地资源及矿产资源间的比价。

因此，资源的价格是由把它作为一种生产要素使用时带来收益的大小所决定的，是本身质量优劣的体现。自然资源的价格可以用马克思的地租理论来估算，但把它看成地租的资本化后，就会掩盖资源的价值，出现社会分配不公现象（赵占元等，1993）。

5.4.3.2 自然资源价格的确定

（1）地租资本化

地租资本化是自然资源天然价值之价格的一种方法，虚拟资本的形成叫做资本化。自然资源价格是各年地租的总和，把未来若干年尚未实现的地租包括进来，故称为地租资本化。即年地租 使用年限。由于是一次性付出，必须考虑利息的因素。设年地租量为 R_0，那么一年后地租量的现值应包含利率的折扣，若年利率为 a，则一年后的地租现值为 $R_0(1-a)$；同理，未来各年地租的现值分别为 $R_0(1-a)^2$，$R_0(1-a)^3$，…。自然资源的价格就是各年地租的现值的综合：

$$P_1 = \sum_{n=1}^{\square} R_0(1-a)^{n-1} \tag{5-27}$$

这是一个无穷递减等比数列的和，利用求和公式可得：

$$P_1 = \frac{R_0}{1 - (1 - a)} = \frac{R_0}{a} \tag{5-28}$$

根据式(5-28)可知自然资源的价格是年地租除以年利率。

这里的 R_0 没有考虑级差问题，若考虑级差，则自然资源的年地租量 $R = kR_0$，这里的 k 为级差系数，于是自然资源价格为：

$$P_1 = \frac{kR_0}{a} \tag{5-29}$$

(2) 劳动价值资本化

人类劳动投入自然资源的价值，其价格可以根据生产价格理论来确定，也就是(不变资本+可变资本+剩余价值或利润)，即 $(C + V + M)$。

这部分价值是自然资源每年的劳动价值，相当于年地租量。同理，这部分的价值的价格也是各年价值的现值总和，按照地租资本化同样的推导，把未来若干年中尚未实现的劳动价值包括进来，即将劳动价值资本化。同样考虑利率的折扣，自然资源中的劳动价值的价格 P_2 应为：

$$P_2 = \frac{C + V + M}{a} \tag{5-30}$$

(3) 稀缺价值对价格的影响

稀缺价值主要体现在供求关系上。在供给量一定时，需求量越大，会促使价格越高，即需求量 Q_d 对价格的影响是正比例关系；在需求量一定时，供给量越大，会促使价格越低，即供给量 Q_s 对价格的影响是反比例关系。再考虑需求量和供给量的弹性，则都应乘上一个弹性系数。设需求弹性系数为 E_d，供给弹性系数为 E_s，则自然资源的价格 P 为：

$$P = (P_1 + P_2) \frac{Q_d \cdot E_d}{Q_s \cdot E_s} \tag{5-31}$$

将上述 P_1 和 P_2 代入得到自然资源的价格为：

$$P = \frac{1}{a}(kR_0 + C + V + M) \frac{Q_d \cdot E_d}{Q_s \cdot E_s} \tag{5-32}$$

(4) 确定自然资源价格的其他方法

上述计算自然资源价格的公式，至少要求 2 个大前提，即市场机制完善和价格体系合理，否则要确定那些参数是不可能的。而在我国目前市场机制形成初期和价格体系尚在不断改变的情况下，应用这种计算方法不太现实。因此出现了一些替代方法，主要有市场比较法和替代成本法，都主要用于土地资源的定价中。

①市场比较法　市场比较法认为土地价格是土地使用者和土地提供者讨价还价的结果，需求曲线和供给曲线的交点(均衡点)决定土地价格(即均衡价格)。采取的形式主要是拍卖，土地所有者在市场上拍卖土地，竞投者叫价、应价，价高者得土地。这是一种完全由市场机制和竞争机制决定的价格。但考虑到我国目前市场机制不完善，法制不完备，尤其是"外部性"问题市场不能解决，所以还需要一定的行政干预，即土地所有者(市政府)根据投标者所出的价格，所提出的规划设计方案及企业信誉等情况，择优而取。

②替代成本法　替代成本法把土地作为一种必不可少的投入，认为与资本和劳动投入并无区别。以一定生产技术水平为前提，以利润最大化为依据，分析研究土地在生产过程和经济活动中，与资本和劳动的相互替代关系，确定土地价格。当然土地作为替代资本的计算有很大的任意性，常常与市场比较法联系起来使用。

5.5　自然资源合理开发、利用与保护

自然资源具有价值，但它本身并不会生产，只有把劳动和资本投进去加以开发利用时，它才会产生出产品、劳务和愉悦。因此在资源开发利用中就有一个投入多少劳动和资本，与多少自然资源组合才能得到最大产出的问题，从经济学的角度分析就是资源的投入—产出关系。

5.5.1　生产要素的投入组合：比例性

在影响自然资源开发利用的投入—产出中，首先要关注的是生产要素的比例性(Proportionality)，即各个生产要素最优组合或比例。

在自然资源开发利用过程中，不仅需要自然资源本身，还需要投入劳动、资本和管理，农民不能指望土地资源自己会长出庄稼，他要获得收成还必须耕耘、播种、施肥并加上田间管理，这一过程包含大量资本和劳动的投入。相比之下，林业和牧业的资本和劳动较少，因为树木和牧草无需多少投入就能生长。无论哪种开发都需要资本、劳动和土地(自然资源)的某种投入组合，自然资源开发的关键在于认识各种生产要素投入的最优比例。从经济学的角度来看，自然资源开发利用行为是由规模报酬最大化的愿望所推动的。要获得最大报酬，开发利用者总是力图将其各种生产要素作最有利的组合。

5.5.1.1　报酬递减原理

土地规模递减律表述为：在技术不变的条件下，在一定的土地面积上，当一个可变要素同不变要素相配合进行生产时，如果可变要素的投入量连续增加，则总产量的变化先是递增，然后转为递减。

对于所有自然资源，更为普通的陈述是：凡将某一变动生产要素连续投入附加到另一有限的固定要素上时，逐渐会达到一点，在此点后的每一单位投入的附加产出(或边际产出)将减少并且最终成为一个负数，这就是报酬递减律。

5.5.1.2　经济报酬递减律

自然投入递减律在生产中很重要，但是还应从价格的观点来看待投入—产出的可能性，即不仅要考虑自然的投入与产出，也要考虑与投入和产出单位相联系的成本和报酬。也就是说要关系经济报酬递减律。

假设一个单位的土地作为固定的投入要素，资本和劳动的混合均质单位作为变动的投入要素。直到某一点上，资本—劳动投入对于固定要素的每一相继增加部分都使总产出增加。这个总产出称为总自然产量(total physical product，TPP)。每变动投入单位的平均产量或产出称为平均自然产量(average physical product，APP)。除了总自然产量和平均自然产

量的概念外，经营者也关心每增加一个投入单位所带来的产出增量。这个概念称为边际自然产量(marginal physical product，MPP)。

在投入单位基础上计算成本和收益，可以直接通过把价值赋予自然产量的每一单位，并把生产成本分派给变动投入要素的每一单位，从而将报酬递减的自然概念转变为经济概念。借助这个转变就可以把边际自然产量的价值表达为每投入单位的边际报酬，或简称边际产值(marginal value product，MVP)。同样，也用总产值(total value product，TVP)和平均产值(average value product，AVP)的概念来分别表达总自然产量的价值和平均自然产量的产值。

在成本这方面，一般用要素成本(factor cost)这个术语来表示与变动要素投入的使用相联系的成本。这样，与每一相继投入单位相联系的成本增量就称为边际要素成本(marginal factor cost，MFC)，而每投入单位的平均成本称为平均要素成本(average factor cost，AFC)。

要把报酬递减的自然概念转变为经济概念，可以通过直接把成本赋予每一投入要素，并把市场价值或价格赋予所生产的每一产量单位来实现。根据这种调整，总自然产量、平均自然产量和边际自然产量的概念就分别转变为总报酬、平均报酬和边际报酬的概念，与这些报酬有关的成本概念就是总成本、平均成本和边际成本。一旦做出这种转变，经营者们一般都会发现，最有利的情况是把生产推进到这样一点：即边际产值等于或刚好超过边际成本的那一点，这就是经济报酬递减点。只要经营者围绕他的稀缺要素或限定要素来组合他的变动投入要素，就可望在这点上获得最高纯利益(图5-5)。

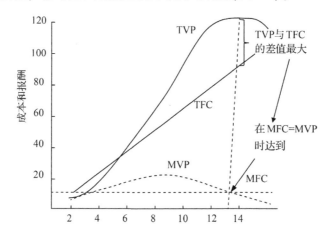

图5-5 边际产值与边际成本相等的点纯收益最大(Barlowe，1978)

5.5.2 比例性原理的应用

5.5.2.1 在管理决策中的应用

(1)比例性原理的实践意义

比例性的目标是以一种能提供最大报酬的方式组合生产中的所用的各种资源。一切生产者都或多或少地关心这一目标。如工厂决定用多少原材料、雇佣多少工人，为改变成本或价格应作何调整时都要用比例性原理；商业经纪人在考虑他要用多少场地空间、花多少广告费、提供何种货物和服务时也应用这个概念；林场经营者在决定花费多少于植物和立木改良措施上，在决定是把树木砍掉造纸浆还是把它们保留到可作木材时都需要考虑比例性。

比例性不局限于涉及经济报酬最大化的决策，被非经济目的所促动的经营者们也要用到它。如政府官员和工程师们在确定资金的最优配置和用途时，也要应用这个方法；公共机构和私人慈善组织也应用比例性来制订各种计划和安排的组合，以使他们的活动获得最大社会效益。

经营者应用比例性概念的成功既取决于推理的明晰性，也取决于对不确定问题和不完备知识问题的反应。如果有完备的知识和预测，在把投入分配到准确的最大报酬点时，使用静态投入—产出模型是相对容易的。但是在现实生活中，大多数经营者都知道不可能事先预测将带来最高纯收益的确切产出组合。因此，在不确定性和多种要素影响经营者应用比例性时，要处理好以下几个问题：①在合理行为带范围内经营的问题；②适应动态条件问题；③处理多生产函数；④在涉及两个或多个事业时对均等边际原则的认可问题。

（2）合理行为带(zone of rational action)

成功的经营者都是在所谓合理行为带范围内经营的。合理行为带是生产者给定的生产函数中可望使其报酬可能达到最大的投入—产出组合范围。因此，合理行为带的概念与生产函数分析紧密联系在一起的(图 5-6)。一般的生产函数都可以划分为 3 个部分或阶段。第一阶段包含所经营事业对第一批变动资源投入的生产反应，在这一阶段，生产稳定地从零上升到每投入单位的最高平均自然产量点。第二阶段从最高平均自然产量点开始直至总自然报酬递减点，在这一阶段，总生产继续上升，但是平均自然产量下降，而边际自然产量降至零，这个阶段就是所谓的"合理行为带"。第三阶段是在生产者超过总自然报酬递减点后仍继续施加投入，造成资源的浪费，这显然是不合理。

大多数经营者都通过在合理行为带内经营来努力增进其利润前景，但是很多人常常超过或者达不到这个目标。之所以不能在这个合理阶段内经营，可能是由于无知、缺乏技术和管理能力，或者资源分配不当。要素成本的变化莫测和市场价格的突然变化，也会使经营者在一种不经济的水平上生产。洪水、干旱、冰雹或森林火灾之类的自然灾害对有些类型的经营也有影响。

（3）对动态条件的适应

在合理行为带内经营时还必须克服不确定性问题，现实生活中的经营者总是必须准备使决策适应动态世界的变化，在任一时刻做出的决定，都部分基于对某些已知事实的了解，部分基于关于未来价格、成本和产量形势的预测。

随着时间的推移和生产过程的展开，经营者原先的期望可能实现也可能不实现。当如预计的那样实现时，经营者常常能继续原先的行动路线。当情况变动时，警觉的经营者常常会重新考虑生产计划并作出适当调整。大多数企业管理者在进行生产经营时都必须不断修订预测并调整计划，以使企业收益最大。在这种调整过程中需要认识到：必须把已经施

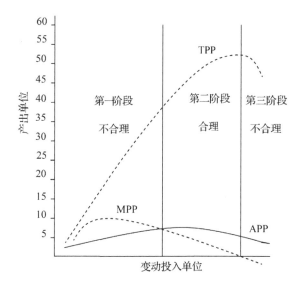

图 5-6 显示合理行为带的生产三阶段(Barlowe，1978)

行的投入看作固定要素，围绕这个固定要素来调整那些尚未实施的变动投入。

(4) 多生产函数

生产一般要包含多种多样的非一致投入(不同种类的原材料、机器和劳力)与一个固定要素的组合。有时这些投入必须一起使用，有时又可以相互替代；有时它们是不能分开的，因而必须作为整体单位使用，有时又可以把它们分成较小的使用单位。通常在不同时间，以不同的次序分别使用他们；它们也具有不同的成本，可以与其他要素作不同的组合并产生不同的结果。

生产中每一个用于固定要素组合的若干变动投入类型都有自己的生产函数，其中很多都与另一些必要投入的生产函数平行并互补。由于它们的数量较多并相伴出现，必须同时对付各种生产函数的全部组合。在这个过程中经营者会发现，变动投入的最优利用要求不同的经营规模，任一要素的最优利用点不一定就能代表整个事业的最高利润组合。

(5) 均等边际原则

均等边际原则假设经营者的生产要素供给是有限的，他通常可以把这些要素分配给多种可选择的用途，经营者可以根据实际情况对生产目标做改动。因此，均等边际原则指的是：当我们利用有限资源时，应将它适当地分配给各种用途，使其在每一种用途中所获得的边际报酬大致相等，这样才能使各种用途的总报酬最高。这个原则鼓励经营者将资源向能得到更多纯收益的事业转移，并把投入在各种事业之间作恰当分配，以能使其总报酬达最大。

5.5.2.2 规模经济

在报酬递减律的分析中，我们把土地资源(或自然资源)看作固定投入，分析劳动和资本投入的变动而引起的收益的变动情况，这比较符合短期的情况。但是从长期来看，自然资源所有权和使用权的获得也是可变的，也应看作变动要素。因此当所有生产要素都是变动投入时，也就是整个生产规模变动时，所发生的收益的变动称为规模经济。

（1）内在经济与外在经济

规模经济包括内在经济和外在经济两方面。

内在经济是指一个生产单位在规模扩大时从自身内部所引起的收益的增加，如扩大生产规模使内部分工更细，生产效率更高；减少管理人员的比例，可以购买大型设备从而提高生产率。这些都是内在经济的表现。

内在不经济与内在经济相对，一个生产单位在规模扩大时由于自身内部所引起的收益的下降。如因规模扩大而使管理不便，管理效率降低，内部通讯联系费用增加等。

外在经济是指整个行业规模扩大和产量增加而使个别企业所得到的好处。如整个农业的发展，可以使个别农户得到服务、运输、科技情报、人才供给、修理等方面的方便条件，从而使个别农场减少成本支出。

外在不经济与外在经济相对，整个行业规模扩大和产量增加而使个别企业成本增加，收益减少。如整个行业的发展，可能使招工困难，动力不足，交通运输紧张，地价和原材料价格上涨等，从而使个别企业减少收益。

（2）规模收益的变动

①规模收益递减　规模扩大后，收益增加的幅度小于规模扩大的幅度，称为规模收益递减。这种情况是规模不经济的结果。规模收益递减也包含这种情况，即规模扩大后，不仅收益增加的幅度小于规模扩大的幅度，而且收益绝对地减少，即规模扩大使边际收益为负数。

②规模报酬递增　规模扩大后，收益增加的幅度大于规模扩大的幅度，这种情况是规模经济的结果。规模扩大是有限度的，超过一定限度后，规模收益递增将变为规模收益递减。

③规模收益不变　规模增加幅度与收益增加幅度相等，这通常是从规模收益递增转变为规模收益递减之间的过渡阶段发生的情况，一般不会持久。

④适度规模　自然资源开发利用和任何事业一样，都有适度规模的问题。适度规模的原则，至少应该是使得规模收益不变，它应尽可能使规模收益递增，而不能使规模收益递减。规模小于适度规模的企业在竞争中处于不利地位，规模大于适度规模的企业将会分解为较小的生产单位。

5.5.2.3　限制要素和关键要素的重要性

由于个别生产者所得到的资源常常具有稀缺性和不可分性，因此，鉴别限制要素和关键要素并作出相应的调整就显得至关重要。

（1）不可分的投入

多数生产组合中常常出现的不可分投入问题，提供了生产中限制要素和战略要素的一个重要实例。由于其不可分性，这些投入常常使经营者们必须作出选择，或者使用比所需更多的资源供给，或者满足于比最有效使用所需更少的供给。

（2）生产中的资源替代

生产者在生产过程中会发现可以用不同的投入要素组合来保证大致相等的纯收益，这就是说他们可以通过以其他资源来替代供应短缺的资源，从而适应他们的限制要素。如一个经营者的劳动供给短缺时，可以使用节省劳动的机器，以资本来代替劳动。

当一种资源投入的价格对于一种可替代物的价格相对增加时，经营者的投入通常转移向替代物。所以劳动成本相对于机器成本上升将使经营者考虑安装自动化设备。

(3) 均等边际原则与机会成本

机会成本是指把一定的资源用于生产某种产品时，所放弃的生产另一种产品的价值，或指利用一定的资源获得某种收入时所放弃的另一种收入。如一块土地可以用来种植小麦，也可以种植大豆，为种植小麦而放弃的大豆产量的价值就是生产小麦的机会成本。

从机会成本的概念可以看出均等边际原则的正确性，均等边际报酬也就意味着相同的机会成本。在经济分析中，均等边际原则用于生产要素的投入组合分析，而机会成本常与影子价格联系起来，广泛用于费用—效益分析当中。

5.5.2.4 比例性与宏观资源问题

(1) 自然资源的极限

从报酬递减律上可以看到自然资源的极限，把自然资源看成固定的要素，在人口不断增加，消费水平不断提高的今天，要满足人类需要就不得不加大资本、劳动(包括技术)的投入。但规模报酬递减律告诉我们，人类最终会面临报酬全面递减的问题。事实上，当今世界上很多地方已出现生产成本上升而单位成本收益下降的现象，从而使自然资源保护和开发的问题日益紧迫。由于最好的且最易获取的自然资源已经被开发利用，人类面临越来越大的困难，去开发那些丰度和区位都较差的自然资源，其劳动和资本的投入需要大大增加，而其产出却相对减少。随着需求的进一步增加，这个问题会变得越来越严重。

(2) 技术的作用

报酬递减律假设是在一定技术条件下，会出现的现象。但是一旦科学技术发生变化(尤其是发生革命性变化)时，将对生产要素的投入组合产生巨大的影响。现代科学技术一再防止或者至少是推迟了报酬递减的出现，科学技术进步为改进比例性提供了成千上万种方式，新技术使过去几乎无用的自然资源获得新的价值。总之，新技术和科学知识的不断应用可以减缓报酬递减规律的作用，然而，能减缓到多大程度还是不确定的。但是可以肯定的是，世界上自然资源基础的承载力是有限的，人口数量不能无限增长下去，人们不能在一个只有立足之地的地球上享受科学技术所带来的富裕生活，人口数量必须控制在一个适度水平上，否则人类将受到报酬递减的威胁。

5.5.3 资源利用的集约度

集约度(intensity)主要应用在土地利用上，指的是生产过程中与单位土地相结合的资本和劳动的相对数量。每单位土地上包含很高比率的资本和劳动投入的土地利用类型是集约利用，相对于所用资本和劳动数量包含了更大面积的那些利用则称为粗放利用。

5.5.3.1 土地利用的集约边际和粗放边际

理解土地利用的集约度最重要的是区别集约利用和粗放利用，区别土地利用的集约边际和粗放边际。在农业土地利用中的集约边际和集约度的最高限度，是一定自然资源利用中所增加的产值刚好能补偿其追加的劳动和资本成本的那一点。这个概念不仅适用于农业，也能应用于城市、矿产、运输和其他土地利用。集约边际是随着边际成本超过边际报酬以前所能施加的最后一个相继变动投入单位而达到的。

而土地利用的粗放边际可以看成集约度的最低限度，在这个边际上的土地只能使产出刚够补偿生产成本。集约边际适用于土地的所有生产利用，集约边际代表了社会中的一般情况，用以确定最有利的变动投入量。粗放边际则不同，它只适用于那些即使在经营地也仅仅是不倒闭的经营者，粗放边际用来确定可投入利用的自然资源的最低质量和最差通达性，以能保证生产一定产品时的产量足以补偿他们的变动投入成本，这主要取决于市场价格和需求的影响。

5.5.3.2　影响利用集约度的要素

土地利用的集约度通常反映出土地的自然特征、相对于市场的区位和一般利用潜力。影响土地利用集约度的要素主要有以下几种：

（1）产品的价格

当产品价格上升时，经营者常常认识到对已开发土地作更集约利用和把未开发土地投入粗放边际上的利用是有利的；而产品价格的下降则有相反的作用。

（2）生产和销售成本

生产和销售成本的变动也会影响土地利用集约度。如果成本较高而价格不变，则经营者一般认为有必要紧缩生产；若生产和销售成本降低而价格不变，则通常会促进更为集约的利用，直到追加投入增量使得边际成本等于边际报酬的新点。

（3）人口增长压力

不断增加的人口压力一般会要求更集约的土地利用。有时这是由需求增加对产品价格的影响而引起的。按照马尔萨斯的观点，这也起因于人口压力在迫使劳动成本降低到维护生存水平时可能具有的作用。

（4）生产中的限制要素

生产中的限制要素对于土地利用集约度的影响。当工业设施、商业铺面或农场中所包括的土地或空间供给是限制要素时，经营者们就受到充分的经济刺激要把他们的经营推进到集约边际。但当某些非土地资源如经营者的管理能力、不充分的经营资本供给或固定的劳动力是限制要素时，经营者们就认识到围绕他们的稀缺资源来安排各种要素的比例是最为有利的，即使这会导致集约度较低的土地利用。

（5）经营者态度

家族和经营者的态度对于集约化实践的影响。某些侨民组织和宗教社团时常表现出接受艰苦劳动和低生活水平的愿望，在这种价值取向下，这些经营者认为可以把生产推进得比大多数与之竞争的经营者更远。

总之，土地利用的集约度包括若干相互关联的作用要素。一般而言，具有高利用潜力的地区比具有低生产潜力的地区可以作更集约的利用。在实践中是否遵循这个关系，取决于其他因素的作用和相互关系，这些要素有人口压力、经济社会发展阶段、资本和劳动的可得性、土地所有者和经营者的态度和目的等。包含这些要素中的差别有时会导致具有有限潜力的地区的集约利用，而附近具有更大生产潜力的地区却仍旧开发不足或利用不足。

本章参考文献

Miller Jr G T, 1990. Resource conservation and management Belmont [M]. California：Wadsworth Publishing Company.

Rees J, 1999. Natural Resources——Allocation, Economics and Policy [M]. 2nd ed. London：Routeledge.

蔡运龙, 2007. 自然资源学原理[M]. 2 版. 北京：科学出版社.

封志明, 刘宝勤, 杨艳昭, 2005.《中国耕地资源数量变化的趋势分析与数据重建：1949—2003》[J]. 自然资源学报, 24 (1)：35 – 44.

胡兆亮, 1999. 中国区域发展导论 [M]. 北京：北京大学出版社.

连亦同, 1987. 自然资源评价利用理论[M]. 北京：中国人民大学出版社.

林伯强, 蒋竺均, 2009. 中国二氧化碳的环境库兹涅茨曲线预测及影响因素分析[J]. 管理世界(04)：27 – 36.

罗浩, 2007. 自然资源与经济增长瓶颈及其解决途径[J]. 经济研究(06)：142 – 153.

石玉林, 2006. 资源科学[M]. 北京：高等教育出版社.

赵占元, 王建瑞, 1993. 关于自然资源的价值、价格问题[J]. 河北地质学院学报, 16(6)：614 – 620.

朱启贵, 1999. 可持续发展评估[M]. 上海：上海财经大学出版社, 154 – 159.

第6章 自然资源综合评价

　　自然资源的地理分布不均衡，其数量、质量、开发条件和探知程度都因地而异，但它们往往是紧密结合，呈整体出现，开发利用某种自然资源会牵动全局，这就要求进行自然资源综合评价。自然资源综合评价是以单项评价为基础，从利用的角度对区域自然资源进行的综合鉴定和分等定级。它是以单项评价为基础的，但不是单项自然资源评价结果的罗列或简单的算术叠加。自然资源综合评价的理论基础在于自然资源的时间性、空间性和整体性。自然资源综合评价的特点在于综合，应全面评价自然资源的整体组合状况，起到总体大于局部之和的作用。综合评价可以科学地揭示资源的优势与劣势，开发利用潜力的大小，限制性因素及其强度，并指出克服的途径，从而为自然资源的综合开发利用服务。

6.1 自然资源综合评价的基本理论

　　自然资源作为"自然要素禀赋"，是经济社会发展必不可少的重要条件。按当今生态文明建设的要求，需要对自然资源进行综合评价，构建科学合理的自然资源评价系统，即以人类与自然资源协调发展为导向，通过自然资源在时间和空间上的合理配置，实现自然资源的可持续利用。自然资源综合评价是按照一定的评价准则，对特定区域的自然资源的数量、质量、地域组合、空间分布、开发利用、治理保护等进行定量或定性的评价和估价。

6.1.1 自然资源评价的概念与分类

　　自然资源评价(natural resources evaluation)是按照一定的评价原则或依据，对一个国家或区域的自然资源的数量、质量、地域组合、空间分布、开发利用、治理保护等进行定量或定性的评定和估价(孙鸿烈，2000)。自然资源评价以自然资源的考察研究工作为基础，是自然资源合理利用的前提条件和依据所在。其目的是从整体上揭示自然资源的优势与劣势，提出开发利用和治理保护的建议，为充分发挥自然资源的多种功能和综合效益提供科学依据(孙鸿烈，2000)。根据资源类别、属性、形成原理和形成条件及时空分布规律，对其资源数量、质量和可使用情况进行客观评述和估价。因评价对象不同，资源评价有多种分类。

　　根据评价对象，自然资源评价可以区分为单项自然资源评价和自然资源综合评价。

　　单项自然资源评价是针对具体某项资源的数量、质量(包括相关资源的限制性因素)、分布及潜力进行类型划分，分等评级，并建立一套评价方法和评价的指标体系，进而提出一系列开发方向和克服限制性因素的方案。单项自然资源评价包括土地资源评价、水资源评价、气候资源评价、森林资源评价、草地资源评价、海洋资源评价、矿产资源评价、能源资源评价和旅游资源评价等。单项资源评价一般针对性和适用性较强，评价方法和评价效果适应于处在发展中的国家和地区。经过大量的工作实践，目前的自然资源的单项评价已基本形成各自的评价方法和评价指标体系。

自然资源综合评价主要针对一定地域中资源的种类、数量、质量（品位）进行整体评价，对资源的组合、资源种类的价值构成及开发序列进行分析，为资源的地域性开发表明开发方式、开发程序，力求一定地域中资源开发，实现合理有效的开发。自然资源综合评价是以单项评价为基础，但不是单项自然资源评价的简单罗列或者简单的算术叠加。通过综合评价揭示自然资源的整体性质和功能，为自然资源的综合开发利用服务。自然资源综合评价大致包括：确定综合评价的目标、划分自然资源的组合类型作为综合评价的基本单元、选定评价的项目及指标、根据所选项目对基本单元进行评价，得出质量优劣的判断，进而指出自然资源综合开发类型、开发方向和开发顺序（封志明，2004）。

6.1.2　评价目标与原则

自然资源综合评价以自然资源的调查为基础，是自然资源合理配置、综合利用的前提与依据。其目的是从整体上揭示自然资源的优势和劣势，提出开发利用和治理保护的建议，为充分发挥自然资源的多种功能和开发利用效益提供科学依据。

通过自然资源综合评价，对待评价区域内的各种自然资源的数量、质量、地域组合、空间分布、开发利用、治理保护等有一定的了解，分析区域自然资源的丰度、优劣势和区位条件，估算优势资源的开发潜力。以人类与自然资源协调发展为导向，通过自然资源在时间和空间上的合理配置，实现自然资源的可持续利用。自然资源综合评价不仅包括对自然资源数量、质量和区域分布在内的自然评价，而且还包括自然资源价值的评估、核算和自然资源开发利用时、空次序的合理安排。通过对自然资源供给稳定、社会经济发展和环境保护三者之间内在协同机制的揭示，寻求最合适的自然资源开发利用与环境保护路径，为构筑和形成适用生态文明要求的自然资源规划与战略打下科学基础。

针对以上综合评价目标，设置如下 5 项综合评价的原则：

①以人类利用为核心原则　只有当自然资源环境中的物质和能量为人类所利用时，才能称之为资源。因此，对自然资源的综合评价，必须以人类利用为核心。资源在被利用的过程中，会因为利用目的的不同，而有不同的评价标准。

②最大效益原则　资源的本质是一种特殊的商品，参与经济和社会活动。因此，资源的评价应该遵循经济活动的规律：即以最小的投入，获得最大的经济效益。在进行自然资源的开发利用时，应该考虑资源本身的价值和投入的成本以获得最大的生态经济效益。如可燃冰的开采上，固然可燃冰的储量丰富，可缓解当今能源紧缺的现状，但是可燃冰的开采成本太高而目前很难大批地代替现有的化石燃料。

③综合性原则　自然资源和其所处环境是一个有机的整体，并且分布在特定的区域，地球表面地域辽阔，由于地形和气候的差异，具有很大的空间异质性。因此自然资源的综合评价应根据特定区域内资源的数量、质量、分布特征等，结合区域的自然条件和经济水

平，进行综合的开发利用。

④实用性原则　在进行自然资源综合评价时，其采用的评价指标、方法等，应在保证科学性的前提下，充分考虑现实情况，既便于获得，又易于操作。

⑤可持续发展原则　在进行综合评价时应统筹规划自然资源开发利用，使自然资源开发利用保持在生态容量以内，既满足社会经济发展的资源需求，又不会对自然生态系统造成危害，实现资源、经济发展与生态环境的协调与可持续发展。

6.2　自然资源调查评价的主要内容

自然资源综合评价以自然资源的调查为基础，是自然资源合理配置、综合利用的前提与依据。因此对于单项自然资源的调查和评价十分重要。在此介绍几种自然资源的调查和评价的主要内容(石玉林，2006)。

6.2.1　土地资源调查评价

6.2.1.1　土地资源调查

土地资源调查是指为查清国家或地区某一单位的土地数量、质量、分布、利用状况进行的有目的的、系统的、科学的量测等调查登记工作。其目的是摸清家底，合理调整土地利用结构和生产布局，为制定农业区划和土地利用规划提供依据，为土地动态监测、科学管理土地创造条件。土地资源调查的内容包括：土地资源的类型、数量质量、空间分布、利用状况、适应性、生产力水平和土地权属等。由于土地资源有自然属性和社会属性，因此，调查一般包括以下 5 个方面：土地利用现状调查；地籍调查(即土地权属调查)；土地适宜性、土地质量调查；专项土地资源调查(如灾害、水土流失、荒漠化等)；区域土地资源综合调查。土地资源调查最终形成的成果通常是各种图表和文字报告。

6.2.1.2　土地资源评价

土地资源评价是针对一定的利用目的，对土地资源的性状进行质量鉴定的过程。土地质量指对土地利用有利或不利的各种性质及其相互影响、相互制约过程的总和。土地质量可以表现为正反 2 个方面，对土地用途产生有利影响或作用，构成土地利用的适宜性；产生不利影响或作用，构成土地利用的限制性。通过土地资源评价，阐明土地对特定用途的适宜性或限制性、生产能力、利用效率、划分土地资源等级；指出利用现状的合理程度，改变不合理利用现状的可能性及其条件，提高土地生产能力的途径与措施；预测分析土地自身的环境变化。土地资源评价一般包括以下 3 个方面：土地资源潜力评价、土地资源适宜性评价、土地经济评价。

6.2.1.3　全国土地资源调查评价

这是一项具有重要意义的国情和国力调查评价工作；是对我国土地资源类型、数量、质量、利用状况、空间分布、生产潜力、适宜性以及其他社会活动中利用和管理的状况进行的综合调查评价。准确的土地资料是编制国民经济计划、制定土地等相关政策的重要依据。我国有几次全国性的土地调查，20 世纪 80 年代的"中国 1∶100 万土地资源图"的编制，1995—2000 年以土地利用现状为主要内容的 1∶25 万国家基本资源的遥感动态勘测，由国务院部署的全国最重要的一次土地资源调查，从 1984 年开始直至 1999 年完成。第二次全国土地调查于 2007 年 7 月 1 日全面启动，以 2009 年 12 月 31 日为标准时点汇总二次调查数据。第三次于 2017 年下半年启动，第三次全国土地调查的主要任务，是在第二次全国土地调查成果基础上，按照国家统一标准，在全国范围内利用遥感、测绘、地理信息、互联网等技术。其目的是全面查清当前全国土地利用状况，掌握真实准确的土地基础数据，健全土地调查、监测和统计制度，强化土地资源信息社会化服务，满足经济社会发展和国土资源管理工作需要。

6.2.2 矿产资源调查评价

6.2.2.1 地质矿产调查

地质矿产调查指为查明一个国家或一个特定区域基础地质状况、各种矿产资源的蕴藏前景、地质环境状况所进行的有目的的、系统的、科学的各种调查活动的总称。地质矿产调查通常包括基础地质调查、矿产资源调查和地质环境与地质灾害调查。地质矿产调查的工作成果可以为国家制定国民经济和社会发展规划、计划、政策提供基础资料，为商业性矿产资源勘查提供依据，为地质灾害监测和防治提供信息，为地质科学发展提供理论研究成果，为政府履行规划、管理、保护和合理利用矿产资源的职能提供服务，为全社会提供各种地质资料信息。我国地质矿产调查的任务主要包括：基础调查、矿产资源调查、环境与地质灾害调查。

6.2.2.2 矿产资源评价

矿产资源评价是通过地质的、技术的、经济的、社会的、资源环境的评价方法，对矿产资源形成的地质条件、矿产类型、蕴藏数量与质量、空间分布、开采利用的可行性等进行的集合评价。矿产资源的评价通常分为地质评价和经济评价 2 类。地质评价是应用地质技术方法，从矿产资源本身的形成、分布规律与工业技术要求出发，研究矿产资源远景、与开发有关的各种要素，以便确定矿产资源的勘探方向和肯定其是否具有工业价值，提出开采利用可能性的依据。地质评价一般选用以下 5 项评价指标：①矿床类型；②矿产储量；③矿石质量；④矿床开采条件；⑤矿区自然经济条件。经济评价是对矿产资源开发利用的经济效益及有关经济问题的评估和分析的统称。按评价的对象、范围的不同可分为全国矿产资源综合评价、区域矿产资源经济评价和矿床技术经济评价 3 个层次。

6.2.3 水资源调查评价

6.2.3.1 水资源调查

水资源调查是通过区域普查、典型调查、临时测试、分析、估算等途径，在短期内收集与水资源评价有关的基础资料的工作。它是对长期定位观测、常规统计及专门测验的补充，其调查包括以下几方面：

①水文调查　包括水量调查、暴雨洪水调查、专项水文调查等调查内容。

②水文地质调查　是对地下水的贮存补给、径流、排污条件、水量、水质、分布、埋

测等的量测。

③用水调查　包括消耗用水和非消耗用水调查。

6.2.3.2　水资源评价

水资源评价是按流域或地区对水资源的数量、质量、时空分布特征和开发利用条件所作的全面分析估价。它是水资源规划、开发利用保护和管理的重要基础，为国民经济和社会发展提供水决策的依据。我国水资源评价包括以下内容：

①水资源分区，它是水资源定量计算和供需平衡分析的地域单元。

②地表水资源量。

③地下水资源量。

④水资源总量，指某一区域内，降水量形成的地表和地下的产水量。

⑤水资源时空分布，通常指降水量和径流量的地区分布、年际变化。

⑥水质评价，指根据不同用途，对水质的定量评价。

6.2.4　气候资源调查评价

6.2.4.1　气候资源调查

气候资源调查是获取气候资源信息的一种方法。气候既是自然环境的组成要素，又是自然资源的组成部分。在气候要素中，一部分要素属于自然条件，即气候环境。部分要素属于自然物质和能量，称之为气候资源。气候资源调查可分普查和专题调查两类。普查是某区域气候资源及有关情况的全面调查，包括：①气候资源的数量、质量、个别年份的极端值；②与气候资源有关的地理、土壤、植被状况、农业生产状况、作物布局、耕作制度、主要作物生育期、自然灾害、抗灾经验等；③气候资源与交通、建筑、医疗、旅游等有关的问题以及开发利用气候资源的程度和方法。专题调查围绕工农业生产中气候资源有关的某些重大问题进行，例如，我国于 20 世纪 70 年代进行的江苏省苏州地区光、热、水资源与双三熟制种植适宜性调查。

运用遥感技术方法获取实时、宏观气候资源变化与空间分布特征的信息，是气候资源调查的重要手段，研究较多又比较成熟的有热量资源的卫星遥感、辐射资源的卫星遥感、降水资源的卫星遥感和旱涝灾害的卫星遥感等。

6.2.4.2　气候资源评价

气候资源评价是根据气候资源科学的原理和方法，分析和评定地区、国家和全球的气候资源状况及其对人类生产、生活的影响程度。气候资源评价的目的在于弄清气候资源的数量与质量及其对自然环境、社会经济的影响，用于评估气候资源历史变化、掌握现状、预测发展趋势。气候资源评价包括总体气候资源评价和光、热、水、空气等分项评价。评价的内容包括数量评价(资源量多少、现实生产力、生产潜力等)、质量评价(适宜性、等级、可利用性，大气污染等)、全球性和区域性评价(成因、范围、传播等)、稳定性评价(气候变化、气候灾害等)、效益评价(转换效率、经济效益、社会效益等)、影响评价(对农业、工业、自然环境、社会等的影响)。

6.3 自然资源综合评价的内容和方法

6.3.1 综合评价的内容

自然资源类型多种多样，评级的侧重点也各不相同，因而自然资源评价的内容繁多。但是，一般而言，自然资源综合评价包括如下 3 部分内容。

①调查评价资源的数量、质量、地域组合、空间分布、开发利用情况与治理保护程度等条件　区域是地理空间的一种分化，分化出来的区域一般具有结构上的一致性或整体性，作为地球表面的一部分，它含有若干种资源。区位作为各种资源的承载体，每类资源都有不同的数量和质量特征，并在区域内形成一定机构，由于区域资源的种类、数量、质量、结构和空间组合态势等直接影响着区域经济发展的规模、速度、方向以及区域经济结构的调整和优化，所以在开发利用区域资源之前要调查评价资源的种类、数量、质量以及资源潜力和保证程度。

②评价资源区位与开发条件　综合评价要求全面、深入地分析区域内各种自然资源和社会资源的数量与质量、优势与劣势、现状与潜力、开发利用条件和限制因素，以及资源开发的经济、社会和生态效益的分析，并同其他区域乃至全国、全球相关资源比较，从而科学地选择区域资源开发利用方向和主导产业。

③根据生态文明建设提出区域的保护措施　在区域资源综合评价时，不能只评价资源的开发利用价值，还需要考虑资源开发利用后产生的生态问题以及如何保护自然资源，使自然资源利用维持其生态功能的正常性。

6.3.2 综合评价的方法

自然资源综合评价方法非常多，但大体可以概括为如下 6 类(徐樵利等，1989；封志明，资源科学导论，2004)：

①主导因子评判法　在影响某一资源质量的多个因子中选择一或两个起决定性作用的主导因子作为资源综合评价或划分等级的依据。对起主导作用的评价因子，建立一个或多个能全面确切地表达它的评价指标，并对每一个指标按一定标准做出分级，便可得到一张可以用于资源评价分级的标准表。评价人员只需取得该资源的主导因子在不同地段即评价单元的全部指标，便可与评价标准表对照迅速获得每一个评价地段即评价单元的级别。

②最低限制因子评判法　选取多个限制因子作为评价因子，各限制因子按其对资源的限制程度进行指标分级，即划分为不同级别的定量或定性的评判指标或标准。然后对被评价对象的各个限制因子一一评定其级别记录在评价表格中，最后以限制因子评定的最低级别来确定被评价对象的等级。

③多因子综合评判法　选取对某一资源的质量有影响的多个限制因子作为评价项目，然后将每个评价项目进行指标分级，最后将各限制因子即评价项目评定的级别采用一定数学方法综合评判被评价资源的质量等级。

④地域对比评判法　将某一资源与具有同一资源的地域单元通过反映该资源质量特征

的各有关指标的系统对比，来评定该区域单元某项资源的总体条件，进而得出相对优劣的综合评价。

⑤标准值对照评判法　根据国家或国际上规定的质量标准或者科学界公认的质量分级标准，将它与被评的某一资源质量的实际值相对照，借以评定其等级。

⑥综合指标评判法　选取公认的能反映某一资源质量的综合性指标并将综合性指标进行分级，用以评定该种资源的等级。同时比较两个以上地域单元的评价结果就可以获得资源优劣的明确概念。

6.3.3　综合评价的工作程序

不同类别的资源评价，其评价目的、内容与方法不同，其工作程序有别，但总体而言，其评价程序大体相似，一般可划分为室内准备阶段、野外调查中间阶段、室内成果整理阶段 3 个，其中每个阶段又包括以下若干工作环节：

①明确评价区域，整理区域的自然资源资料数据，掌握该地地理环境和地质条件，了解地域中资源的种类、数量、质量和分布情况。这是自然资源综合评价的基础。

②通过对自然资源综合评价因素的分析，构建自然资源综合评价指标体系，划分各因子的评级分级与权重，综合定量评价自然资源系统特征。

③对评价划分的各等级的资源利用方式进行具体规划，指出该区域自然资源的开发利用方式、次序和开发利用中应注意的问题。

综合评价指标体系与综合评价模型的构建，是自然资源综合评价的核心。评价指标科学、代表性好、操作性强；评价模型和评价标准科学合理是科学、合理决策的前提。

6.3.4　综合评价的指标体系

综合评价的评价因子有以下几种：

①地壳资源因子　主要包括矿物的分布，化石燃料的分布等。

②生物圈因子　主要包括由地貌、土壤、植被等因素构成的土地资源，由地表水、地下水构成的水资源，由光、热、水等因素构成的气候资源和由各种动植物构成的生物资源。

③区域资源因子　主要包括社会、经济、文化、交通价值。

自然资源综合评价的指标体系主要包括以下 3 种：自然资源系统的适应性评价体系、自然资源的价值评估体系、自然资源开发利用的环境影响评价体系。

6.3.4.1　自然资源系统的适应性评价体系

适应性是指调整或改变系统与环境更协调的过程，反映了系统对内外条件变化所做出调整的过程和目标，是系统的一种自我发展能力，目的是降低脆弱性，增强系统的可持续性。自然资源综合评价核心是评价资源开发利用与社会经济系统、生态维护之间的协调性与稳定性，其关键就是自然资源系统的适应性评价。自然资源系统为区域经济社会系统发育提供物质能量和空间场所，决定着区域产业系统的发展方向、规模和生命周期，自然资源综合评价的重点就是要评价区域的资源环境本底及其对未来发展安全的保障程度，其中资源环境本底提供了产业系统发育的可能性，而资源环境安全保障程度的评价有利于明确区域产业系统的未来发展规模和方式。

6.3.4.2　自然资源的价值评估体系

自然资源价值评估是在资源数量评价、质量评价和分布组合评价的基础上，对自然资源价值、区域自然资源开发利用方案的成本—收益等方面进行的综合评估。自然资源价值包括3个部分：①自然资源本身的价值，即未经人类劳动参与的天然产生的那部分价值；②附加于资源上的劳动价值；③由资源供求关系所决定的稀缺价值。

6.3.4.3　自然资源开发利用的环境影响评价体系

自然资源是人类赖以生存和可持续发展的物质基础，如果资源已不能持续利用，则可持续发展根本就无从谈起。然而长期以来，由于人们对资源的有限性与真实价值认识不清，宏观战略决策失误、生态保护机制不健全、过度开发与粗放野蛮经营等诸多原因，国家自然资源浪费严重，生态破坏形势严峻，如森林减少、湿地萎缩、物种消失、多样性减少、土地酸化、盐渍化、沙漠化、水土流失、河流断流、旅游资源破坏、饮用水源枯竭、自然灾害加剧等，这些都是可持续发展的重大障碍。传统的环境影响评价只考虑影响环境的部分因素和直接经济效益问题，更多地进行单工程的环境评价，而不注重区域和整体环境评价。所以自然资源开发利用的战略环境影响评价是中国推行科学可持续发展的当务之急和重要内容，其目的就是要对自然资源的开采开发利用限度、恢复能力和科技进步对减缓环境干扰程度的作用进行综合评价，探讨以最低环境成本确保自然资源可持续利用的最佳方案。

6.4　我国自然资源综合评价

通过自然资源综合评价，能够提高对研究区内各种自然资源的数量、质量、结构等方面的定量了解程度；揭示各种自然资源空间组合及数量结构上的配置问题；明确所研究区自然资源的整体优势和劣势；分析优势资源在研究区所占的地位；估算优势资源的开发潜力；为自然资源开发利用规划和国民经济发展长远规划服务，为充分发挥自然资源的多种功能和综合效益提供科学依据。

6.4.1　自然资源丰度

自然资源丰度通常是指自然资源的丰裕程度，既可指单项资源，如耕地、森林和水资源等的丰度，也可指某类资源组合，如农业资源、能源资源或矿产资源等的丰度，又可指某个国家或地区内各种自然资源的总体丰度。资源丰度是评价国情、区情的重要指标之一。对自然资源丰度的衡量主要有两种，绝对丰度和相对丰度。各区域资源拥有量反映了自然资源的绝对丰度，在绝对丰度的基础上考虑区域人口和面积的因素则反映了自然资源的相对丰度。

国际上还没有一种方法能够完全精确地度量自然资源的丰裕程度，因此只能用一些尽量接近实际的方法和指标来代表自然资源的丰裕程度。不同的学者以不同的指标来衡量资源丰度。资源丰度一般可以用资源量、地均资源占有量或人均资源占有量来表示，这三种衡量方式都是制定区域规划与发展战略的主要依据。

综合目前国内外对自然资源丰度的定义——单项自然资源丰度结合资源量、地均资源占有量或人均资源占有量 3 种表示方式，对集中型和分散型资源分别用不同的形式来表示，集中型资源气候资源、能源资源和矿产资源以储量来衡量，即绝对丰度；分散型资源土地资源和水资源既考虑人口因素也考虑面积因素，以相对丰度来衡量。

自然资源总丰度是指根据一定的方法使各单项资源丰度具有可比性，并综合成不同尺度区域的总丰度，代表一个区域自然资源总的丰裕程度。对于发展中国家来说，资源是经济发展的主要物质基础，资源丰度的大小与组合状况，必然会影响到当地经济特征、产业结构、能源和原材料交换等许多方面。

6.4.1.1　资源丰度综合评价的因子选择

(1)资源丰度综合评价因子选择的原则

资源丰度内涵丰富、涵盖面广决定了其综合评价因子的选择是一项复杂的系统工程，这一过程一般遵循以下原则：

①科学性原则　所谓科学性，是指一门学科所具有的对象的客观性、规律的重复性、理论的可检验性、理论体系的逻辑严谨性、科学性与价值的统一性，这是自然科学和社会科学对科学性的广义定义。就因子选择而言，既要符合上述几个方面的要求，又要符合资源丰度自身特点，必须能够反映资源丰度的物质技术基础、内部构成、发展现状和变化趋势，能够揭示资源丰度的主要本质特征和内在规律，既全面覆盖、结构层次合理，又繁简得当、代表性强，经得起不同观点和意见的质疑、推敲和论证。

②客观性原则　所谓客观性，就是选择的因子必须尽可能与资源丰度的客观实际相吻合，符合客观发展的规律。进入综合评价的因子的各种数据，要尽可能使用直接数据，少用经过间接量化、含有主观判断因素的间接数据，如问卷调查和合成数据等。所选用的各种基础数据，要有准确的统计，尽可能是来自国家和统计部门和专业部门所发布的统计数据，如国家和省出版的统计年鉴、国家有关部门的专业年鉴，具有较强的权威性和可靠性。

③系统性原则　所谓系统性，是指综合评价因子是一系列相互联系、相互影响、相互作用的有机整体。评价因子的选择，必须充分体现资源丰度系统的完整性。

④可行性原则　所谓可行性，是指在做评价因子的选择时，便于操作，切实可行。由于资源丰度涉及的面非常广泛，通常需要一个庞大的体系来支撑，所以需要在保证综合评价模型准确性的前提下，尽可能地减少因子数量，做到简明扼要。

(2)省际自然资源丰度评价因子的选择

按照自然资源的特征和分类，从数据的可得性与操作性来考虑，省际自然资源丰度可选取 5 个二级因子和若干三级因子。

①二级因子　二级因子可分为气候资源、水资源、土地资源、能源资源、矿产资源等因子。水、土、生物和气候资源是人类社会生存的根本，矿产、能源则是人类社会发展的基础。长期的实践表明，任何国家和地区发展对资源环境基础的整体需求基本就是以上五

大资源的组合模式。

气候资源 气候资源是指能为人类经济活动所利用的光能、热量、水分与风能等，是一种可利用的再生资源，也是我国的十大自然资源之一。气候资源是一种宝贵的自然资源，可以为人类的物质财富生产过程提供原材料和能源。随着社会经济发展和科技进步，人类对气候及其规律性的认识逐步深入，对气候资源利用的自觉程度也随之逐步提高。与此同时，社会生产对气候及其变化的敏感性、依赖性日益增强，人类活动对气候的影响也日益显露。在经济建设和社会发展过程中，合理利用气候资源，可取得良好的社会、经济、生态效益，反之，则会遭受经济损失，破坏气候资源，甚至诱发气候灾害。

水资源 通常所说的水资源是指陆地表面及表层中短期内可由降水补给更新的淡水资源。包括地表水资源和地下水资源。

土地资源 土地资源作为一种自然资源，是资源资产的重要组成部分。

能源资源 现在能源极大部分是石油、煤炭和天然气，都是一次性能源，不能再生。随着自然资源的减少，其工业价值将不断上升。如石油，同样是一种重要的化工原料，它所能产生的价值不断提高。

矿产资源 矿产资源指经过地质成矿作用，使埋藏于地下或出露于地表、并具有开发利用价值的矿物或有用元素的含量达到具有工业利用价值的集合体。矿产资源是重要的自然资源，是社会生产发展的重要物质基础，现代社会人们的生产和生活都离不开矿产资源。除去能源资源，矿产资源主要包括黑色金属、有色金属和非金属矿产。

②三级因子 三级因子的选择上将二级因子的气候资源、水资源、土地资源、能源资源、矿产资源加以细化。

气候资源 气候资源主要包括光能资源、热量资源和降水资源。太阳的光辐射是极其重要的能源，它不仅给地球和人类带来光明，而且维持植物生长和开花结果，供给人类和动物生命的碳水化合物。热量资源是人类生产、生活所必需的资源，是决定作物种类和熟制的最重要因素，通常以温度统计量来表示。大气降水量的多少及时空分布，往往决定区域的干润程度，也影响到河流流量、湖泊和水库水量的多少，从而直接或间接影响到对工农业生产的供水状况，制约区域的生产发展。所以气候资源的三级因子由日照时数、平均气温和降水量3个因子来衡量。

水资源 水资源的三级因子用水资源总量来衡量。

土地资源 土地资源包括耕地(总资源)、林业用地、牧草地、园地、湿地5个方面的土地资源的面积。

能源资源 能源资源主要选取一次能源，包括石油储量、天然气储量和煤炭储量。

矿产资源 矿产资源的分布具有很强的地域性，省际因子选择中主要选择绝大部分城市都拥有的资源来进行评价，包括铁矿石基础储量、锰矿石基础储量、铜矿基础储量、铅矿基础储量和锌矿基础储量。

6.4.1.2 资源丰度估算方法

自然资源丰度的估算，关键在于寻找多种资源综合可比的计算单位和计算方法。目

前，常用的计算方法有层次分析法、模糊评价法、指数表示法、农业资源丰度指数模型
4 种。

（1）层次分析法

层次分析法（AHP）是美国运筹学家、匹兹堡大学数学家 T. Satty 于 20 世纪 70 年代中期提出来的一种实用多目标决策分析方法。它将定性和定量指标统一在一个模型中，既能进行定量分析，又能进行定性的功能评价。这种方法是根据问题的性质和达到的总目标，将复杂问题分解成按支配关系分组而形成有序递阶层次结构中的不同因素，由人们通过两两比较的方式确定层次结构中各因素的相对重要性，然后综合比较判断的结果以确定各个因素相对重要性的总顺序，其中最关键的问题是如何得到影响因素的权值和各候选方案在每个影响因素下的权值。层次分析方法的基本原理是首先将复杂问题分成若干层次，以同一层次的各要素按照上一层要素为准则进行两两判断，比较其重要性，以此计算各层要素的权重，最后根据组合权重并按最大权重原则确定最优方案。

（2）模糊评价法

模糊评价法是 20 世纪 60 年代兴起于西方国家的一种评价方法，已被广泛应用于能源、矿产、生态环境等领域，也是资源丰度常用的评价方法之一。模糊评价法首先给定 2 个有限论域：即 $A = \{a_1, a_2, \cdots, a_n\}$，$B = \{b_1, b_2, \cdots, b_m\}$，其中 A 为所选取的评价因子的集合，有 n 个元素；B 为评价等级所组成的集合，有 m 个等级。在建立评价因子相对于评价等级隶属函数的基础上，将相应值代入函数得到第 i 个评价因子对第 j 个评价等级的决策矩阵 $C_{ij} = (c_{ij}) n \times m$，其中 c_{ij} 表示 a_i 隶属于 b_j 的程度，以此来确定各评价因子的权重，设权重 $D = \{d_1, d_2, \cdots, d_n\}$（且 $0 \leqslant d \leqslant 1$），通过模糊变换，得到论域 B 上的模糊子集，即综合评价结果：$E = D \times C$。

（3）指数表示法

指数表示法由冯丽华于 2000 年提出，既适合于单项丰度的计算，也适合于组合丰度和总体丰度的计算。设 $i = 1, 2, \cdots, n$ 为计算地区，$j = 1, 2, \cdots, m$ 为资源种类，那么 x_{ij} 表示第 i 个地区的第 j 种自然资源。这样首先作无量纲化处理，用第 j 种自然资源中的最大值 $\max_i(x_{ij})$ 来除相应的 x_{ij}，得到无量纲化的 x'_{ij}；其次求规范化指数，将第 i 个地区的 x'_{ij} 累计相加，得到该区的累计值 E'_i；令累计值最大 $[\max_i(E'_i)]$ 地区的资源丰度等于 10，那么，各地区的资源丰度为：

$$E_i = \frac{10}{\max_i(E'_i)} E'_i \tag{6-1}$$

此外，用"度"作为资源丰度的计量单位，如累计值最大地区的资源丰度为 10 度。

（4）农业资源丰度指数模型

资源丰度指数是一个相对量，在我国它从吨粮田的研究中得出，500 kg/hm² 是一季产量的较高值，此时各种农业资源的利用率相对较高。以形成 500 kg 作物生产力所需的各类资源要素的数量作为资源要素标准量，资源丰度指数就是当某种农业资源充分利用时，除去 500 kg 生产力后还能够生产 500 kg 的倍数。这样处理的结果可以描述农业资源的丰盛和欠缺。设集合 $A = \{S_1, S_2, \cdots, S_n\}$ 为资源要素，$A_0 = \{S_{01}, S_{02}, \cdots, S_{0n}\}$ 为资源要素

标准量。则资源丰富度公式为:

$$R_i = \frac{S_i - S_{0i}}{S_{0i}} \quad (i = 1, 2, \cdots, n-1, n) \tag{6-2}$$

式中　R——第 i 种资源的资源丰度指数;

　　　S_i——选取的各项资源要素指标。

如果 $R_i > 1.5$,则说明资源要素 S_i 较为丰富;如果 $R_i < 0$,则说明资源要素 S_i 不足,可能成为农业生产的限制因素。

6.4.1.3　中国主要资源丰度估算与评价

(1) 中国主要矿产资源丰度评价

矿产资源是指经过一定地质过程形成的,赋存于地壳内或地壳上的固态、液态或气态物质,就其形态和数量而言,在当前或可以预见的将来,它们能成为经济上可以开采、提取和利用的矿产品。

侯华丽(2016)等人创建了基于多要素考虑、综合反映矿产资源数量、质量和空间集聚度的矿产资源丰度评价指标体系和计算方法,在此基础上,收集整理了 2013 年度我国煤炭、铁矿、锰矿、铅矿、锌矿、铝土矿、铜矿、钨矿、锡矿、锑矿、稀土矿、石墨、钾盐、磷矿等 14 种固体矿产的储量、矿业权以及矿山规模结构数据,以县域为基本评价单元,对我国固体矿产资源丰度进行评价分级和空间统计分析。结果表明,我国固体矿产资源丰富、较丰富、一般、较匮乏、匮乏的县域单元分别占全国县域总数的 8%、26%、21%、12%、33%。其中,丰富和较丰富的县域单元共 811 个,占全国国土总面积的 49.8%,涵盖了全国 96% 的固体矿产查明资源储量、95% 的设计开采规模和 98% 大中型矿山数量;从空间看,东、中、西、东北地区分别占到 5.9%、9.9%、77.8% 和 6.4%,主要分布在内蒙古、云南、江西、广西、贵州、湖南、山西等中西部省份,与我国 27 个重要成矿区的空间叠合度达到 80%。

(2) 黄淮海平原县域农业资源丰度评价

夏敏(2009)等人运用农业资源丰度指数模型对河南省封丘县农业资源条件进行分析和评价。结果表明,封丘县农业气候资源较丰富,但水土条件不足,需通过灌溉和施肥加以补充。在此基础上,提出实现封丘县农业资源的持续高效利用必须加强水资源的合理利用,提高土壤质量和合理配置水土资源。

根据封丘县农业自然资源和社会经济资源的具体情况,选择年日照时数、作物生长季、年有效积温、年降水量、土壤肥力、化肥用量、灌溉水量、农机动力、农用电和灌溉机械等自然和生产要素指标进行农业资源丰度评价。

封丘县各类资源要素量(表 6-1)来源于封丘县农业经济统计数据和中国科学院封丘农业生态试验站分析数据,取近 10 年的平均值。用资源丰度指数模型计算表 6-1 中各类资源要素量的资源丰度指数,得出封丘县各项资源丰度指数 R_1、R_2、R_3、R_4、R_5、R_6、R_7、R_8、R_9、R_{10}、R_{11}、R_{12} 分别为 1.44、1.00、1.63、-0.26、-0.48、-0.87、0.03、0.42、0.12、3.56、4.00、1.94。

表 6-1　封丘县各类要素标准量

资源要素	资源要素标准量	资源要素量	资源要素标准量备注
年日照时数(h)	8000	195 450	按 100d 生长期,8h/d 计算
作物生长季(d)	1000	20 000	按喜凉作物生物学温度计
年有效积温(℃)	20 000	525 230	按喜凉喜温作物平均值计
年降水量(mm)	7500	55 350	受干燥度的影响
土壤肥力(mg/kg)	1000	5192	按每 100kg 产量需速效氮 3kg 计
土壤肥力(mg/kg)	600	796	按每 100kg 产量需速效磷 1.5kg 计
灌溉水量(mm)	5000	51 367	按 1mm 水生产 1kg 计
化肥 N 用量(kg/hm²)	2250	31 938	按每 100kg 籽粒吸收 3kg 计
化肥 P 用量(kg/hm²)	1125	12 628	按每 100kg 籽粒吸收 1.5kg 计
农机动力(W/hm²)	33 000	1 504 815	按全国平均数 1.3 计
农用电[kW·h/(hm²)]	32 400 000	1 620 000 000	按全国平均数 1.3 计
灌溉机械(W/hm²)	90 000	264 750	按全国平均数 1.4 计

资料来源:夏敏,周凌云,2009。

(3)中国东部断陷盆地石油资源丰度统计模型的建立

鄢琦(2009)等人根据中国东部断陷盆地 21 个标准区的石油资源丰度及其相关地质参数的统计数据,通过对石油资源丰度诸地质因素的相关性分析,确定了其主控地质因素。研究认为,石油资源丰度与评价单元烃源岩的生烃强度、储集层的储层厚度、砂岩含量、孔隙度和渗透率以及圈闭面积系数 6 大地质因素关系密切。采用地质因素多元回归技术,建立了中国东部断陷盆地石油资源丰度与其主控地质因素之间的统计模型,建立了预测石油资源丰度的数学模型,使石油资源丰度取值更合理和客观,提高了油气资源评价成果的可信度与可比性。油气资源丰度是指单位面积或体积评价区内的油气资源量。它是类比法预测资源量的核心参数,它与评价单元的生烃、储集、圈闭发育及保存等条件有关。在以往的油气资源评价中,资源丰度取值主要根据类比获取,或根据评价者的经验选取。这样,资源丰度取值的人为因素较大,降低了评价结果的可靠性。新一轮全国油气资源评价中,根据不同盆地油气地质条件的不同,石油地质资源丰度划分为 4 个等级(表 6-2)。

表 6-2　石油地质资源丰度分级评价

级别	资源丰度(×10⁴t/km²)	特　点
高丰度	>30	一是第三纪断陷的陡坡带或中央构造带,过靠近生烃中心,或具有四周供油的特点,油气源充足;二是第三纪坳陷一般成藏期较晚,构造运动较少,保存条件好
中丰度	30~10	位于中生代裂陷盆地边缘和第三纪断陷缓坡带,一般距生烃中心较远;成藏时间也较早

（续）

级别	资源丰度（$\times 10^4 t/km^2$）	特　点
低丰度	10~5	西部中生代压陷盆地的生烃条件一般不如东部中生代盆地，而且构造活动较为强烈，保存条件较差
特低丰度	<5	为古生代盆地中的单元，其成藏早，后期构造运动强烈，保存条件差

资料来源：鄢琦等，2009；据新一轮全国油气资源项目评价办公室"常规油气资源评价实施方案"，2004。

在中国石化常规油气资源评价和新一轮全国油气资源评价工作中，为了有效地解决石油资源丰度取值的准确性，首先根据"三高"原则（即勘探程度高、地质规律认识程度高、油气资源探明率高或资源分布与潜力认识程度高）选择标准区（也称刻度区），采用统计法计算标准区油气资源量，最后根据标准区面积和资源量直接求取标准区石油资源丰度。

6.4.2　自然资源承载力分析

自然资源承载力是指一个国家或地区自然资源的供给，对该区域人口、社会经济发展的支撑力，是可持续发展的重要体现。人口、社会经济的发展依赖于自然资源的持续供给，可持续发展不是不消耗资源，不是使发展完全摆脱对资源的影响和依赖，而是要将发展保持在资源可承载力的限度以内，又不能使发展处于停滞状态。因此自然资源承载力对于区域的综合发展及发展规模是至关重要的，人口、社会、经济发展必须控制在资源承载力之内，通过资源的可持续利用实现社会经济的可持续发展。

6.4.2.1　自然资源承载力

资源即资产的来源，是人类创造社会财富的起点。资源按其来源可分为自然资源和社会资源，土地资源、水资源、环境资源是自然资源中的重要资源。随着工业化国家经济的迅速发展，对自然资源的需求量也越来越大，人类开始意识到自然资源是有限的，尤其是"石油危机"的出现，进一步加剧了这种认识。资源承载力的概念开始应运而生，并在世界范围内引起广泛的关注。一般资源承载力是指：一定区域、一定物质生活水平条件下，某资源持续供养人口数量的规模。

资源系统包括自然资源、经济资源和社会资源 3 个子系统。在自然资源领域，以土地资源承载力的研究历史最长。20 世纪 80 年代后期，考虑到土地承载力研究的局限性和片面性，学者转而研究水资源承载力，后在联合国教科文组织的资助下，开始了包括自然资源、能源以及智力、技术等在内的资源承载力的研究。目前自然资源承载研究主要包括土地资源承载力、水资源承载力、矿产资源承载力、能源承载力等。

（1）土地资源承载力

土地资源是人类赖以生存、社会赖以发展的物质基础。目前土地资源承载力的概念尚未统一，有代表性、应用较多的概念为"土地资源承载力是指在一定时期一定社会经济条件下，与国土资源生产能力相适应，保证一定生活水平和营养水平下所容纳的人口限度"。

土地资源承载力的两个重要指标为耕地资源承载力与建设用地资源承载力。

①耕地资源承载力计算和评价模型　耕地资源承载能力是在一定区域内的耕地生产潜力，用一定粮食消费水平下，区域耕地生产能力所能供养的人口规模来度量。计算公式为：

$$LCC_g = \frac{M \times D \times F}{C} \qquad (6\text{-}3)$$

式中　LCC_g——耕地资源承载力，即为耕地资源所能承载的最大人口规模；

　　　　M——粮食种植面积；

　　　　D——耕地粮食单产；

　　　　F——耕地复种指数；

　　　　C——人均粮食消费量，其是综合国内对人均粮食消费量的研究，提出人均粮食消费标准在温饱型、小康型、富裕型三级生活水平下分别为 400kg/人、500kg/人、600kg/人。

为反映区域人口数量与耕地资源承载力之间的关系，用耕地资源承载力指数（LCC_gI）评价人口与耕地承载能力的相关关系。计算公式为：

$$LCC_gI = \frac{P_a}{LCC_g} \qquad (6\text{-}4)$$

式中　LCC_gI——耕地资源承载力指数；

　　　　LCC_g——耕地资源承载力；

　　　　P_a——现实或预期人口数量。

$LCC_gI \leqslant 1$ 时，表示耕地资源承载力在可承载范围内，且值越小，可承载潜力越大；$LCC_gI > 1$ 时，表示耕地资源承载力超载，且值越大，超载越严重。

②建设用地资源承载力计算和评价模型　建设用地资源承载力通常从城乡建设用地人口总量和人均占用建设用地指标进行分析，它主要反映的是在既定建设用地规模下，适宜的人口容量限度。计算公式为：

$$LCC_J = \frac{J}{Y} \qquad (6\text{-}5)$$

式中　LCC_J——建设用地资源承载力，即为城乡土地所能承载的最大人口规模；

　　　　J——建设用地面积；

　　　　Y——人均建设用地面积。根据我国住房和城乡建设部城镇、农村人均使用面积指标要求，结合研究区实际情况提出城镇人均建设用地面积为 120m²/人，农村人均建设用地面积为 150m²/人。

为反映区域人口数量与建设用地资源承载力之间的关系，用建设用地资源承载力指数评价人口与建设用地承载能力的相关关系。计算公式为：

$$LCC_jI = \frac{P_a}{LCC_j} \qquad (6\text{-}6)$$

式中　LCC_jI——建设用地资源承载力指数；

　　　　LCC_j——建设用地资源承载力；

　　　　P_a——现实或预期人口数量。

$LCC_jI \leq 1$ 时，表示建设用地资源承载力在可承载范围内，且值越小，可承载潜力越大；$LCC_jI > 1$ 时，表示建设用地资源承载力超载，且值越大，超载越严重。

③我国土地资源承载力分析　从理论上讲，土地对发展的支撑能力是无限的，这是因为人类活动的一切成果会一代一代地不断积淀在特定的土地上。但一些与土地属性密切相关的产业却受到土地的严格限制与约束，它们对特定行业的支撑能力也是有限的。在土地的众多承载能力中，最受关注的是对粮食消费的承载能力。

我国土地上到底能养活多少人口，这是多少年来国内外都密切关注的一个重大问题。国内普遍接受的一个研究成果来自中国科学院对我国土地资源承载能力的预测（表6-3）。这项研究选用反映综合气候要素的实际能力蒸散与自然植被年产量的关系式，计算出我国潜在的土地资源的生产能力约为每年 72.6×10^8 t 干物质，理论最高承载能力为 $15 \times 10^8 \sim 16 \times 10^8$ 人。

表6-3　中国土地资源承载力

年份	总生物量（$\times 10^8$t）	粮食总产量（$\times 10^8$kg）	承载人口（$\times 10^8$人）
2000	35.0	4622	11.6
2025	39.8	5925	14.8
2050	72.6	—	16.0

注：承载人口按人年均400kg粮食计算。

这个结论也许值得商榷，但无论怎样，中国土地资源的人口承载能力是一个有限的数字，不能过于乐观。我国土地对发展支撑能力的另一项代表性研究是中国农业资源的人口承载能力研究，其结果见表6-4所列。

表6-4　中国农业资源综合承载能力

项目	2010	2030	2050
耕地资源食物的生产能力	5918.68	6768.06	7465.05
草地资源食物的生产能力	356.0	484.86	609.6
林地资源食物的生产能力	20.0	36.4	52.8
内陆水体资源食物的生产能力	259.6	300.6	331.7
海洋资源食物的生产能力	465.0	720.0	930.0
农业资源的生产能力	7029.28	8039.86	9389.15
粮食需求量	5780.04	6990.75	7926.50
平衡分析	+1249.24	+1319.11	+1462.65

注：陈百明，2001。

该项研究表明，如果仅以耕地资源的承载能力来看，2010 年我国耕地的粮食生产能力略大于粮食需求量，可承载人口 14.09×10^8 人；2030 年和 2050 年耕地的粮食生产能力均小于粮食需求量，分别短缺 $222 \times 10^8\,\text{kg}$ 和 $461 \times 10^8\,\text{kg}$，2030 年可承载 15.04×10^8 人，2050 年可承载 14.91×10^8 人，这说明仅靠有限度的耕地资源，即使在耕地资源高效利用的情况下和进口 5.8% 的粮食的情况下，仍难以满足中国从小康生活到富裕生活过程中的食物需求。

但土地对粮食消费的支撑能力不能仅仅局限于耕地上，除了耕地资源之外，我国的非耕地资源(草地资源、林地资源、内陆水体资源、海洋资源)同样蕴藏着巨大的食物生产潜力，据粗略估算大致相当的粮食产量为：2010 年 $1119.9 \times 10^8\,\text{kg}$，2030 年 $1541.8 \times 10^7\,\text{kg}$ 和 2050 年 $1924.1 \times 10^8\,\text{kg}$，综合考虑耕地资源和非耕地资源，其食物的总生产能力在未来 50 年内均大于粮食需求量，土地对人口食物消费的承载能力 2010 年可承载 16.76×10^8 人，2030 年可承载 18.47×10^8 人，2050 年可承载 18.78×10^8 人。由以上可以看出，我国土地对粮食消费的支撑能力是有保障的，不仅如此，土地对粮食消费支撑能力的剩余还为城市化过程中的其他用地提供了余地和可能性。

(2)水资源承载力

水资源承载能力指的是在一定流域或区域内，其自身的水资源能够持续支撑社会经济发展规模，并维系良好的生态系统的能力。水资源承载能力是一个国家或地区持续发展过程中各种自然资源承载力的重要组成部分。水资源承载能力是自然资源承载力的重要组成部分，区域的水资源承载能力并不是无限的，区域的社会经济发展规模应在水资源的承载范围内。

①区域水资源经济承载力计算和评价模型　区域水资源支撑的经济规模是区域水资源承载力宏观指标之一，区域水资源支撑的最大经济规模计算公式为：

$$F_e = \frac{GDP}{W_d} \times W_S \tag{6-7}$$

$$W_d = W_p + W_i + W_a + W_t + W_e \tag{6-8}$$

式中　F_e——区域水资源承载的最大经济规模；

　　　W_d——社会系统、经济系统用水量；

　　　GDP——用水为 W_d 时所产生的国内生产总值；

　　　W_S——区域水资源可利用量；

　　　W_p——生活需水量；

　　　W_i——工业需水量；

　　　W_a——农业需水量；

　　　W_t——第三产业需水量；

　　　W_e——生态环境需水量。

为反映区域水资源承载力和经济发展规模之间的关系，用区域水资源承载力经济平衡指数进行评价，计算公式为：

$$F_e I = \frac{F_e - GDP}{F_e} = 1 - \frac{GDP}{F_e} \tag{6-9}$$

式中　$F_e I$——区域水资源承载力经济平衡指数；

F_e——区域水资源承载的最大经济规模；

GDP——当年国内生产总值。

当 $F_eI < 0$ 时，说明经济发展规模超过水资源承载能力；当 $F_eI \geq 0$ 时，说明经济发展规模在水资源可承载的范围内。

②区域水资源人口承载力计算和评价模型　区域水资源支撑的人口规模是表示水资源承载力的另一个重要宏观指标，与社会发展水平有密切关系。区域水资源支撑的人口规模计算公式为：

$$F_p = \frac{GDP}{GDP_p} \tag{6-10}$$

式中　F_p——某一社会发展水平下，区域可利用水资源量转化成全部产品所能供养的人
　　　　　　口规模，即水资源承载的最大人口规模；

GDP_p——为某一社会发展水平的人均占有 GDP 的下限指标。

根据我国社会经济发展现状和战略目标，参考国外有关社会发展阶段划分，社会发展水平可划分为温饱型、初步小康、中等小康、全面小康、初步富裕和中等富裕 6 个阶段，其相应的人均 GDP 下限分别为 3000、6300、13 000、24 000、34 000 和 62 000 元。

用区域水资源承载力人口平衡指数对水资源承载力及人口发展规模进行评价，区域水资源承载力人口平衡指数计算公式为：

$$F_pI = \frac{F_p - P}{F_p} = 1 - \frac{P}{F_p} \tag{6-11}$$

式中　F_pI——区域水资源承载力人口平衡指数；

F_p——区域水资源承载的最大人口规模；

P——当年人口规模。

当 $F_pI < 0$ 时，说明人口发展规模超过水资源承载能力；当 $F_pI \geq 0$ 时，说明人口发展规模在水资源可承载的范围内。

(3) 矿产资源承载力

矿产资源是社会经济发展的重要物质基础，合理开发利用矿产资源是实现经济可持续发展的重要内容。矿产资源承载力是指在一个可预见的时期内，在当时的科学技术、自然环境和社会经济条件下，矿产资源的经济可采储量或其生产能力对社会经济发展的承载能力。

①现有矿产资源经济承载力计算模型　现有矿产资源承载力是指现有矿产资源储量能够支持的国民生产总值量，计算公式为：

$$K_x = \frac{K_l \times K_c - K_p \times K_n}{K_d} \tag{6-12}$$

式中　K_x——矿产资源经济承载力；

K_l——可利用的矿产资源储量；

K_c——矿产资源经济可利用系数；

K_p——期末矿产品产量；

K_n——矿产品合理储备年限；

K_d——单位国民生产总值矿产品消耗量。

②现有矿产资源经济承载力评价模型　用现有矿产资源经济承载力指数对矿产资源经济承载力进行评价。现有的矿产资源经济承载力指数指在一定时期内，根据现有的矿产资源量计算出的矿产资源经济承载力，与根据国家规划的经济发展速度计算的累计国民生产总值之间的关系。计算公式为：

$$P_x I = \frac{GDP_t}{K_x} \qquad\qquad (6\text{-}13)$$

式中　$P_x I$——现有矿产资源经济承载力指数；

　　　GDP_t——累计国民生产总值；

　　　K_x——现有矿产资源经济承载力。

$P_x I \leqslant 1$ 时，说明现有矿产资源对经济发展具有承载力，值越小说明现有矿产资源对经济发展的承载力越强；$P_x I > 1$ 时，则说明现有矿产资源对经济发展缺乏承载力，值越大说明超载越严重。

（4）能源承载力

能源承载力是指在一个可预见的时期内，在当时科技、自然环境和社会经济条件下，能源总量所能供给的人口数量。常见的能源类型有原煤、石油、风电。我国的能源结构是以污染大的煤炭资源为主，高效、洁净的油气等资源所占比例较小。

（5）中小尺度资源环境承载力评价

资源环境承载力是指一定区域在一定时期内，在保障生态系统自我维持与调节能力良性发展的前提下，自然资源环境系统对区域主体功能（包括经济社会系统规模和结构等）可持续发展的支撑能力。

资源环境要素纷繁复杂、数量众多、内容各异，解析它们之间的关系，建立起统一的资源环境要素的体系结构，明晰各要素的位置和功能，是进行资源环境承载力评价之前必须解决的问题。基于以往的研究，将资源环境要素分为基础要素和专项要素两大类。将对国土空间功能具有全局性、普遍性和原始性影响的要素归为基础要素，主要包括土地资源、水资源、地质环境、水环境、大气环境、生态条件。对于不同功能类型地区，基础要素的作用均十分关键。将对国土空间功能具有局部性、特殊性和附加性影响的要素归为专项要素，包括矿产资源、土壤环境、海洋资源、海洋生态环境 4 项要素。专项要素通常只具局部意义而非全局意义，只对特定的某种功能定位的区域十分重要。

遵循目标导向性原则、区域差异性原则、综合性原则、可操作性原则，基于发生学原理和过程，按照承载本底、承载状态两个层次构建指标体系。其中，承载本底指标侧重自然资源环境基础条件，而承载状态指标更侧重人类生产生活活动对资源环境的影响效应。表 6-5 即为中小尺度国土资源环境承载力评价指标体系。

（6）我国自然资源的承载力分析

我国经济发展与资源环境承载力的关系有以下几点：

①生态空间严重不足，全国大范围出现生态赤字、但把不可再生资源计算在内的生态承载力还有巨大空间。

表 6-5　中小尺度国土资源环境承载力评价指标体系

要素	承载本底评价指标	评价指标	承载状态评价指标	评价单元
土地资源	土地资源开发建设适宜性 土地资源农业生产适宜性	自然地块	土地资源开发利用匹配度	自然地块
			耕地人口承载指数 草畜平衡指数 城镇建设用地人口承载指数 农村居民用地人口承载指数	乡镇
水资源	多年平均年径流深 多年平均地下水径流模数	小流域	地表水开发强度 地下水开发强度 潜水位变幅	小流域
矿产资源	矿产资源丰度	乡镇	矿山开采保障年限	矿山
			矿山可持续发展指数	乡镇
地质环境	地质灾害危险性等级	地质构造单元	地质灾害风险等级	地质构造单元
水环境	地表水质类别 地下水质类别	水功能区	水功能区达标情况 地下水达标情况	水功能区
大气环境	环境空气质量指数	栅格	环境空气达标情况	栅格
土壤环境	土壤环境质量指数	功能区	土壤环境达标情况	功能区
生态环境	植被覆盖度 生态重要性	栅格	生态脆弱性	栅格
海岸资源环境	可利用岸线资源 浅海滩涂海湾可养殖面积 Ⅰ－Ⅳ类水质海域面积比重 近岸及海岸湿地面积	县	岸线开发强度 浅海滩涂海湾开发强度 海域功能区水质达标率 海洋生态监控区健康状况	县

资料来源：周璞，王昊，等，2017。

②从全国范围来看，目前人口数量规模在水资源人口承载能力范围之内，但一些地区表现出水资源人口严重超载。

③我国土地的人口承载力略有剩余，保持长期稳定的温饱具有自然资源保障基础。

④我国能源矿产结构性矛盾十分突出，石油矿产长期短缺已成定局，石油能源承载力明显不足。

⑤总体上我国人口和经济发展还没有超出自然资源的承载力限度，但部分地区和部分自然资源严重超载。

因此，对于目前我国资源环境的总体状况，我们既不能过分乐观也不能过分悲观地估计，总体上我国经济发展、人口增加还没有超越自然资源所能承载的限度，出现超载的是部分地区和部分资源。

6.4.2.2　相对资源承载力

所谓相对资源承载力是指通过选定资源承载力的理想状态作为参照区，以该参照区人均资源拥有量为标准，将研究区与参照区的资源存量进行对比，从而确定研究区内资源相对可承载的适度人口数量。

该方法是以一个或数个参照区作为标杆，根据参照区人均资源的拥有量或消费量与研究区域的资源存量，计算出研究区域各资源要素的相对承载力。承载力指数是研究对象某一资源的拥有量与参照区相应资源的人均拥有量的比值，而承载压力度是研究对象的现实人口数量与承载力指数的比值。

根据相对自然资源承载力指数和承载压力度的计算方法，以全国为参照区（港、澳、台除外），按我国东、中、西部三大经济地带的划分，我国东、中、西部 1978—2003 年的相对资源承载力，见表 6-6（陈英姿，2006）。

表 6-6　2003 年中国东、中、西部相对于全国的资源承载力

地区	人口数量 （×10⁴人）	农作物面积 （×10⁴hm²）	GDP 当年价 （×10⁸元）	供水总量 （×10⁸m³）	Crnl （×10⁴人）	Crnw （×10⁴人）	Crn （×10⁴人）	Cre （×10⁴人）	Cs （×10⁴人）	承载状态 （×10⁴人）
东部	53 478	4958	82 019	2317	42 041	56 268	46 309	90 220	68 265	14 787
中部	45 209	6666	35 452	1676	56 525	40 698	51 777	38 997	45 387	178
西部	29 687	3618	18 069	1329	30 683	32 272	31 159	19 876	25 518	-4169

注：Crnl 为相对土地资源承载力；Crnw 为相对水资源承载力；Crn 为相对自然资源承载力；Cre 为相对经济资源承载力；Cs 为相对综合资源承载力。

资料来源：①基本数据根据《中国统计年鉴（2004）》各省份汇总，其中供水总量数据来源于水利部公布的《水资源公报》（2003 年）各省汇总；②其他指标为计算所得。

6.4.2.3　综合资源承载力

综合资源承载力通常采用层次分析法计算。这种方法是将研究对象根据其内容以及属性分解为几个不同的层次，每下一层都是上一层各个不同的构成内容或者某一方面的属性，然后将最下一层的各个策划概念要素所得的分数与其在总目标中所占的比重相乘，即可得到相应的指数。这其中的关键就是要确定同一层次的各要素所占的权重，先确定各层次的单排序，然后再从下到上逐层顺序进行，计算该层针对上一层而言本层次所构成要素的重要性权重值，即层次总排序，而总研究对象下面一层的总排序即为整个研究对象的总排序。各个层次的重要性权重的确定方法为：先将同一层各个构成要素进行两两比较构造一个两两比较判断矩阵，其重要性的大小则根据 Saaty 提出的 9 标度法给出，然后再计算出该矩阵最大特征值所对应的标准化特征向量，即为各个构成要素的权重。当然判断矩阵还要经过一致性检验，否则要重新对判断矩阵进行调整。

6.4.3　生态占用分析区域综合自然资源环境状况

在第 4 章我们介绍了生态占用。在这里用生态占用分析区域综合自然资源环境状况。

6.4.3.1　基于生态足迹分析的可持续发展评估

生态足迹分析方法通过研究区域生态足迹与生物承载力之间的关系，测度其可持续发展状态。如果生态足迹大于生物承载力，形成生态赤字，则区域处于不可持续发展状态；反之，形成生态盈余，区域处于可持续发展状态。

①静态测度　当以年度或月度生态足迹分析对可持续发展状况进行测度时，称为静态测度。

②动态测度　当以时间序列上不同年份或不同月份生态足迹分析对可持续发展状况进行测度时，称为动态测度。通过动态测度，可以回顾可持续发展状况的变动情况和进行趋势预测。

6.4.3.2　国内外生态占用应用

经过多年的理论研究和应用研究，近年来，国内外生态占用（生态足迹）方法已广泛应用于不同尺度区域的可持续发展测度和其他相关领域生态足迹研究，并且已经逐步成为政府决策和战略制定的重要依据。

从全球尺度上，自 2000 年起世界自然基金会（World Wide Fund for Nature，WWF）等国际组织和 Global Footprint Network 分别对全球生态足迹进行了计算分析。其中，WWF 在《生命行星报告 2002》和《生命行星报告 2004》、Global Footprint Network 在《国家生态足迹和生物承载力账户 2005 版》公布的 1999、2001、2002 年全球生态足迹和生物承载力数据为：1999 年全球生态足迹和生物承载力分别为 2.28 和 1.90 人均全球公顷，2001 年分别为 2.2 和 1.8 人均全球公顷，2002 年的结果同 2001 年。从当年的情况看，由于生态足迹大于生物承载力，全球处于生态赤字状态。全球依赖化石能源、矿藏等自然资本存量，在不可持续发展状态下运行。从动态看，2001、2002 年全球生态足迹虽有下降，但下降幅度少于生物承载力的下降幅度，说明经济社会发展的不可持续状态正在进一步恶化。

在生态足迹的动态测度方面，《生命行星报告 2002》对 1961—1999 年生态足迹和生物承载力进行了长时间序列的计算，《生命行星报告 2004》对《生命行星报告 2002》中 1961—1999 年生态足迹和生物承载力进行了重新计算，并给出了 2000—2001 年的生态足迹和生物承载力的计算结果。按照《生命行星报告 2002》的计算结果：全球在 1978 年以前生态足迹均少于生物承载力，全球在可持续发展状态下运行；其后，生态足迹均大于生物承载力，转入不可持续发展状态。而按照《生命行星报告 2004》对《生命行星报告 2002》中 1961—1999 年生态足迹和生物承载力进行的重新计算结果表明，全球在 1986 年以前生态足迹均少于生物承载力，全球长期在可持续发展状态下运行；其后，生态足迹均大于生物承载力，转入不可持续发展状态。

从地区尺度上，地区尺度的生态足迹研究报告主要有《国家生态足迹和生物承载力账户 2005 版》《生命行星报告 2004》《生命行星报告 2002》《欧洲生态足迹报告 2005》和《亚太地区生态足迹与自然财富报告 2005》等。其中 Global Footprint Network 在《国家生态足迹和生物承载力账户 2005 版》中把全球按照收入和地区分别分类，计算了不同分组的生态足迹和生物承载力，内容如下：

按收入分类，2002 年，高收入国家、中等收入国家和低收入国家的生态足迹分别为 6.4、1.9 和 0.8ghm^2，高收入国家和低收入国家的生态足迹分别大于其生物承载力 3 和

0.1ghm²，出现生态赤字，处于不可持续发展状态；中等收入国家的生态足迹少于其生物承载力 0.2ghm²，出现生态盈余，处于可持续发展状态。

按地区分类，2002 年，北美、欧盟 25 国及瑞士、中东及中亚、亚洲及太平洋地区、非洲等 5 个地区生态赤字分别为 −3.7、−2.4、−1.1、−0.6 和 −0.2ghm²，处于不可持续发展状态；拉美及加勒比地区和其他欧洲国家 2 个地区生态盈余分别为 3.6 和 1.2ghm²，处于可持续发展状态。

从国家尺度上，上述全球、地区生态足迹研究报告也对国家尺度生态足迹进行了研究，此外还有学者对个别国家进行了研究。其中《国家生态足迹和生物承载力账户 2005 版》对全球 100 万人口以上的 150 个国家 2002 年的生态足迹和生物承载力都进行了计算：2002 年，生态足迹最大的前 3 位的国家依次是阿拉伯联合酋长国、美国和加拿大，分别是 10.5、9.7 和 7.5ghm²；生态赤字最大的前 3 位的国家是阿拉伯联合酋长国、科威特和美国，分别是 9.6、7.0 和 4.9ghm²。这说明阿拉伯联合酋长国和科威特等石油输出国和美国等西方发达国家的高消费和提前消费的过度消费模式，是建立在转移消费别国生物承载力和自然资本存量的基础上的，处于不可持续发展状态(吴隆杰等，2006)。

《国家的生态足迹》报告估算了 52 个国家或地区的生态足迹(表 6-7)。这 52 个国家的人口占全球的 80%，其 GDP 占全球 92%，其生态占用分析包括了食物、木材、能源等 20 类主要消费。

表 6-7　1995 年世界主要国家的生态占用

国家	生态占用		可用的生态占用		生态盈余/赤字		生态盈余/超载率(%)
	人均值(hm²/cap)	总值(×10³km²)	人均值(hm²/cap)	总值(×10³km²)	人均值(hm²/cap)	总值(×10³km²)	
阿根廷	3.5	1230	4.9	1719	1.4	489	28.45
澳大利亚	10	1786	16.3	2910	6.3	1124	38.63
奥地利	4.8	386	4.2	338	−0.6	−48	−14.20
孟加拉	0.6	668	0.2	265	−0.3	−403	−152.08
比利时	5.0	526	1.6	166	−3.4	−360	−216.87
巴西	3.8	6067	9.1	14 499	5.3	8432	58.16
加拿大	7.4	2168	12.6	3707	5.2	1539	41.52
智利	2.7	391	3.4	487	0.7	96	19.71
中国	1.5	18 046	0.6	7892	−0.8	−10 154	−128.66
哥伦比亚	2.4	849	5.0	1776	2.6	927	52.20
哥斯达黎加	2.8	97	2.4	82	−0.4	−15	−18.29
捷克	4.1	418	2.6	264	−1.5	−154	−58.33
丹麦	5.6	292	5.4	282	−0.2	−10	−3.55
埃及	1.5	908	0.4	228	−1.1	−680	−298.25

（续）

国家	生态占用		可用的生态占用		生态盈余/赤字		生态盈余/超载率(%)
	人均值 （hm²/cap）	总值 （×10³km²）	人均值 （hm²/cap）	总值 （×10³km²）	人均值 （hm²/cap）	总值 （×10³km²）	
埃塞俄比亚	0.7	404	0.5	275	−0.2	−129	−46.91
芬兰	6.4	325	9.8	501	3.4	176	35.13
法国	5.4	3134	4.0	2340	−1.4	−794	−33.93
德国	4.8	3915	1.9	1549	−2.9	−2366	−152.74
希腊	4.8	497	1.8	186	−3.0	−311	−167.20
香港	6.3	385	0.0	0.019	−6.3	−385	−2 026 215.79
匈牙利	3.0	317	2.6	267	−0.5	−50	−18.75
冰岛	6.6	18	21.8	59	15.2	41	69.49
印度	1.0	9526	0.5	4526	−0.5	−5000	−110.47
印度尼西亚	1.4	2738	2.7	5335	1.3	2597	48.68
爱尔兰	6.7	237	7.2	256	0.5	19	7.42
以色列	3.7	206	0.3	14	−3.5	−192	−1371.43
意大利	4.4	2540	1.5	877	−2.9	−1663	−189.62
新加坡	6.2	2.5	0.0	0.178	−6.2	−205	−115 368.54
英国	4.9	2874	1.8	1069	−3.1	−1805	−168.85
美国	10.9	29 017	6.7	17 808	−4.2	−11 209	−62.94
其他国家	1.0	11 659	2.0	22 038	0.9	10 379	47.10
全球	2.4	134 201	2.0	112 074	−0.4	−22 127	−19.74

资料来源：李利锋，成升魁，2000。

国内学者对我国 2000—2010 年的生态足迹进行了计算（黄宝荣等，2016），2000—2010 年我国生态足迹由 $17.69 \times 10^8 \mathrm{ghm}^2$ 增加到 $32.59 \times 10^8 \mathrm{ghm}^2$，年均增长 6.30%，相对于 1990—2000 年增长速度明显加快；碳足迹和耕地足迹是 10 年间增长最快的生态足迹类型。10 年间我国人均生态足迹由 $1.40 \mathrm{ghm}^2$ 增加到 $2.43 \mathrm{ghm}^2$，尽管仍低于世界平均水平，但已远超过我国人均生态承载力，并造成巨额生态赤字。

从地方尺度上，近年来，借用国家生态足迹的理论假设，对地方生态足迹的应用研究也得到较快发展。前几年，国内研究主要集中在省级行政区和城市，近年来逐步发展到从省级行政区、城市、县域，甚至到镇的各级行政区。其大部分是静态研究，也有少量动态研究，研究区域类型包括城市、城郊区、干旱区、农牧交错带、山区等不同类型的生态脆弱区，研究结论表明，这些生态脆弱区的发展模式都是不可持续的。

赵鹏宇(2017)利用山西省忻州土地统计数据测算了人均生态承载力，结果显示人均生态承载力总体上维持在 1.42 hm²/人，扣除 12%（水资源扣除 60%）的生物多样性保护用地后，人均承载力仅为 1.28 hm²/人，在 2009 年、2010 年显示出现小幅下降，2012 年上升恢复到之前水平。从生态承载力组成结构来看，主要为耕地与林地，两者和约为 1 hm²/人，占总承载力的 78%。

水资源、耕地资源、能源资源作为自然资源的重要组成部分，国内外诸多学者进行了国家、省、县各种尺度生态组分生态足迹的计算，分析区域各单项自然资源开发利用状况及其对环境的影响程度，为协调人口—资源—环境—发展关系，做好科学决策提供依据。

本章参考文献

Jakubowska J，Jenkins M，et al.，2002. The Living Planet Report 2002[M]. Living Planet Report 2000.

Rodary E，2005. World Wide Fund for Nature – WWF[J]. Lafrique.

陈百明，张凤荣，2001. 中国土地可持续利用指标体系的理论与方法[J]. 自然资源学报，16(3)：197 – 203.

陈芙蓉，2008. 省际自然资源总丰度评价研究[D]. 北京：中国地质大学.

陈英姿，2006. 我国相对资源承载力区域差异分析[J]. 吉林大学社会科学学报 (4)：111 – 117.

封志明，2003. 资源科学导论[M]. 北京：科学出版社.

冯利华，2000. 资源丰度的定量计算[J]. 资源开发与市场(02)：72 – 73.

贺会玲，2005. 熵与生态环境[J]. 生物学通报，40(7)：19 – 21.

侯华丽，张玉韩，等，2016. 基于多要素的中国固体矿产资源丰度评价[J]. 中国人口·资源与环境，26(S2)：240 – 244.

胡萌萌，张雷刚，等，2014. 从生态学到人类生态学：人类生态觉醒的历史考察[J]. 西北农林科技大学学报(社会科学版)，14(4)：156 – 160.

黄宝荣，崔书红，等，2016. 中国 2000—2010 年生态足迹变化特征及影响因素[J]. 环境科学(2)：420 – 426.

李红寿，汪万福，2008. 对耗散结构中熵的探讨[J]. 世界科技研究与发展，30(6)：796 – 799.

李键，叶惠玲，等，2011. 福建省 1997—2007 年能源生态足迹动态分析[J]. 北华大学学报(自然科学版)，4：470 – 474.

李利锋，成升魁，生态占用—衡量可持续发展的新指标[J]. 自然资源学报，2000，15(10)：8 – 11.

李臻谛，罗郧，2011. 面向生态文明的自然资源综合评价体系[J]. 地质通报，30(10)：1614 – 1618.

李智，鞠美庭，等，2007. 中国 1996—2005 年能源生态足迹与效率动态测度与分析[J]. 资源科学, 29(6): 54 – 60.

刘成武, 黄利民, 2014. 资源科学概论[M]. 2 版. 北京: 科学出版社.

马青, 张宇清, 吴秀芹, 等, 2013. 阿尔金山自然保护区生物多样性非使用价值评估[J]. 北京林业大学学报, 12(3): 35 – 39.

施开放, 刁承泰, 等, 2013. 基于耕地生态足迹的重庆市耕地生态承载力供需平衡研究[J]. 生态学报, 33(6): 1872 – 1880.

石玉林, 2006. 资源科学[M]. 北京: 高等教育出版社.

孙鸿烈, 2007. 中国自然资源综合科学考察与研究[M]. 北京: 商务印书馆.

王俭, 张朝星, 等, 2012. 城市水资源生态足迹核算模型及应用——以沈阳市为例[J]. 应用生态学报, 23(8): 2257 – 2262.

吴荷青, 2009. 新疆自然资源与人口发展的互动关系研究——基于相对资源承载力的分析[J]. 新疆财经(4): 11 – 15.

吴隆杰, 杨林, 等, 2006. 近年来生态足迹研究进展[J]. 中国农业大学学报, 11(3): 1 – 8.

夏敏, 周凌云, 等, 2009. 黄淮海平原县域农业资源丰度评价[J]. 安徽农业科学, 37(19): 9066、9067 – 9141.

谢高地, 周海林, 等, 2005. 我国自然资源的承载力分析[J]. 中国人口·资源与环境, 15(5): 93 – 98.

谢高地, 2009. 自然资源总论[M]. 北京: 高等教育出版社.

徐新良, 通拉嘎, 郑凯迪, 等, 2012. 京津冀都市圈城镇扩展时空过程及其未来情景预测[J]. 中国人口·资源与环境, 22(S2): 256 – 261.

鄢琦, 周总瑛, 2009. 中国东部断陷盆地石油资源丰度统计模型的建立[J]. 石油实验地质, 31(03): 292 – 295.

张保成, 国锋, 2006. 自然资源承载力问题研究综述[J]. 经济经纬(6): 22 – 25.

张学霞, 武鹏飞, 刘奇勇, 2010. 基于空间聚类分析的松辽流域水资源利用风险评价[J]. 地理科学进展, 29(09): 1032 – 1040.

张志强, 2005. 地球难以承载人类重负——《生命行星报告 2004》解读[J]. 地球科学进展, 20(4): 378 – 383.

赵鹏宇, 步秀芹, 等, 2017. 2004—2013 年忻州市生态足迹和承载力变化[J]. 水土保持研究(4): 373 – 378.

赵云龙, 唐海萍, 等, 2004. 河北省怀来县可持续发展状况的生态足迹分析[J]. 自然资源学报, 19(1): 128 – 135.

周丽萍, 王平, 等, 2012. 1990—2010 年高台县耕地生态足迹和承载力动态研究[J]. 干旱地区农业研究, 30(4): 207 – 212.

周璞, 王昊, 等, 2017. 自然资源环境承载力评价技术方法优化研究——基于中小尺度的思考与建议[J]. 国土资源情报(2): 19 – 24.

第7章 自然资源管理学原理

自然资源管理是国家依照相关规范，采用行政、经济、法律、科学技术、教育等手段，对自然资源开发活动进行规划、调整和监督，目的在于通过调整人与人之间的关系，来调整人与自然之间的关系，合理开发与高效利用自然资源，以实现人口、资源、环境与经济可持续发展。资源管理涉及面广，内容复杂，需要采取各种管理手段，包括法制管理、行政管理、经济管理等必须相互配合使用，才能收到实效。

本章将自然资源管理的理论基础归结为 10 类，即现代管理学原理、人本原理、系统原理、动态原理、效益原理、资源经济学原理、资源生态学原理、可持续性理论、法学原理及责任原理，它们相互关联、相互制约。各原理从不同的侧面、不同的角度反映管理的根本问题，彼此构成了一个完整的有机体系。任何一条管理原理都不是孤立存在的，一个管理原理只有在其他原理的配合下才能有效地发挥作用。这是指导我们自然资源管理者进行具体管理工作的原则，是保证自然资源管理工作科学性、高效性的重要内容。

7.1 自然资源管理的理论基础

因此，在自然资源管理中，应该合理有效地结合各种管理原理进行管理，提高自然资源管理效果(图 7-1)。

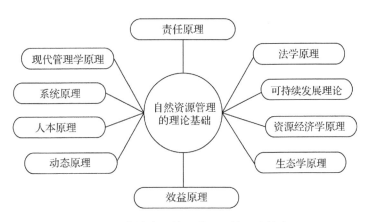

图 7-1 自然资源管理学原理的理论基础

7.1.1　现代管理学原理

7.1.1.1　现代管理学的概念及特征

现代管理学就是指研究现代社会条件下社会管理活动的各种现象、一般规律和一般方法的科学。其目的在于能够高效完成管理活动所设定的系统整体目标。在管理思想上，主要以战略观念、竞争观念、市场观念、时间观念、全局观念与效益观念，强调以人为本，人在管理活动中的主导作用。在管理理念上，主要围绕现代社会科学、技术科学和自然科学为一体。在管理组织上，始终奉行统一指挥、分权与集权结合及全员管理等组织原则，重视对外界环境的适应力。在管理方法上，运用目标管理法、统筹法、价值工程法、优选法、线性规划、决策技术法等现代管理方法，特别强调决策对管理活动成败的决定意义。在管理手段上，采用计算机等先进管理设施及手段，注重信息处理。

如今，随着现代管理的不断发展与进步，现代管理的目的和形式也在发生变化，但无论怎样变化，其核心依然是保证所有管理活动的秩序和稳定，达到管理效率的最大化的目标。现代管理具有不可低估的意义，我们在考察现代管理学涵义的时候，可从社会需要管理的客观必然性出发，主要有以下几方面：管理是社会及其经济组织体分工协作、共同劳动、共同运作的客观需要；管理是现代社会发展现代化大经济的客观需要；管理还是保障人类社会解放生产力、发展生产力的必然要求。

自然资源管理学是自然资源科学与管理科学相互结合、相互渗透的综合性学科。它所包含的内容既可用传统管理学的规律、方法、模式去研究，也可用现代管理学的目标、原则、职能、方法、行为等去考察。用现代管理学的观点、方法，对现行的自然资源管理制度加以剖析，以寻求提高管理工作效率的途径。从管理的历史演进来看，传统的管理特别是自然资源管理着眼于经济效益的发展，而现代管理则着眼于生态—经济—社会效益整个系统的全面发展。如今现代管理学的工作范围比传统管理有了很大的拓展，现代管理的特征也有了明显的变化：第一，现代管理注重对效率的追求；第二，现代管理注重对创新的追求，为了控制管理潜在的问题，就需要管理者不断创新应对管理的突发状况，以此较少管理突发危机造成的损失；第三，现代管理注重对个性化的追求；因此现代管理必须要考虑人的影响和需要，就是要把人的特殊性与需要进行综合分析即在不同的历史环境条件下来研究人的不同需要，通过满足不同时期人的需要来激发人的生产动力和积极性，来进行现代管理；第四，现代管理强调对系统化的追求，要用系统的管理思想和综合分析方法来指导管理的实践活动，这就要把组织放在具体的外在环境之中管理，不能用封闭的管理方法应对开放的组织环境；第五，现代管理强调对"预见性"的追求，主张依据一定的管理工具和方法进行"预设"和"预测"，通过固定化、模式化、程序化的管理技术和方法来减少管理中人行为的随意性带来的不利影响，以此来保证管理活动的顺利进行(苏光，2015)。

7.1.1.2　现代管理学的基本原理及运用

管理，作为一项系统工程，在了解某项工程前必须对其整体性有了初步认识，从而可对系统整体的各部分进行适当的分解与整合，这便是系统效应，也是管理最基本的原理，此外还包括：人本原理、效益原理、能级原理（王建民，2006）。

（1）系统原理

系统是由若干个（两个或两个以上）相互作用与联系的要素构成的具有一定结构和功能的整体。任何社会组织都是由人、物、信息组成的系统，任何管理都是对系统的管理。系统原理，就是管理者运用系统理论，对管理活动作系统分析，通过实施系统化的管理，来达到目标优化。现代管理之所以要提出并坚持运用系统原理，是由于管理活动的每一个基本要素，都不是孤立的，都具有极强的系统性特点所致。

（2）人本原理

人本原理，是指组织的各项管理活动，都应以人为出发点，强调和激发人的积极性、主动性和创造性，实现人的全面发展。人本原理强调人在管理活动中的绝对地位，即管理过程中所有活动的开展和进行都取决于参与管理活动的人的作用。没有人在组织中起作用，组织将不成为组织，各种资本物质也会因没有人去组织和使用而成为一堆无用之物。因此，管理主要是人的管理和对人的管理，必须时刻围绕着人的积极性、主动性和创造性进行。

（3）效益原理

效益原理，是以效益为中心，即组织的各项管理活动都要以高效益作为目标，是组织活动的一个综合体现。其中，影响企业效益的因素是多方面的，如：管理水平、科学技术水平、资源利用效率等。然而从管理角度来看，管理的目标就是追求管理高效益。众所周知，有效地发挥管理功能，能够使企业的资源得到充分地利用，带来企业的高效益，因此向管理要效益，管理出效益。

（4）能级原理

现代管理的任务是建立一个合理的能级，使管理活动中的每项内容都处于其相应的能级中，这就是现代管理学的能级原理。管理的能级结构是指为了达到有效的管理效果，必须在组织中建立一种合理的能级结构，并且按照一定的标准，将管理的所有对象置于其相对应的等级中。

7.1.2　系统原理

自然资源管理系统论是 20 世纪 30 年代由美籍地理生物学家贝塔朗菲的普遍系统论发展起来的。基本含义为："管理应从组织系统中整体与部分、结构与系统功能之间的关系出发，按照系统特征的要求从整体上把握系统运行的规律，它用相互关联的综合性思维来取代分析事物的分散思维，对管理各方面的前提作系统的分析，进行系统的优化并及时调整和控制组织系统的运行，最终实现组织目标。"系统工程理论与方法已渗透到自然、社会生活、经济管理等各个方面，它的应用已收到明显的成效，是人们对自然和社会研究进一步深化的标志，对科学技术和经济社会的发展具有不可低估的推动作用（苏霞，2006）。

任何管理都是对一个系统的管理，同时，管理本身也是一个可控系统。人和环境构成的"生态—经济—社会系统"是个复杂的系统，这个系统是由生态系统、经济系统和社会系统 3 个子系统组成，物质、能量及信息在这个大系统内部和 3 个子系统之间循环流动和交换，其中生态系统处于最根本的地位，它是另外 2 个子系统产生和发展的前提和基础。而自然资源这个相对更小的系统是上述 3 个子系统之间的一个十分重要的界面。因此，开展自然资源管理就必须把资源环境问题与经济问题、社会问题联系起来，从相互之间对立统一的关系入手，通过改变生态(资源)、经济与社会要素之间的联系方式和联结程度，即通过改变人类的生产方式和消费方式来调整三者之间的关系，减少对立和竞争，增强协调与合作，实现生态－经济－社会大系统的协调与可持续发展，进而实现自然资源系统的可持续发展。具体而言，自然资源管理中应至少体现下述系统管理原则：①整分合原则；②相对封闭和相互独立原则；③弹性原则，这 3 个原则是把握和利用自然资源管理系统原理的关键(徐俊，2003)。

自然资源管理作为一个复杂的系统，涉及社会、经济、生态、科技、法律及教育等多个方面，要想实现资源的合理利用、可持续发展的目的，必须把它作为一个整体系统来分析每一个组成要素的特点和相互关系，确定最优方案，为决策者提供可靠的科学依据。

现代管理中，资源的系统观是资源观中最核心的观点，管理对象总是处在各个不同层次的系统中，它们既在自己的系统之内，又与其他系统发生联系，同时，还处在一个更大系统的范围之内。只有当人类把各种资源都看作一个子系统，并正确处理这种资源子系统和其他资源子系统之间的关系的时候，人类才能高效利用这种资源。为了实现优化管理，要求我们从整体上把握各种资源所共同构成的大资源系统，以科学知识为指导，使各个子系统达到动态平衡；系统地进行资源管理的法制建设、体制建设、系统地推进资源合理开发与科技进步；掌握管理系统本身的共性和特性。

7.1.3 人本原理

人本原理作为管理的基本原理之一，是指各项管理活动都应以调动人的积极性、主观能动性和创造性为根本，追求人的全面发展的一项管理原理。人本原理就是强调在管理活动的开展过程中要十分重视人这一因素的作用，以人的管理和调动人的积极性为根本。尊重人、依靠人、发展人、为了人是人本原理的基本内容和特点。自然资源管理是国家依照相关规范，采用行政、经济、法律、科学技术、教育等手段，对自然资源开发活动进行规划、调整和监督，目的在于通过调整人与人、人与自然之间的关系，合理开发与高效利用自然资源，以实现人口、资源、环境与经济可持续发展。整个管理过程，包括管理者、被管理者和管理环境 3 个要素。其中，管理者和被管理者主要是人，或是人们构成的集体、组织、单位，所以管理必须以人为本体。人本原理，就是一切管理，包括自然资源管理，应该将人的因素放在第一位，以做好人的工作，充分调动积极性和主动性为根本。

能否提高自然资源管理的效率以及实现管理的目标，取决于管理者和被管理者对实现管理目标的主动性、积极性和创造性以及相互间的紧密配合。在管理过程中，要做到充分调动人的积极性、主动性、创造性，必须根据人的行为规律进行管理。同时，还需用动力来推动管理，这就是由人本原理引申出来的行为原理和动力原理。

(1)行为原理

行为，通常是指人们表现出来的各种动作，管理学所指的行为是指人们由意识所支配的、具有内在动机的、有意义的行动。行为是人们思想、感情、动机、思维能力等因素的综合反映。一般情况下，人的行为是受人的动机支配的，人的动机又是由人的需要决定的，这就是人的行为规律。

根据人的行为规律来进行管理，就是管理的行为原理。要达到管理目标，必须掌握控制人的行为，这就需要了解人们的需要和动机，以便及时调节人们的行为。需要是有机体对延续和发展其生命所必需的客观条件的需求，通常以愿望或意向的形式表现出来。需要分为物质需要、精神需要和社会需要 3 种。对于一个人来说，往往同时有许多种需要，但其中必有一种最强烈的需要，这种最强烈的需要又经世界观的调节构成思想，从而支配着人们的行为。

管理者需根据国家和社会的全局利益，调查研究、了解群众的需要后，然后区分需要的正当性、合理性，并通过宣传教育工作等方式，将个人利益与国家的整体利益、个人需要与对社会应尽的义务结合起来，从而实现对需要的调节作用。

(2) 动力原理

动力原理是指管理必须有强大的动力，而且要正确运用动力，才能使管理持续而有效地进行。现代管理学的"动力原理"，认为人是最重要的因素。人是管理者，又是被管理者。管理首先是对人的管理，人有思想，有需要，如经济利益、人际关系、精神荣誉、工作理想、求知欲望等，这是促使人们从事工作，服从管理的动力。要搞好管理就必须正确运用这些动力因素，去调动和制约被管理者为实现目标而努力。现代管理中可将动力分为 3 类：物质动力、精神动力和信息动力(张润秋，2003)。

7.1.4　动态原理

对管理者来说，管理客体(管理的对象、目标)是运动着的人和物，时刻在发展和变化着，管理者必须具备清醒、灵活、敏锐的头脑，善于观测、调控、处理各种复杂的管理对象，因时、地、人的作用引起环境变化而作出目标调整——这就是动态原理。

自然资源管理是一个系统，正因为系统具有动态性特征，所以，我们在对系统进行管理时必须注重系统的发展、变化以及系统内部诸要素之间的连锁关系，并在管理过程中不断进行反馈，在管理的各个环节尤其是关键环节留有余地，以确保管理目标的实现。动态管理是由动态原理推断的结果，它是现代管理科学的基本方法之一。管理者必须以动态观念能动地认识和把握它们的发展规律，才能达到最佳的管理境界。

事物的运动是绝对的，静止则是相对的。在自然资源管理系统中，自然资源开发与自然资源利用始终处在动态变化之中。管理系统本身也随着管理目标、管理对象、外部环境的发展变化而变化。因此，在管理中，要注意加强信息工作，随时掌握事物的动态变化，使管理决策不断适应变化了的情况，即运用动态原理，提高管理工作的效能。进行动态管理必须遵循信息传递和动态反馈原理、弹性原理、动态优化原理。

7.1.5　效益原理

效益是指人类的实践活动产生的效果和利益。人类的任何实践活动都会产生一定的效果和利益，对人类生存与发展有害的效果被称为负面效益，对人类生存与发展有利的效果常被称为效益。从广义的角度来看，效益包括经济效益、社会效益和生态效益3个组成部分，三者之间既有联系，又相互影响，如果把三者割裂开来，必然是产生负面效益；而把三者协调组合时，则可相辅相成，共同发展，形成一个统一的不可分割的有机整体，就会产生"整体大于部分之和"的效益。自然资源管理就是追求效益的过程，要追求社会效益、生态效益、经济效益的统一。要把追求局部效益与追求全局效益协调一致，追求长期稳定的高效益，确立管理活动的效益观，同时要学会自觉地运用客观规律，才能获得好的效益。

社会效益、生态效益、经济效益3者之间的关系，从长远和整体的观点看是统一的，没有生态效益的自然资源利用，很难想象会获得理想的经济效益和社会效益。但有时在局部或短期内，三者会表现出矛盾的现象，如砍伐森林来建造房屋，虽然这种自然资源利用方式破坏了生态平衡，但在2~3年却可获得一定的经济效益。随着时间的流逝，这种只顾经济效益、不顾生态效益的严重后果，就会越来越明显。所以，自然资源管理的目的是为了寻求生态效益、经济效益和社会效益的优化组合，从而取得最佳的整体效益。为此，就要在管理工作中注意运用整体效应原理和规律效应原理。

（1）整体效应原理

整体效应就是要通过管理使整体内部各个组成部分之间相互产生促进作用，以使整体取得最佳效益。著名的奥地利生物学家贝特朗菲在他"整体大于各孤立部分的总和"定律中指出，系统整体具有组成部分在孤立状态中所不具备的性质。因此，通过管理可以取得比部分之和要大得多的效果，即 $1+1>2$，这就是整体效应。优化管理所追求的目标就是获得整体的效应，例如，一棵树木的功能是提供木材或果实，而一片森林的功能除了提供木材或果实外，还有净化空气、美化环境、保护生态平衡的功能，这就是单棵树木所不具备的新功能。部分间的这种相互促进作用，就是管理上的交叉效应，它是整体效应的基础。要取得交叉促进作用，必须做到各部分的优化组合。例如，在自然资源利用上，将乔木、灌木等混合种植，可以提高资源利用率。

系统功效的不守恒性是普遍存在的，它表现为整体能产生各部分所不具备的新性能、新功效，或使原有性能、功效增强、减弱或消失。因此，管理要取得整体效益，必须遵循放大原则，努力使输出大于输入，例如，在土地资源、水资源利用过程当中，如果不注意保护环境和滥用资源，就会造成资源的浪费或者产生负效益。要避免"不放大"或"负放大"，必须明确大系统的目的以及各子系统在大系统中的地位和作用，并在实现目的的过程中，随时注意反馈，及时修正与目的不一致的行动。

（2）规律效应原理

规律效应就是按客观规律管理所取得的效应。任何一个系统，其组成部分都是相互依存、相互作用、相互制约的，它们的运动和发展都是有规律的。牵动一个环节，其他环节就会作出相应变化。作为一个综合体，自然资源是由水资源、土地资源、生物资源、矿产资源、海洋资源等构成的一个和谐发展整体。如果水资源遭到了滥用和污染，则其他自然资源的开发和利用也会受到影响。这种不遵循客观规律的自然资源管理，不但不会产生任何效益，还会造成危害。

自然资源管理要获得效益，必须充分了解构成整体的各子系统相互间的作用及其对整体的作用，通过对各系统的合理组合、配置、使用，最大限度地发挥各系统的优势，从而使整体获得尽可能大的效益。管理的效益不仅在于充分发挥系统中每个要素的积极作用，还要根据不同地区自然、经济特点，充分发挥主导因素的积极作用(张润秋，2003)。

7.1.6　资源经济学原理

资源经济学是关于资源开发、利用、保护和管理中经济因素和经济问题，以及资源与经济发展关系的科学，旨在运用资源生态经济发展规律，协调人口、资源、环境三者关系以及它们与经济发展之间的关系。资源经济的主要内容涉及自然资源的开发、利用、保护和管理中经济问题的解决途径及方法。其研究的根本目的是实现自然资源的合理开发利用，以最佳的社会、经济、生态效益，支撑社会经济的可持续发展。在经济学学科体系中，资源经济学属于应用经济学的一个分支。在资源科学学科体系中，资源经济学作为其重要基础分支学科，其理论与方法为资源科学的其他分支学科提供了理论依据(董锁成等，2010)。

自然资源管理的任务是协调自然资源的利用与经济建设的同步发展，实现经济效益、社会效益和生态效益的统一。从这个意义上说，自然资源问题本质上是个经济学问题。开发利用资源与发展经济是辩证统一的关系，资源的开发能使产业的结构发生变化，从而促进经济的发展，反过来，经济的发展又能促进资源的开发和利用。离开了自然资源，物质资料的生产就无从谈起。为了振兴和发展经济，同时不破坏经济发展所依赖的自然资源和环境基础，则必须充分合理地开发和利用资源，自然资源、环境和经济效益之间也必须相辅相成。因此，运用经济学原理来强化和规范对自然资源的管理，势在必行。资源经济理论主要有：资源最优耗竭理论、资源产权、资源估价及资源核算、资源效率至上的主张、外部性理论、资源代际分配原理等。

7.1.7　可持续发展理论

可持续发展是一个涉及经济、社会、文化、技术及自然环境的综合概念。它是一种立足于环境和自然资源角度提出的关于人类长期发展的战略和模式。特别强调环境承载能力和资源的永续利用对发展进程的重要性和必要性。基本核心理念为促进经济发展的同时也要注重对环境资源的保护以及对现有资源匮乏状态的修复。联合国环境与发展大会基于当今世界环境恶化趋势的一系列考虑，将"可持续发展"定义为"满足当代人需求的基础上，又不对后代人满足其自身需求的能力构成危害的发展"，即为维持好经济发展和社会资源与环境保护的协调，在保护人类赖以生存的自然资源和环境的前提下，达到发展经济的目的。

可持续发展理论是从环境与自然资源角度研究人类社会发展的问题。可持续发展理论所试图解决的是人类的发展危机，涉及自然科学与社会科学等多门学科，其内容包括经济、社会、生态各方面以及它们之间的协调发展，因此，可持续发展涉及的基础理论较为丰富，主要包括：生态承载力论、环境价值论、协调发展论、人地系统理论和生态经济理论等。

7.1.8　法学原理

自然资源在社会经济生活中具有举足轻重的地位，是人类生存和社会发展的基础。自然资源立法在各国的法律体系中也占有重要地位。目前，人们一般认为自然资源法是调整人们在开发、利用、保护和管理自然资源过程中所发生的各种社会关系的法律规范的总称，由国家制定并强制实施，目的在于规范人们的行为，协调人与自然的关系，保证自然资源的总体状况尽可能满足经济持续发展的需要。因此，自然资源法是一个综合性的概念，是一个完整的法律体系，它由各种自然资源单行法所组成，主要包括土地法、水法、矿产资源法、水产资源法、森林法、草原法、海洋法、野生动植物资源法等。同时自然资源的管理也面临这样的现状：法律、法规、规章众多，资源环境问题的改善的解决基本上有法可依，如果法的质量不高，导致法律适用效果大打折扣。因此法学理论的滋养对自然资源保护法律制度的建设非常重要。

7.1.9　责任原理

责任原理就是在整个管理过程中追求效率和效益时，要挖掘人的潜能，在合理分工的基础上明确规定这些部门和个人必须完成的工作任务以及必须承担的与此相应的责任。责、权、利关系要搞清，奖惩要分明、及时与公正。

责任原理要求在资源管理的过程中，明确人的权利和职责，奖惩分明，充分应用物质动力、精神动力和信息动力进行辅助管理，才能提高资源管理工作的效率，实现预期的管理目标。

7.2　自然资源管理体制

7.2.1　自然资源管理的主体

7.2.1.1　资源管理主体及其职能的确认

自然资源管理的对象不是物而是人，是人们的思想观念和行为。思想观念的转变是根本的也是一项长期的艰难任务，这涉及环境文化问题。与思想观念的调整相比，行为的调整是更具体的、直接的调整，也相对容易些。要解决好环境与资源问题，就必须以"生态—经济—社会"系统协调发展为前提，对人类经济活动进行引导并加以约束，使人类社会经济活动与环境资源的承载力相适应，由此，自然资源管理的对象主要应是人类的社会经济活动。要管理好这种经济活动，就必须把目光集中到"活动的主体"身上。作为活动的主体，一般分为政府、企业和个人，这样，自然资源管理的对象就落实到对政府、企业和个人的行为管理上了。资源管理主体包括政府、企业、公民、非政府组织、政府间组织等。在部分国家和地区，宗教组织等也可能发挥一定的资源管理职能。

（1）政府的资源管理职能

政府在资源管理中的职能是重要的、不可替代的。其职能可归结为计划、组织、协调、引导、指导等。资源计划的编制是政府管理资源的最主要、最基本的职能，包括供需预测、供需平衡等计划；资源组织安排，或资源管理体系的设立与运行，是保证资源管理有序进行的基础，建立与社会经济和政治发展进程相一致的资源管理组织体系或管理体系，是政府管理资源的主要职责之一；政府在协调各方利益方面发挥着重要作用，同时也将各方利益协调的结果充分反映到资源政策中去；政府还负有制定和实施资源政策法规的职责，依法行政是政府管理资源的基本原则；政府还要注意引导资源供给（勘察、开发）、资源需求（消费）和资源保护并对企业、公民给予资源管理行为指导。

（2）中外企业资源管理职能

中外企业资源管理职能有较大差异。这与资源的所有制高度相关。其根本的差异在于私有制为主的国家中企业处置资源的权限较大，同时对政府的资源管理决策和政策制定有较大的影响，在部分国家甚至可能形成资源寡头集团左右政府资源决策的局面。例如美国的能源寡头及其集团可通过竞选捐款影响选举，并进而影响政府组成、政策制定和执行。

（3）公民的资源管理职能

公民或自然人，是社会的最基本单元，在资源管理方面也负有重要职责。其一，公民要善于运用各种渠道表达自己的资源开发利用及保护等方面的意愿；其二，要自觉地树立资源有限和资源节约的意识，并用以约束自己开发利用资源的行为；自觉遵守资源规范，包括资源法规和政策；注意监督政府及企业的资源管理行为，反映其破坏和浪费资源、侵占他人资源的行为等。同时，公民也有保护自己资源权益的意识和能力。

从根本上看，一个国家的资源管理水平不仅仅体现在政府方面，更重要的是体现在公民资源意识和自觉行为方面。中国公民资源意识还较为淡薄，与此相关的公民资源意识更为淡薄，这严重影响到了资源管理的民主化、科学化和规范化进程，也是导致资源行为不当的重要原因。

（4）非政府组织的资源管理职能

非政府组织在资源管理方面具有特殊作用。其职能主要包括资源战略和政策咨询，以使政府的资源战略研究和制定更加科学化和民主化；对政府资源决策起到某种制衡作用，以影响或校正政府的资源行为轨迹；反映民声、民意，加强组织建设。保障群体利益并构建资源利益共同体。同时，非政府还在资源交易、政策实施中具备一定的谈判和施加影响的作用；在条件许可的范围内非政府组织也可与跨国的非政府组织联系，沟通资源信息。

非政府资源组织及其在资源管理方面所起的作用有着巨大差异。中国的非政府资源组织，目前还主要以学术团体的形式出现和存在，包括中国自然资源学会、中国矿业学会、中国国土经济学研究会、中国土地学会、中国海洋学会、中国水利学会、中国可持续发展研究会等。还有少量以呼吁、警示等为主要职责的民间资源组织，如"地球之友"等。相信随着民主化进程和公众资源意识的增强，会有越来越多的民间资源组织出现并在资源管理中发挥越来越大的作用。

（5）政府间组织的资源管理职能

政府间资源组织，从其构成上看有疏有密。疏者，往往仅仅作为议论的场合，即资源论坛。对成员没有约束力，而只有有限的影响力；密者则对成员有着重要甚至是决定性的约束力。一般来说，政府间资源组织在资源管理方面的主要职能是公开议论、内部协(磋)商、统一决策、集体垄断、对外谈判等。这些职能因资源组织的疏密度而异。

例如，作为联合国经济及社会理事会下设委员会之一的自然资源委员会，其宗旨和任务是促进实施联合国关于开发自然资源的方针政策和措施；研究自然资源的发展及其前景；协调各成员国开发自然资源的活动，并向这些国家或地区提供咨询服务；审阅和评估开发自然资源方面的情报资料；举行各类会议，磋商问题，交流经验和信息；定期向经济及社会理事会、联合国其他有关机构以及各成员国提供关于自然资源开发的情报资料；建立自然资源勘探循环基金以便对发展中国家的勘探提供资助。此组织可视为约束力较小的松散式组织。

又如，作为石油消费国政府间经济联合组织的国际能源机构(IEA)，其宗旨是协调成员国的能源政策，发展石油供应方面的自给能力，共同采取节约石油需求的措施，加强长期合作以减少对石油进口的依赖，提供石油市场情报，拟订石油消费计划，石油发生短缺时按计划分享石油，以及促进它与石油生产国和其他石油消费国的关系等。可视为较紧密的政府间资源组织。与此相对应的是石油输出国组织(OPEC)，其宗旨是协调和统一各成员国的石油政策，并确定以最适宜的手段来维护它们各自和共同的利益。OPEC 可视为最紧密的政府间资源组织之一。

7.2.1.2　资源管理主体行为的约束与激励

(1)资源管理主体行为的约束

资源管理主体行为，应是一种有序、有效的行为。为此，须对资源管理主体行为进行必要的约束。这种约束，主要表现为立法机构对行政机构的资源管理行为的约束，及行政机构对企业(业主)资源管理行为的约束。在此主要讨论前者。①一般而言，资源管理主体行为的约束，是根据既定管理目标加以约束，如根据所确定的耕地面积保有量目标约束政府(特别是地方政府)的耕地管理行为。②依据法规进行约束，主要包括行政诉讼(即民告官，以纠正行政管理中的失误保障民众资源利益)，以及报告制度(由资源主管部门向同级立法机构报告资源管理措施及其效果等情况，并接受立法机构的集体或成员的质询)。③自我约束，上级对下级进行约束，包括检查、督促、通报、行政处分等。在此，监督、公示、仲裁、惩罚和权力的剥夺等，是对资源管理主体行为进行有效约束的主要手段。

(2)资源管理主体行为的激励

为保证资源管理主体行为的有序和有效，须对资源管理主体的行为给予必要的激励。这种激励政策，主要由目标决定，一般发生在上级政府对下级政府、政府对企业之间。其主要手段是在绩效评定的基础上，给予精神和物质奖励、管理权限扩大，官员提升、约束减免等。

7.2.2　自然资源管理的目标

(1)资源管理目标框架

资源管理目标，取决于资源管理意愿，资源管理意愿取决于资源的属性或功能。资源管理目标的多重性，反映出资源管理意愿的多重性，进而反映出资源属性或功能的多重性。资源管理主要包括经济目标、资源目标、社会目标、政治目标、生态目标、环境目标，以及其他目标。在经济目标中，又包括 2 个主要方面：一是保证资源资产保值增值，这一点对于土地资源来说尤其重要；二是在保证管理效果的前提下使管理成本最小，以节省管理费用。在社会目标中，也主要包括 2 个方面：一是资源管理要尽可能取得最大的社会公认度，得到最多的社会赞成，减少管理的社会阻力和摩擦；二是保证资源分配的公平，特别保证社会弱势群体的最低或基本资源需求，以减少社会不安定因素。在环境目标中，一方面使资源开发利用的环境负效果（负外部性），包括水环境、大气环境、土壤环境破坏和污染等降低或减少到最低限度；另一方面，尽可能通过资源的合理开发利用与有效保护，改善水、大气、土壤环境；同时，保护和改善生态系统的结构与功能（图 7-2）。资源目标，从资源管理学角度看可能是最为直接的目标，包括提高资源利用效率，最大限度地发挥资源的功能；同时通过有效措施保护好资源，使国家和区域可持续发展赖以实现的自然资源基础得以维持并不断改善，包括资源数量的增加、质量的提高和结构的合理等。在资源管理的其他目标中，主要包括管理体系的健全与否、有效与否等，一个健全、有效的管理体系，是实现资源管理民主化、科学化和现代化的基础。

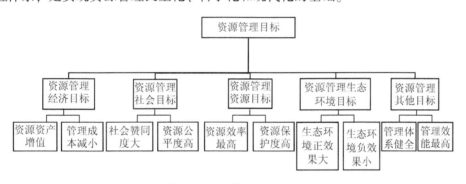

图 7-2　资源管理目标框架

（石玉林，2006 ）

　　自然资源管理的目的就是通过对生态伦理和可持续发展思想的传播，使人类社会的组织形式、运行机制以至管理部门和生产部门的决策、规划和个人的日常生活等各种实践活动，符合人与自然的和谐共生、资源持续高效利用的要求并以法律、法规、制度、社会体制思想观念的形式体现出来，并最终创建出一种新的生产消费方式，新的资源利用和新的发展方式。

　　为了实现自然资源的可持续利用以及资源与环境的协调发展，自然资源的管理内容应包括：对可再生资源与不可再生资源进行分类管理，使可再生资源保持所在系统的生态平衡，使不可再生资源高效利用，最大限度减少对环境的污染和破坏。由于任何管理都是对人的管理或是通过人对物的管理，因此，对自然资源的分类管理，必须与对各行为主体的管理结合起来。

　　资源管理目标有先后、轻重、缓急之分。资源管理目标的优先序，因管理主体而异。这与政府、企业、公民、非政府组织、政府间组织等各主体间在利益、职能、权力约束等方面的差异性密切相关。政府，是最主要的资源管理主体，其管理行为关乎国家和地区资源基础的消长，故其管理目标主要以非经济的、长期的为主。自然资源管理的主要工作需要政府来协助完成，对政府的管理主要是从宏观上规范政府的行为，对政府的管理就意味着政府对自身行为的约束与规范，并对企业和公众的行为做出具体的指导和约束。企业则相反，将资源视为一般商品进行经营与管理企业进行经营与管理，其管理以经济目标为主，即获取最大的经济效益。要使各类自然资源高效有序地利用，必须对自然资源的产权制度进行科学建构，运用宏观调控和市场对自然资源进行合理定价，优化配置，完善自然资源价值核算体系，对自然资源的中长期开发利用进行全面规划，设立专门的自然资源管理机构和协调机制，运用各种方法和手段，保证社会经济活动与环境协调发展。因此，应把自然资源的管理纳入整个国民经济运行体系中，必要时要寻求国际的合作，协调各方管理功能，才会见效。

7.2.3　资源管理的原则

(1) 公平与效率并重的原则

公平与效率往往是一对矛盾，且作为相互排斥的目标而并存。资源公平目标主要体现在资源分配的公平上，包括人群间的公平、世代间的公平等。人群间的资源分配公平，旨在保证各社会和经济阶层的公民均能获取最基本的资源以保障其基本生活，特别是直接消费的资源，如能源和水的最基本保障是资源公平目标的重要内容。资源效率目标主要体现在资源利用效率的提高上，而资源利用效率的提高往往与资源利用规模的扩大相伴，是所谓资源利用的规模效益。

就资源管理而言，资源的公平目标与效率目标孰优孰劣、孰重孰轻难以判断，因时因地而异，且往往处于交替状态。同时，资源公平与效率目标也有其融合或一致的时候，城市集中供水、供电等资源保障形式，将资源效率和公平目标有机地融合在一起了，且通过水价、电价的公示听证等方式，而使此种融合更为有效。

(2) 公开与公正的原则

无论是在经济领域，还是在政治领域，公开均是决策民主和防止腐败的基础。也是减少反对呼声，从而减少社会不安定因素的重要措施。资源管理程序措施等方面的公开，也是提高资源决策民主性科学性的基础，是防止资源分配和开发利用中腐败现象的基础。在此，资源的参与式管理，是增进资源决策民主性科学性的重要形式。

同样无论是经济还是政治领域，公正是保证公民利益、减少社会摩擦所必需的，也是维护政府和法律之权威性的基础。为此，对资源开发利用与保护等进行必要的行政仲裁，成为资源管理的重要组成部分，而且这种行政仲裁越来越多地表现在市场主导下的资源管理之中。

(3) 循序渐进与不断创新的原则

资源管理，特别是政府所主导的资源管理，须在管理价值取向管理重点、管理手段等方面保持连续性。事实表明，管理的连续性是管理的权威性和有效性的基础，时断时续、时左时右的管理会严重地损害管理的严肃性、权威性和有效性。

资源管理，是一个不断深化、不断提高的过程。同时，管理工作不可能一蹴而就，管理有其阶段性，管理阶段的跨越极其困难。因此，资源管理需要在树立管理意识、建立管理体系等方面，循序渐进。这就是资源管理的递进性。

资源管理须面对不断产生的新现象、新问题和新矛盾，这就要求不断创新，提出新的思路、新的手段、新的措施。这就是资源管理的创新性。

(4)体制、法制与机制并举的原则

资源管理须建立在"三制"基础之上。这三制，一是行政体制，包括资源管理机构的设置职能协商、协调等；二是法律制度，即资源立法、执法等；三是资源市场机制，即资源及资源性产品市场机制的建立健全。资源管理，法制是基础，体制是关键，机制是根本。首先，现代社会是一个法制的社会，现代经济是一个法制经济体系，须以法制为基础，建立健全资源法制体系是保障资源管理科学有效的基础；其次，作为公共管理重要组成部分的资源管理，行政管理发挥着基本作用，资源行政管理体制的设计，关系整个资源管理体系的运转效率。最后市场机制无疑在市场主导下的资源配置中发挥着极其重要的作用，这种作用无处无时不在，是一只"看不见的手"，资源初级市场、二级市场的运作，国内市场、国际市场的运作，都需要以健全的市场体系为基础。

(5)同时面向国内和国际的原则

资源管理须适应发展形势。就目前及今后相当长时期而言，经济一体化，使得包括资源性产品在内的商品贸易更加便利，这也就为资源在全球或区域内的配置提供了更好的机遇与可能，从而有助于提高人类利用自然资源的能力与效率。同时，伴随人类环境意识的提高、环境问题的复杂化，环境问题国际化趋势已然显现，并影响到国际政治、经济关系，同样也影响到资源问题，生物多样性保护国际河流管理、公海捕捞协议等，即主要瞄准的是与国际环境问题有关的资源问题。无论是经济一体化或环境问题国际化，都会直接或间接地造就世界各国资源安全战略的互动关系格局，即一国，特别是一个大国的资源安全战略，都或多或少、或直接或间接地影响到其他国家的资源安全战略的选择与设计。制定全球一体化背景下的国家资源安全战略，是各国特别是大国在管理资源时所必须面对的问题。

为此，管理要同时面向国内和国外两种环境、两类管理对象。但是，基于世界贸易组织(WTO)及其他国际组织的规章，资源管理须实施无歧视，对国内外资源开发利用者持一视同仁的态度，并切实保证管理规章符合 WTO 原则，确保资源管理规则技术规则的一致性和透明度。

7.2.4　资源管理的体系

7.2.4.1　资源管理体系及其内外关系

(1)资源管理体系的构成——资源经济管理机制及内部关系

一般而言，资源管理体系由资源行政管理体制、资源立法管理法制、资源经济管理机制以及公民资源行为道德体系等构成。

资源管理价值体系是基础，决定资源立法倾向，也决定资源行政管理体制的设计，更进一步决定资源经济管理机制的设计与运行。资源立法管理制度是行政管理的基础，并与行政管理体制一道影响资源经济管理。

（2）资源管理体系的外部关系——与相关管理体系的协调

资源经济管理是国家和区域经济管理体系的重要组成部分，尤其通过能源、水、土地供需及其平衡管理，影响经济的增长。事实上，资源价格是国家和地区的基本价格之一，其变化关乎制成品价格的变化，特别是能源价格关乎加工制造业的生产成本，水价关乎生活消费价格指数，土地，特别是耕地价格关乎农产品价格。因此，包括资源价格、市场管理在内的资源经济管理是国民经济和区域经济管理的重要组成部分。

资源行政管理体系是国家行政管理体系的重要组成部分，且往往作为国家公共管理的主要内容之一。其一，政府掌握一定的公共资源，其分配和使用必然成为政府管理职能的重要内容；其二，资源可持续利用是政府管理资源的重要目标，也只有政府才能切实保证资源可持续利用目标的实现；其三，资源开发利用的环境效果，需要在不同利益集团间进行再分配，其中，税收与补贴是重要的手段，此也是政府运用经济和行政双重手段管理资源的重要内容。

资源立法管理是国家立法管理体系的重要组成部分。资源法、环境法是国家法律体系的重要部分。在任何国家和地区，资源法规均发挥基础作用。

资源伦理道德与价值体系是国家和民族伦理道德及价值体系的重要组成部分。这里涉及各个国家和民族对自然的认识、观念和态度，既是一个哲学概念，也是一个关乎国家和民族发展理念、发展道路选择、发展模式设计的重要方面。

7.2.4.2　资源行政管理

（1）资源行政管理的基本内容

①拟定或代为起草资源法律法规并报请立法机关审批。

②制定和实施资源行政性规章。

③资源行政诉讼，即上级资源管理部门对下级部门资源管理不当行为的纠正。

④对资源市场运作、价格变化等进行适当而有效的行政干预，防止过度投机、价格扭曲等现象或行为，以保证资源市场和价格的正常变化。

就中国而言，自然资源部是最高的资源管理部门，其管理职能基本上均可视为资源行政管理。在自然资源部职责中，提出要求贯彻落实中共中央关于自然资源工作的方针政策和决策部署，在履行职责过程中坚持和加强党对自然资源工作的集中统一领导。主要包括以下内容：（一）履行全民所有土地、矿产、森林、草原、湿地、水、海洋等自然资源资产所有者职责和所有国土空间用途管制职责，拟订自然资源和国土空间规划及测绘、极地、深海等法律法规草案，制定部门规章并监督检查执行情况。（二）负责自然资源调查监测评价。（三）负责自然资源统一确权登记工作。（四）负责自然资源资产有偿使用工作。建立全民所有自然资源资产统计制度，负责全民所有自然资源资产核算。合理配置全民所有自然资源资产；负责自然资源资产价值评估管理，依法收缴相关资产收益。（五）负责自然资源的合理开发利用。（六）负责建立空间规划体系并监督实施。（七）负责统筹国土空间生态修复。（八）负责组织实施最严格的耕地保护制度。（九）负责管理地质勘查行业和全国地质工作。(十)负责落实综合防灾减灾规划相关要求，组织编制地质灾害防治规划和防护标准并指导实施。(十一)负责矿产资源管理工作。负责矿产资源储量管理及压覆矿产资源审批。负责矿业权管理，会同有关部门承担保护性开采的特定矿种、优势矿产的调控及相关管理工作。监督指导矿产资源合理利用和保护。(十二)负责监督实施海洋战略规划和发展海洋经济。(十三)负责海洋开发利用和保护的监督管理工作。(十四)负责测绘地理信息管理工作。(十五)推动自然资源领域科技发展。(十六)开展自然资源国际合作。(十七)根据中央授权，对地方政府落实党中央、国务院关于自然资源和国土空间规划的重大方针政策、决策部署及法律法规执行情况进行督察。查处自然资源开发利用和国土空间规划及测绘重大违法案件。指导地方有关行政执法工作。

7.2.4.3　资源法制管理

(1)资源法制管理概述

资源法制管理，又称为资源立法管理，是指以法律规章作为主要手段管理资源的一种形式。包括资源立法和资源执法等内容。

资源法制管理有着鲜明的特点：

①资源管理的规范性　法律与法规是最规范的文件，经由立法机关制定与颁布实施。运用最规范的行为准则进行资源管理，保证了资源管理的规范性。

②资源管理的强制性　所有的资源法规都须完全执行和遵守，并对违法行为进行强制处罚。

③资源管理手段的相对稳定性　所有的资源法规都是经过立法机关在充分调研、讨论、辩论起草、修订等基础上制定并发布的，反映了多数人的利益，一经颁布实施往往历经相当长时间，数年甚至数十年。

④资源管理的公正性　即所谓的法律面前人人平等，任何违背法律规定的行为都必然得到法律的处置。

⑤资源管理的预防性　资源法律和法规都以防止警示违法行为为基础出发点，并以此引导人们守法，起到防止资源违法行为的作用。

资源法制管理的功能：一是在于形成国家或地区资源管理体系的基础，资源经济管理及技术管理等均以此为基本框架。二是保护国家、公民及企业的资源权益，包括国家的资源优先使用权、公民资源权益的完整性以及企业合法权益的保障等。三是保障资源开发、利用、保护、交易的有序进行，并以此提高资源的利用效率，实现资源的可持续利用。

(2)资源法制管理的基本内容

资源法制管理包括资源立法和资源执法等主要方面。资源立法包括资源法律法规的起草、颁布与修订等方面，以及提议、审议、通过、公布等阶段；资源司法管理包括资源执法和违法等主要方面。

7.2.4.4　资源经济管理

(1)资源市场(化)管理

与制成品市场相比，资源市场具有如下特点：

①资源市场的区域性　由自然资源显著的地域分布特点所决定，资源市场具有显著的

区域性特点，而其中，原位性自然资源市场的区域性特点最为显著。由此，资源市场中往往是资源需求者趋近于资源供给者。

②资源市场的垄断性　由自然资源的独占性和排他性所决定，资源市场中的资源品供给者往往居垄断和支配地位，使得资源具有垄断性，资源市场的垄断性甚于其他市场。

③在资源市场中政府干预度较高　由于资源市场的基础作用，亦即资源市场的变化或波动对其他市场的变化有重要影响，故政府在资源市场中所起的作用往往大于在其他市场中所起的作用，资源市场具有政府干预度较高的特点。除此之外，在资源市场中，政府，特别是中央政府有无偿获取资源的权力，如政府优先征用土地用于城镇、交通、工矿建设和军事目的等。

④资源市场进入的限制性　资源市场的限制性进入的规定比加工制成品市场严格，这种区别性对待既发生在不同国籍公民之间，也发生在不同性质的资源需求者之间，如规定公益性用户优先于赢利性用户，或发生在不同时间(如海洋休渔期不得捕捞)或不同空间(如军事用地不得进入市场)等。

资源市场化管理，就是越来越多地运用市场，特别是价格及与此相关的其他价值形式，包括税收补贴等管理资源。具体来说主要包括资源估价、资源市场体系建设、资源市场规范化、资源税收体制、资源补贴等。

(2)资源价格及其管理

资源价格是最基础的资源价值形式。它是资源市场发育与发展的基础与结果，也是资源合理配置的主要信号。国家垄断程度的下降和价格放开是必然的趋势，同时建立与国际市场价格相接轨的资源价格体系，真正促进资源市场全国一体化和利用两种资源、两个市场的政策环境。

资源无价等价格扭曲现象长期存在。由于受理论与思想的束缚，以及受计划经济的制约，资源无价原料低价产品高价的现象长期存在，并成为计划经济的主要特征之一。这种现象进而导致原料的短缺与资源的过度消耗，并反过来影响产品的生产和经济的增长，形成短缺经济现象。在这种背景下，资源有偿既缺乏理论支持，也缺乏体制上的保障，更无法律依据。

资源价格干预，主要体现在如下方面：一是由政府主导对基础价格评估，以此作为该资源市场价格形成的基础；二是对资源价格做出最高或最低限制，以保证资源消费者能以可接受的价格获得所需资源，或者保证资源供给者能以可接受的价格提供社会所需的资源或资源性产品以保证正常的供给；三是纠正资源价格非正常变化及其所带来的影响，防止价格急剧变化给社会带来不良后果；四是对出口资源性产品进行最低价格限制以防止恶性竞争，避免资源性产品国际贸易优势的丧失；五是对关系国计民生的资源进行价格调整听证，如水价听证、(燃)油价听证等。

(3)资源核算及其制度建设

资源核算产生于西方市场经济国家，是对传统经济增长方式反思的结果。其目的是要在经济增长中计入自然资源的消耗，以此来实现资源基础的保护与合理利用。资源核算具有广泛而重要的功能，一般包括实物量核算、价值量核算，我们在此还将质量指数核算纳入其中。

资源核算（resource accounting），是对一定时间和空间内的自然资源，在其合理估价的基础上，从实物、价值和质量等方面统计、核实和测算其总量和结构变化，并反映其平衡状况的工作。据上述定义，自然资源核算的对象是在一定时间的空间范围内的自然资源。自然资源是具有时间和空间维度的自然物品。时间和空间发生了变化，自然资源的种类、数量、质量结构和利用状态都会相应地发生变化。从上述定义中我们还可以看出，自然资源核算的基础是对自然资源的统计和估价。统计是反映自然资源数量和质量及利用状况的最有效的手段，不正确、不及时、不系统的自然资源统计对自然资源核算具有最严重的阻碍作用；不真实、不准确、不及时的自然资源估价对自然资源核算也具有破坏作用。自然资源核算必须建立在自然资源统计和估价的基础上。

自然资源核算的内容可以从 3 个方面去理解：

①分为实物量核算、价值量核算和质量指数核算　通常人们认为自然资源核算必须包括自然资源实物量核算、价值量核算两部分。实物量核算又称数量核算，为更全面地反映自然资源基础的真实变化，自然资源核算还应包括资源质量指数核算在内。在自然资源核算中，实物量核算、价值量核算和质量指数核算同等重要，缺一不可，互为基础互为补充。

②分为总量核算和个量核算　从核算对象的角度看，自然资源核算须由总量核算和个量核算等两部分组成，既包括自然资源的分类核算，也包括自然资源的综合核算。当然，分类核算既可以是数量或实物量核算，也可以是价值量核算，还可是仅仅进行质量核算；然而综合核算则只限于价值量的核算，因为只有价值量才是可以加总的，才可以在不同类资源间进行比较。

③分为存量核算和流量核算　从核算的时间看，自然资源核算不仅着眼于静态面进行资源的存量核算，更应着眼于动态而进行资源的流量核算或进行连续时段的资源核算。存量核算有助于评估某时刻的资源总量及其与经济总量间的关系，也有助于不同地区间的资源存量进行比较；流量核算则有助于认识一国或一地区随经济增长而发生的自然资源基础变化，有助于分析资源流与经济流间的动态关系。

7.2.5　世界各国自然资源管理模式

7.2.5.1　国际自然资源管理特点

随着人类对自然资源认识和开发利用程度的加深，世界各国对自然资源管理的原则、目标、方法不断地深化和发展。尤其是在世界经济全球化发展的今天，人口、资源、环境之间的矛盾日益尖锐，可持续发展已成为各国政府共同关注与研究的战略问题。与此同时，对自然资源实行管理的方法、手段、内容和水平也在不断提高和完善。从其演化过程看，主要表现为以下几个特点：

(1)各国政府都加强对自然资源的管理，自然资源管理始终是各国政府的主要职能之一

自然资源是最主要的公共资源，包括国家拥有的土地、森林、水域、海洋等在内。自

然资源是国家重要的公共管理范畴。政府以国家总体代表的身份，关注自然资源管理的制度性、基础性和公益性等方面。国际上大多数国家都有系统的自然资源管理体系。

（2）自然资源整体性和系统性特点越来越得到承认和尊重，"自然资源的综合协调管理"成为各国努力的方向

自然资源整体性和系统性决定了各种资源的开发利用与保护等所有活动，都是相互联系相互影响的。例如，农业中的水土资源匹配关系，矿业中的水、土、矿资源开发与保护的关系，都是资源整体性和系统性的体现。同时，资源间的功能互动性也是资源整体性和系统性的表现，即一种资源的破坏会导致其他资源功能的下降。保持和增强资源系统的整体服务功能，是资源管理的重要目标。1992年，联合国环境与发展大会通过了《21世纪议程》，内容包括可持续发展战略、社会可持续发展、经济可持续发展、资源的合理利用与环境保护4个部分。可见自然资源的合理利用得到国际社会的重视，并且目前已经得到世界各国的响应。

（3）自然资源管理与资源产业管理理性结合

可以分为3种类型：资源管理与产业管理相结合的模式，资源管理与生态管理相结合的模式，资源管理、产业管理和生态管理并重模式。

资源管理与产业管理相结合的模式，以加拿大和澳大利亚最为典型。采取这种模式的国家的主要特征是：资源丰富，相对生态环境压力小，依托于资源的产业非常成熟。加拿大的自然资源部，澳大利亚的工业、科学和资源部（原初级产业能源部）都是典型的例子。它们既负责广义的资源管理和资源资产管理，也负责资源产业政策的研究、制定与执行。

资源管理与生态管理相结合的模式，在资源利用和管理过程中强调资源的合理利用、环境保护和生态平衡，以美国最为典型。实行这种模式的国家的特点是资源丰富，且多样化，生态压力较大，自由市场极为发育，只有对市场进行规范才能引导产业健康发展。

资源管理方面采用资源、产业和生态管理并重的模式，以日本最为典型，德国和英国也属于这种类型。这些国家都是处于后工业化阶段的发达国家，普遍重视产业发展和生态保护问题，早在20世纪80年代后期就已经开始由消耗资源的资源型管理模式向保护生态环境的生态型管理模式转变。

（4）自然资源管理与生态保护协调发展

世界各国强调在加强对资源的资产属性管理的同时，开始注重协调资源开发与生态保护间的关系，实现资源的可持续发展。资源管理在生态上的日趋耦合，首先体现在资源管理观念和理念的转变，从可持续发展到理性发展，再到生态安全战略，循环经济理念，都与资源的生态问题紧密相连。传统的单一追求生态系统持续最大产量的资源利用观点已经不再适合当前社会发展的需要，资源管理也应从传统的单一门类资源管理转向系统资源管理，即要对自然资源实行生态系统高水平的综合保护。生态系统管理不同于传统的资源管理，它包括多重应用的概念，是一种跨学科的整体管理方法。世界各国对生态系统管理中土地资源的作用给予了充分重视。总体来看，美国比较注重资源管理的统一性和综合性，强调从流域甚至更大范围对自然资源实行统一管理，强调资源的综合利用，重视单门类资源开发利用对其他资源和生态环境的影响，田纳西管理模式是美国实行多门类资源综合生

态管护的典型案例。田纳西河流域历史上曾经是水旱灾害频繁、水土流失严重、经济最落后的地区之一。1933 年美国政府通过一项法律，决定成立田纳西流域管理局，并授予其规划、开发、利用田纳西河流域各种资源的广泛权力，对整个流域进行综合治理、统一规划、统一开发、统一管理。经过 10 年的努力，田纳西流域管理局修建了 31 座水利工程，建设了 21 座大坝，控制了洪水，扩大了灌溉，发展了航运，开发了电力，同时，通过植树造林、防治水土流失等措施，改善了生态环境。田纳西流域的综合治理，极大地促进了当地经济的发展，10 年间流域居民的平均收入提高了 9 倍，创造了举世赞誉的田纳西奇迹。田纳西流域成功的经验是多方面的，其中非常重要的一条是：通过立法为流域内自然资源在生态系统水平的综合管护提供法律保证(钱丽苏，2004)。

(5) 自然资源管理理念、管理手段与管理方式上发生了重大变化，由传统走向现代

随着全球资源环境问题的发展，以及科学技术的发展，自然资源管理也发生了重大变化。推进自然资源的科学调查研究和自动化，加强自然资源综合调查与综合评价，推进自然资源综合管理的信息化。资源管理理念的重大变化，树立理性可持续发展理念、资源与生态安全理念、循环经济理念。循环经济是推进可持续发展的一种实践模式，它强调最有效利用资源和保护环境，表现为"资源—产品—再生资源"的经济增长方式。

7.2.5.2 国外自然资源管理模式

由于资源本身的差异、各国管理制度与发展水平的不同，各国的资源管理方式各有不同，既没有绝对地集中管理各种自然资源的国家，也没有完全分散管理各种自然资源的国家。因此，不论是集中还是分散管理都是相对的。

(1) 集中管理模式

集中管理模式是将若干门类的自然资源放在一个行政部门进行统一、综合、协调管理，以寻求在管理过程中，达到资源管理和利用的科学化、合理化、集中化和专业化。

(2) 相对集中管理模式

相对集中管理模式是指将若干种联系较紧密的国土资源归到一个行政部门进行统一管理，以寻求在管理过程中，达到资源管理和利用的最优配置，达到综合效益最佳，以英国、法国、德国、日本等国较为典型。

(3) 分散管理模式

分散管理是将各种自然资源按资源属性的不同进行分门别类的管理，即对于各大门类自然资源，分别设立相应的行政部门进行管理，巴西、智利、墨西哥和印度属于这类管理模式，以印度较为典型。

7.2.5.3 我国自然资源管理模式的历史演变

和世界各国一样，中国自然资源管理体制的理念和实践发生多次重大变革，研究自然资源管理模式对实现自然资源可持续利用具有重要意义。中国在开发利用自然资源的过程中，经过了供给管理、需求管理、资源化管理、资产化管理等几个不同的管理模式。

(1) 无价值时期的供给管理

供给管理主要是利用各种工程手段来获取所需资源，它强调供给第一，以需定供。这种管理模式认为资源是没有价值的，是取之不尽用之不竭的。

（2）有价值时期的需求管理

需求管理着眼于资源的长期需要，强调在资源供给约束条件下，把供给方和需求方各种形式的资源作为一个整体进行管理。这种模式下，除供给方资源外，把需求方所减少的资源消耗也视为可分配资源同时参加资源管理。

（3）计划经济体制下的资源化管理

资源化管理是把自然资源作为一种实物从物质上进行管理，包括数量管理、开发利用管理和保护管理等。政府采用单一的行政划拨手段对全部资源进行直接管理调配，形成较完善和系统的实物量管理体系和相应的管理办法，但由于缺少市场价格信号，导致了划拨的盲目性，很难实现优化配置和高效利用。

（4）社会主义市场经济体制下的资产化管理

资产化管理就是把自然资源作为资产，遵循自然规律和经济规律进行投入、产出管理，从开发利用到生产和再生产的全过程。资源资产化管理的目的就是有偿使用自然资源，通过投入产出管理，确保所有者权益不受损害，增加资源产权的可交易性，促进资源的价值补偿和价值的实现。

（5）几种模式的比较

供给管理属于粗放型管理方式，这种方式实际上会对生态环境产生不可逆转的破坏，这是一种不可持续的管理方式，所以只适用于对资源需求不大且资源丰富的人类发展早期。需求管理在一定程度上弥补了供给管理忽略的生态环境影响的缺陷，并且开始注意到资源的经济收益，虽然资源价格有经济学理论的支持，但在实践中如何操作仍然是一个值得探讨的问题。资源化管理简单地以行政手段对资源实物进行直接的管理、划分，它只注重资源的使用价值，而忽略了资源的价值属性，并且简单的行政手段会诱发管理中的寻租行为，导致资源的浪费并且容易滋生腐败。资产化管理以价值管理为核心，采用经济与法律的双重手段对资源进行间接的管理，注意到了资源的经济属性，但由于在现实经济活动中市场也可能会失灵，会导致成本升高。因此，单纯地依赖任何一种方式都不一定能够完全实现资源的最优配置。

7.2.5.4　我国自然资源管理体制

资源管理体制及其类型：所谓资源管理体制，是一个国家或地区关于资源管理机构及其职能和相互间关系的系统规定或安排。

资源管理体制是国家和地区行政管理体制的重要组成部分。一般而言，资源管理体制要充分体现国家的意志，特别体现国家的资源优先利用权力；同时也要保护公民的资源权益。资源管理体制包括对中央和地方资源管理权限的规定，也包括同级政府各部门间在资源管理方面的权限界定。

资源管理体制，若从管理主体看，至少可以分为两类，即部门管理体制和属地管理体制。部门管理体制可分为部门集中（统一）管理体制和部门分散管理体制。在部门分散的资源管理体制下，包括土地、水、矿产、能源等资源在内的自然资源分属不同部门进行管理，相互间关系的疏密度也有较大差距。此种资源管理体制，人为地割裂了自然资源系统内部各类资源间的关系，对于资源系统管理、提高资源的整体效能不利。在部门集中（统一)的资源管理体制下，主要资源特别是具有高度自然相关性的资源，如土地、水、农业和林业资源等，集中在同部门内统一管理，兼顾了各类资源间的相互关系及其对资源系统之结构、功能和效率的影响。

同时，部门管理体制又可分为部门垂直管理体制和部门分层管理体制。在部门垂直管理体制下中央政府部门拥有自上而下的完全管理权限，全国各地的管理机构直接向中央政府部门负责，在此种体制下资源管理效能较高，但中央部门的管理能力要求也较高，工作量较大；在部门分层管理体制下，实行分级管理，上级对下级提出要求，下级对上级负责，可能出现三级甚至四级或五级的资源管理机构。在此种管理体制下资源管理效能可能出现逐级递减的情况，但中央部门的管理压力较轻。

在属地资源管理体制下，中央与地方各拥有自己的管理权限，管理的资源种类、资源空间范围划分较为明确，相互间的管理权限重叠较少。此种管理体制多出现在联邦制国家，即联邦各成员拥有较多的自主管理其资源的权限。此类管理体制有其固有的适宜性，其最大的优势在于可发挥各成员管理资源的积极性和创造性，以保障其辖区内的资源有效供给。但另一方面，属地管理体制也不仅仅适用于联邦制国家，在某种程度上也适用于包括我国在内的非联邦制国家，作为部门管理体制的重要补充。以最大限度地调动地方政府管理和有效利用资源的积极性和创造性。

中国政府改革对各部门管理职能进行了相应地调整，从而形成了新时期中国自然资源管理新体制格局。在借鉴发达国家经验的基础上，从中国的实际出发，我们认为以资源化管理和资产化管理相结合的管理模式是中国未来资源管理模式的选择。结合中国新时期经济体制的特点以及自然资源管理现状，将这种管理体制(模式)概括为大部分集中，个别分散的管理模式。

中国的自然资源管理体制划分为中央和地方两级。在中央政府层面，土地、矿产、海洋水资源、石油和天然气、森林、草原等资源中的部分和大部分职能集中于自然资源部统一管理；水资源、石油和天然气、森林、草地资源的国家资源产权管理职能统一归自然资源部；而其具体日常资源保护等管理职能则相对独立地分别由水利部、发展和改革委员会(具体为其下面的能源局负责)、林业和草原局实行分部门管理。在地方政府层面，各级地方政府在中央政府的法律框架内，研究制定适合地方特点的资源法规，负责同级政府的资源管理工作，并按照"上下工作对口"的原则进行机构配套和职责分工。

中国自然资源管理模式的选择有其现实必然性，除了受中国现行经济体制影响外，还受经济发展水平、资源禀赋程度和自然地理特征等因素的影响。

7.2.6 国外自然资源管理体制与我国自然资源体制优缺点比较

中国现行自然资源管理体制为大部分集中个别分散，划分为中央和地方两级。这一管理模式的优点是有利于发挥自然资源的整体功能，提高其利用效率，逐步与国际接轨，实现中国自然资源管理国际化。其缺点是：作为一个集权管理体制的国家，必然要求自然资源实行集中统一管理，目前尝试的管理模式尚不能满足这一要求，自然资源各管理部门的职能还会有交叉，且存在有些职责难以明确等负面影响。

　　国外自然资源管理体制的分散管理模式的优点表现在：有利于充分发挥单种自然资源效益，使该种资源管理科学化、合理化和专业化。缺点表现在：忽视了各种自然资源之间的内在联系，难以做到资源开发与环境保护的统筹兼顾、协调发展，同时也不利于充分发挥自然资源的整体功能。同时，由于管理机构设置较多，而一种国土资源的开发利用往往又涉及其他国土资源管理部门，会导致部门之间的协调任务较重。

　　国外自然资源管理体制的部分集中分散管理模式，强调一些门类的国土资源之间存在较密切的内在联系，如能源和矿产、土地和水等，对于这些资源应该进行统一集中管理；但也尊重不同门类国土资源间存在的巨大差异，如矿产与森林、森林与海洋等，因而在集中的基础上又采取分散的管理形式。这一模式的优点在于既注重发挥多种国土资源的综合优势，又重视发挥个别国土资源的单一优势。

7.3　自然资源管理的主要措施和制度

7.3.1　自然资源法律制度

　　自然资源法律制度是指在自然资源法中，调整特定自然资源社会关系，并具有相同或相似法律功能的一系列法律规范所组成的规则系统。自然资源法是通过立法形式规范公民、法人、其他组织以及自然资源管理部门等有关主体在自然资源开发、利用、保护、管理过程中发生的社会关系，实现合理、有效利用自然资源，进而协调人与自然关系的目的。其中，自然资源法律制度为这一目的的实现，发挥着基础性调整和保障作用。因此，构建自然资源基本法律制度的目的就是实现自然资源法的价值目标，为自然资源法的正义宗旨提高基本制度的支撑（崔金星，2005）。

7.3.2　自然资源产权制度

　　自然资源产权制度是自然资源的所有、使用、经营等法律制度的总称。主要包括自然资源所有权制度、自然资源的使用权制度、自然资源的经营权制度等。从最基本的意义上说，产权就是对物品或劳务根据一定的目的加以利用或处置并从中获得一定收益的权利。产权是对经济行为主体行为的规范，它规定了经济行为主体在稀缺资源使用中的地位，并且规定了每个行为主体在与其他行为主体相互交往中必须遵守的规范以及不遵守这些规范所应承担的责任。它反映了产权主体对客体的权利，用来界定人们在经济活动中如何受益，如何受损，以及他们之间如何进行补偿的规则。产权是围绕着对稀缺资源的利用而引起的人们之间受益和受损而产生的权益，其基本内容包括行动团体对资源的使用权与转让权，以及收入的享用权。产权既是一种权利，又是一种自由。权利意味着产权主体有保护自己的利益而免受他人强加成本的制度保护；自由意味着产权主体可以按照自己的喜好支配属于自己的财产（严瑾，2004）。产权并不是某种单一的权利而是一个总量的概念。产权是人与人之间在交往过程中建立起来的经济权利关系，这种关系具有一些内在的属性，如排他性、可分解性、可交易性、有限性、流动性或运动性等。

　　产权制度是指以产权为依托，对各种经济活动主体中各产权关系的权利、义务、责任进行有效的组合、调节和保护的约束和制度安排，它包括产权安排、产权结果安排及产权运行机制和有效的产权保护等。产权制度是一系列用来确定每个人相对于稀缺资源使用时的地位、经济和社会关系。产权制度的效率在于它具有节约功能及再分配功能。简单地说，产权制度就是制度化的产权关系或对产权关系的制度化，是界定、配置、行使和保护产权的一系列规则，这里的制度化就是使既有的产权关系明确化、相对固定化，依靠一系列规则使人们承认、尊重并合理行使产权。产权制度不是从人类社会一开始就有的，是社会生产力和生产力关系发展的结果。违背或侵犯合理的产权，将会受到相应的惩罚，而合理行使则能得到适当的收益。产权制度主要包括 3 个基本要素：国家规定的正式产权约束、非正式产权约束和产权实施机制。健全完善的产权制度应当具备明晰性、排他性、可分离性、可分割性、可转让性、稳定性等一般的财产权利特征。

　　自然资源产权制度是自然资源法律制度的核心，是有关自然资源的权利与义务关系的法律表现形式，是关于自然资源归谁所有和使用以及自然资源的所有人、使用人对自然资源所享有的所有、使用等权利的法律规范的总称，是其他一切资源保护法律制度的基础。就其内涵而言，自然资源产权是行为主体之间关于自然资源的权利义务关系；就其外延而言，自然资源产权包括自然资源的所有权、使用权、收益权、转让权等（杨海龙，2015）。

　　自然资源产权制度中明确规定自然资源产权的主体、客体和内容，产权的取得、利用、转让和丧失方式，以及相关保障和转让的基本管理措施。自然资源的产权制度对于消除资源获得的随意性，改变资源利用的外部性特征，完备资源产权体系，合理配置资源具有重要意义。产权制度的确立，使自然资源的权属清晰确定，从而可以通过市场机制达到妥善管理、物尽其用的目的。如此，既可以使有限的自然资源得到相应的保护，实现社会公益的目的，又可以使之在市场上充分流通达到物尽其用，满足人们的需要（陈开琦，2007）。

　　伴随着社会主义市场经济的逐步完善，我国自然资源产权制度的变迁可以划分为 3 个历史阶段，即公有产权"完全"所有阶段、开发利用产权无偿授予阶段、开发利用产权有偿获得和可交易阶段，其中的每一个历史阶段都有特定的产权制度安排，总体上制度改革往往有利于自然资源的合理配置。可见自然资源产权制度安排是可持续自然资源管理的核心和基础，决定着自然资源配置的效率与公平，关系到每个人的社会经济地位和权利。不同的自然资源产权制度使主客体之间发生着不同的关系，直接决定着各主体的积极性和创造性以及自然资源的配置效益、开发利用的效率和保护培育程度，是一个影响自然资源可持续利用和发展的关键问题。

7.3.3　自然资源核算

　　自然资源核算是指从自然资源的经济价值的角度，对一定时间和空间内的自然资源，在合理估价的基础上，从实物、价值和质量等方面，统计、核实和测算其总量和结构变化并反映其平衡状况的工作。自然资源服务于人类生活与社会发展，是一切人类活动的基础条件，资源禀赋状况对一个国家经济社会可持续发展具有重大、持久影响。作为一个资源的报警器，自然资源核算不仅为我们提供了自然资源信息，而且通过它可以导向经济行为，了解资源供求状况，测知国民经济是否运行正常，这可以帮助我们实事求是地制订计划，做出决策，加强自然资源的管理。如何运用核算所提供的报警信息，使之在宏观调控和微观经济行为中起作用，是今后研究工作中不可忽视的一个问题。

自然资源核算其目的是提供一个将经济活动和自然资源库内资源利用变化连接起来的信息系统，它可以防止一个国家陷入增长假象，即经济繁荣和自然资源环境破坏相伴随，甚至造成经济"空心化"现象（高敏雪，2016）。自然资源核算的研究，虽然不能解决自然资源的根本上的问题，但却能为自然资源的利用和保护提供判别标准，是促进资源、环境、经济可持续发展的有效措施。通过自然资源核算，对自然资源资产进行合理评估，政府能够全面客观地衡量自然资源，准确地了解全国资源利用现状，科学地制定资源开发利用政策。同时，也有利于督促政府领导干部有意识地关注经济发展过程中的资源浪费、环境破坏等问题，确保生态文明建设顺利进行（孔含笑，2016）。

7.3.4　自然资源管理中激励机制的建立

自然资源管理中激励机制的建立是资源节约型、环境友好型社会的客观要求。管理学研究的着眼点是人的需要动机，而经济学的着眼点是制度关系。管理学人的需要动机是方法导向，经济学制度关系是问题导向。

激励是现代管理学的一个重要概念，根据心理学的观点，可以将激励概括为一切内心要争取的条件、愿望、动力都构成了对人的激励。激励属于人类活动的一种内心状态。简而言之，激励是激发行为主体内心追求的一种手段。所谓激励机制，即是构建一种激励相容的机制，即机制制定者，设计出的一种能够促使参与者与其目标相容，并且还能充分发挥其潜能的一种合约或者制度约束。这些制度框架可以是相关的法律法规，也可以是某种政策、相关的条例等。而对于激励来说，则主要是针对作为机制设计者的面向对象参与者而言的，机制设计者为了促使参与者积极配合自己的合作并且充分发挥个人主观能动性从而最大化实现最终的目标而采取的相关措施。

寻求有效的激励机制，调动人们对自然资源依法开发和保护的积极性、创造性。综合运用价格、信贷、税收、折旧等经济手段对自然资源的保护和利用行为进行引导和鼓励。制定自然资源保护和利用的优惠政策，支持自然资源保护利用的科研、示范工程、引进项目和推广项目。创造条件多渠道筹资，逐步建立国家、地方、经济主体、个人投资的机制，支持自然资源保护和可持续利用事业的发展（谭宗宪，2005）。

7.3.5　自然资源管理的行政手段

自然资源行政管理制度是政府各有关部门依据行政管理职权，依法对资源主体及其活动进行管理的制度。是一种微观管理，是对企业与产业的直接管束，追求的是企业与产业行为的合理化与高效率，甚至是权利的保护，具有强制性和规范性（姜仁良，2010）。主要包括资源许可证制度、资源环境影响评价制度、资源现场监督检查制度、资源价格管制制度及资源政府收购制度等。

（1）资源许可证制度是政府直接安排资源产权并决定其效率的基本制度。既是国家对行政管理相对人从事资源活动的法律认可，也是资源行政相对人得到法律保护的凭证。是实现自然资源管理法制化的基本实现途径，也是今后资源管理方式改革和优化的重要方向。大体分为开发许可证、利用许可证和进出口许可证。当前需要加强的是强化资源行政许可的法定性、法定程序性和规范性，杜绝"许可腐败"，建立公平、公正、公开的行政许可秩序。

（2）资源环境影响评价制度是政府控制资源开发利用外部性发生的主要制度，是对资源开发主体投资项目及工程投资规划、开发利用活动先行调查、预测和评价，对其提交的环境影响和污染防治与治理报告进行审查批准的法律制度。目前需要大力加强环境影响评价的强制性，扩大适用范围，完善审批审查机构等。

（3）资源现场监督检查制度是深入现场，实时实地监督检查厂商资源开发利用行为的制度，该制度的建立能有效克服主体行政管理滞后和被动的局面，使政府及时准确把握，采集进行行政规制的事实根据，从而正确适法。

（4）资源价格管制和政府收购制度是政府对自然资源市场供给进行管理的制度，是保证资源供求平衡，避免某项资源市场过冷过热，克服资源市场运营"失灵"，从而有效保护自然资源。

7.4　自然资源开发决策

7.4.1　自然资源开发与再开发原则与理论

7.4.1.1　自然资源开发与再开发的原则

在资源科学技术名词中，资源开发被定义为"是指政府、企业或个人等具有独立行为能力的主体、主观有意地采取措施对资源数量、质量、分布等状况进行干预和改变以获取预期效益的行为的总称"。自然资源开发是对地下矿产、土地、生物、水力、旅游等资源通过规划和物化劳动以达到利用。在人类利用过程中，随着技术的进步等因素的影响，人们通过对资源的现有利用方式改变以提高其利用价值实现新的利用，这种就称为资源再开发。根据社会经济综合发展的需要，自然资源开发与再开发应遵循一定的原则进行。

（1）综合效益原则

资源的开发与利用，会对资源的赋存地域产生各种各样的影响，既包含对生态环境的各种有利和不利影响，也会对区域的社会、经济和文化等诸多方面产生影响。从投资者角度来看，资源开发利用的首要目的是获取一定数量的经济效益，即在资源开发利用后一定时期内的各种直接与间接经济收益的总和必须高于资源开发利用的总投资。

在资源开发利用过程中，也会导致各种各样的社会问题，这些问题若不能得到妥善处理将会引发社会问题，将在一定程度上抵消取得的经济效益。在进行资源开发利用之前或之中，应充分估计到资源开发所可能带来的各种社会影响。因此，不仅要考虑经济收益，还要考虑经济、社会等综合效益。

（2）生态环境保护的原则

人类在开发利用自然资源的过程中，不可避免地在质上或量上改变着自然环境系统中的一个或一类因子。合理开发会为人类创造利益，不合理的开发则会给人类和生态环境带来不可估量的恶果。大量的事实也证明了这一点，各种各样的全球性问题在当今世界仍表现出扩大化和尖锐化的趋势。因此，在资源开发利用的过程中，我们首先需要强调的是必须进行有保护性的开发，即在资源开发之前应充分研究论证可能出现的各类问题，评估这些问题对人类可能的损害程度，并提出相应的解决或缓解办法，将资源开发利用对环境造成的不利后果尽可能地控制在人类能够承受的范围之内。这就是自然资源开发的生态与环境保护原则。

（3）可持续利用原则

对于可再生资源的开发利用，其开发量要小于资源的容量或生长、更新量，才能保持生态系统的平衡稳定。如果每年从该系统取走大量物质和能量，超出了维持资源更新的界限，而得不到适当的补偿，则必然引起该系统能流物流规模的持续降低，从而失去平衡；如果这个过程长久持续下去，则导致该系统退化，直至崩溃，也就无法保持永续利用。对于不可再生资源，需要通过资源的最优开发规划、技术进步、资源存量的重复利用和新资源替代，实现合理的代际分配和可持续的利用。同时自然资源开发要符合国家社会总体发展战略原则，基于国家资源安全考虑。资源开发利用虽然可以取得一定的经济效益，但是一个地区或区域资源开发要从国家整体发展来考虑，做到统筹开发利用规划。

7.4.1.2　自然资源开发与再开发相关理论

（1）自然资源效率利用论

一般而言，一个国家或地区经济的可持续发展要受到诸多因素的制约，其中资源开发利用方式和效率利用的重要性，正日益受到重视并引起广泛关注。从经济学角度考虑，自然资源尤其是经济价值较高的自然资源的稀缺是必然的，是市场供需作用的结果。正是由于稀缺，才需要考察其效率配置，使稀缺资源的利用达到最大的收益。因此，新古典经济学注重的并不在于自然资源的稀缺或缺陷，而强调资源利用边际水平上的成本与效益，实现市场优化配置。面对资源稀缺这一人类社会永恒的现实问题，我们只有不断地克服自然资源开发、利用及管理中的缺陷并进而实现其综合开发利用的制度创新，才有可能真正落实可持续发展的战略目标。

（2）自然资源可持续利用和更替性理论

可持续发展是立足于自然资源和环境角度提出的关于人类长期发展的战略和模式，并非一般意义上所指的在时间和空间上的连续，而是强调环境承载能力和资源的永续利用对发展进程的重要性和必要性。可持续发展的标志是资源的永续利用和保持良好的生态环境，发展不能超越资源和环境的承载能力。"可持续发展原则"是人类其行为对自然生态环境造成破坏的现状的反思和寻求一条新的发展道路的普遍社会心理。可持续发展思想对于认识当代产业发展及资源开发至关重要的：既满足当代人发展的需要，也满足后代人发展的需要。自然资源的开发利用不可避免地会对环境造成影响，因而自然资源的开发是一个与环境、经济社会协调发展密切相关的问题。自然资源的配置考虑更多的是经济效益目标，而自然资源可持续利用主要从代际公平出发，基于经济、社会等各方面的综合评价，做出开发利用决策。因此，作为人类新发展模式的指导理念即可持续发展理论注定将成为自然资源开发管理的理论依据。

资源利用更替过程是一个动态过程，会随需求和技术的变化而不断作小调整。例如，随着城市的发展，昔日的牧场和耕地上会建起房屋和商店；个别水井和简陋的卫生设施为公共供水和地下水道系统所代替；公用设施建立起来了，新街道出现了。随着城市的发展和繁荣，旧城市被不断再开发，原来的道路必须加宽、重新铺设，下水道需要扩展和拓宽，商店要翻新，旧平房被推倒让位给新的高楼大厦，有条件和有必要的地方还要建设城市公园和开放空间。

资源利用更替性往往要求做出长远的决策。多数自然资源开发都需要相当数量的投资，因此要求进行仔细的投资核算，要求计算新开发所必需的生成成本、机会成本、时间成本、替代成本、运输成本和环境成本，以及扣除上述成本后的期望效益，以便平衡收支，并能获利。这往往要做出一些重要抉择，例如，不同开发计划之间的抉择，不同规模与比例的可比项目之间的抉择，使个人利润最大化的项目与强调社区和社会目标的项目之间的抉择。

(3) 系统科学理论

系统科学是一门方法论科学，是站在宏观、整体的角度，以系统、综合的观点分析认识事物，不仅认识事物的表象，还要认识事物的本质和内在联系，是认识复杂事物的科学方法。影响自然资源开发的因素很多，这些因素相互联系、相互作用、相互制约，构成了一个统一的系统。自然资源的开发利用需要顾及社会、经济和生态环境各个方面的要求，通常是一个多目标的大系统问题，各目标之间有统一的地方，更重要的则是它们存在着相互制约、相互矛盾的错综复杂的联系。因此，自然资源开发必须以系统科学方法论为基础，以整体的思想、系统的观点、全新的思维去分析和认识自然资源开发问题。

(4) 自然资源开发原理

现代意义上的资源开发，是指在遵循资源持续利用和高效利用原则前提下，因地制宜地采取与经济技术水平相适应的开发方式，对某一特定资源或所有资源进行的生产性开发。资源开发利用是人类有目的地把自然物变换成物资的经济活动，是社会物资的再生产过程。人们之所以开发和利用自然资源，是因为自然资源的开发利用可为人类提供生存必需的产品和服务，还因为自然资源的产品和服务可以提高人类福利和生活质量。人类开发自然资源的基本动力来源于生存的需求，以及改善福利和生活质量的需求。

自然资源的价值可归结为 2 个方面：一是普遍了解并认同的商品价值，体现的是物质价值；二是服务价值，即通常所说的生态价值、社会价值等。前边我们学习过，第一类价值是可以简单计算并易于用货币来体现的，而第二类价值则不能用简单的方法进行计算，且难以简单用货币的形式来体现。自然资源的开发利用可使其地租和利润最大化，同样的基本原理也适用于家庭建房、园林建设场合，也适用于城市中心开发、新街道建设或公园修建的场合，所不同的是，这些情况并非强调经济效益，而旨在非货币方面的目标，即强调个人、家庭、社区和社会的满足，强调社会总福利。这些价值一般不能用货币来表示，但是它们对于评价自然资源开发的效用有着重要作用。所以说，自然资源开发原理是综合考虑各种成本、预期各种收益，使资源利用的各种效用最大化。

当然在具体的资源开发决策中还要考虑国家的相关行政管理制度，中国实现自然资源开发审批制度，是指开发自然资源的单位和个人向有关部门申请，经审批后方可开发利用的法律制度（孙鸿烈，2000）。

（5）自然资源再开发原理

人类利用自然资源的历史是一个长期的资源利用更替历史。大多数自然资源，特别是那些通达性好、具有较高经济利用潜力的自然资源，已被人类开发和改善。这个开发过程绝不是一件一劳永逸的事情，随着时间的推移，一些已经被开发的资源，必然会在一定时间期内被再开发，改作其他有更高净效益的用途。自然资源开发是初始开发，例如，在荒野的土地上进行的农业开发，在空地上进行的房屋及改良设施的兴建。这种开发很重要，但现在的大多数自然资源开发决策，是针对已开发资源进行追加开发或替代开发。例如，农场转变成工业区、平房改造成高层公寓、旧城区改造成新城区，所有这些把原有土地利用更新为新用途的开发项目，都属于再开发。可再生资源在被开发利用后虽然能够自我再生、恢复或净化，但是其再生、恢复或净化的能力是有限的，受到各种自然因素乃至人为因素的制约。为使这类资源永续利用，对其开发利用的规模、速度等就应合理规范，不能让开发利用的规模、速度等超过其再生、恢复或净化能力。

自然资源再开发的基本原则，一样是地租和利润最大化，但同样可以考虑其他目标，包括各种生态服务价值、精神享受、个人满足和社会价值。房屋之所以要重建，并不一定是期望市场价格上升而使财产增值，目标往往在于增加家庭舒适和满足的程度。同样，城市不断拓宽街道、改善供水系统和下水道系统及其他基础设施，为的是提高这些设施的社会效用。拆除贫民窟、开发城郊、不断实施新的规划和再开发项目，为的是要达到社会的、精神的、经济的或生态的目标（蔡运龙，2007）。

回顾历史，可以发现人类经济社会发展与自然资源开发、再开发有着密切关系。随着经济发展，社会对自然资源的需求不断上升，对其再开发利用程度也越加广泛。每一次新能源的发现和利用，都会带来一些新产品的出世。国家由于认识和利用资源的方式、程度有所不同，造成了社会生产力、综合实力有差距。因此自然资源的开发决策不仅对自然资源的可持续利用有重要意义，对人类经济社会发展也有不可或缺的作用。

7.4.2 自然资源开发决策的成本分析

自然资源只有被开发和利用才能提供产品和服务。决策者可根据全国自然资源总量及其时间、空间分布以及各地区科技水平、利用自然资源的能力和效率，制订资源开发利用规划，发挥资源优势互补的作用，协同发展，实现全局的最大效益。自然资源开发决策的特点在于它关注长期经济生产力。与一般经济决策不同，自然资源开发决策者要在较长的时间周期内投入资本、劳动和管理，其决策往往将这些资源冻结在某些用途一直到乃至超过该资源开发的期望经济寿命。在自然资源的开发利用中，经营者在利益最大化的驱动上，如果有任意开采资源、破坏环境的行为，就会增加社会成本，因而必须将成本控制在一定范围内，以使自然资源开发项目不仅收支相抵，而且能使资源要素和管理投入获得适当的回报。此外，自然资源开发者及投资者必须关注未来的效益、成本和地租，力图保证在扣除成本之后能连续获得某种效益和满足，从而使长期投资的效益和满足最大化。因此，自然资源开发需要把握恰当的开发时机。当产品有了市场，就要关注产品的价格和未来可能的需求水平，因为这些因素对自然资源开发的总效益有显著影响。成功的决策应是使区域自然资源的开发利用取得良好的社会效益、经济效益和环境效益。

自然资源开发利用的目的是取得一定的社会经济效益，但开发利用过程本身也要发生一系列的成本。成本在自然资源开发决策中起着很重要的作用，它给经营者在"生产什么，在哪儿生产和在什么时候生产，以及用其中什么样的适宜方式生产"选择中选择并给经营者以指导。通过成本和价格的比较，成本分析会迫使诱导经营者进行实验、观察和发明，以找到更经济有效地生产产品的途径(许家林，1999)。成本同预期效益一起，有助于说明自然资源开发的目的以及开发的时间。在对自然资源开发过程中，往往包括有若干种成本，其中包括自然资源的生成成本、勘探成本、时间成本、替代成本、机会成本、运输成本以及环境成本。

在对地资源开发过程中，往往包括有若干种成本，其中首要的和最主要的是利用新垦殖土地资源和将部分开发过的土地重新开发，所需要的实际现金支出和人力投入。其他较重要的成本有与个人和团体损失有关的社会成本，由于将自然资源开发及项目引入利用需要时间的时间成本，以及将现有投资项目清除掉以让位给新开发项目而产生的替代成本。

(1) 自然资源开发的直接费用

所有类型的资源开发都需要一定的直接投资和劳动费用，这些费用的多少和性质取决于资源开发的类型和时期。成熟的天然林采伐只需投入劳动和少量投资即可收获大量木材，而摩天大楼的建设则需要花费大量资本和劳动。

绝大多数非农业用途的土地开发项目，需要更多的土地开发成本。将荒地或农地开发为公共设施、建立排水系统、打地基等。城市更新工程的费用更高，因为购置开发用地的费用及拆迁的费用都非常高昂，另外还由于再开发的规划一般都雄心勃勃。新公路建设也需要很高的开发成本，建设费用的造价很大，取决于公路的类型、宽度和行车道数量、封闭与否、地形地基和土壤条件、要建的桥梁和涵洞数量、建筑材料的可得性，以及是否铺设下水道和排水系统，等等。城市快速公共交通系统和采矿业的开发更是提供了现行开发成本的典型例子。

(2) 自然资源开发的社会成本

自然资源的开发还经常产生社会成本。社会成本可以分为两类：社会机会成本和社会负效用。社会机会成本指由于选择某项自然资源开发，社会其他成员要放弃的效益和效用；而社会负效用则指某项自然资源开发项目对其他个人、团体和整个社会的外部性成本和负效果。

社会机会成本的例子很多，例如，让一些人从事艰苦的荒地开发，就付出了他们在原居住地享受安逸生活的机会成本；当某块土地可用于开发房地产，也可用于建设学校，而选择开发房地产就付出了用于建学校的机会成本。在城市土地开发或再开发过程中更是频繁出现社会机会成本，城市再开发项目一般包括拆迁原有设施而带来的社会损失，也涉及有限的资金用于城市再建设而不能用于产业开发的机会成本。

社会负效用问题，发生在自然资源开发项目对他人有不利的效果的时候。土地开发可能破坏自然生态，并殃及自然风光及其他有价值的东西；建设炼钢厂可能污染城市空气；一个工厂可能将未经处理的废物倾入附近的溪流中，从而毁坏了溪流的许多使用价值。在所有这些情况里，成本都由开发者和经营者转嫁到社会其他成员身上去。这些成本经常被人们忽略，或被视为开发的必然代价；现在由于人们越来越重视环境效益和社会效益，因而努力识别这些负效用，使它们的发生达到最小限度，以及将处理这些环境问题的成本责任与造成污染的有关单位密切联系起来等。因此，在自然资源开发中，要综合评价其对周边自然环境的各种影响，产出的各种效益，这个从资源开发成本角度考虑，利于慎重决策自然资源的开发，对于保护自然资源有重要作用。

（3）自然资源开发的时间成本

自然资源开发总要花一定的时间，在土地完成改良和开发并能够用于生产或消费之前，一般要花费几年时间。在这段时期内，土地开发者的投资被束缚在那些目前还不能带来经济效益的项目中；还必须按土地开发后预期存在的市场条件来评价目前的方案和经营措施，这个过程包含着风险和投机因素。在这种情况下，由于要维持土地开发项目而带来的成本可以视为"时间成本"，它包括密切关联的两类成本：即等候成本和促熟成本。

①等候成本　等候成本可定义为从经营者第一次投入资本和劳动，到投资收回再用于下一次项目开发的这段时间内，由于等候经营效益的实现而产生的成本，包括投资的利息和在开发及经营阶段内所必须交纳的税金。等候成本的2个主要项目中，财产税是开发者不能逃避的开支；通常土地开发者要利用借贷资本来投资，于是在持有土地的整个时期还要支付资本投资的利息，而他利用的自由资本也必须偿付机会成本。

大多数土地开发和建筑工程中都可以找到典型的等候成本例子，房地产开发商必须对土地和建房投资支付利息和交纳税金，农田基本建设、果园、钻探油井和矿山的建设都必须付出等候成本，不同之处仅仅是发生时间的长短差别而已。即使免税的公共设施如学校和农田建设，也有等候成本，同私人开发项目一样，也要支付利息，计息从建设资金使用开始，一直到工程竣工投入使用为止。其实等候成本绝不局限于土地开发的情况，商人进货总要投入资本，只要这样做不影响他的资金周转；农民春天买入种子、肥料、机械，直到秋天卖出收获物以前都要支付这些成本及其他生产成本的利息；造林工程付出等候成本的时间更长，所谓"百年树木"，往往在小树成材以前50年或更长一段时间内需要支付利息，也可能纳税。

②促熟成本　与等候成本既密切关联，有时在概念上又相互交叉的另外一种时间成本是促熟成本。土地从较低用途转变为较高用途的过程是一个逐渐成熟的过程，在此过程中由于持有财产的增值而导致的成本就是促熟成本。促熟成本往往与地租或土地价值的提高联系在一起，例如，采伐迹地转变为耕地，按耕地估算财产价值纳税；耕地转变为住宅用地，按住宅用地估算的财产价值纳税；住宅用地转变为商业用地，按商业用地估算的财产价值纳税。所有这些情况都会产生促熟成本，在土地真正转变成较高用途以前的这个时期所缴纳的财产税增额就是一种促熟成本。在这种情况下，以较高征税形式而导致的促熟成本，可以作为一种杠杆，用来促进土地投机者出售和开发土地，促进闲置土地的开发，促

进城市土地和郊区农用地的再开发。

促熟成本这一概念，不仅包括与土地转向或可能转向较高层次用途相联系的税收增额，而且有时还包括待开发的土地还有更有潜力的用途，因而被待价而沽所产生的成本。例如，一个土地开发者本来认为在 3 年之内可将其所有的地段售出，但实际上他为了等待土地升值而将这些土地财产持有了 5 年时间，从而在后 2 年里要追加占有费用(利息和税金)，这就构成了促熟成本。此类促熟成本的产生是由于开发者们过早开发，或者由于在项目以其要价出售以前有必要进一步促熟。当新开发项目如公寓或办公楼，超过了市场可以立即容纳的能力时，也可能出现促熟成本。在使这些项目达到正常利用水平以前的时间内所产生的促熟成本，可能是由于对市场判断的错误，由于对所开发项目的潜在市场过于乐观。在大规模开发项目的生产经营磨合期，或项目要扩大规模时，也可能产生促熟成本。促熟成本往往会转嫁到买者头上去，特别是当市场价格很高和需求很旺时更是如此。

(4) 自然资源开发的替代成本与机会成本

大部分土地都有多种用途，虽然一旦用对某种用途就会长期延续下去，但当社会经济条件变化促使土地价值变化和适宜用途变化时，往往使新的土地开发项目在经济上更令人满意。这种新开发项目需要注销业已投入土地的投资，这个过程所产生的成本叫做替代成本。一个典型的例子是，当城市土地中住宅用地成熟后又出现转作商业用地的更高利用潜力，实施这种转变就产生替代成本。在这种情形下，土地使用者可以将其土地再开发用于获利更多的用途。例如，一个拥有一座每月地租收入 15 000 元、总价值 150 万元房子的房主，遇到这样的机会时可以将原有住宅用地再开发为一座值 2000 万元的零售商店或办公楼，以使其净租金收入增长数倍。如果地块空闲，他如此行动毫无问题。但他现在有价值 150 万元房子占着地皮，他不得不在进行新的开发投资之前，拆迁或者推倒现有的建筑，使已投入住宅的资金报废，这就发生了替代成本。

因此，替代成本问题可以看作一个土地使用者的决策问题，即为了抓住新机会进行投资以使未来收入更高，他是否愿意放弃其全部或部分已注入的投资。如果他决定转向较高层次的用途，就不得不注销房屋价值的大部分，然后才能在原地皮上进行再开发。另一方面，如果他未能转向有希望的较高层次用途，他就接受了一种机会成本，它等于现有净收入与地皮再开发后可获得的净收入之差额。

可获得较高收入的可能性，使得大多数土地经营者既乐意又急切地把土地转向更高层次用途。但是，由于人们的预测能力有限，或财力不足，或对尚有盈利能力而将报废的建筑及设施恋恋不舍，就会阻碍向新用途转化。然而，经营者只要确信再开发可以带来更高收入，并且有足够的财力承担所期待的用途变化，那么不将土地转向新用途是不明智的。

如果既不愿或不能承担整个再开发规划的替代成本，又不愿放弃新机会，那么可以制订一些折中方案，以能在力求使实际替代成本最小的同时，使经营获得部分潜在的更高赢利能力。例如，将住宅转用作商店、饭馆和办公室，在住房前院增建某种商业建筑，在商店的改建过程中照旧营业等。虽然这种权宜之计的结果往往不像整个再开发项目那样令人满意，但也确实减小了替代成本(蔡运龙，2007)。

7.4.3　自然资源开发决策的成本—收益分析

自然资源开发利用的方向、利用方式以及利用效果等一系列重大问题都是自然资源合理开发利用所要研究的重要内容。这些问题的研究，不仅需要依据开发利用的原则进行定性分析，而且还要在此基础上采用一些先进的定量分析方法进行定量研究，为土地资源的开发利用提供数量依据和多方案择优的基础。那么，成本—效益分析法则是其中之一。

成本—收益分析是经济学研究的基础性分析方法，此分析的目的在于对研究目标的经济性、效率性和效果性有一个全面完整的认识，从而可以做出最有利的决策。成本—收益分析为我们提供了一个可用来评估自然资源开发项目经济前景的重要方法，其分析方法可广泛地应用到对自然资源开发和社会投资方案决策中。它既可以用来确定一个项目方案是否经济可行，即是否可以在扣除成本之后带来净效益；也可以用来评定或排列各种可供选项目的优先顺序。

成本—收益分析是通过比较一项工程各种可行的方案的全部预期效益和全部预计代价(成本)的现值，把评价这些可行的方案，作为决策者进行选择和决策时的参考或依据的一种方法。在市场经济中，任何一个经济主体在做出经济活动时，都要考虑其行为在经济价值上的得失，以便对自身行为的投入和产出关系有一个尽可能科学的测算，成本收益分析理论就是一种用来解释经济主体此种行为的经济理念，它要求主体对未来行为有预期目标，并能够对达成预期目标的概率有所掌握。自然资源开发利用可有许多不同方式以及由此产生不同水平的社会经济效益。运用效益—成本分析方法，首先将土地开发利用的各种利用方式构成的可行方案对自然、社会、技术的全部影响进行系统的分析，然后以货币为度量单位，计算出各方案实施后的总成本和总效益，权衡各方案的利害得失，对土地资源的开发利用方向和利用方式等一系列问题做出合理决策。收益—成本分析理论通过权衡收益与成本，系统评价公共项目的可行性，能以较低的决策成本快速比较多个自然资源保护区位，选择项目的社会经济收益，为重建决策提供大量有效准确的信息。该理论对灾后重建区耕地保护的区位选择问题也有非常重要的指导意义。

效益—成本分析法主要是通过计算各个土地开发利用方案在一定时期内的净现值以及内部收益率，效益—成本率等指标并在各方案中加以比较后，选择出最佳方案，其各个指标的计算公式：

净现值(NPV)：

$$NPV = \sum_{t=1}^{n} \frac{B_t - C_t}{(1 + r)^t} \qquad (7\text{-}1)$$

内部收益率：使净现值等于 0 的贴现率 r：

$$\sum_{t=1}^{n} \frac{B_t - C_t}{(1 + r)^t} = 0 \qquad (7\text{-}2)$$

效益—成本率(K)：

$$K = \frac{\sum_{t=1}^{n} \dfrac{B_t}{(1+r)^t}}{\sum_{t=1}^{n} \dfrac{C_t}{(1+r)^t}} \qquad\qquad (7\text{-}3)$$

式中　B_t——t 年土地开发利用的效益；

$\quad\quad\ \ C_t$——t 年土地开发利用的成本；

$\quad\quad\ \ n$——计算开发利用的成本；

$\quad\quad\ \ r$——贴现率或利率。

7.4.4　成本—效益分析方法在资源开发决策中的应用

　　判定一个地区自然资源比较优势的标准主要是自然资源经济价值的大小。自然资源的经济价值(即自然资源收益)是指开采使用自然资源给社会带来的经济效益和社会效益，它是通过开采、使用自然资源过程中所付出的成本和自然资源使用中所带来的收益的比较来衡量的。如果收益大于成本，其经济价值就高，反之，经济价值就低甚至没有经济价值。而没有经济价值的自然资源即使储量再丰富也构不成资源优势。从经济效益上看，自然资源收益也就是资源开发者出售资源性产品所获得的收入。从社会效益来看，地方区域如果能依托自然资源优势建立自己的主导产业，并带动相关产业的发展，进而吸收资金、技术、人才、劳动力等生产要素向该区域聚集，不仅能提高本区的工业化水平、城市化水平以及社会教育水平，还带来良好的社会效益。

　　成本—收益分析是以货币单位为基础对投入产出进行估算和衡量的一种分析方法，其前提是追求效用的最大化。在市场经济条件下，任何一个经济行为主体在进行某种经济活动时，都要考虑其具体经济行为在经济价值上的得失，做出预先的估计，以便对投入与产出有清晰的认识。为此，必须确定两大类指标体系：总成本和总收益。成本是全部投入的资源和社会付出的代价，包括基本费用、附加费用、无形费用等。效益价值是指全部产出的利润和社会得到的好处，包括基本效益、派生效益、无形效益等。

　　在进行多方案比较时，一般采用 3 种方法：①在成本相同的情况下，比较收益的大小；②在效益相同的情况下，比较成本的大小；③在成本和效益都不相同的情况下以成本与效益的比率和变化关系来确定。只有将生态成本、社会成本和经济成本尽可能降低，保证净正效应最大，自然资源经济就可视作可持续的，因此，关键在成本和效益之间的比较权衡。

　　成本—效益分析方法的使用有以下前提：①只有在对某项目的产品存在着需求的情况下，项目才有经济价值；②每个项目都必须在使净效益最大的规模上实施；③每个项目或项目各个独立组成部分，都必须以与项目总目标相符的最小可能成本来实施；④每个项目的开发优先顺序应按其经济合理程度排列。

7.5　自然资源的可持续利用

　　自然资源的可持续利用是指在可持续发展思想指导下，以人类现有认识水平可预知的时期内，在保证经济发展对自然资源需求满足的基础上，能够保持或延长自然资源生产使用性和自然资源基础完整性的利用方式。自然资源是国民经济和社会发展的重要物质基础，自然资源的可持续利用和管理是实现可持续发展的基本前提，可持续发展的关键是自然资源的可持续能力，这已成为全球的共识。

7.5.1　资源可持续利用与生态文明建设

7.5.1.1　生态文明建设

（1）生态文明提出及发展历程

面对资源约束趋紧、环境污染严重、生态系统退化的严峻形势，必须树立尊重自然、顺应自然、保护自然的生态文明理念，走可持续发展道路。党中央、国务院高度重视生态文明建设，先后出台了一系列重大决策部署，推动生态文明建设取得了重大进展和积极成效。虽然生态文明一词由来已久，但是它进入国内公众的视野、受到广泛关注则是在党的十七大上。党的十七大首次把生态文明建设写进党代会政治报告，将建设生态文明作为我国全面建设小康社会的一项重要内容提出，要求做到"基本形成节约能源资源和保护生态环境的产业结构、增长方式、消费模式"。随着我国经济建设脚步的加快，对资源的浪费以及环境的破坏也日益加剧。进而，在党的十八大报告上，生态文明建设被放在了更加突出的位置，党的十八大报告将生态文明建设纳入中国特色社会主义"五位一体"总体布局，提出创新、协调、绿色、开放、共享等五大理念，其中的"绿色"发展彰显了党中央对生态文明建设的关注与重视。继而又在党的十九大报告提出，坚持人与自然和谐共生，建设生态文明是中华民族永续发展的千年大计，加快生态文明体制改革，建设美丽中国。习近平指出，我们要建设的现代化是人与自然和谐共生的现代化，既要创造更多物质财富和精神财富以满足人民日益增长的美好生活需要，也要提供更多优质生态产品以满足人民日益增长的优美生态环境需要。必须坚持节约优先、保护优先、自然恢复为主的方针，形成节约资源和保护环境的空间格局、产业结构、生产方式、生活方式，还自然以宁静、和谐、美丽。

（2）生态文明概念

生态文明是指人们在改造客观世界的同时，遵循自然、经济、社会及人类自身发展规律，克服改造过程中的负面效应，积极改善和优化人与自然、人与人之间的关系，建设有序的生态运行机制和良好的生态环境所取得的物质、精神、制度方面成果的总和。它贯穿于经济建设、政治建设、文化建设、社会建设全过程和各方面，反映了一个社会的文明进步状态。其实就是把可持续发展提升到绿色发展高度，为后人"乘凉"而"种树"，就是不给后人留下遗憾而是留下更多的生态资产。从广义的角度来看，生态文明是人类的一个发展阶段。这种观点认为，人类至今已经历了原始文明、农业文明、工业文明3个阶段，在对自身发展与自然关系深刻反思的基础上，人类即将迈入生态文明阶段。从狭义的角度看，生态文明是社会文明的一个方面。这种观点认为，生态文明是继物质文明、精神文明、政治文明之后的第四种文明。

（3）生态文明内涵

生态文明是对人类长期以来主导人类社会的物质文明的反思，是对人与自然关系历史的总结和升华。其内涵具体包括以下几个方面：

①人与自然和谐的文化价值观　树立符合自然生态法则的文化价值需求，体悟自然是人类生命的依托，自然的消亡必然导致人类生命系统的消亡，尊重生命、爱护生命并不是人类对其他生命存在物的施舍，而是人类自身进步的需要，把对自然的爱护提升为一种不同于人类中心主义的宇宙情怀和内在精神信念。

②生态系统可持续前提下的生产观　遵循生态系统是有限的、有弹性的和不可完全预测的原则，人类的生产劳动要节约和综合利用自然资源，形成生态化的产业体系，使生态产业成为经济增长的主要源泉。物质产品的生产，在原料开采、制造、使用至废弃的整个生命周期中，对资源和能源的消耗最少、对环境影响最小、再生循环利用率最高。

③满足自身需要又不损害自然的消费观　提倡"有限福祉"的生活方式。人们的追求不再是对物质财富的过度享受，而是一种既满足自身需要又不损害自然，既满足当代人的需要又不损害后代人需要的生活。这种公平和共享的道德，成为人与自然、人与人之间和谐发展的规范。

7.5.1.2　生态文明建设与资源可持续利用的关系

(1)保障资源安全及其可持续利用是生态文明建设的基础

党的十八大提出，全面落实经济建设、政治建设、文化建设、社会建设、生态文明建设"五位一体"总体布局，大力推进生态文明建设。这是党中央面向未来提出的新的执政理念和治国方略。自然资源是经济社会发展和生态文明建设的重要物质基础。提高自然资源对经济社会发展的保障程度是生态文明建设的重要任务。加强自然资源调查评价、勘查开发、保护和合理利用，是促进生态文明建设的重要手段。

与目前只注重当代人需要和眼前利益的资源利用方式不同，资源可持续利用，是在不损及后代人满足其需求之自然物质基础的前提下，来满足当代人需要的资源利用方式。换句话说，资源可持续利用是代际分配合理，部门配置得当，经济、社会和生态综合效益最佳的资源利用方式。只有做到资源的可持续发展和利用，才能确保整个生态环境不断发展，才能让整个生态系统朝着一个健康、稳定的方向迈进，才能最终实现基于"生态文明"这一创新理念建设美丽中国的目标。因而，资源的可持续发展和利用是生态文明建设的物质基础。

(2)生态文明建设为资源可持续利用提供制度保障

党的十八大报告中指出，推进生态文明建设要加强生态文明制度建设。生态文明制度建设可为资源可持续利用提供制度保障，必须全方位、多层次、立体化地推进生态文明建设，确保其取得实效。要把资源消耗、环境损害、生态效益纳入经济社会发展评价体系，建立体现生态文明要求的目标体系、考核办法和奖惩机制。建立国土空间开发保护制度、完善最严格的耕地保护制度、水资源管理制度和环境保护制度。依照经济、社会与生态效益相结合的原则，坚持节约集约利用、利用与保护相结合为主的基调，大力推进绿色、低碳、循环发展，形成资源节约、环境友好型的产业结构、生产生活方式与空间格局。遏制生态环境恶化的趋势，在生态脆弱区与环境恶化区实施重大生态环境修复工程与项目，增强生态环境自身净化与抵御损毁的能力。完善灾害防御体系建设，提高自然灾害的抵御能力。秉承预防为主、管护结合的方针重点解决损害群众身心健康的环境问题。加强有利于促进生态文明建设的税费制度、政治补偿制度、生态产品和生态服务交易市场制度等建设。推进生态文明建设，构筑生态安全屏障，为人民创造更好的宜居环境，为维护全球生态环境安全、实现资源的可持续利用做出积极贡献。

7.5.1.3　生态文明建设与资源可持续利用的关系

人类掌握科技和物质力量的过程中，逐步认识自然规律并学会利用自然资源为自身服务，但人类社会进步发展的同时，生态危机愈演愈烈，甚至开始威胁人类生存与发展。化解生态危机的实质，就是通过保护生态环境，以达到维护生态平衡的目的。因为自然资源是维持生态平衡的重要因素之一，所以，保护好自然资源成为维护生态平衡的关键方法和环节之一，人类社会能否可持续发展与自然资源的保护利用密切相关。自然资源是社会经济发展的物质基础，但自然资源开发又会对生态环境产生一定程度的污染和破坏作用。自然资源可持续利用，特别注重资源利用的生态问题。只有不造成环境污染、不减少生物多样性的资源利用，才是可持续的资源利用方式；只有将资源视为生态系统的一个组分，以生态学的能量转化、物质循环规律等基本原理去认识资源开发利用的整个过程，才能在资源勘察、开发、利用和保护的每一个环节避免对环境的破坏，协调资源特别是可更新资源利用层次间的关系，并以此提高资源的综合利用效率。

生态文明建设的提出，为我国的经济和社会发展指明了方向，促进了传统发展方式的转型，是迈向资源节约型和环境友好型社会的必由之路。对于本国而言，自然资源稀缺，生产生活密集，生态环境问题对发展构成了很大的约束。生态文明建设则是一次重要的改革机遇，是突破现有发展瓶颈的有效途径。因此，生态文明视野下的自然资源可持续利用，就要以自然资源的节约、集约利用为手段，通过转变传统经济的发展模式，改变人类社会与自然环境的对立局面，形成人类社会与自然环境和谐共生的自然利用模式，以此推动自然资源的可持续利用。其关键在于人类对待生态环境的态度的转变，从狭隘的"人类中心主义"过渡到人与自然环境和谐共生，其目的是实现人与自然的和谐发展。

①建立有利于生态文明建设与可持续发展的自然资源开发利用与管理的思想观念、法规、政策、机制、制度、标准、规范、伦理、习俗和文化体系。从生态环境的本质特征来看，环境是一个由多种要素组成、受多种因素影响的复杂的巨系统，仅针对少数的、现阶段表现突出的资源环境问题，实施相对单一的对策、手段，无法从根本上解决资源环境问题。

②积极推进国土生态文明与可持续发展的文化教育建设。国土生态文明建设与可持续发展具有战略性、长期性、艰巨性和复杂性，必须重视和发挥好文化教育的作用，编制实施国土资源领域生态文明建设与可持续发展的文化教育规划，以丰富多彩、持之以恒的文化建设宣传教育活动促进自然资源领域的生态文明建设和可持续发展。

③以生态文明制度体系建设为保障，推进我国治理体系和治理能力现代化，从而实现资源的可持续利用。当前，我国正处于工业化转型的关键时期，围绕党的十九大加快生态文明体制改革，建设美丽中国的目标，必须以生态文明制度体系建设为保障，推进我国治理体系和治理能力现代化，以应对快速工业化和城镇化过程中出现的资源环境问题。因

此，当前生态文明制度体系建设应以解决现实问题为引领，从人与自然和谐发展的顶层设计出发，以提供良好的生态环境质量为基本需求，树立底线思维，加快建立与资源消耗上限、环境质量底线、生态保护红线等相关的制度建设。

7.5.1.4　习近平生态文明理论

习近平同志指出，在发展中"既要绿水青山，也要金山银山；宁要绿水青山，不要金山银山；绿水青山就是金山银山"。这是关于生态文明建设最为著名的科学论断之一，是解决资源开发与保护的重要理论指导。绿水青山和金山银山决不是对立的，关键在人，关键在思路。保护生态环境就是保护生产力，改善生态环境就是发展生产力。让绿水青山充分发挥经济社会效益，不是要把它破坏了，而是要把它保护得更好。

纵观世界发展史，保护生态环境就是保护生产力，改善生态环境就是发展生产力。良好生态环境是最公平的公共产品，是最普惠的民生福祉。对人的生存来说，金山银山固然重要，但绿水青山是人民幸福生活的重要内容，是金钱不能代替的。纵观人类文明发展史，生态兴则文明兴，生态衰则文明衰，工业化进程创造了前所未有的物质财富，也产生了难以弥补的生态创伤。

党的十八大报告指出建设生态文明，是关系人民福祉、关乎民族未来的长远大计。面对资源约束趋紧、环境污染严重、生态系统退化的严峻形势，必须树立尊重自然、顺应自然、保护自然的生态文明理念，把生态文明建设放在突出地位，融入经济建设、政治建设、文化建设、社会建设各方面和全过程，努力建设美丽中国，实现中华民族永续发展。

坚持节约资源和保护环境的基本国策，坚持节约优先、保护优先、自然恢复为主的方针，着力推进绿色发展、循环发展、低碳发展，形成节约资源和保护环境的空间格局、产业结构、生产方式、生活方式，从源头上扭转生态环境恶化趋势，为人民创造良好生产生活环境，为全球生态安全作出贡献。优化国土空间开发格局，按照人口资源环境相均衡、经济社会生态效益相统一的原则，促进生产空间集约高效、生活空间宜居适度、生态空间山清水秀，给自然留下更多修复空间，给农业留下更多良田，给子孙后代留下天蓝、地绿、水净的美好家园。

全面促进资源节约。要节约集约利用资源，推动资源利用方式根本转变，加强全过程节约管理，大幅降低能源、水、土地消耗强度，提高利用效率和效益。推动能源生产和消费革命，控制能源消费总量，加强节能降耗，支持节能低碳产业和新能源、可再生能源发展，确保国家能源安全。加强水源地保护和用水总量管理，推进水循环利用，建设节水型社会。严守耕地保护红线，严格土地用途管制。加强矿产资源勘查、保护、合理开发。发展循环经济，促进生产、流通、消费过程的减量化、再利用、资源化。

加强生态文明制度建设，保护生态环境必须依靠制度。要把资源消耗、环境损害、生态效益纳入经济社会发展评价体系，建立体现生态文明要求的目标体系、考核办法、奖惩机制。建立国土空间开发保护制度，完善最严格的耕地保护制度、水资源管理制度、环境保护制度。深化资源性产品价格和税费改革，建立反映市场供求和资源稀缺程度、体现生态价值和代际补偿的资源有偿使用制度和生态补偿制度。加强生态文明宣传教育，增强全民节约意识、环保意识、生态意识，形成合理消费的社会风尚，营造爱护生态环境的良好风气。

党的十九大报告把"坚持人与自然和谐共生"作为基本中国特色社会主义思想和基本方略，进一步明确了建设生态文明、建设美丽中国的总体要求，集中体现了习近平新时代中国特色社会主义思想的生态文明观。中共十九大报告关于新时代中国特色社会主义思想和基本方略提出："坚持人与自然和谐共生。建设生态文明是中华民族永续发展的千年大计。必须树立和践行绿水青山就是金山银山的理念，坚持节约资源和保护环境的基本国策，像对待生命一样对待生态环境，统筹山水林田湖草系统治理，实行最严格的生态环境保护制度，形成绿色发展方式和生活方式，坚定走生产发展、生活富裕、生态良好的文明发展道路，建设美丽中国，为人民创造良好生产生活环境，为全球生态安全作出贡献"。

党的十九大报告在"加快生态文明体制改革，建设美丽中国的发展"部分中，关于节约资源保护环境提出："必须坚持节约优先、保护优先、自然恢复为主的方针，形成节约资源和保护环境的空间格局、产业结构、生产方式、生活方式，还自然以宁静、和谐、美丽。"

关于绿色发展："推进绿色发展。加快建立绿色生产和消费的法律制度和政策导向，建立健全绿色低碳循环发展的经济体系。构建市场导向的绿色技术创新体系，发展绿色金融，壮大节能环保产业、清洁生产产业、清洁能源产业。推进能源生产和消费革命，构建清洁低碳、安全高效的能源体系。推进资源全面节约和循环利用，实施国家节水行动，降低能耗、物耗，实现生产系统和生活系统循环链接。倡导简约适度、绿色低碳的生活方式，反对奢侈浪费和不合理消费，开展创建节约型机关、绿色家庭、绿色学校、绿色社区和绿色出行等行动。"

关于自然资源管理体制和制度建设："加强对生态文明建设的总体设计和组织领导，设立国有自然资源资产管理和自然生态监管机构，完善生态环境管理制度，统一行使全民所有自然资源资产所有者职责，统一行使所有国土空间用途管制和生态保护修复职责，统一行使监管城乡各类污染排放和行政执法职责。构建国土空间开发保护制度，完善主体功能区配套政策，建立以国家公园为主体的自然保护地体系。坚决制止和惩处破坏生态环境行为。"

7.5.2　可再生资源的可持续利用

7.5.2.1　可再生资源与可持续发展

可再生资源是指通过天然作用或人工经营，在合理开发条件下，消耗速度和恢复速度达到平衡，能够为人类反复利用的各种自然资源，包括气候资源（包括风能、波动能、潮汐能、地热能、太阳能等）、土壤资源、水资源、生物资源。可再生资源是可以更新的资源，表现在土地肥力的周期性恢复，生物体不断死亡和繁殖，水分的循环，气候按一定的季节变化。但严格地说，它们所具备的这种再生或更新能力并不意味着它们可以随意地自我更新。实际上，如果不用可持续的方式来管理，就会影响到资源的再生能力。如果资源的利用率长期超过其增长率，那么可再生资源也是会耗竭的。可更新资源能不断的更新，处于周而复始的良好状态，必须以合理开发和保护为前提，否则就会不可避免地趋向退化乃至枯竭。

可持续发展战略是一项庞大的系统工程，其所包括的内容也很广泛。但自然资源的可持续仍然是实现可持续发展战略的基本前提，尤其是可再生自然资源的可持续。可再生自然资源的持续利用和管理是可持续发展理论最基本的实践内容之一。

首先，自然资源是社会经济发展的前提，既为社会经济生产提供必不可少的空间和场所，又为社会经济生产提供不可或缺的原料、燃料等。自然资源广泛分布于自然界和自然再生产过程，包括种类繁多的生态环境要素，它不仅为人类的经济活动提供各种所需的物质和能源投入，而且提供生命所必需的生态环境服务，是人类生存最基本的自然条件。

其次，自然资源是社会经济发展的物质基础，是人类生产资料和生活资料的基本来源，也是技术创新和制度创新的作用对象和产生效益的源泉，是一切社会发展的基础和条件。一个国家自然资源的丰富程度和开发利用效率，影响着国民经济的发展规模和速度；一个国家经济发展的效率也在相当大的程度上取决于自然资源的开发利用方式。自然资源是人类社会经济活动的基本要素和物质基石，可以为人类的经济活动提供各种所需的物质和能源投入。每一种社会物质生产，都离不开自然资源；不同的自然资源对可持续发展的重要意义和作用也有所不同。

再次，自然资源是生态环境的重要组成部分，可以对生态环境施加巨大的影响。一方面，自然资源的退化既是生态环境恶化的重要原因，又是生态环境恶化的起点，生态环境的恶化往往是通过自然资源的退化和耗竭表现出来的，发展的不可持续性也首先表现在自然资源存量的不可持续上。另一方面，我们必须通过改善自然资源来改善生态环境，为可持续发展创造条件。可持续发展要求自然资源的永续利用和有效利用，要实现经济和社会的可持续发展，首先必须实现自然资源的可持续；而要维护自然资源的可持续性必然要求对自然资源实行可持续管理，这是实现整个可持续发展战略的基础。事实上，也正是出于对大量自然资源可持续性丧失的担忧，才促使人们产生了要实行可持续发展的要求。因此，可再生自然资源的可持续利用是可持续发展的基础。

7.5.2.2　可再生资源可持续利用的开发和保护

可持续利用是指控制可再生资源的利用速率，使其保持在再生速率的限度之内。可再生资源可持续利用是指能长期保持资源再生能力和令人满意环境质量的资源利用方式。近年来，可再生自然资源的利用强度不断增大，出现了资源枯竭、再生能力下降等现象。这类资源虽然可以再生，但也不是"取之不尽，用之不竭"的。目前可再生自然资源的过度利用问题，已经成为全球亟待解决的重要问题。要解决这一问题，当务之急是要保护好可再生自然资源的持续性。因此，必须寻求一条可再生资源可持续发展的道路。

（1）对可再生资源的开发利用必须综合考虑、统一规划

可再生资源是一个有机的，不可分割的统一整体，不仅在各要素之间相互联系，相互制约，而且在地块、地区之间也密切联系。要开发其中某一要素就不可避免地影响到其他要素。同样，要开发某一地区的可更新资源也势必影响到其他地区，导致原有生态系统的改变。若这种开发没有综合考虑到整体性，就会使原有生态系统恶化。如著名的阿斯旺水坝的兴建获得了发电和灌溉效益，但水坝建成后引起了尼罗河流域生态平衡的破坏，致使

每年不得不投入大量化肥维持该流域农田的肥力平衡。由于河流生态系统的改变，浮游生物不再入海而使得几百千米外的大海中的沙丁鱼的生存面临危机。所以我们绝不能考虑利用某一要素，而忽视其他要素，只考虑局部地区可更新资源的利用而忽视全局性的统一规划安排。在土地资源与其他资源的关系上，如只考虑增加土地资源数量，盲目搞围湖造田，就会缩小湖泊面积，降低调蓄作用，导致洪涝灾害，破坏水产资源，恶化生态环境。所以我们一定要综合考虑土地、水、生物、气候资源及影响这些资源的自然条件和有关社会经济条件，从全局出发，统一规划，搞好可更新资源的合理开发工作。

(2)建立合理的管理机制

建立合理的管理机制，通过政府采购等措施刺激可再生资源市场需求的增长；制定产品标准，健全质量控制和认证制度，加强对市场的规范和管理，建立产品质量检测中心；实施项目投标制度，工程质量监理和评审制度等。这样既加强对可再生资源工作的统一领导，又可避免工作的盲目性、分散性及重复性，进而推动统一的政策措施出台，实现可再生资源的管理机制有序运行。制定合理利用可再生资源的法规，使合理开发和保护可更新资源得到法律保证，为可再生资源的可持续利用提供法律依据。

(3)加强可再生资源开发利用的技术开发与产业化发展

可再生资源的推广应用虽然集社会、经济、生态效益于一体，但在产业化的起步阶段，还不能形成适度经济规模。因此，要加大可再生资源开发利用的资金投入和政策扶持力度，要加大国家财政力度，增加可再生资源综合开发利用的科技投入，激励再生资源综合开发利用。

(4)大力推进资源再生技术和资源循环利用

通过技术改造，培养创新能力，加强废弃物资源回收利用，加快废弃物处理的产业化；强化信息服务，运用再生资源综合利用信息和情报网络系统的服务，及时收集、整理、发布再生资源综合利用信息，建立资源综合利用新技术项目库，及时向企业提供技术信息。引进消化吸收国外先进再生资源开发利用技术、工艺和关键设备；通过政策调控措施，以及产业政策的支持和激励，有效地促进我国可再生资源的综合开发利用，以此促进我国可再生资源开发利用的快速、稳步发展。

7.5.3　不可再生资源的可持续利用

7.5.3.1　不可再生资源可持续利用的内涵

不可再生资源是经济发展的重要原材料，是工业化社会的重要生产要素。据统计(郎一环，2005)，我国92%以上的一次性能源、80%的工业原料、70%以上的农业生产资料都来自矿产资源，而几乎所有的矿产资源都是不可再生资源。此外，现代经济是建立在煤、石油和天然气，以及核能等能源形式之上的，不可再生资源为经济发展提供能源保障。人们将各种不可再生资源潜在的能量转变成符合现代经济发展所需要的能源形式，从而保证了社会经济的正常运转。因此，不可再生资源在可持续发展中起着举足轻重的作用。

不可再生资源可持续利用就是如何合理使用资源以最终实现经济可持续发展的目标。

可持续发展要求我们从代际的视角出发，研究不可再生资源利用中的效率与公平的问题，即在代际内部实现效率，在代际之间探求公平。不可再生资源可持续利用的意义在于通过合理利用资源实现经济可持续发展，也就是资源利用既要满足当代人的需要，又不损害后代人满足需要的能力。正确理解不可再生资源可持续利用的内涵，需要把握几个方面。首先，不可再生资源的可持续利用不等于其永续利用。其次，不可再生资源的可持续利用不是保存资源、不去使用。例如，当代人今天利用多少化石燃料和矿物原料，后代人可利用的数量就会减少多少，但这并不意味着不去使用这种资源。事实上，在能源利用方面，人类相继经历了薪柴时代，煤炭时代，石油、天然气时代，并向核能和可再生资源利用方向发展。不同的不可再生资源肩负着不同时期人类发展的重任。所以，应该在考虑这种资源的枯竭时限，将耗损减少到最小程度的技术可行性，以及可替代资源的可行性的基础上，确定一个可控制的耗损率，以确保在得到可接受的替代资源之前，这种不可再生资源不会枯竭。再次，不可再生资源的可持续利用要建立在代际内部资源最优配置的基础上。可持续发展要求我们重视后代人的利益，但也不剥夺当代人使用的权利。满足当代人的需要是不可再生资源可持续利用的出发点。但是，从任何意义上说，低效率的使用资源都是一种浪费，只有实现代际内部的资源最优配置是人类追求的目标。

从代际间的公平性讲，不可再生资源是有限的，这就要求当代人在满足自身需要的同时应考虑到自己的行为对后代人的利益是否有负面的影响，要遵循利己与利他、眼前利益与长远利益的原则，不能只看到经济利益而损害社会利益和子孙后代的长远利益。

7.5.3.2　不可再生资源的可持续利用策略

（1）提高资源利用效率

在资源供求矛盾突出的同时，我国不可再生资源利用效率较低，存在资源浪费的现象。虽然我国在资源有效利用方面取得了很大进步，但相对于经济发达国家还有相当大的差距。要大力推进资源全面节约和循环利用，降低能耗、物耗，实现生产系统和生活系统循环链接。倡导简约适度、绿色低碳的生活方式，反对奢侈浪费和不合理消费，开展创建节约型机关、绿色家庭、绿色学校、绿色社区和绿色出行等行动。

（2）资源循环利用

目前我国的资源循环利用效率低。资源循环利用就是对于通常所说的废弃物资源的再利用，也就是废弃物资源化。对于在社会的生产、流通、消费过程中产生的不再具有原使用价值存在的废弃物，可以通过某些回收加工途径使其重新获得使用价值的各种废弃物的总称。这里的再生实际上是指废弃物资源的再生利用。资源循环利用是保护资源的重要方式。要发展循环经济、清洁生产。

（3）大力发展不可再生资源循环利用

我国的资源开发利用已经形成了利用体系，并取得了一些经验。已初步形成一些再生资源循环加工体系，并取得了显著的经济和社会效益，再生资源处理能力提高，回收量成倍增长。比如，生活垃圾转换成家畜饲料、有机肥料或燃料，先进的"垃圾发电"也已经被采用，有色金属和贵金属的循环和提纯能力也大大提高，再生资源处理能力日益科学化。同时，我国每年废旧物资的回收量也大幅增长，方便了人民生活，减少了环境污染，为工业生产提供了大量再生材料，为国家的经济建设和社会发展做出了巨大贡献。

随着资源再生及循环利用的科技开发新的突破，我国在再生铅、再生铝、再生锌、废钢铁屑、废旧轮胎的利用等方面也都有新的突破，其中利用废旧蓄电池回收铅的生产与研究取得了较大进展，回收率高达98%；废旧轮胎细碎和改性技术及其应用也获得成功，并开始在全国推广。另外我国在垃圾发电和产热技术及农作物秸秆综合开发利用技术方面也都取得了一定的进展。

针对我国不可再生资源可持续利用的现状及存在的问题，政府应该积极的发挥引导作用，通过建立不可再生资源的可持续消费观念、完善市场资源配置功能、推进资源产权制度改革和发挥科技创新作用，实现不可再生资源可持续利用的目标。

7.6 中国自然资源的立法与管理

自然资源是国民经济与社会发展的基础，与人类社会的生存和发展息息相关，因此自然资源的管理也一直伴随着人类社会发展的全过程。可以说，人类社会发展的历史也是人类开发利用和管理自然资源的历史。同时自然资源立法意义重大，关系到经济、社会、生态环境的全面、协调和可持续发展，关系到人类的核心利益乃至生死存亡，通过立法保护自然资源是保障自然资源可持续利用的重要手段。

自然资源法律制度是指在自然资源法中，调整特定自然资源社会关系，并具有相同或相似法律功能的一系列法律规范所组成的规则系统。自然资源法是通过立法形式规范公民、法人、其他组织以及自然资源管理部门等有关主体在自然资源开发、利用、保护、管理过程中发生的社会关系，实现合理、有效利用自然资源，进而协调人与自然关系的目的。其中，自然资源法律制度为这一目的的实现，发挥着基础性调整和保障作用。因此，构建自然资源基本法律制度的目的就是实现自然资源法的价值目标，为自然资源法的正义宗旨提高基本制度的支撑。

资源法作为国家法律体系中的一个部门法，它也是由国家发布的各类资源法律规范所组成的有机联系的统一整体。虽然每一个特定的资源法都以它调整的资源内容、社会关系或调整方法之不同，而与其他资源法律规范相区别，但它们彼此又相互联系而构成同一的法律体系。资源法律体系中包括最高权力机关(全国人大)及其常设机关制定的各种资源法律，国务院发布的各种资源行政法规，地方国家权力机关(地方人大)及其常设机关发布的有关资源的地方性法规，国务院各委和省以及较大市政府发布的规章。各种有关资源的法律规范，不管它们的形式如何纷繁，内容如何不同，但在整体上是相互联系、彼此相互协调的，是有着自身独特的逻辑体系的，这是形成资源法律体系的客观基础。例如土地、森林、草原、江湖、海洋等每一个生态系统，都不是孤立存在的，它们相互联系、相互制约，形成一个统一的不可分割的有机整体。人们在开发利用和治理保护各类自然资源过程中所发生的社会关系，必然有内在联系，是同一类型的社会关系，这就决定了调整资源法律关系的法律规范属于同一法律部门。

经过几十年的发展，我国已基本形成了自然资源管理的基本法律制度。自然资源管理的基本法律制度主要包括资源产权制度、资源勘察调查制度、资源登记制度、资源开发审批与许可证制度、资源有偿使用与征收税费制度、资源保护制度等。

7.6.1　我国自然资源立法的现状

中国是世界上对自然资源管理、开发、保护立法最早的国家之一。我国较早就有对自然资源的立法，早在公元前 21 世纪的舜帝时期，就有了开发就有了管理"上下草木鸟兽"的虞官和有关规定。《逸周书·大聚篇》就记载了"舜之禁"的行为规范。到了秦朝已经出现专门的自然资源法规，在《田律》《厩律》《苑律》《工律》《金布律》中，就对自然资源做出了许多明确规定。此后，历代王朝的法律中也都对资源作了不少规定。在中华民国时期，曾先后颁布了《渔业法》(1929 年)、《河川法》(1930 年)、《狩猎法》(1932 年)、《森林法》(1932 年)、《水利法》(1942 年)等资源法律。中华人民共和国成立后，国家不仅在起草临时宪法作用的《中国人民政治协商会议共同纲领》中对自然资源问题作了若干规定，而且制定了《土地改革法》(1950 年)、《政务院关于发动群众开展造林、育林、护林工作的指示》(1953 年)、《国家建设征用土地办法》(1953 年)、《矿产资源保护试行条例》(1965 年)等资源法律、法规。

我国历朝历代主要都是以农业立国，因此在我国古代自然资源法保护的对象主要是与农业生产有关的自然资源。我国现有的自然资源法包括综合法和单行法。《宪法》以根本大法的形式规定了国家保护环境、防治污染和其他公害以及国家保护自然资源的原则。自然资源单行法自 1984 年颁布《森林法》以来，先后颁布了《草原法》(1985 年)、《渔业法》(1986 年)、《矿产资源法》(1986 年)、《土地管理法》(1986 年)、《水土保持法》(1991 年)、《野生动物保护法》(1988 年)、《水法》(1988 年)、《煤炭法》(1996 年)以及大量行政法规、地方性法规和行政规章。这些法律在我国计划经济时期及改革开放初期对我国自然资源的开发管理做出了巨大的贡献。

此外，国务院制定的近百部涉及自然资源的行政法规和地方人大制定的几百部地方性法规，以及国务院有关部、委、办、局以及地方政府制定的几百部规章，加上我国参加的《气候变化框架公约》《生物多样性公约》《海洋法公约》《世界文化和自然遗产保护公约》等 10 余个国际条约，一个以各种自然资源单行法群集合为基础、以法规规章为配套、以国际条约为补充的自然资源法律体系已经基本形成。

现行的自然资源立法已经基本涵盖了我国自然资源开发、利用、保护和管理的主要方面，自然资源法制建设基本实现了有法可依、有章可循。并且从总体上看，我国的自然资源法律法规体系对保护和改善环境质量，保护生态平衡和生态安全，促进经济、社会和环境的协调发展起到了积极的作用。目前我国的自然资源法体系已基本形成。

资源法律体系的组成部分：资源法律体系的产生，从国内外实际情况出发，比较完备的资源法律体系，是由下列各种类型的资源法律规范所组成的：

①宪法关于自然资源的规定　宪法对自然资源的规定，是资源立法的法律根据。我国《宪法》对自然资源、土地、保护环境、植树造林的 3 个条文，共九款作了详细规定，例如《宪法》第二十六条规定"国家保护和改善生活环境和生态环境，防治污染和其他公害。国

家组织和鼓励植树造林，保护林木"。

②国家基本法关于自然资源合理利用和保护的规定 我国《民法通则》《刑法》以及有关行政法、经济法和诉讼法都对自然资源作了相关规定。例如，《民法通则》中直接涉及土地、森林、山岭、草原、荒地、滩涂、水面、矿藏、排水、通风和采光等自然资源的规定就有六个条文、约有 13 个款项的规定。《刑法》用专节设立破坏资源罪等。

③综合资源法 这是根据国家宪法和基本法制定的资源法的母法，它规定国家关于自然资源开发利用和治理保护的基本方针、政策、任务、目标、基本制度和措施等，是其他资源立法的根据。我国目前尚没有制定这种综合资源法。

④部门资源法 这是针对某一类型的自然资源的开发利用和治理、保护、管理而发布的资源法，是我国当前资源法的主要组成部分，也是狭义理解的资源法。全国人大常委会通过的资源法主要有：《水法》《土地管理法》《城市房地产管理法》《渔业法》《草原法》《森林法》《野生动物保护法》《矿产资源法》《气象法》等。

⑤专业性的国土资源法 这是为完成国土开发整治某一方面的任务而制定的专业性的国土资源法。全国人大常委会通过的专业性国土资源法主要有：《环境保护法》《水污染防治法》《大气污染防治法》《海洋环境保护法》《水土保持法》《防沙治沙法》《防洪法》《城市规划法》《测绘法》《耕地占用税法》等。

⑥地域性的资源法 这是为特定地区自然资源的开发、保护和管理而制定的资源法。目前经全国人大常委会通过的有《领海及毗连区法》，它规定我国领海宽度为 12 海里，领海基线采用直线基线；领海之外临接领海、宽度为 12 海里是毗连区。

⑦有关自然资源的行政法规和规章 这是国务院及其有关部委办对资源开发利用和治理保护的规定，在现行的资源法律规范中这部分法规所占比例最大。例如国务院颁布的行政法规有：《土地增值税暂行条例》《城镇土地使用税暂行条例》《国土规划编制办法》《基本农田保护条例》《河道管理条例》《航道管理条例》《水库大坝安全管理条例》《植物检疫条例》《淮河流域水污染防治暂行条例》等。

⑧有关自然资源的地方性法规和规章 这是各类资源法的配套法规，一般地说中央发布的自然资源法律、行政法规、地方都有相应的实施细则；地方也可在法律规定的范围内根据地方特点对资源的开发利用和治理保护做出相关的规定，例如《湘西国土开发整治条例》《皖北地区国土综合开发与整治办法》等。

以上所说的是国内资源法律体系，此外，一个国家与别国签订的自然资源协议，或者参加签订的国际资源公约，都称为国际资源法。我国参加签订的自然资源条约有 30 多项，主要包括《国际捕鲸公约》《世界气象组织公约》《国际海事组织公约》《南极条约》《外空条约》《国际水道测量组织公约》《濒危野生植物种国际贸易公约》《联合国海洋公约》《联合国气候变化框架公约》《生物多样性公约》《亚太区域植物保护协定》等。与我国签订双边自然资源保护的国家主要有：俄罗斯、日本、澳大利亚、朝鲜、韩国、蒙古国、荷兰、罗马尼亚、南斯拉夫、阿根廷、乌拉圭、芬兰、加拿大、智利、捷克、匈牙利、保加利亚、美国、德国等。此外，还同一些国家签订多边资源条约，例如我国与俄国、朝鲜、韩国、蒙古国签订《关于建立图们江经济开发区及东北亚开发协商委员会的协定》《图们江地区经济开发区及东北亚环境谅解备忘录》。

一个国家是否参加签订国际资源法，并不影响本国资源法律体系的完备性；一个国家签订的双边或多边国际资源法也可以归属本国的资源法体系中，并注意与国内资源法相衔接。例如我国参加了《防止船舶污染海洋公约》后，即发布了《海洋环境保护法》。

就某一类自然资源来说，不仅具有财产性、商品性、基础公益性等物质特性，而且也具有调节人们心情、心理等美的享受的精神特性。即人们在衡量资源的物质利益的同时，也应当充分考虑资源的精神价值，并且这种精神价值在资源遭受破坏后是无法得以恢复的。在这种认识的指导下，各国已普遍制定各种类型的自然保护区法，使一些有价值的自然资源和环境得以保存。

对于某一类资源来说，其利与害也同时存在，并且相互转化。在这种认识的指导下，各国也已普遍制定资源生态建设法。除上述所说的自然保护区法外，还出现各种国土整治法。例如日本的《国土综合整治法》、我国的《防沙治沙法》及各种污染防治法等。

近年来，随着我国民主与法制建设的飞速发展，自然资源立法取得了一定成效，自然资源的开发、利用、保护和管理等方面基本实现了有法可依。但生态文明加入自然资源立法中的力度还不够。因此，要提升立法理念，把可持续发展、生态中心主义与和谐共存的生态文明作为自然资源立法的灵魂；要完善立法体系，制定自然资源法通则、资源节约与综合利用法、资源调控法以及其他急需的资源单行法；要合理配置规范内容，增加权利性规范、程序性规范和可行性规定，完善促进资源优化配置和提高生态系统综合保护能力方面的规范；要建立健全资源调查与评估制度、资源安全影响评价制度、资源生态补偿机制、环境资源综合决策机制以及资源节约与综合利用的三同时制度。

总体来说，我国目前已经形成了比较完善的、行业比较齐全的一系列单项自然资源法，但是"单纯依靠各个自然资源单行法设立的自然资源法律制度难以对各类自然资源开发、利用、保护中的法律关系做出全面的调整。尤其是随着自然资源的范围和类型的不断发生变化，这种缺陷表现的更为突出和明显。

7.6.2　我国自然资源立法的发展与完善

为适应自然资源保护、可持续发展和环境保护的要求，我国不断完善自然资源法律。立法目的是指包含了两层含义，一方面是法律的制定者和实施者旨在通过制定的法律希望达到的理想目标；另一方面，立法者将法律的基本价值使命通过具体法律来表现，以评价人们行为的正当与否，成为人们的行动指南。自然资源的立法目的则是在制定了的自然资源法中体现出的立法者希望实施之后所能够达到的社会积极效果，更是一种法律内在价值的体现。对于自然资源的保护更多的考虑是自然资源的不可再生性，所以立法者想要通过立法来保护自然资源，更好地利用资源。而且由于环境破坏等问题日益突出，所以在资源立法保护中，对于生态环境的保护也成为了资源立法目的重要内容。

如何超越现状，完善我国自然资源立法，提升自然资源立法的整体质量和综合效益，重点应从以下几方面入手：

（1）以保护资源可持续发展作为自然资源立法的指导思想

可持续发展理论提出后，先后被各国纳入环境资源的立法之中，作为其指导思想，体现于各环境资源立法之中。我国的自然资源问题的严重性对自然资源立法科学性的要求也日益提高，以可持续发展理论为指导思想完善我国自然资源立法。我国古代对自然资源的开发利用体现着持续发展的思想，并且对我国自然资源的保护起了很重要的作用，也为农业的发展奠定了基础。虽然国内外的自然资源保护的实践和立法为我们提供了成功的经验，但是历史上自然资源的不可持续利用所带来的自然灾害的例子也是比比皆是。因此，自然资源的开发利用和保护必须走可持续发展之路。可持续发展观应成为我国自然资源立法的指导思想。

自然资源法的立法目的是资源保护、促进社会经济发展及保护生态环境等的综合体现。对于自然资源的保护更多的考虑是自然资源的不可再生性，所以立法者想要通过立法来保护自然资源，更好的利用资源。而且由于环境破坏等问题日益突出，所以在资源立法保护中，对于生态环境的保护也成为了资源立法目的重要内容。我国的自然资源法的立法目的主要为其第一条规定，所以从自然资源各单项法的第一条进行分析。

《草原法》第一条："为了保护、建设和合理利用草原，改善生态环境，维护生物多样性，发展现代畜牧业，促进经济和社会的可持续发展，制定本法。"在这里，保护草原资源不仅是《草原法》的立法目的，在保护草原的同时应该改善生态环境以期达到促进整个社会的可持续发展这是《草原法》的立法目的。《森林法》第一条："为了保护、培育和合理利用森林资源，加快国土绿化，发挥森林蓄水保土、调节气候、改善环境和提供林产品的作用，适应社会主义建设和人民生活的需要，特制定本法。"相比较新修订的草原法（2013年修正），森林法（2009年8月修订）的立法目的更显滞后。对于森林资源的保护利用是其最基本的立法目的，同时发挥森林资源的蓄水、调节气候等功能，逐步改善环境适应社会建设的需要。《野生动物保护法》第一条："为保护、拯救珍贵、濒危野生动物，保护、发展和合理利用野生动物资源，维护生态平衡，制定本法。"跟所有的资源保护法的立法目的一样，《野生动物保护法》对于珍贵、濒危动物的保护是其立法的基本目的，除了对于野生动物资源的保护，维持生态平衡也是其立法目的。这相对于很多资源立法目的滞后的状况，的确是一种进步。《矿产资源法》第一条："为了发展矿业，加强矿产资源的勘查、开发利用和保护工作，保障社会主义现代化建设的当前和长远的需要，根据中华人民共和国宪法，特制定本法。"《煤炭法》第一条："为了合理开发利用和保护煤炭资源，规范煤炭生产、经营活动，促进和保障煤炭行业的发展，制定本法。"

《水法》第一条："为了合理开发、利用、节约和保护水资源，防治水害，实现水资源的可持续利用，适应国民经济和社会发展的需要，制定本法。"在《水法》的立法目的中，合理开发利用水资源是其基本目的，同时实现水资源的可持续利用，最终保障国民经济和社会的需要。《土地管理法》第一条："为了加强土地管理，维护土地的社会主义公有制，保护、开发土地资源，合理利用土地，切实保护耕地，促进社会经济的可持续发展，根据宪法，制定本法。"《土地管理法》立法目的也是为了保护、合理开发利用土地资源，保护耕地促进社会可持续发展。《渔业法》第一条："为了加强渔业资源的保护、增殖、开发和合理利用，发展人工养殖，保障渔业生产者的合法权益，促进渔业生产的发展，适应社会主义建设和人民生活的需要，特制定本法。"《渔业法》的立法目的还是保护、合理开发利用渔业资源，以促进渔业生产，适应社会生活的需要。《水土保持法》第一条："为了预防和治理水土流失，保护和合理利用水土资源，减轻水、旱、风沙灾害，改善生态环境，保障经济社会可持续发展，制定本法。"2010 年 2 月修订后的《水土保持法》的立法目的不仅规定了要预防治理水土流失，保护、合理利用水资源，也规定了生态环境保护的要求。

(2) 建立科学而系统的自然资源法律体系

从总体上讲，目前我国资源立法还不完善，完善资源法立法体系是一个长期而艰巨的系统工程，为保证我国自然资源立法的统一性、全面性和协调性，提高立法质量，必须重视对自然资源法律体系的建设，因此，我们必须做到以下几点：选择适合中国国情的资源立法模式；制定急需的自然资源单行法；加强自然资源单行法之间的协调统一。

(3) 合理配置规范内容

针对现行自然资源法规范配置失衡的问题，建议增加或完善以下几个方面的内容：完善促进自然资源优化配置的内容；完善相应的程序性规范；增加司法规范；增加具体的可操作性规定；增加实施综合保护自然生态方面的内容。

(4) 增强以社会主义生态文明为指导的自然资源立法理念

当今时代，随着全球能源、生态和环境的问题突出，全球范围以可持续发展为指导的新的法律变革正悄然而生。在此背景下，维持自然资源的永续利用，实现人口、经济、社会与环境、资源的协调发展，最终实现人与自然的和谐共存和共同进化是自然资源法的基本目标和最高价值追求。为此，要重新审视人与自然的关系、经济社会发展与生态环境保护的关系，以可持续发展的基本思想和原则要求为指导，以生态中心主义和法律生态化为根本，以和谐共存的生态文明为追求，注重生态伦理价值和生态综合效益，全面提升我国自然资源法的立法理念，并将其充分体现在相应的体系构建和制度设计中。确立尊重生态自然的立法精神，将资源法的价值取向由人与人的社会秩序向人与自然的生态秩序扩展，由环境资源利益的代内公平向代际公平迈进，由发展经济优先向保护经济、社会、生态发展和谐并举前进，围绕人类和生态共同利益之保护重构或调整相关法律制度。

(5) 建立健全相关制度

自然资源的开发利用，是涉及环境、经济、社会、技术各方面的综合问题。其解决必然要寻求各种解决方法，并需要完善的法律制度给以支撑。自然资源的价值在于实现资源的可持续利用，人与自然的和谐。自然资源立法者应通过对各种法律制度的综合分析和抉择，制定适合自然资源开发利用的法律制度。由于在对自然资源开发利用的法律关系中存在多种法律制度的协作配合问题，所以需要建立多种功能互补、立法各异的法律制度来达到既定的立法目的。完善我国的自然资源制度，应该着手于 2 个方面：构建自然资源法的基本制度；完善我国现有的自然资源单行法中的法律制度。

(6) 加强对现代高新技术与资源法制关系的研究

诸如信息技术、基因技术等高新技术的发展，不仅为资源的开发利用和治理保护提供了新的技术手段，使人们本来无法控制的自然现象逐步转化为宝贵的资源，以及可能出现的副作用得以控制，而且也有可能使资源立法和司法产生新的变革。高新技术的发展，要求对资源法学必须进行超前研究，以便为资源立法和司法寻找一系列合适的解决方法。

(7)加强对可持续发展与资源法制关系的研究

自1992年联合国环境与发展大会通过"和平、发展和保护环境是相互依存、不可分割"的《里约环境与发展宣言》以来，可持续发展理论已得到世界各国的普遍认同，并在资源立法中贯彻了这一思想。要从资源立法层次上贯彻资源既要为当代人又要为下代人，以及世世代代的永续利用的战略思想，就必须从资源法制上保证两个技术问题都能同时得到落实。首先是对再生自然资源的开发利用数量必须小于(起码是等于)其再生能力。为此必须对各类资源的生长更新值进行深入研究，并使这些研究成果法律化。其次是必须把生态学上的生产者、消费者和还原者的理论，运用到经济学上。在原有的生产、交换和消费等环节的基础上，增加还原这个环节。即对各类资源在转化为商品后在使用过程中对外界环境产生污染的防治费用计算进商品的成本中，例如水费应包括水污染治理费为贯彻可持续发展的思想，就必须研究外界环境和资源对这种污染的忍受阈值，又要研究对污染物防治的各种方法及其费用，并把这种研究成果法律化。

随着人们对资源本质属性的认识和科学技术的发展，实现资源的可持续利用将是可能的，而把这种可能性转化为现实性就依赖于资源法制建设的不断完善，为此须加强这方面的法学研究。

(8)加强对资源区域性、全球性特征与国际资源法关系的研究

诸如江河、湖泊、海洋及其水生生物、野生动物、大气圈的风向、气流等资源或环境，都存在着区域性，甚至全球性的特征。然而不仅全球存在着约200个主权国家和独立关税区，就是在一个国家内部也存在着许多资源行政管理区域。资源的客观分布并不遵守行政管理机构的划分，即区域或国家自身利益与资源的区域、全球分布规律之间存在着尖锐的矛盾。因此自然资源在不同管理机构管辖的边界区域，甚至是整个资源分布区范围内，都可能成为资源遭到破坏、生态环境恶化的多发区。虽然当前在国内资源管理机构和国际条约等方面，对自然资源分布特征有一些对策，但仍难以从根本上遏制资源遭受破坏的趋势，为此必须加强对这个问题的研究。对于国内资源法学，必须在立法上进行包括管理体制、公众参与等调控机制的研究，并对执法、司法进行包括全程管理、监控、检查、纠纷处理、损害赔偿等监督机制的研究。对于国际资源法学，则必须加强对国际资源的基本原则、制度及其责任等的研究。

7.6.3 我国资源法的基本原则

资源法的基本原则是指在资源法律调整中体现的基本指导方针，是法律调整资源社会关系的基本准则，是资源立法、执法和司法的基本依据。从某方面说资源法基本原则同资源政策具有近似含义，正如联合国教科文组织把政策定义为基本原则或制定行动规划的基础和依据，有时也可定义为行动的总计划。这表明基本原则也如同政策一样，是制定法律的依据和指导。我国资源法应遵循如下的基本原则(石玉林，2006)：

①坚持以《宪法》为依据，切实落实有关资源可能性关系、资源保护和管理等条款，维护自然资源的公有制和重要自然资源的全民所有制　在资源法律体系部分已指出《宪法》对自然资源的有关规定，并且我国所有的资源法律、法规都严格贯彻这些规定。

在所有资源法律规范中都确立我国所有的自然资源的所有权都属于国家所有和集体所有，还没有个人所有的自然资源的规定。当然《宪法》规定"土地的使用权可以依照法律的规定转让"，因此《民法通则》和《土地管理法》规定土地所有权与土地使用权可以分离，其他自然资源都以土地为载体，故包括土地在内的所有自然资源都可以某种契约关系，确立为单位和个人所使用。然后作为国家所有的自然资源并不因自然资源使用权的转让、流通而改变其国家所有的性质，即自然资源的国家所有权并不以任何形式进行转让。其次为贯彻自然资源合理利用的宪法规定，所有资源法律规范都把自然资源的合理利用和保护作为管理的基本原则，特别是强调自然资源的开发利用和治理保护必须同经济、社会的可持续发展相协调。

②正确处理国家、地方、集体和个人各方关系，兼顾各方利益的原则　自然资源是人类赖以生存的物质基础，如何开发利用和治理保护涉及国家、地方、集体和个人各方面的利益。资源法律规范应注意充分发挥国家地方、集体和个人各方面对资源开发利用和治理保护的积极性、主动性和创造性，又能切实保障各方面在开发利用和治理保护自然资源活动中的合法权益。当前最为迫切的是必须在资源法律规范中明晰自然资源的产权关系，切实维护单位和个人对自然资源使用权经营权方面的合法权益。

③统筹兼顾、全面规划、综合利用、因地制宜的原则　自然资源分布具有地域性分异规律，水、气和生物资源具有季节分异规律，这就决定对自然资源的开发利用和治理保护必须遵循统一规划、因地制宜的原则，才能充分发挥地区自然资源的优势。自然资源本身的整体性又决定资源的合理开发利用和保护必须是综合的和多目标的，因此在资源立法中必须注意对各类资源的开发利用和保护必须统筹兼顾、综合利用，使资源法律规范能符合反映自然资源的客观规律。

④坚持开发利用和治理保护相结合，实现经济效益和生态效益协调统一的原则　坚持开发利用和治理保护相结合，实现经济效益和生态效益协调统一，是当前我国资源环境和社会经济可持续发展的基础条件，或者说要实现我国社会经济的可持续发展，必须使自然资源的开发利用能够满足经济效益和生态效益协调统一。经济效益和生态效益两者是对立统一的关系。当开发利用自然资源遵循客观规律时，两者关系可以得到统一，预期的经济效益可以实现；当开发利用违背客观规律时，两者产生对立，短期的经济效益破坏了生态环境，也影响了长远的经济效益。要始终保持经济效益和生态效益的协调统一也不是一件容易的事，而在资源立法时采取相应措施来促进两者的协调统一却是必要和可能的。

⑤开源与节流相结合的原则　自然资源数量的有限性，要求国民经济的生产量和人民的日常生活的需求量要与其相适应。当前世界经济的一体化，已大大削弱资源短缺所带来的经济问题，然而国际风云变幻也不能不考虑资源的制约因素。在经济建设中既要发挥资源的优势，根据经济发展的需要，有计划地扩大资源的开发，又要合理利用保护资源，正确处理资源消耗与资源再生能力之间的关系。

所谓开源就是增加、扩大自然资源的开发，理顺各方面的关系、综合开发利用、创建人工生态系统等都是提高资源的利用率，使一定数量的资源能作多方面的利用或获得尽可能多的效益；寻找开发代用的资源，扩大资源的利用范围，资源法都应予以鼓励。所谓节流就是爱惜、节约地利用自然资源，特别是水土资源、在我国经济建设和人民生活中都是最重要的，如处理不好将成为我国经济发展、人民生活水平提高的限制因素，资源法要鼓励节流。

⑥体现国家改革开放和社会主义市场经济制度的原则　自然资源的开发利用和治理保护是国民经济中的一个重要产业，然而在改革开放前对自然资源政策主要是强调资源的公益性，对资源的商品性重视不够，基本上是通过行政行为来管理自然资源。改革开放后对自然资源政策又强调"放"，在一定程度上又助长了自然资源的浪费和破坏，以及对环境的污染。当前资源法应认真总结这些经验教训，特别要遵照宪法修正案的规定，对个人经济和私营经济在自然资源开发利用和治理保护中的权利与义务进行明确规定，把他们的资源行为规范到符合全社会整体利益的轨道上来。

⑦奖励与惩罚相结合的原则　资源法应明确规定，对合理利用资源、保护资源、节约利用资源、执行资源法规管理条例者给予个人和组织相结合的鼓励和奖励。资源法还应规定，对破坏资源、浪费资源、不合理利用资源和恶化环境以及违反资源法律、法规、管理条例者，给予个人或组织的相应惩罚。

7.6.4　我国资源法的主要制度

资源法律制度是指依据资源法的基本原则，由调整特定资源社会关系的一系列资源法律规范而形成的相对完整的实施措施和手段。自然资源法律制度比基本原则具体且有很强的可操作性。此外，资源法律制度还具有强制性、系统性和稳定性。

(1)影响评价或综合论证制度

影响评价制度是指资源开发者在进行资源开发前，就预先进行调查、预测和评价，指出其可能给环境或其他资源造成的影响防治方案的报告，经主管部门批准才能进行开发建设的法律制度。我国早在1989年的《环保法(试行)》中就确立了这种环境影响评价制度，在我国的资源法中则规定对各类自然资源的开发要进行综合论证，其含义与环境影响评价是大致相同的。

(2)资源登记制度

登记制度是指资源法确认的自然资源所有权人、使用权人利用资源时必须进行相关登记的法律制度。它是加强对资源的统一管理，保护当事人的权益，有利于资源的合理利用和保护的重要制度。登记制度最早是国家为征收赋税实行地籍登记而发展起来的，当前对资源登记的种类包括产权登记、契据登记、资源册登记和勘察登记等，我国《城市房地产管理法》还规定了5种登记制度。

(3)许可证制度

许可证制度是指在开发利用资源项目时只有获得国家主管机构所颁发的许可证并遵守该证中所规定的条款才能进行资源活动的一项许可证制度，简单易行且可发挥有力的监督协调作用，许多国家都视其为支柱性制度。我国的各种资源法中都规定实行许可证制度

（石玉林，2006）。

7.7　自然资源保护

7.7.1　自然资源保护的含义

自然资源保护（natural resource conservation）是指保护存在于自然界的尚未为人类开发利用的一切自然资源。指人类采取行政、法律、经济等手段合理利用、保护和恢复、重建自然资源（或条件），使可能造成不利于人类生存与发展的条件得到控制，以建立人类社会最适合生活、工作和生产的环境，满足当代人和后代人的物质与文化需求。

自然资源是可持续发展的物质基础，最近几十年由于对自然资源的过度开发，自然资源已向人类告急，各国政府及全人类也认识到了自然资源保护的重要性，现如今自然资源保护与可持续利用的问题是全体环境保护工作者面临的一大挑战。可持续发展不仅成为全球的共识，也是我国的一项基本国策。

"保护"可以有几种不同的定义，按字义解释，它有保存（reservation）、保育（conservation）、保持（preservation）或保证某事物安全或完整（protection）的含义。保护的目的是为了开发而并非单纯意义上的保护，是为了强调有效地利用，是用一种专业的、有效的开采模式去利用土地、木材、矿产、水利等各种资源。自然资源保护内容广泛，包括可再生资源保护、不可再生资源保护以及生态系统保护等。自然资源保护是指以资源的可持续利用为目的展开的一系列活动。自然资源保护同样是一个有多种含义的概念。持生态伦理观的人把人类社会的伦理观念扩大到自然资源乃至整个自然界，认为人们必须保护自然资源和生态环境的完整性；实际经营者常将保护等同对治理土壤侵蚀、植树造林、驯养牧群；而旅游管理者则把保护视为对景观、垂钓和狩猎条件等的维护和改善；政治家们又往往将保护看作与选民利益密切关联的政治目标；宣传保护好的游说者们则把保护比喻为美好生活的象征，比喻为达到"使最多的人获得最大的好处，并且永远如此"的灵丹妙药。

自然环境作为人类赖以生存的环境，目前已遭到比较严重的破坏，自然环境也向人类敲响了警钟。自然资源的开发为人类提供衣食住行所需的生活、生产资料，人类作为生态系统中的一部分，要生活必然需要开发利用自然资源。我们不可能为了保护自然资源就像原始人类那样停滞不前，不去干预自然资源，也不可能为了现实生活过得更安逸、舒服，就不去管子孙后代，过度地开发自然资源。自然资源的保护已成为全人类的共识，在面对自然资源保护和开发问题上，我们应该辩证地看待两者之间的关系。

然而，我们人类今天所面临的情形是：一方面人类的理性与智慧还不足以了解和控制其活动的一切后果；另一方面是人类对大自然的利用已引起了自然平衡的严重失调。自然资源保护与当地群众生产生活、社区经济发展、社会进步密切相关，所以自然资源保护不单是简单的生态保护，而是生态、社会、经济、政治的统一体，只从生态保护单方面考虑问题，忽视经济发展和当地群众利益，这种保护是不全面的。只有让各级政府与公众普遍认识到人和自然景观是一个整体，并给予各种破坏自然资源的行为以道德、经济和法律的制裁，这个问题才有可能解决。关于自然资源保护的观点可以分为 3 个层次：

①生态伦理层次　生态伦理学认为，自然界中没有等级差别，在人与自然的关系中，人与其他物种乃至其他自然要素是平等的；就像人有其价值和权利一样，自然资源和自然环境也有其价值和权利；人的价值和权利应该得到保护，自然资源和自然环境的价值和权利同样应该得到保护。这个意义上的保护是要保持近似于自然状态下的条件。

②可持续发展层次　按照可持续发展原则，自然资源保护是要给后代留下同等的利用机会和条件，在开发利用自然资源的同时强调保护，为的是持续地实现自然资源利用的经济效益、生态效益和社会效益。从这个意义上讲，自然资源保护的严格定义应该是："保护地球上的自然资源以使潜力和效率不降低或只容许合理、明智地消耗自然资源"。

③经济含义层次　从经济含义层次看，资源保护可以定义为资源利用的长期效用最大化。许多保护主义者在强调保护自然环境和自然资源时可能走过了头，上述为了未来利用而不触动自然资源的保护观念，并未被所有的人接受。绝大多数人反对这种不触动自然资源的观点，虽然赞成保护和节约利用自然资源，但只限于在保护政策与目前有效利用不矛盾的范围内。因此，在讨论保护时，重点多放在高效、合理、有序、持续地利用资源，消除经济浪费和社会浪费，实现社会净效用长期最大化等方面。

因此，从经济角度来看，"保护"可以定义为资源利用的长期效用最大化。虽然对"长期效用最大化"含义可以有多种理解，不同类型的自然资源也有相当不同的长期效用最大化含义和实现途径，但从现实角度看，采用这个定义比较易于接受，也符合多数人的期望。实际上，"保护"确实是针对有关资源在目前和未来之间分配的决策而言，是针对提高某种资源未来可用量而采用的政策和行动而言，保护其实指的是"何时"利用自然资源。

由于各种原因，各类资源都面临着严重的危机，已威胁到了中国的可持续发展。我们已经采取各种措施对自然资源加以保护，但是对自然资源的保护需要树立正确的保护意识，而不是一味地封存造成保护的极端，同时还需要采用科学的保护方法，才能达到较好的自然资源保护的目的。自然资源保护涉及伦理道德、审美心理、社会政治、经济和技术诸多方面，影响自然资源保护的因素也有很多，如技术因素、经济因素、制度因素。自然资源保护将涉及土地资源保护、水资源保护、矿产资源保护等众多方面。为了合理利用自然资源，国家建立了自然资源保护制度（protect system of natural resources），是指国家根据生态平衡规律和经济规律，为保证自然资源的良好性能和永续利用而制定的各种保护资源的法律规范的总称。

7.7.2　自然资源保护的类型与原则

7.7.2.1　自然资源保护的类型

不同自然资源相应地有不同的保护目标和保护途径。为保护的目的对自然资源进行分类，多是依据资源的相对可更新性。用相对于更新性这个基本标准，可以将自然资源分为3类：储存性资源，恒定性资源，性质介于两者之间的临界性资源。第三类资源又有多种：生物资源、土地资源和人工改良设施（如建筑物、水库或公路）（蔡运龙，2007）。

（1）储存性资源

金属矿藏、化石燃料、建筑石材等矿产资源是储存性资源。这些资源的自然供给总量是相对固定的、有限的和不可更新的。煤、石油、天然气和泥炭要经过相当长的时间才能更新，我们不能在利用它们的过程中奢望其自然供给总量有明显的增加。"储存性"资源可再分两亚类：可耗尽的或利用后发生化学变化的资源，如煤等化石燃料；消耗缓慢、可以回收再利用的资源，如金属和沙砾。

(2)恒定性资源

恒定性资源指的是源源不断、可以预测的那些资源，如降水、江河和湖泊里的流水、阳光、风、潮汐和气候。这些自然资源流是恒定的，不管是利用它还是不利用它都是如此。从保护观点看，这些资源是可更新的，只要能够利用就应该尽量利用；如果不予利用，它们的当下价值就永远丧失了。恒定性资源有时可为人类捕获并储存起来以备将来利用，例如，水可以存入地表水库或地下水库，而太阳能则可以储存于植物和某些化学物质中当恒定性资源按此类方法储存起来时，也就具备了某些储存性资源的特性。

(3)临界性资源

生物资源包括作物、森林、草场、畜群、野生动植物、鱼类乃至人类本身。这些资源具有一定的流失特性，它们又可以经过一段时间后得到更新。我们必须注意保护和利用物种和遗传资源，以利生物繁殖后代。如果像对待储存性资源那样进行开发和利用，会造成其总量下降乃至抑制未来资源流或资源址的增长。与储存性资源和恒定性资源不同，生物资源的生产力可能由于人类活动的干预下降、或维持现有水平、或提高。

土地资源是储存性资源、恒定性资源和生物资源的综合体。对于农地，如果利用得当，可以像可更新资源一样不断利用，不断更新；但若利用不当，则可能毁坏历经几个世纪才积累起来的肥力储备。农业利用土地的方式，可以是利用土壤肥力；也可以进行土壤改良(如种植豆科作物、施用粪肥、种植绿肥作物)，重视植物根系和土壤微生物对提高土壤生产力的作用。土壤不具备动植物的生命周期特性，除了泥炭可以看作储存性资源以外，在生产力可以经过人为干预而降低、维持或提高的意义上讲，土壤与生物资源没有什么区别。

人工改良设施所指的资源，其自然特性已经通过追加大量的资本和劳动投入而改变，例如各种基础设施、房屋和其他建筑物、建成区、街道以及水库大坝等。这批改良设施往往有一个预期经济寿命，从保护目的看，这些改良设施类似于土地资源，其生产力在一定时期里会受滥用或毁坏等不利因素的影响。然而，通过良好的管理措施，适时而适量地进行维护和改良，这些设施的长期生产力也会得到维持或提高。

7.7.2.2 自然资源保护的原则

(1)自然资源利用长期效用最大化决策

既然从经济和社会角度来看"保护"可以定义为资源利用的长期效用最大化，那么自然资源利用怎样才能实现长期效用最大化呢？对这个问题的回答因资源类型而异。储存性资源的保护，要求将相对固定的供给量分散在较长时间内使用。此时，资源利用的长期效用最大化是指：降低资源耗损或消费的速度，增加期末未利用的剩余资源量。恒定性资源的情况则大不相同。除了像水这样可储存起来的自然资源以外，再也没有保证将这些资源派到未来用场的可行方法了，其切实的保护就是消除由于资源闲置而造成的经济损失和社会浪费现象，在现有条件下尽可能有效地利用这些自然资源。生物资源、土地资源和人工资源利用的长期效用最大化，是指在每个经营计划期都能带来尽可能大的净收益，而同时又维持或者尽可能地提高资源的未来生产力。

当人们试图确定资源利用的最佳速度或时刻表的时候，每种类型的资源都有不少重要问题需要研究。由于经营计划期长短不一，所选择的利率不同，对未来成本和收益的估计不同，因此情况就更为复杂。这些问题需要在保护决策的 2 个阶段中加以分析，这 2 个阶段是：①最初选择，是现在开发资源还是把它留到将来再开发；②下一步决定，确定资源开发利用的最佳速度，或制订出开发利用的时间表。

第一，现在开发还是将来利用。对高效经济所得和社会所得的期望值，较高的时间偏好率(包括高利率)，乐于冒险，较高的资源持有成本，未来供给、需求及价格状况的不确定性等，诸如此类的一系列因素往往使资源开发利用提前进行。其他一些因素，如信息不灵、资源所有者懒惰、财力缺乏、替代成本、高额开发和加工成本、产品市场需求不足，期望未来市场价格上升，期望技术进步使生产成本下降等，则有相反的影响，使得资源所有者推迟可能的开发。

现实情况往往是，恒定性资源被闲置而损失或浪费，储存性资源会受到保护和节约使用。资源所有者之所以采用此类策略，是因为他们渴望将一定的资源保留到将来再用。另一些人是投机商，他们持有资源是以为奇货可居，希望将资源开发延迟到适当时机而得到又高又多的收益。还有一些人则因为不能确定拟协议中的资源开发项目是否能使收支相抵而踌躇不前。

第二，制定开发利用的时间表。当经营者确定开发资源时，资源利用长期效用最大化决策的第二个阶段就必须考虑资源利用的速度和时刻表。这种决策往往取决于经营者对未来的期望，即使这种期望可能只不过基于经营者的预感或者不确定的假设。当经营者明确了利率或预期成本、收益等假设前提以后，他们就可以进行资源利用长期效用最大化的决策。显然，资源利用的长期效用最大化是指使经营者经济收益和满足最大化的决策及其实施。其中的基本原理，可以用各类自然资源的例子来加以说明。

(2)恒定性资源利用的长期效用最大化

对于气候资源和海洋资源等恒定性资源，目前就应设法尽可能快地实施开发计划。例如，将海洋和江河用于商业性航运、发展水电设施和太阳能发电设施，建立风力发电站，在沿海富有特殊气候吸引力的地方开发娱乐和旅游胜地等。

只要对相关的产品或劳务有需求，只要提供这些产品或劳务的成本都可望降到其预期售价以下，那么该开发就是经济可行的。经营者推迟其资源开发，可能是由于某些原因，例如，将来新出现的需求可能使得大规模的开发项目更为适宜，因此在等待那种时机。然而，延迟开发总是损失了尽早开发即可获得的地租和利润。

总之，恒定性资源的保护和长期效用最大化，要求尽早地开发和利用资源。

(3)储存性资源利用的长期效用最大化

与恒定性资源的情况比较，储存性资源有不同的长期效益最大化利用原理。例如，对于矿产资源，一个希望开发利用油矿、煤矿或铁矿储量的经营者，必须认识到资源的不可替代特性和数量的固定性。然而，他往往既不知道资源的准确储量，也不具备开采和利用其全部储存性资源的技术力量。但有一点很清楚，一旦资源被开采出来，就永不复归自己的土地。

一旦经营者决定开发矿产资源，就可能希望马上把自己的全部储存性资源开采出来并销售出去。但开发资源需要建立矿井，需要其他经济可行性尚不明确的高额投资成本，开采工作也需要安装设备，运输资源需要时间等等。经营者不得不耐心地筹划，若想使其预期未来收益的现值最大，就必须计划开采经营的最佳规模，计划开采经营的最佳时间安排。

开采经营最佳时间安排的问题，一般与最佳规模的选择相关联。经营者在确定其最佳开采规模时，应寻求一个能够保证有利可图地得到最多储存性资源的规模，可以使资源开采在最佳时期进行的规模。

从保护角度来看，经营者应该寻求储存性资源经济采收率最高和浪费最小的开发规模。但在实际工作中，经营者在向这个目标努力时往往受到矿藏储量和情况不明确的限制。其他一些因素也影响最佳规模的决策，例如，政府限定油井的井距，控制一定来源的石油或矿石开采，经营者筹集所需设施、装备和招聘人员的能力，以及对环境影响的考虑等。

开发规模的选择往往决定着经营者资源开采的时间安排，从这个意义上讲，开发规模的选择也影响着资源保护。对于同样的储存性资源储量，那些拥有较多油井、矿井或其他采矿设备的经营者，可以比拥有较少开采单位的经营者以较少的时间来开采。经营者通过快速开采，可以提早在市场上售出资源。但是，加速开采需要较多的投资和较高的开采成本，为了使预期未来净收益的现值最大，经营者必须选择一个可以使开采时间安排最为合理的规模水平。

(4) 生物资源利用

生物资源利用可以分为 2 种情况，对于以生产为主要目的的农业生产，以及自然资源开发为目的应当以长期效用最大化为目标，而对于自然生态系统的生物资源利用和保护类的应该不仅要保持长期效用最大化，还要考虑生态系统结构稳定和功能稳定完善。

生物资源保护的经济含义，要求采取使经营者长期净收益最大化，而同时又维持或提高资源未来生产力的管理措施。这些措施因资源不同而大不一样，有些使用者经营的是生长和成熟期只有几个月的粮食作物；另一些使用者经营的则是生命周期达数月乃至数年的生物资源(如草场、饲料作物、牲畜、鱼类和野生动植物)；还有一些使用者则经营管理着生命期长达几十年的人力资源和森林资源。有些经营者最关心由蜜蜂、奶牛、果园和风景等资源长期产生的产品和服务；另外一些人则经营即时收获的资源(如作物、森林、鱼类和肉畜)；一些人采用全部收获一定面积上的生物资源(如大田作物和轮伐森林)经营方法；另外一些人则保持畜群和森林各种年龄的混杂状况，以便在幼畜存栏和幼林蓄积量继续增长的同时，有选择地出售部分牲畜或砍伐部分树木。总之，关于生物资源保护，每个经营者都按自己的方式扩大或缩小其经营规模，每个经营者都希望沿着收益最大化这条途径行动。

生物资源保护问题讨论的重点在森林、草地、鱼群、野生动植物和自然风景等的保育和改良。历史上这些资源曾多为自由财货，经营者往往视这些资源取之不尽、用之不竭，无须考虑资源的更新能力和连续供给问题。现在情况已经变化，多数森林、牧场和渔场的经营者因为资源的退化和耗竭而陷入困境，从而认识到保证资源供给的可持续性至关重要，大多数人都认识到有必要削减生物资源的收获量或者接受政府对森林采伐、放牧或捕捞作业等的控制。

关于生物资源利用，一个重要的经济问题是收获的最佳时间安排。某些生物资源的最佳收获时间安排是没有多大选择余地的。

对于那些可采用间伐或轮伐经营方式的使用者来说，时间安排的原则有些不同。可以阶段性地采伐成龄树、畸形树或病树，而同时继续抚育幼龄树。

(5) 土地资源利用的长期效用最大化

只要管理得当，大多数土地资源都可以长期利用，并保持其生产力。因此，这类资源的保护问题，是一个最有效利用资源而同时又保护长期生产力的问题。

关于土地资源保护的准确含义，应区分两种活动：一是维持一种土地资源生产力的活动；二是进一步开发、提高其生产力的活动。当强调维持意义上的活动时，土地保护可以定义为在假设生产技术等条件不变的前提下，将一定劳动和资本投入在一定土地面积上，为防止未来生产水平下降而采取的措施；也可定义为：为长期保持一定生产函数而采取的措施。

还应将土地开发和改良也列入土地保护的含义内，土地保护是"在土地本身生产能力的基础上，旨在使生产力水平最高而同时又不破坏土地而采取的土地利用和经营体系，其中包括采用目前已知的最好方法"。按美国农业部土壤保持局的定义："土地保护指的是，将所有必要措施以最恰当的形式结合起来，用于土地经营之中，以建立和维持土壤生产力，使之持续而有效地生产充足的产品。因此，土地保护意味着得当的土地利用，防止土地受各种形式土壤退化的破坏，恢复侵蚀土壤和退化土壤的生产力，保持植物所需的土壤水分，在需要的地方进行适宜的农田排灌，以及采用其他有利于实现最大生产力和最高收入的方法。这些措施也可以同时采用。"

按照这种广义的定义，土地保护主要是利用好和管理好土地。经营者通常能在一系列管理方式之间做出抉择，在此抉择过程中，他们普遍试图使当前和计划期内的收益和满足最大化。他们只要知道自己的活动会带来什么后果，就能知道不同管理方式的预期成本和收益；也会知道在整个预期经营阶段内这些成本和收益在时间上的可能分布，还会知道这些措施对其土地资源市场价值的影响。

土地资源的保护和利用长期效用最大化中，有2个主要的管理问题：第一，经营者必须认真选择生产活动的方式，并认真安排这些活动方式的时间表，以保证使实际收益达到最大；第二，经营者必须重视维持土地生产力，建立保护投资的选择从时间安排。

经营者是否采取土地保护措施，取决于他对土地保护问题的认识，取决于他对土地保护的需要是否迫切，取决于他对拟议中保护方案预期收入(现在的和可预见将来的)的估计，取决于他的资本状况也取决于他的时间偏好率，以及取决于他是否愿意接受保护哲学。

（6）人工资源利用的长期效用最大化

大多数人工不动产资源，如住宅、办公大楼、贸易中心、公路和多用途大坝，都有可测算的经济寿命。有时经营者会发现重新开发这些资源是明智的，例如，一幢建筑物所占据的场地可以重新用于更高层次用途。这时，不动产所有者可以努力在尽可能短的时间内，以最低的维持和经营成本，最大限度地利用该人工资源，以便在转向更高层次的利用方式之前，能够使注销目前投资所造成的损失最低。但更多的情况是，采取旨在延长其建筑物经济寿命的利用方案才是明智的。

人工资源保护的基本原则，往往与土地资源保护的基本原则相同。如果对目前利用模式的改变，有时会使资源开发价值趋于稳定。但更多的情况则是，若要投资于资源更新和改建改良，必须放弃目前的部分收入。建筑物的保护方案要求经常维护和检修，也可能有必要不时地改建和添加新的内容来防止资源报废。这些人工资源利用的保护措施是否明智，取决于预期收益或满足在多大程度上超过成本。

城市街区的保护是一类特殊的人工资源保护。居民对街区作为居民场所的满意度，取决于街区内每个居民的活动方式。街区内居住的少数家庭可能由于滥用其房产而降低了该街区的满意度，从而造成了该地区的衰退。为了制止这种情况的发生，必须采取集体行动。这类行动主要有 2 种形式：街区内全体利益相关者联合行动，以维持甚至改善街区的外部景观，提高街区不动产的效用和价值；采取区域性改良或再开发方案，改进建筑设计和街区的环境（蔡运龙，2007）。

7.7.3　土地资源保护

土地资源保护是指人类为了自身长期生存与发展的需要，保存土地资源数量和质量，防止土地破坏和退化所采取的措施和行动。根据可持续利用的要求，土地保护至少包括以下几个方面的内容：第一，保持土地资源数量的保护。保证土地资源数量符合人类目标的存在形式不被随意改变。土地资源之所以有用是因为土地必须以一定的种类和数量存在于特定区域，比如作为农业生产的耕地就只能以耕地的形式存在下去，若被转变为建设用地，就难以从农业的角度言及土地资源利用了。第二，保证土地质量不致下降。土地质量主要表现在土地的物质构成、生物生产力、更新能力等，通过保护使土地资源的物质产出能量转化、物质更新均能顺利进行，不会因外力和人类的作用产生退化或者失去长期使用价值。就是要防止水土流失和土地荒漠化现象的加剧；防止耕地退化、盐渍化以及酸雨的发展；防止开垦坡地、湿草地造成资源质量下降及造成环境问题。第三，保护土地利用结构的稳定性。必须兼顾土地资源在经济、社会及生态环境方面的可持续利用。在可利用土地的各个类型之间存在着有机结构，这种结构可以延伸到未利用和不可利用土地之中，它们是构成整个生态系统稳定性的基础，要保持较大范围内土地利用结构在合理前提下的相对稳定，不宜有大幅度的变更和调整。比如严格限制非农业建设用地大幅占用农用地。第四，保护土地资源的特殊价值免遭破坏。由于土地具有空间性，因而成为人类生存的环境要素。土地综合体是多种潜在自然价值的承载者，如生物多样性、自然历史遗产、特殊人文地理景观等应重点加以保护。

7.7.4 水资源保护

水资源保护是水资源可持续利用的重要保证。为了有效保护水资源，实现水资源可持续利用，必须建立以流域为单元、流域与区域相结合、管理与保护相统一的水资源保护工作体系，强化统一管理；制定和完善水资源保护政策法规体系；建立水资源保护经济机制；加强水资源保护能力建设和舆论宣传工作，全面深化水资源保护工作。针对水资源存在的问题与现状，水资源保护的措施如下：

(1)确立全面保护的思想

水资源保护是为了保证水资源的可利用性和可持续开发而进行的管理、监督、研究、监测等各方面工作的总和，其目的包括高效利用和节约用水，防治水污染和水土流失，限制地下水超采，保护水源地免受不合理侵占，防止水流阻塞、海水入侵等。对水资源积极的保护，即有控制地保存、维持，持久性利用、恢复和改善，缺少任何部分都是不完整的。只有这样，才能有效地保护水资源，使其利用价值在社会经济发展过程中得到充分发挥。因此，应当统筹考虑，凡是涉及水质和水量的都要纳入工作范围，确立水资源保护的整体观念。

(2)促进水资源保护法制建设，建立健全水资源保护制度体系

法制完善是水资源保护的重要保证，它对正确划分责任与利益，建立有关制度等具有重要意义。法制建设应落实在立法、执法、司法各环节。

水资源保护制度体系的建立和健全是水资源保护目前急需开展的工作。这项工作必须以国家政策为引导，以法律法规为依据，与经济发展水平相适应。建立健全制度虽然可以通过制定有关政策的方式解决，但最有效和科学的方式应当是通过在法律法规中予以规定来实现。就目前而言，急需建立和健全的水资源保护制度主要有：①水资源保护规划管理制度；②节约用水制度；③饮用水源保护区与其他水资源保护区的划分与管理制度；④污染物入河总量控制制度；⑤入河排污口管理制度；⑥取水许可水质管理制度；⑦省界水体水环境质量监测与管理制度；⑧水资源保护纠纷处理制度；⑨水污染事故与其他破坏水资源行为的行政管理与处罚制度。同时，明确提出建立排污入河许可制度和提出建立保护水资源、恢复生态环境的经济补偿机制，建立"征收水资源污染补偿费"制度。

(3)加强水资源保护科学技术研究和宣传教育工作

水资源保护科学技术研究工作是一项非常重要的基础性建设，应根据社会经济的发展变化进行科学规划。要做好两方面的工作，一是要加强对管理科学的研究；二是要适应市场经济要求，强调其实用性并积极推广其成果，使其有效地转化为生产力。水资源保护的教育工作应当加强，采用多种手段加强对社会公众的宣传教育。

7.7.5 矿产资源保护

矿产资源是耗竭性资源，是不可再生资源。在矿产资源开发利用过程中引起的环境破坏是多方面的，其中有些(矿产采掘对岩体和地形地貌的破坏)是难以甚至不可能恢复的，

有些(对地表土层、水系、植被的破坏)是可以和应该恢复的，有些(各类排弃物对土壤、水系、大气的污染)是应该防治和尽量减少的。因此，矿产资源开发利用必须以环境保护为前提，坚持"在保护中开发，在开发中保护"的原则，决不能以牺牲环境为代价，避免走"先破坏后恢复、先污染后治理"的老路。对矿产资源开发利用必须有一个环境限制标准和环境允许范围，切实保护好矿区周围的生态环境和自然景观，保证资源、环境的协调发展。

随着矿产资源日趋减少和需求日趋增加，矿产资源的保护显得尤为重要。矿产资源保护的总原则是：在保护中开发，在开发中保护，矿产资源开发和节约并举，把节约放在首位，努力提高矿产资源利用效率。针对矿产资源存在的问题与现状，矿产资源开发要做到科学规划，稳步实施"开源"和"节流"，推进矿产资源领域发展循环经济，树立和强化矿产资源综合利用意识。加快矿产资源开发利用结构调整步伐，促进区域地质矿产勘查开发的合理布局。推动矿产资源综合开发和综合利用向纵深发展，在技术条件和经济合理范围内，最大限度地开采、提取和回收矿产资源，加强矿山废弃物的资源化利用。开展铁、铜、锰、铝等国家紧缺矿产的综合利用和保护。提高矿山废弃物的再利用。进一步健全环境保护与治理的法规体系。加强矿山环境保护的科技研究与国际合作，研究采用先进的采选技术和加工利用技术，要重视矿山生态环境保护技术研究和引进，尤其是矿山"三废"的处理和废弃物回收与综合利用技术等。

各级政府管理部门应采用行政的、法律的、经济的手段促进资源的合理配置、科学保护和开发利用；矿业科技工作者要运用创新的思维，融合多学科的理论，探索矿产资源利用与保护的新理论、新技术、新方法。达到减少矿产资源浪费，提高矿产资源利用率，开拓新的绿色矿业，增加矿产资源供给，最大限度地保护矿产资源、节约矿产资源、利用矿产资源，保证矿产资源的持续供应，保证经济的持续发展，阻止环境的进一步恶化，实现矿产资源的永续利用和社会经济的可持续发展。

7.7.6 生物多样性保护

生物多样性是指在地球上生存的全部生物，其中包含了动物、植物以及微生物，以及它们所拥有的基因和生存环境，包括遗传多样性、物种多样性和生态系统多样性。生态系统多样性是生物多样性的基础，物种多样性是生物多样性的关键，遗传多样性具备最大的潜在价值。随着社会发展的步伐逐渐加快，人类赖以生存的环境和生物多样性遭到不同程度的破坏。我国的生物种类十分丰富，拥有的生物物种的比例占全球生物物种种类的10%，使得我国成为了生物多样性重点保护的国家之一。由于自然因素、人为因素以及制度因素等多方面的共同作用，给整个自然生态系统带来了巨大的影响，对自然环境中生物的生存也构成了一定程度的威胁。因此，加强我国生物多样性保护是当前需要解决的首要问题。我国生物多样性保护的宏观对策包括：提高生物多样性保护公众意识、建立健全生物多样性保护法律体系、加强生物多样性监测能力建设。结合《中国生物多样性保护战略与行动计划》，不断加强生物多样性保护能力建设，强化生物多样性就地保护，对自然保护区进行科学合理布局，不断提升建设与管理水平。以生态文明理论为指导，在国家开发建设中，处理好发展与保护的关系，实现可持续发展。

7.8　资源安全

7.8.1　资源安全的含义及其类型

(1) 资源安全问题的由来

自 20 世纪 50 年代以来，伴随着世界人口规模的迅速膨胀和全球范围内工业化的高速发展，猛烈增长的消费需求及结构的巨大变化，对有限的资源环境基础及其安全保障形成了空前的压力，资源安全术语出现于 20 世纪 90 年代中后期，资源安全问题在本质上是由资源短缺而引起供需矛盾(资源供给能力的有限性与人类社会需求无限性之间的矛盾)激化而形成的。

(2) 资源安全的基本定义与基本含义

所谓资源安全，是指保证一个国家或地区可以持续、稳定、及时、足量和经济地获取所需自然资源的状态或能力。资源安全内涵丰富，有以下 5 方面基本含义。

①数量的含义　即量要充裕，既有总量的充裕，也有人均量的充裕。

②质量的含义　即质量要有保证，于是产生了最低质量的概念。

③结构的含义　即资源供给的多样性。

④均衡的含义　包括地区均衡与人群均衡两方面。

⑤经济或价格的含义　指一个国家或地区可以从市场上以较小经济代价获取所需资源的能力或状态。

(3) 资源安全类型的划分

按资源空间分类，资源安全可以划分为全球资源安全、国家资源安全和地方资源安全。

按资源过程分类，资源安全可以划分为资源系统自身安全、资源保障系统安全和资源生态环境安全。

①资源系统自身安全是指资源特别是可再生资源的数量和质量性状的保持及改良。

②资源保障系统安全是指资源对社会经济发展的保障或支撑能力。

③资源生态环境安全是指资源开发利用的生态环境后效果是否安全。

按资源类别分类，资源安全可以划分为水资源安全、能源资源安全(特别包括石油安全)、土地资源安全(特别包括耕地资源安全)、矿产资源安全(特别包括战略性矿产资源安全)、生物资源安全(特别包括基因资源安全)、海洋资源安全和环境资源安全等。

按资源重要性划分，可将资源安全划分为战略性资源安全和非战略性资源安全。战略或战略性资源，是指关系国计民生、在资源系统中居支配地位，具有常态下市场垄断性和非常态下供给瞬时中断性特点的资源。例如重要矿产资源、石油资源、水资源和食物资源是典型的战略资源。

此外，按时间序列和资源生产与消费等，还可以将资源安全划分为短期资源安全、中期资源安全和长期资源安全，以及资源净出口国的资源安全和资源净进口国的资源安全。

国家资源安全事关国家的主权、生存和发展，其主体性、边界性最为清晰，其目的性、可控性鲜明，从而是最为重要的资源安全形态。资源安全成为国家安全体系中的重要组成部分，也是我国生态文明建设的重要方向、目标和要求。尽管其不同于国土安全、军事安全等传统安全，但资源安全、生态安全、环境安全、食物安全及经济安全之间表现出高度的正相关性，即其他安全状态的改进有助于资源安全状况改进。而保障国家资源安全的最终目的是满足社会经济发展对于资源的需求，是为了提高国家政治、经济和外交的国际竞争力，是为了中华民族的生存、发展和伟大复兴(李维明、谷树忠，2014)。

7.8.2　影响资源安全的因素

影响资源安全的因素很多，归纳起来主要有资源本身的因素、政治因素、经济因素、运输因素和军事因素等方面。

(1)资源因素

资源因素是影响资源安全的最基本和最重要的因素之一，其影响是最直接的。若国家自身资源丰富，资源供应的安全性就高，为国家经济发展提供了保障。

(2)政治因素

政治因素对资源安全的影响主要有 2 个方面，资源进口国与出口国之间政治关系变化影响资源安全供应；由于资源生产国国内的政治因素对资源安全供应的影响。

(3)经济因素

经济因素间接影响资源安全。对资源进口国来讲，最主要的影响就是经济能否支持进口资源所需外汇。若无出口的强有力支持，就很难保障有充足的外汇。在和平时期，价格波动是影响资源安全的主要问题。对进口国来说，主要是价格上涨对进口能力和进出口平衡的影响。

(4)运输因素

运输的安全程度与运输的距离、运输线的安全状况、运输方式以及运输国对资源运输线的保卫能力的强弱有关。运输安全还与诸如有没有海盗的侵扰，船只通过的海峡多少和海峡受控制、封锁的可能性大小，海峡运输事故的多少等有关。

(5)军事因素

军事因素对资源安全的作用体现在多方面，比如运输安全、对重要海峡的控制能力、对主要资源生产地的军事干预能力等。

(6)其他因素

影响资源安全的因素还应该考虑技术进步和资源替代方面的因素。新能源的出现会改变各国的资源安全态势。

7.8.3　国家资源安全策略

7.8.3.1　国内外资源安全研究动态

美国、日本等西方国家极其重视资源安全研究，特别是石油、天然气等能源资源安全的研究。同时也十分关注水资源、食物和生态环境安全问题。

对于石油、天然气等能源资源，美国的研究机构重点是从地缘政治的角度出发，探讨加强地区间的合作，确保能源贸易流通性，强化国际研究组织的作用，缓解经济增长对能源需求造成的巨大压力。欧盟根据"保障能源供应、保护环境和维护消费者利益"的原则，制定了保证"经济安全、国防安全和生活安全"的能源战略目标。世界能源理事会于2000年4月重新审查了世界能源状况。

对于土地资源、水资源以及以动、植物为主的生物性资源，国外以保护资源可持续性、可更新性和可恢复性为目的维护资源安全。特别是对于危机性、濒危性和稀缺性的资源或景观，建立了一整套较为完备、操作性较强的资源核算与风险评估机制。在水资源安全方面的研究主要集中在水循环、水文情势控制、水污染、生态环境需水和干旱缺水等方面。对于土地安全问题的研究一般都是从生态和土地所有权对粮食安全及土地利用规划的评价等方面展开的。随着各门学科的相互交叉与渗透，社会学家、经济学家、生态学家与资源管理部门开始合作从各学科层次强调自然资源的安全性。

美国、欧洲等国家和地区对于资源安全性与风险性研究已经较为全面和深入，其研究大尺度是进行国家级的资源核算与风险评估（如英国）；中尺度是对流域水资源或区域土地资源作为自然资源使用时，其成本费用和资源环境体系所承受的风险的评估；小尺度是对一个村庄、一处景观、一块农田的宏观生态系统与微观有机生物组织的安全运行机理的描述与评估。

7.8.3.2 国家资源安全及其影响因素

国家资源安全是国家安全的重要组成部分。国家资源安全指一个国家不能持续、稳定、及时、足量的供给国家经济发展所需要的自然资源而受威胁的状态，它通常用国家自然资源保障程度、稳定性和均衡性来表示。国家资源安全是一个多维概念，它包括水资源短缺、石油危机、木材短缺和粮食供应不足等各种问题。

国家资源安全从本质上表现为资源供给的脆弱性，决定这种脆弱性的因素涉及上述6个方面的因素。具体地讲，影响国家资源安全的因素有：①国际资源进口依赖度；②国内资源产量和储量的空间集中度；③资源供给国的政治倾向以及对别国政治或军事的依赖度；④资源净出口国对资源出口换取的资本和外汇的依赖度；⑤资源净出口国对资源净进口国的资金、技术或制造业的依赖度；⑥资源替代成本和可供性，这决定并影响着资源的需求价格弹性。

进入21世纪，世界各国之间不仅存在着对水、石油等自然资源的掠夺，也存在对人才、信息与科技等社会资源和对资本、设备等经济资源的竞争，国家资源安全出现了新的视角。

7.8.3.3 不同类型国家的资源安全战略取向

(1) 资源净进口国与资源净出口国的资源安全战略重点迥异

按照资源生产和消费，全球不同类型国家大致可以划分为资源净出口国和资源净进口国两大类。从资源安全角度看，资源净进口国的资源安全比资源净出口国的资源安全显得更为突出、更为重要。资源净出口国的安全战略主要是确保资源需求的稳定、足量供应。而资源净进口国的安全战略主要是以可以接受的资源价格，从多渠道获取足量的资源来保证本国的经济持续发展，因此，资源净进口国不仅要保障资源进口数量的相对稳定，而且还要保证控制资源市场和资源低价。

(2)发达国家与发展中国家的资源安全战略的侧重点也不同

西方发达国家多数是资源净进口国家，它们各自的国家资源安全战略也有差异。一类是以美国为代表的资源丰富国家，在其经济发展的不同阶段采取了不同的资源安全战略。以石油为例，在 20 世纪 30 年代，美国的石油政策是反对垄断策略，50 年代中期以前，采取资源保护，50~70 年代，实行石油进口管制，70~80 年代，实行价格管制，80 年代初至今，主要实行市场调节。另一类是以日本为代表的资源贫乏国家。日本的石油安全战略包括建立战略石油储备，大力扩展海外石油勘探开发，调整石油进口策略，以及提高利用效率，大力开展节能和节油。

广大的发展中国家多数都是资源生产国家，这些国家主要是利用价格手段来保障其资源生产国的资源安全。世界上最不发达国家通常采取增加出口税、构建资源卡特尔、削减产量和提高价格等措施，旨在对资源供给实行垄断，这对资源净进口国的资源安全无疑会造成直接的威胁。

7.8.3.4　我国保障国家资源安全的基本策略

国家资源安全是一项系统工程，资源开发利用的全过程是一个完整的复杂体系。因此要保障国家资源安全必须构建资源完全系列的安全保障体系，从资源保护、流通、消费、回收、利用、创新、管理等全系列经济活动过程中综合考察，构建以下基本策略，形成完整的资源安全复合保障体系。

(1)实施资源调查战略，强化我国资源之基础

提高对本国或本地区自然资源数量、质量等性状的了解程度，减少资源不确定性对资源决策的影响，增进资源相关决策的可靠性与可行性，以提高资源安全的已知程度。重点加强矿产资源勘察，加强水资源、生物资源、土地资源的调查，增加资源可利用总量及其调配能力。重点加强西部和中部地区战略性矿产资源的勘察工作。

(2)贯彻资源保护战略，增强我国资源可用性

从保障资源可持续利用的角度，有效地自然保护资源。特别是可更新资源的质量性状，并对非更新资源(矿产资源)实行适度控制。根本目的在于维护或维持自然资源基础的基本数量和质量性状。重点加强可更新资源的质量性状维护，包括水资源保护、森林及草场资源保护等。同时，对矿产资源的开采实行规模和速度方面的控制。

(3)实施合理的国际资源流通战略，提升国外资源统筹力

实施资源合作和贸易战略，发展于国家有利的资源贸易体系，建立以保障国家资源安全为宗旨的资源贸易体系。实现多元、多渠道、多路径，以及稳定可靠、经济合理的资源进口；规范、控制和管制资源出口；参与国际资源贸易格局的形成与多边资源贸易谈判；注重资源企业的社会和环境责任监管。

建立旨在保障我国资源安全并兼顾关系国利益的资源合作关系，以提升我国资源安全的境外保障能力。重点加强国家政府层面的资源合作关系及其构建与发展；企业层面的资源合作关系及其构建与发展。

在资源流动过程中，国际上通常采取 3 种具体措施保障国家贸易安全：应对短期资源贸易安全的威胁必须依赖资源储备；应对中期资源贸易破裂，必须尽早建立多元化的资源市场和资源产业；缓解长期资源安全的威胁和压力，最根本的对策还是在于节约资源和增加研发新能源投资。

(4) 实施适度消费的资源节约型战略，提高资源利用效率

无论从资源消费的总量还是人均量看，世界各国明显存在不均衡。各国在发展中都应正确处理好经济发展与环境保护的关系，倡导资源的适度消费。提高资源开发利用效率，降低资源占用和消耗水平，减缓国家或区域自然资源基础的萎缩趋势和程度。加强资源节约制度的建设、资源节约的技术创新与应用、资源节约宣传与教育等。

(5) 建立深度资源开发的利用，实施资源配置战略，增强我国资源支撑力

建立深度资源开发的利用战略重点是开发新能源、新材料和新资源，不断提高资源利用的深度和广度，促进能源和资源(包括材料)的革命。实施资源配置战略，增强我国资源支撑力。提高资源在各地区、各部门、各用途间的配置效率，以切实做到物尽其用、地尽其力。通过配置效率的提高，实现资源效率的最大化，以减少资源浪费和资源破坏，提高资源安全水平。资源配置型工程建设仍是必要的。

(6) 鼓励废弃物资源化的回收和资源替代战略，减缓短缺资源之压力

废弃物资源化实际上是资源二次开发利用过程。建立废弃物资源化的回收体系，必须以最小机会成本为经济社会效益，走无尾矿、无废料和无污染的最低熵途径，实现资源利用的良性闭合循环。

用较不稀缺的资源替代较稀缺的资源，以缓解稀缺资源的稀缺程度，提高稀缺资源的保障程度。重点实施能源替代，特别是用再生能源替代化石能源，用清洁能源替代传统高污染能源；清洁淡水替代，包括再生水或中水利用、海水淡化、微咸水利用等；基本农田置换，即用不适宜耕种的土地，将被占用耕地置换出来用于发展工业、交通和居住。

(7) 进行资源储备战略，增强我国资源后备力

建立铁铜等重要矿产资源战略储备，加快石油、煤炭等能源储备体系建设。保证国家能源安全，为国家的资源安全提供保障。

(8) 加强资源科技创新的技术战略，提升资源创新支撑力

资源安全的科技保障体系就是人类为获取更大效益的一系列方法与手段，包括研究与开发体系、技术创新体系和技术推广体系。加强资源安全战略研究与创新设计、资源安全制度创新，推动资源安全科技支撑体系的创新和建设。重点加强节能、节水、耕地保护、矿区修复等领域的科技创新和推广应用。

(9) 实施资源外交战略，提高资源外交保障能力

积极开展政府首脑层面的资源外交、官方资源外交和民间资源外交。妥善处理好与周边国家的海洋资源开发争端。积极参与全球资源治理体系的建立、健全和运行。

(10) 坚持科学的资源管理战略，增强资源安全管控能力

资源安全管理是对国家资源利用的现实目标与未来目标的调控，是保障我国政治与经济安全和可持续发展的重要手段。包括建立资源安全预警系统，规范资源产权管理、市场

管理和资产管理等。

7.9　自然资源开发利用案例

7.9.1　国外资源型城市转型案例

7.9.1.1　德国鲁尔区

（1）转型背景

鲁尔工业区的形成与丰富的煤炭资源储量是分不开的。第一次世界大战结束后，根据《凡尔赛条约》，战败国德国要用鲁尔的煤向法国进行战争赔偿，鲁尔区因此引进大量的职工和家属，带来了第一次经济飞跃。第二次世界大战期间，鲁尔区成为德国侵略战争的发动机，担负着德国对外战争的后方军火库，因而也被盟军当成轰炸的重要目标。二战结束时，鲁尔工业区遭到严重摧毁，也使整个德国经济一蹶不振。二战后，德国经济开始复苏，鲁尔地区在"马歇尔计划"的带动下重新崛起，随着煤钢联营合作的发展，鲁尔工业区的工业结构和基础设施迅速恢复到战前水平。从整个地区来看，鲁尔区以其 GDP 占原西部德国12%的份额成为德国经济实力最强劲的地区。

到了 20 世纪 60 年代，由于煤矿开采深度加大，导致人工成本过高，从国外进口原煤甚至要比当地采煤更便宜廉价，同时石油和天然气等替代能源对煤炭资源的冲击，加之国际市场对重工业产品需求量的下降，鲁尔工业区的煤钢工业受到严重挑战，也严重影响到许多关联工业部门。大量的冶炼厂纷纷关闭，成千上万的钢铁工人失业，因为没有其他就业选择，只好背井离乡，鲁尔区人口急剧下降。从国内区域经济发展格局看，代表北方的鲁尔区在德国经济中的地位每况愈下，鲁尔区经济增长从德国经济领头羊和20世纪50年代经济奇迹的发动机到80年代平均增长水平仅为0.7个百分点。到了80年代中期，鲁尔区已成了北威州经济的一个大包袱，由此引发了鲁尔区传统工业的转型过程（冯革群等，2006）。

（2）转型措施

鲁尔区曾以矿业和重工业闻名，但当煤炭钢铁衰落之际，以传统工业为主的鲁尔区江河日下。经过当地政府的一系列政策努力，如今的鲁尔区焕然一新，成功转型的鲁尔享誉世界。鲁尔多城市转型（图 7-3）的措施主要有以下几点：

①持续努力改善基础设施，通过基础设施的加强达到与外界联系更加通畅，全球资源信息交流更加通畅的目的，实现一个更加开放的发展环境。在经济基础设施建设方面，由德国政府投资加强交通设施建设，积极完善交通运输网，推动区域综合开发。建立发达的、功能完善的运输网体系便成了保障工业区正常运行的先决条件。其次，在社会基础设施建设方面，为促进鲁尔区经济结构转变，适应产业转型对人才和技术的需求，鲁尔区重视科技教育发展和科研成果转化，相继成立了许多具有世界尖端科技能力的高等院校和研究所，不仅为鲁尔区培养了大量的高素质技术人才，而且凭借其雄厚的科研实力成为鲁尔工业区重要的合作伙伴和新经济发展的增长点（黄丽华等，2005）。

②利用资源积累基础，积极寻找并植入更替产业，通过现有的煤化工产业积累必要的

资金和技术基础，寻找有生长性的现代制造业如电子信息制造等进行更替，逐步实现产业的衔接与过渡。将钢铁工厂进行改建、合并，关闭低效矿井，组建具有国际竞争力的大型钢铁公司，发展具有德国特色的机械设备工业，自动控制技术以及环保型工业，并鼓励服务行业的大力发展。发展旅游业为主导的服务行业也成为鲁尔区转型的重点策略之一。政府投资鼓励当地大批工矿改造成历史文物，形成风格独特的一个个工业历史博物馆，以此带动旅游服务业。

③积极扶持中小企业，减少对少数国有大型企业的依赖，鼓励经济多元化发展。加强对创新的重视，建立地方科技转化中心，为创业者提供建议和政策服务。政府通过改善鲁尔区的投资环境，吸引新兴工业迁入本地，鼓励技术精良的中小企业迁入鲁尔区。在转型过程中中小企业成为经济增长的重要来源，原因是中小企业具有反应灵活、比大企业更了解市场需求，比大企业更注重新技术的运用的特点（李晟晖，2003）。

④生态修复、改造利用与生产实践并存，推动区域环境与生产的双升级。由于地方公司严格的环境标准和对洁净技术的高需求，鲁尔区集聚了大量专业技术来解决环境污染，鲁尔区也因此发展成为德国的环境技术研究中心（蔡海燕，2006）。联邦政府还专门设立基金用于收购闲置下来的土地，并建立专门机构对土地进行评估处理，使其重新得到利用。土地在经过清洁处理后成为新的工业用地、绿地或者居民区。

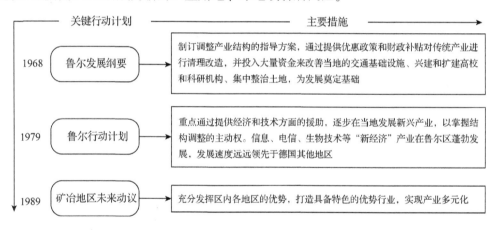

图 7-3　鲁尔城市转型历程

（3）经验借鉴

由此可见，鲁尔转型对于资源型地区发展具有重要借鉴意义，其经验可以总结为：

①针对转型的不同阶段，制订针对性的转型措施：转型初期，改善区域发展条件为主的阶段。以传统产业改造、基础设施改善、国土整治、人才培训等为主，注重对现有工业资产的整合，对传统钢铁工业进行设备更新和技术改造，进行企业内外调整，加大基础设施的建设，对废弃土地重新开发利用，为吸引资金创造一个优良的环境，这个过程通常需要 10 年时间。转型中期，培育新兴产业的阶段。通过新兴产业的培育带动产业结构的全面升级和多元化进程，建立先进多元的产业体系。政府提供技术和资金的支持来优化投资结构，改善投资环境，以此促进新兴产业的发展，这个过程通常需要 10 年时间。转型后

期，由重点地区的转型到各地的全面转型转变的阶段。因地制宜实现产业结构的多样化，针对各地区的特点，充分发挥区域优势，在不同地区形成各具特色的优势行业，促进产业结构的多样化，建立独具特色的优势产业体系，实现各地的全面转型，这通常需要 10 年及以上的时间(黄丽华等，2005)。

②从转型主体的角度看，转型的关键在于降低对少数国有大型企业和外来企业的依赖，特别重视本地企业在转型中的作用，积极培育地方中小企业的发展，推动其多元化的发展，有利于广泛调动各种生产要素，促进生产要素增量和存量优化配置，从而培育地方特色优势产业集群。同时，政府要对资源型城市可持续发展实行统一规划，从组织安排、基础设施、法律和财政支持等方面为城市转型提供保证。

7.9.1.2　阿联酋迪拜

(1)转型背景

19 世纪中后期，在马克图姆家族统治下，迪拜是一个以采珠业和渔业为主的小型村镇。1902 年伊朗政府对税收政策的调整，为迪拜经济的崭露头角带来了契机。但 1929—1933 年爆发的世界性经济危机使迪拜的传统经济一落千丈，随后第二次世界大战的爆发切断了迪拜与印度等地的商业往来。整个 20 世纪上半叶，迪拜的城市发展一直缓慢。20 世纪 50~70 年代，迪拜经济出现重大转机。1966 年迪拜石油的发现使当地经济与社会出现革命性变化。1960 年到 1977 年，阿联酋的石油收入由 3300×10^4 美元增加到 80×10^8 美元，到 1980 年更增加到 192×10^8 美元(贾宏敏等，2014)。

根据产业多样化发展理论，这种由于单一产业主导而造成的产业结构刚性和单一化特征，会大大降低经济体抵御内外部市场风险的能力。同时迪拜的石油已经进入枯竭期，按照目前的产量和储量根本不足以支撑经济的可持续发展，即使在中短期内迪拜的单一产业型国民经济也会受到失业、通货膨胀、丧失竞争力等问题的威胁。因而经济学家普遍认为，资源型经济体必须及早布局，大力发展替代产业，实现多样化产业共同发展，才能顺利实现转型。由此可见，随着石油资源的逐步衰竭，迪拜经济向多样化产业转型越发刻不容缓(张明生，2015)。

(2)转型措施

迪拜城市转型的成功之处在于借助高度开放的制度环境，通过发展眼球经济和推行高福利政策，建立起以房地产、旅游、金融贸易等高端消费性服务业为主的产业发展模式(图7-4)。主要措施如下：

①未雨绸缪　在石油枯竭之前就寻找转型之路，大力发展非石油产业，摆脱了资源诅咒。早在 20 世纪 70 年代后期迪拜的经济转型就已在城市规划中初露端倪。迪拜从 80 年代开始不断加大将石油收入投入商业基础设施的建设项目中来，新建了一大批中东地区领先的基础设施，使得迪拜的基础设施条件达到了世界级水准，从而为多样化经济的发展奠定了基础(张明生，2015)。

②"眼球"经济　旅游业开始作为先导产业在迪拜经济中发挥更为重要的作用。短短十多年时间，迪拜已经成为国际性的旅游和零售中心。迪拜通过经营各种旅游项目的同时还带动了城市购物业的蓬勃发展。开发棕榈岛、迪拜塔等标志性建筑吸引了全球目光，成为

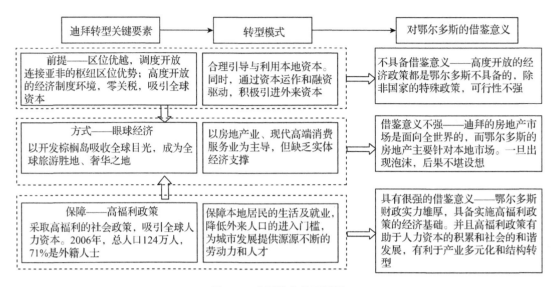

图7-4 迪拜城市转型措施

全球旅游胜地、奢华之地。为迪拜打造一个休闲型的商务、旅游品牌形象发挥着积极的作用。

③自由市场 以开放的经济环境和福利政策吸引全世界人才。并通过创建自由区的方式大力吸引外国非石油投资,进一步促进了经济向多样化转型。例如,1985年杰贝阿里自由贸易区的建立为迪拜吸引了极大的外部资本。一些国际企业将地区总部迁至迪拜,迪拜由区域性城市向世界性城市发展的趋势日趋明显(张明生,2015)。

(3)经验借鉴

由此可见,迪拜的转型经验可以总结为:

①加强城市宣传,建立城市品牌,提高转型城市的国际知名度,城市发展应具有多种使用功能,同时城市中应云集大量零售和休闲一体的综合设施;提高城市的开放性程度,吸引外资与推进城市的国际化进程,开办各种国际性的会展也成为吸引众多游客、投资者和跨国企业纷纷驻足迪拜的重要手段。

②合理引导与充分利用本地资本,避免本地资本的大量外流。可以将本地资本投入到基础设施建设中,并在此基础上发展主导产业。将主导产业的产业优势辐射传递到产业关联链上的各产业中,以带动整个产业结构的升级,促进区域经济的全面发展。

③在发展现代高端消费性服务业的同时,要积极发展实体经济,增强经济的稳定性。发展实体经济应是城市转型的基础,迪拜在全力打造休闲性的旅游商务城市的同时大力发展房地产业,这导致其对房地产业的过度依赖,降低了城市经济的安全,最终演变成经济危机。

④推行高福利政策,降低人才准入门槛,保障居民生活和就业。例如自由贸易区内企业可以免于缴纳公司所得税和个人所得税,并在关税、用工、外汇管制方面也都有相应优惠。这些优惠政策对于吸引外资前来迪拜投资有很大吸引力(张明生,2015)。

7.9.1.3　美国休斯敦

（1）转型背景

美国休斯敦是一个以石油矿产为主要资源而发展起来的城市。休斯敦原本是一个农牧区，1836 年建市时，也仅是一个以农产品为主的贸易活动区和农产品的集散地。1901 年石油的发现标志着休斯敦跨入了"工业经济时代"。特别是通海运河的完工，让休斯敦从此海陆石油并举，成为世界石油、石化、商业、港口的名城。70 年代初到 80 年代初，休斯敦石油产业发展进入黄金腾飞时期。这个时期世界各国约有 600 多家公司和企业在这里设办事机构和分公司，有 30 多家炼油厂，总炼油能力占全美的 30%。

20 世纪 80 年代初以后，休斯敦石油产业出现了衰退现象，而且来势很猛。由于当时世界原油供大于求，导致 1982 年上半年石油工业大滑坡，钻井数目下跌了 36%，油井设备制造业过剩，使休斯敦经济开始萎缩。休斯敦不仅上游产业就业率进一步恶化，下游产业也受到严重影响。总之，从 1982 年经济开始下滑到 1987 年达到最低谷，丧失了 22.1 万个就业机会，当时每 7 个人就有一个失业（姜琳，2002）。

（2）转型措施

休斯敦是美国第四大城市、美国会议之都、航运之都、工业之都，能源之都，是一座因为能源而起，却并不因能源而成功转型的城市（图 7-5）。休斯敦城市转型经历了 3 次成功跨越：

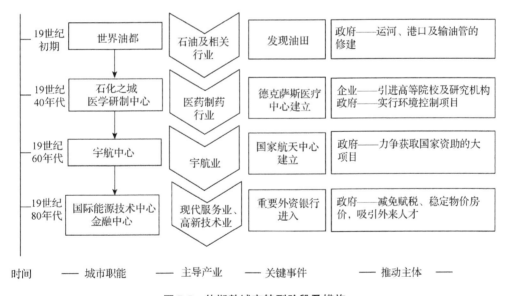

图 7-5　休斯敦城市转型阶段及措施

①从传统能源城市跨越到以健康养生、医药等为主的现代高端服务业的产业，其中企业在转型中起了关键作用，休斯敦充分利用石油资源以外的其他资源，发展粮食作物、蔬菜和畜产品等农牧业。得克萨斯医疗中心是近几年在休斯敦迅速成长起来的卫生保健服务行业，从业人员从 1988 年的 4.25 万人，增加到 1990 年 4.65 万人。

②跨越到以宇航业发展为契机的"高新技术产业"，政府起到了关键作用。在美国航空

航天局的带动下,休斯敦地区已孵化出 1300 多家与宇航服务相关的高技术企业,门类涉及电子、仪表、精密机械等行业,并为举世闻名的阿波罗计划全面提供服务,因而为休斯敦众多产业的发展奠定了坚实的基础。例如,1990 年政府投资 12 亿美元用于宇航中心,因此吸引了一些航空公司在此设厂,如波音公司、麦道公司等。同时政府通过减税政策对新兴产业给予政策扶持,休斯敦市实施了将企业当年度用于对存在土壤污染、水资源污染的区域进行环境整治的费用列为税收抵减项目。这些政策最终使休斯敦从早期纯粹的石油城成功转型为以石油为主、多元化产业集群组成的综合性基地(李海超,2013)。

③随着多元产业的发展,带来现代服务业的快速发展。进一步发展第三产业,使得休斯敦发展成为美国四大金融中心之一。休斯敦开始了由科研开发,带动高新技术企业、第三产业和现代农牧业等多种产业的飞速发展阶段(王树义等,2012)。

(3)经验借鉴

由此可见,休斯敦的城市转型经验可以总结为:

①新兴产业的培育既要利用外部因素,更为重要的是要从满足本地需求入手 遵循市场需求,以满足本地高端消费、大企业发展为主的现代服务业为导向,重点培育总部经济、健康医疗、金融基地、研发基地等现代高端服务业,培育新的产业增长点。依靠科技进步和高新技术的发展,吸引大量的资金流入,大力培育科技、技术、人才等社会资源,使之转化成源源不断的生产力。充分利用资源开发的自我调节和积累功能,通过内部资金积累和外部资金吸引相结合的途径,实现了产业链延伸和城市转型的目的。

②发挥政府在转型过程中的引导作用 加大政策和资金扶持力度,加大基础设施建设投入,鼓励、引导、培育和扶持非能源产业;积极争取能够带动城市功能转变的国家或自治区级的重大项目。营造"创业者乐园"而不仅仅是营造"资本家的天堂",积极扶持中小企业。

7.9.1.4 法国洛林

(1)转型背景

法国洛林位于法国东北部,是法国重要的重工业基地,且交通便捷,是欧洲主要交通枢纽之一。洛林铁矿、煤矿储量都很丰富,均占法国总储量的 1/2 以上。20 世纪 50 年代,洛林地区凭借煤炭与铁矿资源丰富优势,逐步成长为法国以煤炭和铁矿开采加工为主的重工业基地之一。从 60 年代初开始,随着煤炭开采成本的上升,开采产量的下降,导致了煤矿的逐渐关闭,经济效益损失较大,工人失业率大幅提升,同时欧共体规定自 1987 年起成员国必须停止一切对钢铁的补贴,使洛林的钢铁业也面临着巨大的冲击。随着资源、环境和技术条件的变化以及外部市场的冲击,洛林的传统产业逐渐衰退,洛林彻底关闭了煤炭、铁矿、炼钢和纺织等成本高、消耗大、污染重的企业,至此,洛林开启了城市转型的道路(尹牧,2012)。

(2)转型措施

洛林是法国矿产资源富集区,第二次世界大战后洛林的钢铁、煤炭生产有了很大发展,但从 20 世纪 70 年代起,这些重工业衰落迹象显著,当地政府在资源尚未枯竭之前采取有效措施与国际接轨引进新产业,当地产业得到成功转型(图 7-6)。转型措施主要有:

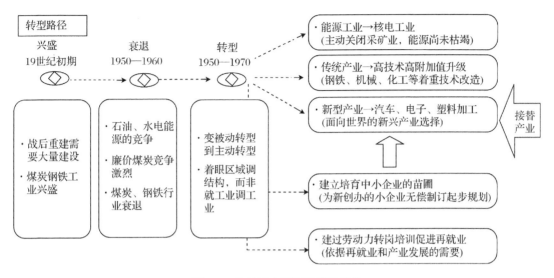

图 7-6　洛林城市转型阶段及措施

①积极开展国际合作，先后吸引松下、索尼等跨国企业入驻。政府提供了大量的资金支持，同时制定优惠政策，将资源型城市转型与国际接轨(李海超，2013)。为了吸引国外知名企业在本地投资兴业，洛林地区通过在国外设立办事机构的方式，主动拜访知名企业，邀请与本地经济发展战略相匹配的企业来本地参观，利用洛林地区的土地、经过培训的劳动力、地理位置、基础设施和能源等优势吸引其投资入驻，许多国外企业被洛林地区的优惠政策和良好的服务环境所吸引(路夕，2003)。

②调动社会各方面力量，使产业转型变成全社会的自觉行动。区域转型涉及多方主体的利益，对区域社会经济影响巨大。为保证区域转型政策能够更好地保障相关者利益，获得良好的实施效果，法国调动多方力量参与区域经济转型。这些参与者来自很多方面，第一类参与者是法国中央政府；第二类参与者是欧盟；第三类参与者是地方政府、地区政府；第四类参与者是工业企业和一些专门为帮助工业转型而设置的机构。还有一些工业区、房地产商和金融家(尹牧，2012)。

③主动放弃能源产业，发展替代产业，获得产业转型的主动权。从产业选择上，洛林地区也选择了一条创新发展的道路。洛林的工业转型将目标直接定位在高起点的具有国际竞争力的高新产业领域。洛林地区在以下 3 个方面同时着手，一是通过新技术对传统产业进行改造，通过加快技术升级和技术研发，实现传统产业生产的自动化，提升产品附加值；二是发展新产业成为法国洛林地区的支柱产业；三是在产业转型的过程中对已经失去竞争力的产品和行业采取坚决放弃的态度。核电、激光、电子、生物制药、环保机械和汽车制造等高新技术产业成为洛林新的发展方向(尹牧，2012)。

④采取培育中小企业产业园、开展劳动力转岗技能培训等方法，多管齐下，培育良好的产业转型氛围及生产条件。重视劳动力问题才能降低转型的人力资本沉淀。洛林地区根据劳动力的实际情况、转型后的企业体制和不同的企业类别有针对性制订了培训计划。紧密结合国家产业发展规划进行的劳动力培训不仅解决了劳动力重新就业的问题，也为劳动

力的就业结构性缺失带来了福音。在具体的培训过程中，国家进行了大力的财政支持，所有培训费用均由国家支付。洛林转型思路中工业的发展不仅局限于大企业，也更加关注中小企业的成长，使这些中小企业成为洛林地区的后起之秀。洛林对于中小企业的培养主要通过建立企业园圃的模式。企业园圃旨在为新建的中小企业提供种种帮助推动其渡过成长期间的种种困境，在企业成立初，企业园圃为公司注册提供服务并以低廉的租金为入驻园圃的企业提供基础设施(尹牧，2012)。

（3）经验借鉴

由此可见，洛林的城市转型经验可以总结为：

①转型不仅仅是政府的自我行动，转型的重点在于通过政府的合理引导，充分利用本地和外来两种资本，撬动全社会各方面的力量共同参与转型，形成转型的合力。明确政府在转型过程中的地位或意义，通过政府来整合多方资源，扩大社会各方力量的合作，充分发挥地区自身优势。

②积极建立新兴中小企业孵化园区，为引入的中小企业建立一定的资金储备库，推动当地中小企业经济的活跃与发展。制定优先条件，鼓励人们创办企业，并通过不同的政策支持来保证企业的成功运作。同时要提供咨询服务，帮助企业解决实际问题并做正确选择。

③积极吸引国内外重要企业及人才资源，利用外部资源助推产业的转型。发挥自身优势，充分利用各种宣传机构，营造地区拼盘，建立专门的机构来作为资金引进的重要渠道。同时，要加强本地劳动力转岗技能培训，培育本地人才库，为产业转型提供重组的人才支撑。把培训职工、提高技能作为重新就业的重要途径，使失业人员在其他领域同样有一定技能，并通过企业创业园给失业人员提供更多的就业空间。

④转型产业的选择，要主动放弃对于能源产业的过度依赖，加强新兴产业的培育。并以此开启新的产业链条，带动上下游产业的快速发展，提升相关产业的技术含量和附加值。

7.9.2　资源型城市转型的经验与启示

（1）阶段性转型

资源型城市在转型的过程中要分阶段进行，不同阶段应设置不同的转型策略。在初始阶段，要重视基础设施的建设，其中公共交通和公共教育等基础设施的建设为社会再生产的正常运转创造了前提。转型中期，要促进城市经济结构趋向多元化，侧重于发展新兴产业，把产业结构调整同产业升级结合起来，关键是采用高新技术和先进适用技术改造传统产业，吸收、利用和发展高新技术是单一经济向多元化经济转变成功的因素之一。转型后期要因地制宜实现产业结构的多样化，在不同地区形成各具特色的优势行业(黄丽华等，2005)。

（2）全面振兴各个方面

不仅涉及产业，还涉及环境整治、人才培训和城市的科技文化教育建设。加大对环境的治理力度，并通过对环境产业的发展，带动其他产业的发展。通过改善自身环境的过程中的不断积累，发掘先进的环境技术，继而培育出一批拥有先进环保技术的企业，使资源城市由传统单一的污染工业基地向保洁型文化生态产业演变。采取与高校、科研院所联合、与大企业合作等形式，加大研发力度，提高劳动生产率和产品附加值；同时，应加强人力资源的开发和管理，这既包括创造环境吸引高学历人才，也包括通过转岗培训培养专业技术人才，逐步建立地方自己的专业化科技队伍。使资源优势能够尽快转化成经济优势，依靠科技人才推动转型(李晟辉，2003)。

(3)注重转型主体

政府起到引导作用，调动社会各方力量共同参与，充分调动有关各方的积极性和创造性。不能片面依赖资源型企业，在鼓励资源型企业产业转型的同时，更需培育当地企业或吸引外地企业落户来实施产业转型。改善高新技术和研发设施的投资环境以吸引外来投资，包括国外投资和国内投资。外来投资是建立有竞争力的替代产业的有效途径，外来投资的进入不仅仅带来资金，还伴随着先进的技术、管理和观念，这对资源型城市的产业转型同样重要(张米尔等，2003)。

(4)政府进行产业扶持

政府要采取积极的扶持政策，引导企业转型。应由政府设立专门的机构规划产业结构，实现高效益的产业结构目标。为了吸引创新型中小企业，政府也应有一定的财政支持，如建立小企业培育基金、产业园区与孵化器，还需设置优惠的税收、宽松的企业准入政策。同时政府通过立法为市场经济运行创造良好的外部环境，良好的法律环境是弥补市场失灵最有效的手段，政府充当裁判员，为市场公平竞争创造和维护必要的制度环境。

(5)因地制宜地制定转型策略

转型路径的确定，是综合城市的特点。不同特点的城市要区别对待，设置独特的转型路径，创建具有特色的城市品牌。在确定城市转型路径前，要综合分析城市资源、区位、要素等各方面优势，确立新的主导产业和替代产业。城市转型的定位问题上要注意避免城市定位的模糊与雷同，注重城市的可持续发展(郑秋生，2005)。

(6)对资源型城市先行规划

资源型城市往往凭借丰富的资源，高速度地奠定城市发展的基础，但是凭借丰富的资源，在资源尚未枯竭之时，就为以后城市的转型做准备的却很少，所以一定要在煤炭资源枯竭之前，转变对资源的依赖思想，及早进行规划，提前进行资本的积累，不要把大量的资金放在衰退产业的保护上(郑秋生，2005)。

本章参考文献

白永秀，李伟，2008. 改革开放以来的资源环境管理体制改革：历程梳理与后续期盼[J].
　　改革(09)：26 - 36.
鲍荣华，孙长远，2000. 土地资源保护与可持续利用[J]. 石家庄经济学院学报(04)：
　　429 - 432.
蔡海燕，2006. 德国鲁尔区结构转型的经验和启示[J]. 上海城市规划(06)：54 - 56.
蔡永海，谢滟檬，2014. 我国生态文明制度体系建设的紧迫性、问题及对策分析[J]. 思想理论教育导刊(02)：71 - 75.

蔡运龙，2007. 自然资源学原理[M]. 北京：科学出版社.

陈百明，1985. 我国可更新资源的合理开发和保护问题[J]. 自然资源研究(02)：7 - 10.

陈开琦，唐军，2007. 我国自然资源法律保护问题研究[J]. 社会科学研究(6)：93 - 98.

崔金星，2005. 自然资源保护立法研究[D]. 昆明：昆明理工大学.

董锁成，石广义，等，2010. 我国资源经济与世界资源研究进展及展望[J]. 自然资源学报，25(09)：1432 - 1444.

封志明，2009. 资源科学导论[M]. 北京：科学出版社.

冯革群，陈芳，2006. 德国鲁尔区工业地域变迁的模式与启示[J]. 世界地理研究(03)：93 - 98.

高敏雪，2016. 扩展的自然资源核算——以自然资源资产负债表为重点[J]. 统计研究，33(1)：4 - 12.

耿海斌，2013. 从五位一体看低碳经济与生态文明[J]. 当代经济(3)：72 - 73.

谷树忠，姚予龙，沈镭，等，2002. 资源安全及其基本属性与研究框架[J]. 自然资源学报(03)：280 - 285.

谷树忠，2014. 实施资源安全战略 确保我国国家安全[N]. 人民日报，04 - 29(010).

胡锦涛，2012. 坚定不移沿着中国特色社会主义道路前进，为全面建成小康社会而奋斗——在中国共产党第十八次全国代表大会上的报告[M]. 北京：人民出版社.

黄丽华，张丽兵，2005. 德国鲁尔区老工业基地改造过程中政府作用分析[J]. 哈尔滨工业大学学报(社会科学版)(06)：93 - 96.

贾宏敏，车效梅，2014. 浅析迪拜城市转型及对我启示[J]. 亚非纵横(01)：109 - 120.

贾洪艳，2018. 基于生态县建设的生物多样性保护规划研究[D]. 合肥：安徽农业大学.

姜爱林，罗尚忠，2006. 矿产资源保护的现状、问题与对策研究[J]. 青岛科技大学学报(社会科学版)(02)：71 - 76.

姜琳，2002. 产业转型环境研究[D]. 大连：大连理工大学.

姜仁良，2010. 我国自然资源产权制度的改革路径[J]. 开放导报(4)：100 - 103.

姜文来，2002. 水资源管理趋势探讨[J]. 国土资源(07)：20 - 21.

孔含笑，沈镭，等，2016. 关于自然资源核算的研究进展与争议问题[J]. 自然资源学报，31(03)：363 - 376.

郎一环，周萍，沈镭，2005. 中国矿产资源节约利用的潜力分析[J]. 资源科学(06)：23 - 27.

李海超，2013. 我国资源型城市转型融资问题研究[D]. 长春：东北师范大学.

李敬伟，胡艳华，胡日查，2008. 我国可再生资源开发利用的现状、存在的问题及对策建议[J]. 内蒙古环境科学(01)：53 - 56.

李龙强，李桂丽，2011. 生态文明概念形成过程及背景探析[J]. 山东理工大学学报(社会科学版)(6)：47 - 52.

李晟晖，2003. 矿业城市产业转型研究——以德国鲁尔区为例[J]. 中国人口·资源与环境

(04): 97-100.

李晓玉, 2012. 土地资源经济安全评价研究[D]. 郑州: 河南大学.

厉伟, 2001. 论自然资源的可持续利用[J]. 生态经济(01): 12-14.

梁仁君, 林振山, 2007. 可再生自然资源持续利用策略研究[J]. 生态经济(学术版)(02): 137-139.

梁勇, 成升魁, 闵庆文, 2003. 中国资源管理模式的发展历程与改革思路[J]. 资源开发与市场(06): 363-365, 373.

刘彦随, 2013. 中国土地资源研究进展与发展趋势[J]. 中国生态农业学报, 21(01): 127-133.

刘艳, 2006. 自然保护区的法律保护探讨[D]. 长沙: 中南林业科技大学.

卢连英, 1997. 强化自然资源保护的教育及管理, 促进经济持续发展[J]. 黑龙江环境通报(01): 35-36, 31.

卢耀如, 张凤娥, 刘琦, 2015. 建设生态文明保障新型城镇群环境安全与可持续发展[J]. 地球学报(4): 403-412.

鲁铭, 2002. 21世纪可再生能源可持续利用问题及对策探讨[J]. 曲阜师范大学学报(自然科学版)(03): 101-104.

路夕, 2003. 洛林转型[J]. 中国石油石化(03): 44-45.

罗聪, 2013. 资源型城市的可持续发展研究[D]. 南昌: 江西财经大学.

牛牧, 2011. 浅谈管理学原理在土地资源管理中的应用[J]. 经营管理者(3): 164-164.

潘金禄, 李珠成, 2014. 矿产资源综合利用与环境保护探索[J]. 环境工程, 32(S1): 1001-1004.

钱丽苏, 2004. 自然资源管理体制比较研究[J]. 资源与产业, 6(1): 11-13.

任晓峰, 2010. 矿产资源开采对环境及环境管制的影响[D]. 乌鲁木齐: 新疆财经大学.

沈镭, 成升魁, 2002. 论国家资源安全及其保障战略[J]. 自然资源学报(04): 393-400.

石玉林, 2006. 资源科学[M]. 北京: 高等教育出版社.

宋言奇, 2008. 生态文明建设的内涵、意义及其路径[J]. 南通大学学报(社会科学版)(04): 103-106.

苏光, 2015. 现代管理中的工具理性作用研究[D]. 哈尔滨: 黑龙江大学.

苏霞, 2006. 系统工程在资源管理中的应用研究[D]. 太原: 山西财经大学.

孙鸿烈, 2000. 中国资源百科全书[M]. 北京: 中国大百科全书出版社, 东营: 石油大学出版社.

谭宗宪, 2005. 论自然资源管理制度创新[J]. 国土资源科技管理(01): 16-21.

汪民, 2013. 以矿产资源可持续利用促进生态文明建设[J]. 中国科学院院刊(2): 226-231.

王建民, 2006. 管理学原理[M]. 北京: 北京大学出版社.

王菊凤, 李鹄鸣, 2003. 中国自然资源及其开发利用研究综述[J]. 吉首大学学报(自然科学版)(02): 93-96.

王礼茂，2002. 资源安全的影响因素与评估指标[J]. 自然资源学报(04)：401 - 408.

王丽文，2008. 我国不可再生资源可持续利用的现状与对策研究[D]. 保定：河北大学.

王树义，郭少青，2012. 资源枯竭型城市可持续发展对策研究[J]. 中国软科学，1：1 - 13.

王紫零，2013. "生态文明"建设的内涵及生态发展方式[J]. 广西社会主义学院学报(1)：16 - 21.

王宗廷，2001. 论对自然资源的法律保护[J]. 中国地质大学学报(社会科学版)(04)：65 - 68.

习近平，2017. 决胜全面建成小康社会，夺取新时代中国特色社会主义伟大胜利——在中国共产党第十九次全国代表大会上的报告[M]. 北京：人民出版社.

徐俊，2003. 后现代主义与自然资源管理[D]. 合肥：合肥工业大学.

许家林，1999. 试论可持续发展观念下的资源成本结构[J]. 财经研究(3)：57 - 63.

严瑾，2004. 我国资源产业的产权改革和可持续发展[D]. 武汉：武汉大学.

杨海龙，杨艳昭，等，2015. 自然资源资产产权制度与自然资源资产负债表编制[J]. 资源科学，37(9)：1732 - 1739.

姚予龙，谷树忠，2002. 资源安全机理及其经济学解释[J]. 资源科学(05)：46 - 51.

尹牧，2012. 资源型城市经济转型问题研究[D]. 长春：吉林大学.

余振国，2013. 浅论生态文明建设的内涵、源流与核心[J]. 中国国土资源经济(3)：19 - 22.

张米尔，孔令伟，2003. 资源型城市产业转型的模式选择[J]. 西安交通大学学报(社会科学版)，1：29 - 31.

张明生，2015. 迪拜多样化经济发展研究[D]. 北京：北京外国语大学.

张润秋，2003. 海洋管理学理论初探及其应用[D]. 青岛：中国海洋大学.

张学峰，李玉洪，张芳珠，等，2001. 我国水资源保护存在的主要问题与对策[J]. 水资源保护(04)：50 - 52，73.

赵士洞，谷树忠，2000. 资源科学与资源可持续利用[J]. 当代生态农业(Z2)：48 - 49.

郑秋生，2005. 德国鲁尔区煤炭基地的成功改造对山西煤炭资源型城市可持续发展的借鉴意义[J]. 生产力研究(04)：166 - 168.

周进生，吴元元，2006. 我国矿产资源保护政策回顾及未来取向[J]. 中国国土资源经济(03)：9 - 10，46.

资源科学技术名词审定委员会，2008. 资源科学技术名词[M]. 北京：科学出版社.

第8章　中国及全球资源总态势与利用管理对策

　　资源的合理开发与保护问题，是关系人类生存与发展的重大问题。改革开放以来，中国社会经济取得了快速发展，人民生活水平显著改善，但长期形成的粗放式开发模式导致资源的盲目开发与过度利用，不仅使资源浪费严重，而且使生态环境遭到不同程度的破坏，严重威胁到中国社会经济的健康持续快速发展。因此，合理处理经济建设、资源开发与环境保护的矛盾，是实现中华民族伟大复兴的重要保障。

8.1　中国资源的总体态势

8.1.1　中国资源的总体特点

8.1.1.1　总量大，类型多

　　中国陆地总面积约 $960 \times 10^4 \ \mathrm{km}^2$，居世界第三位；耕地面积约 $1.3 \times 10^8 \ \mathrm{hm}^2$，居世界第四位；森林面积约 $1.7 \times 10^8 \ \mathrm{hm}^2$，居世界第五位；草地面积约 $4 \times 10^8 \ \mathrm{hm}^2$，居世界第二位；水资源约 $28\,000 \times 10^8 \ \mathrm{m}^3$，居世界第六位；世界主要 45 种矿产资源的潜在价值，仅次于俄罗斯和美国，居世界第三位；水能、太阳能煤炭资源分别居世界第一、第二、第三位。从总量上看，中国是典型的资源大国。具体来讲，截至 2017 年年底，中国已发现各类矿产资源 171 种，已探明储量 159 种，其中能源矿产 8 种，金属矿产 54 种，非金属矿产 90 种，水气矿产 3 种。其中，20 余种矿产资源储量居世界前列，10 种矿产资源居世界首位，23 种矿产资源居世界前三位。同时，中国地形复杂多样，生物多样性居世界前列，现有种子植物约 301 科 2980 属 24 500 余种。其中，被子植物有 291 科 2940 属 24 300 余种，相当于全世界被子植物科数的 53.3%，属数的 23.6%，种数的 10.8%。在世界上现存的裸子植物中，中国除南洋杉外皆有分布。动物资源方面，中国陆栖脊椎动物约 2000 余种，占世界总数的 10% 左右，且不少种类属于中国所特有，如鸟类中的丹顶鹤、马鸡，兽类中的金丝猴、大熊猫等，产于长江下游地区的白鱀豚更是世界仅有的淡水鲸之一，两栖类的大鲵与爬行类的扬子鳄都是举世闻名的珍贵种类。一个国家的经济发展规模和水平在很大程度上取决于该国的资源总量和类型，世界上绝大多数的经济大国也大都是资源大国，资源总量大、类型多是中国综合国力的重要方面，是支撑中华民族伟大复兴的重要基础。

8.1.1.2　人均资源占有量较少

　　尽管从资源总量上看，中国属于资源大国，但从人均水平看，中国则属于典型的资源小国，人均资源占有水平低，位于世界后列，并呈现继续降低的态势。如土地资源仅为世

界平均水平的 1/3，森林资源是 1/6，草地资源是 1/3。尤其是耕地和水资源，中国人均耕地仅为世界平均水平逾 1/4，中国人均水资源为 2150 m^3，约为世界平均水平的 1/4。与同为人口大国的印度相比，其耕地面积和人均占有量皆大于中国，而且其后备耕地资源约 $1 \times 10^8 hm^2$，远高于中国的 $0.06 \times 10^8 hm^2$。其次，中国主要矿产资源的人均占有量也都很低，如石油仅为世界平均水平的 11%，天然气不足世界平均水平的 5%，化石能源(包括煤炭、石油、天然气)为世界平均水平的 58%；钢、铜和铝也仅分别相当于世界平均水平的 88%、66% 和 67%，仅用量较小的稀有金属如稀土、钨的人均占有量超过世界人均水平。

8.1.1.3 空间分布不均

中国资源空间分布不均衡，与人口和经济密度存在较大的不匹配性，导致资源运输压力较大。中国资源空间分布不均主要表现在东西差异与南北差异两个方面，如 90% 以上的耕地资源、森林资源、水资源集中分布在东部地区，而能源、矿产资源天然草地资源则主要集中在西部地区；长江以北地区耕地多，占全国总量的 63.9%，但水资源匮乏，仅占全国总量的 17.2%；长江以南地区则恰好相反，耕地面积少，仅占全国耕地总量的 36.1%，但水资源却极为丰沛，占全国总量的 82.8%；矿产资源主要分布在北方，长江以北地区煤炭资源储量占全国总量的 90%，仅山西、内蒙古、新疆、陕西、宁夏 5 个省(自治区)煤炭资源储量就占全国总储量的 70%；而长江以南地区矿产资源则严重缺乏，导致"北煤南运""西电东送""西气东输"压力较大；磷矿绝大部分储量在西南地区，铝土矿集中分布在华北、西南，铁矿主要分布在东北和西南，铜矿以长江中下游及赣东北最为富集，其次是西部，铅、锌矿主要分布在华南和西部，钨、锡等中国优势矿产则主要分布在赣、湘、桂、滇等南方省区。资源分布与需求分布严重失调，给社会经济发展造成较大制约，如黄河淮河流域多年平均水资源量仅占全国总量的 7.5%，而人口却占全国的 34.9%，工业总产值占全国总量的 33.35%。以 400mm 等降水量线为界限，2012 年该线东南地区土地面积占全国的 43.18%，人口却占全国的 93.67%，GDP 占全国的 95.10%。

8.1.1.4 富矿少，贫矿多

从资源质量方面看，中国呈现典型的富矿少、贫矿多的特点。在耕地资源中，中国一等地仅占 40%，中下等地和有限制因素的地占 60%；草地资源主要分布在半干旱、干旱地区与山区，资源质量较差；林地资源中一等林地约占 65%。多数矿产资源贫矿多而富矿少，如铁矿资源中，含铁大于 50% 的富矿只占 5.7%，贫矿占 94.3%，其中很大一部分为难选矿。铜矿的平均品位仅为 0.87%(远低于智利、赞比亚等主要产铜国)，其中品位在 1% 以上的储量只占总储量的 35.9%。铝土矿绝大多数为难选冶矿，铝硅比大于 7，目前可经济开采的矿石在总储量中的比例仅为 1/3。全国磷矿品位为 17%，富矿(>30%)仅占总资源量的 8%。在能源中，优质能源石油、天然气只占探明能源储量的 20%。小型矿山多，大型露采矿山少，如铜矿，在发现的 900 多个矿床地中，大型矿床仅占 2.7%，中型矿床占 8.9%，小型矿床多达 88.4%。其次，共、伴生矿多，单矿种矿少，利用难度大，成本较高，如中国铁矿具有矿床类型多、贫矿多、难选矿多等特点，80% 左右的金属和非金属矿床中都有共伴生元素，尤其以铝、铜、铅、锌等有色金属矿床为多；单一型铜矿只有 27%；以共、伴生产出的汞、锑、银储量分别占到各自储量的 20%~33%。在开发利用的 139 个矿种中，有 87 种矿产部分或全部来源于共、伴生矿产。富矿少、贫矿多导致中国矿产资源的开发利用难度较大，极大地增加了开发成本。

8.1.2　中国资源面临的形势

资源作为社会经济发展的基础，对于支撑中华民族的伟大复兴意义重大。改革开放 40 多年以来，随着中国工业化城镇化进程的快速推进，导致中国生态环境问题、资源短缺、不可再生资源的粗放利用等问题，资源供需矛盾凸显，制约着中国社会经济的健康持续快速发展，深刻分析和理解中国资源面临的形势对于制定新时期的资源开发利用策略具有重要的意义。

8.1.2.1　人口增长与资源环境压力

改革开放以来，伴随着社会经济的快速发展，中国人口呈现快速增长的态势，人口规模由改革开放之初的 9.63×10^8 人提升到 2017 年的 13.90×10^8 人。从中国历年人口自然增长率、死亡率和出生率来看，死亡率基本平稳，维持在 0.6%~0.7%。中国人口自然增长率主要由出生率决定，两者的发展趋势基本一致，人口出生率由 1978 年的 2.33% 逐步下降到 2017 年的 1.24%，自然增长率也随之从 1.67% 降低到 0.53%。

根据中国科学院研究成果，中国人口 2020 年将达到 14.25×10^8，预计 2030 年中国人口规模将达到 14.42×10^8 的峰值，到 2050 年中国人口总量将会减少至 13.83×10^8（图 8-1）。在人口快速增长的同时，中国老龄化现象日趋严重，根据 2010 年第六次人口普查的结果，年龄超过 65 岁的老年人口比重达到 8.87%，已经步入老龄化的快速发展时期。人口的快速增长不断加剧资源环境的压力。同时，人口呈现从西北地区向东南沿海集聚的特点，而东南沿海地区则是中国资源相对匮乏的地区，人口的流动与资源的分布恰好相反，进一步加剧了资源环境的压力。以 400mm 等降水量线为界，2012 年该线东南地区土地面积占全国的 43.18%，人口却占全国的 93.67%，且人口高度集聚在资源匮乏、环境薄弱的京津冀、长三角、珠三角等城镇群地区。

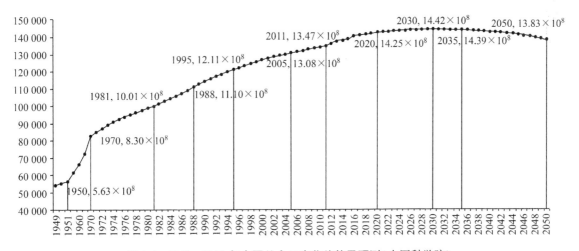

图 8-1　1949—2050 年中国总人口变化趋势及预测（中国科学院）

8.1.2.2 工业化快速推进与矿产资源供给

改革开放以来，中国社会经济取得了快速发展，GDP 由 1978 年的 3645×10^8 元提高到 2017 年的 82.17×10^{12} 元，仅次于美国，稳居世界第二位，远高于日本、德国、法国和英国等国家。中国经济增长步入工业化中期加速发展阶段，重工业在国民经济中的比重不断提高，对资源的需求量不断增大，带来了对资源的大量消耗和生态环境问题的凸显。从改革开放以来中国轻重工业的比重看，1978—1997 年轻工业与重工业之间的比重相差不大，从 1998 年开始中国重工业比重增加明显，2000 年之后重工业的比重超过了 60%，并呈现持续增加的趋势。2006 年重工业的比重超过 70%，2011 年达到 72%，2017 年比重仍然较高。在未来一段时间内，伴随着中国工业化的进程，国际制造业的转移，国内消费结构的转变、城镇化进程和基础设施的建设等，重工业在国民经济中的比重将继续增加，而重工业的发展显著特点是能源、矿产资源和水资源消耗的大量增加，同时也面临着巨大的环境压力。

8.1.2.3 城镇化快速推进与水土资源压力

改革开放以后，中国城镇化进程快速推进，城镇人口呈现出快速增长的趋势，由 1978 年的 1.73×10^8 人增加到 2017 年的 8.13×10^8 人，农村人口经历了先升后降的态势，2017 年为 5.77×10^8 人。城镇化水平从 1978 年的 17.92% 增加到 2017 年的 58.52%。随着城镇化进程的快速推进，城市建设用地面积也呈现快速增长的态势，从 1981 年的 6720 km^2 增加到 2015 年的 5.16×10^4 km^2，年均增长速度达到 6%；污水排放量从 1978 年的 149×10^8 t 增加到 2015 年的 747×10^8 t。过去的 25 年内，中国城镇化水平每提高 1%，需新增加城市用水将近 17×10^8 m^3，新增加建设用地 1000 km^2。未来中国城镇化每提高 1%，将需要增加城市用水 32×10^8 m^3，新增加建设用地 3500 km^2，城镇化发展将面临着严峻的用水与用地保障问题。城市的人均耗能、人均用水及集中产生的垃圾量要远高于农村地区。全国 70% 的城镇资源性缺水和水质性缺水，90% 的城镇水域和 65% 的饮用水源受到不同程度的污染，50% 重点城镇饮用水源不符合取水标准，90% 的城市沿河水域遭遇污染，有 200 多个城市出现垃圾围城的局面。

8.1.2.4 经济增长模式与资源的压力

长期以来，中国的经济发展模式呈现出高投入、高能耗、低效的粗放型特征，经济增长在相当程度上依靠资源的粗放式投入来实现。中国已成为世界煤炭、钢铁、铁矿石、氧化铝、铜、水泥消耗最大的国家，是世界能源消耗的第二大国。2017 年中国 GDP 占世界总量约 15%，但消耗了超过世界 17% 的能源、35% 的钢铁、40% 的煤炭、50% 的水泥。据相关研究成果，目前中国单位 GDP 能耗、水耗与地耗都比发达国家高出 10~12 倍。以能源为例，中国的能源消耗与经济增长、城镇化基本保持同步，经济增长靠粗放型的能源投入维持。中国单位 GDP 能耗是发达国家的 4 倍多，1 t 煤产生的效益仅相当美国的 28.6%、欧盟的 16.8%、日本的 10.3%。当前中国处于工业化城镇化加速发展阶段，对矿产资源的需求呈现高速增长的态势，加剧了战略资源的对外依赖程度。2003 年中国超过日本成为世界第二大原油消费国，2011 年中国石油消费 4.62×10^8 t，石油缺口 2.58×10^8 t，天然气消费 1300×10^8 m^3，缺口 300×10^8 m^3。油气资源消费的对外依赖程度不断提升，2011 年中国石油对外依存度达到 58.09%，超出 30%~50% 的国际安全警戒线，天然气 2011 年对外依存度超过了 20%，对外依存度急剧上升。根据相关研究，2030 年中国能源的对外依存度将达到 75%。中国 45 种主要矿产资源中，2010 年能保证需求的只有 24 种，2020 年将减到 6 种，铁、铜、铝等矿产的对外依存度将达到 60%~80%。

8.2　中国主要资源的特征

8.2.1　土地资源

土地资源是一个国家赖以生存的空间，是一个国家的战略资源，中国土地资源总面积为 $960 \times 10^4 \mathrm{km}^2$，是中华民族繁衍生息的重要依托。

8.2.1.1　土地资源总量大，人均土地面积少，人地矛盾极为突出

中国土地面积占世界陆地面积的 1/15，位于世界第三位。但人均土地面积不到 0.7hm²，不及世界人均值的 1/3；2008 年耕地总面积为 18.2574×10^8 亩，人均耕地更是只有 1.39 亩，不到世界平均水平的 40%，人地矛盾极为突出。其他类型土地资源也面临同样问题。从土地开发适宜性角度看，由于中国自然地理分布格局影响，中国国土最适宜开发的地区占国土面积的 3% 左右，主要分布在东部平原及四川盆地地区，西部主要分布在河西走廊及天山南北的河流冲积扇地区；较适宜地区占 22%，位于平原盆地区，现以耕地覆盖为主，水资源丰富，是城市发展的后备用地分布区。最适宜与较适宜开发土地面积所占比重低，进一步加剧了人地矛盾。

8.2.1.2　建设用地快速扩张，后备土地资源严重不足

改革开放以来，随着工业化与城镇化进程的加速推进，建设用地规模快速扩张，2000—2005 年，中国耕地面积减少 4.74%，城镇建设用地面积增长 21.39%，农村居民点建设用地不降反增，增加了 0.20%，城市扩张系数（城市用地增长率和人口增长率之比）是国际上比较合理水平 1.12：1 的两倍以上。中国现有耕地面积 1.27×10^8 hm²，约占全国土地面积的 13%。据估计，中国历史上人均耕地最多时（1724 年）曾达到 2.07 hm²，20 世纪最高水平也曾为 0.24 hm²（1910 年），随着人口的不断增长，人均占有土地面积不断下降。目前，中国人均耕地资源只有世界平均水平的 37%，由于城市用地扩张带来的耕地流失占到中国耕地流失总量的 18.52%，不断加剧中国的人地矛盾问题。根据相关估计，中国可开垦用于农业后备用地的资源也不多，净耕地仅为 0.08×10^8 hm²，而且这些后备土地资源的开垦难度较大。

8.2.1.3　水土资源分布不均

以 400mm 等降水量线为界，中国东南部地区土地面积占全国土地面积的 64%，而年径流量则占全国年径流量的 95.6%；中国西北部地区土地面积占全国土地面积的 36%，而年径流量则仅占全国年径流量的 4.4%。由于水土资源空间匹配不均衡，不但影响了土地资源潜力的正常发挥，而且常常造成南涝北旱的局面。

8.2.1.4　不能利用土地面积较大，中低产田多，且呈现日益减少态势

中国土地资源中不能利用的土地面积较大，包括沙漠、戈壁、高原荒漠和裸石山地等

总面积占到全国土地总面积的 23.4%，耕地面积仅占 13.2%，人地矛盾突出。同时，耕地中又以中低产田居多，占到耕地面积的 80% 以上，其低产的原因主要是由于水土流失、土地沙漠化和盐渍化等原因造成的。另外，全国耕地面积呈现日益减少的趋势，1998 年中国耕地面积为 19.45×10^8 亩，2006 年则下降到 18.27×10^8 亩，保护 18×10^8 亩耕地"红线"成为关系中华民族兴衰的重要前提。2017 年末全国耕地面积达到 20.23×10^8 亩（图 8-2），其中由于调查标准、技术方法的改进和农村税费政策调整等因素影响，调查数据提高 2×10^8 亩。根据相关研究，1985—1995 年，中国耕地净减少 2899.3×10^4 亩，平均每年减少 289.9×10^4 亩。目前，中国人均耕地仅 1.4 亩，远低于世界 4.17 亩的平均水平。中国人均耕地不足 1 亩的省份有 7 个，预计 2020—2030 年，中国人均耕地面积将下降到 1.2 亩。

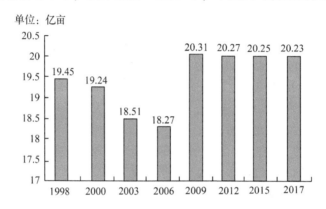

单位: 亿亩

图 8-2　全国耕地面积的变化情况（原国土资源部公布数据）

8.2.1.5　土地污染问题日趋严重

快速工业化城镇化进程对土地资源造成较大压力，土壤污染现象日趋严重。根据已有研究成果，全国土壤中含镉量超过 1.5mg/kg 临界线的耕地达到 1.3×10^4 hm² 以上，水稻生长中被迫吸收镉而形成"镉米"。造成土壤污染的另一大因素为农业的面源污染问题，过量使用化肥使水质富营养化。根据相关资料估计，受工业"三废"污染的土地面积达到 580×10^4 hm²，受农药、化肥不同程度污染的耕地约占现有耕地的 1/5。

8.2.2　水资源

水资源是一个国家赖以生存的重要资源。一个国家用水量的增长速度和用水结构，很大程度上反映了一个国家国民经济的发展速度和人民的生活水平。水资源的合理开发利用已经成为国家十分迫切和不容忽视的重要课题。

8.2.2.1　总量大，人均占有量小，呈现过度开发态势

目前，中国总供水量约 5700×10^8 m³，其中地下水约占 1/5。淡水资源总量占全球水资源的 6%，人均 2200m³，仅为世界平均水平的 1/4，在世界上名列 121 位，是全球 13 个人均水资源最贫乏的国家之一。从水资源开发强度来看，全国水资源开发利用率为 19%，其中，北方水资源开发利用率为 48%，南方水资源开发利用率为 13%。部分地区水资源开发利用过度，黄、淮、海、辽及西北内陆河水资源消耗量占水资源可利用量比例已超过

100%，水资源过度开发现象严重。

8.2.2.2　空间分布不均

地表径流分布的趋势与降水量的分布趋势基本一致，南多北少，近海多于内地，山地多于平原。东部及西南部外流流域面积占全国总面积的 63.76%，而年径流量却占全国的 95.45%；西北内陆地区流域面积占全国的 36.24%，而年径流量却只占全国的 4.55%。在外流流域中占全国年总量 83.46% 的径流，又集中在长江流域及其以南地区，长江是亚欧大陆水量最大的河流。长江流域以北，包括黄河，海河、淮河以及内蒙古、西北、西藏的内陆流域，这个广大地区虽然面积将近全国的 63.47%，但径流量却占全国的 16.54%，整个北方和西北地区雨量少，径流低，水资源普遍缺乏。中国西北部半荒漠和荒漠地区，降水过于稀少，不能满足农作物最低限度的要求，农业发展主要依靠高山地区冰雪融水补给。因此，西北地区尽管土地资源丰富，但受制于较少的水资源，导致农业发展受到影响，"以水定产"是西北地区农业发展的基本原则。

8.2.2.3　时间分布不均

中国河流大部分处于季风区内，由于降水季节分配不均，河川径流季节分配也很不均匀，汛期洪水暴涨，容易泛滥成灾，枯水季节水源又十分不足。中国南方地区最大年降水量一般是最小年降水量的 2~4 倍，北方地区一般是 3~6 倍。中国大部分地区雨季一般集中在 6~9 月，南方有的地区可长达 6~7 个月，北方干旱地区仅有 2~3 个月。全国大部分地区连续最大 4 个月降水量通常占全年降水量的 70%。相比地表水来讲，地下水资源量随降水和地表水补给量而变化，一般地下水量随时间变化不大。

8.2.2.4　水土资源匹配性弱

中国水资源分布与土地资源分布匹配性弱。南方地区的长江流域、珠江流域、浙闽台流域、西南诸河流域占全国面积的 36.5%，耕地占全国的 26.0%，人口占全国的 54.4%，但水资源却占全国的 81%，人均水资源占有量是全国平均水平的 1.6 倍。其中，西南地区水资源丰富，且多高山峻岭，人烟稀少，人均占有水资源量是全国平均水平的 15 倍。而北方地区的黄河、海河、淮河、辽河、滦河等流域占全国总面积的 18.7%，面积相当于南方四片流域面积的 1/2，但水资源量仅占南方四片流域水资源总量的 12%。同时，北方这四片流域大多为平原地区，耕地较多，占全国的 45.2%，人口占全国的 38.4%。水资源空间分布不均与水土资源的匹配性弱，导致人口经济格局与自然本底条件的巨大差距。

8.2.2.5　水资源开发利用问题突出

首先表现为水土流失现象严重，中国是世界上水土流失最严重的国家之一，水土流失以黄土高原地区最为严重，该区总面积约为 $54 \times 10^4 km^2$，水土流失面积已达 $45 \times 10^4 km^2$，其中严重流失面积约为 $28 \times 10^4 km^2$。南方亚热带和热带丘陵地区水土流失现象次之。其次，旱涝灾害现象频发，严重影响国民经济和人民生活安全。例如，1998 年长江流域爆发大洪水，2007 年淮河流域大洪水以及今年日趋严重的台风灾害。同时，城市暴雨造成的城市内涝问题严重，给社会经济发展造成巨大压力。再次，水质污染严重。中国地表水污染主要表现为有机污染、重金属污染、富营养化污染和复合性污染。另外，近年来水资源供需矛盾日益紧张，在全国 600 多个城市中，缺水城市达到 300 多个，其中严重缺水的城市达到 114 个，每年国家因缺水造成的直接经济损失高达 2000×10^8 元。最后，地下水问题突出，主要表现在地下水位下降、地下水污染、海水入侵、地面沉降、地面裂缝和塌陷等几个方面。水资源合理开发利用的体制机制障碍仍然存在、节水观念有待提升等都对水资源的合理开发利用造成较大的压力。

8.2.3　森林资源

森林是人类的摇篮，一般来说，如果一个国家其森林覆盖率达到 30% 以上，且空间分布相对均匀，那么通常这个国家的生态环境就比较优越，农业发展就相对稳定。

8.2.3.1　森林总量持续增长，但总量相对不足、人均水平较低

根据第八次全国森林资源清查(2009—2013 年)和第九次全国森林资源清查(2014—2018 年)结果(表 8-1)，中国森林面积由第八次的 $2.08 \times 10^8 hm^2$ 增加到第九次 $2.20 \times 10^8 hm^2$，净增 $1266 \times 10^4 hm^2$；森林覆盖率由 21.63% 提高到 22.96%，提高 1.23 个百分点；森林蓄积由 $151.37 \times 10^8 m^3$ 增加到 $175.60 \times 10^8 m^3$。但总量相对不足、人均水平低的问题仍未根本改变，中国仍然是一个缺林少绿、生态脆弱的国家，中国森林覆盖率远低于全球 31% 的平均水平，人均森林面积 $0.16\ hm^2$ 不足世界人均水平 $0.55\ hm^2$ 的 1/3，人均森林蓄积只有世界人均水平的 1/6。陕西、甘肃、青海、宁夏、新疆等西北 5 省(自治区)的土地面积占国土面积的 32%，森林覆盖率仅为 8.73%，森林资源十分稀少。林业发展还面临着巨大的压力和挑战。

表 8-1　第九次(2014—2019)全国森林资源清查情况

地区	林业用地面积 ($\times 10^4 hm^2$)	森林面积 ($\times 10^4 hm^2$)	天然林面积 ($\times 10^4 hm^2$)	人工林面积 ($\times 10^4 hm^2$)	森林覆盖率 (%)	森林蓄积量 ($\times 10^4 m^3$)
全国	32 368.55	22 044.62	14 041.52	8003.10	22.96	1 756 022.99
北京	107.1	71.82	28.34	43.48	43.77	2437.36
天津	20.39	13.64	0.66	12.98	12.07	460.27
河北	775.64	502.69	239.15	263.54	26.78	13 737.98
山西	787.25	321.09	153.46	167.63	20.50	12 923.37
内蒙古	4499.17	2614.85	2014.84	600.01	22.10	152 704.12
辽宁	735.92	571.83	256.51	315.32	39.24	29 749.18
吉林	904.79	784.87	608.93	175.94	41.49	101 295.77
黑龙江	2453.77	1990.46	1747.2	243.26	43.78	184 704.09
上海	10.19	8.90	—	8.90	14.04	449.59
江苏	174.98	155.99	5.16	150.83	15.20	7044.48
浙江	659.77	604.99	360.34	244.65	59.43	28 114.67
安徽	449.33	395.85	162.94	232.91	28.65	22 186.55
福建	924.4	811.58	425.99	385.59	66.80	72 937.63
江西	1079.9	1021.02	652.32	368.70	61.16	50 665.83
山东	349.34	266.51	10.40	256.11	17.51	9161.49

（续）

地区	林业用地面积 （×10⁴hm²）	森林面积 （×10⁴hm²）	天然林面积 （×10⁴hm²）	人工林面积 （×10⁴hm²）	森林覆盖率 （%）	森林蓄积量 （×10⁴m³）
河南	520.74	403.18	157.40	245.78	24.14	20 719.12
湖北	876.09	736.27	538.85	197.42	39.61	36 507.91
湖南	1257.59	1052.58	551.07	501.51	49.69	40 715.73
广东	1080.29	945.98	330.47	615.51	53.52	46 755.09
广西	1629.5	1429.65	696.12	733.53	60.17	67 752.45
海南	217.5	194.49	54.09	140.40	57.36	15 340.15
重庆	421.71	354.97	259.04	95.93	43.11	20 678.18
四川	2454.52	1839.77	1337.55	502.22	38.03	186 099.00
贵州	927.96	771.03	455.58	315.45	43.77	39 182.90
云南	2599.44	2106.16	1598.48	507.68	55.04	197 265.84
西藏	1798.19	1490.99	1483.15	7.84	12.14	228 254.42
陕西	1236.79	886.84	576.31	310.53	43.06	47 866.70
甘肃	1046.35	509.73	383.17	126.56	11.33	25 188.89
青海	819.16	419.75	400.65	19.10	5.82	4864.15
宁夏	179.52	65.60	22.05	43.55	12.63	835.18
新疆	1371.26	802.23	680.81	121.42	4.87	39 221.50
台湾	—	219.71	173.75	45.96	60.71	50 203.40
香港	—	2.77	—	2.77	—	—
澳门	—	0.09	—	0.09	—	—

资料来源：国家林业和草原局，中国森林资源报告（2014—2018）。

8.2.3.2　森林质量获得较大改善，但质量不高、分布不均

相比第八次清查结果，森林每公顷蓄积量增加 5.04 m^3，达到 94.83 m^3；每公顷年均生长量提高到 4.73 m^3。随着森林总量增加和质量提高，森林生态功能进一步增强。全国森林植被总碳储量 $91.86 \times 10^8 t$，年涵养水源量 $6289.50 \times 10^8 m^3$，年固土量 $89.50 \times 10^8 t$，年保肥量 $4.62 \times 10^8 t$，年吸收污染物量 $0.40 \times 10^8 t$，年滞尘量 $61.58 \times 10^8 t$。但中国森林质量不高、分布不均的问题仍未得到根本扭转，中国林地生产力仍然较低，森林每公顷蓄积量只有世界平均水平的 72%。同时，现有宜林地质量好的仅占 11.55%，质量差的多达50.82%。全国宜林地差的主要分布在西北和黑龙江地区，立地条件差，造林难度越来越大、成本投入越来越高，见效也越来越慢，如期实现森林面积增长目标还要付出艰巨的努力。进一步加大投入，加强森林经营，提高林地生产力、增加森林蓄积量、增强生态服务功能的潜力还很大。

8.2.3.3　森林面积稳步增长，森林有效供给与日益增长的社会需求的矛盾依然存在

根据第八次和第九次全国森林资源清查结果，5 年天然林面积稳步增加，增加了$593.02 \times 10^4 hm^2$，蓄积净增 $13.75 \times 10^8 m^3$；人工林面积增加了 $673.12 \times 10^4 hm^2$，蓄积净增

$9.04 \times 10^8 \mathrm{m}^3$。但中国森林有效供给与日益增长的社会需求的矛盾依然突出,中国木材对外依存度接近50%,木材安全形势严峻;现有用材林中可采面积仅占13%,可采蓄积仅占23%,可利用资源少,大径材林木和珍贵用材树种更少,木材供需的结构性矛盾十分突出。同时,森林生态系统功能脆弱的状况尚未得到根本改变,生态产品短缺的问题依然存在。

8.2.4 草场资源

草场指能生长草类、可供放牧和饲养牲畜的土地,是介于森林与荒漠之间的一个独特的自然地理区域,是畜牧业发展赖以生存的重要资源。中国草场东起大兴安岭,经阴山山脉、秦岭山地,直至青藏高原,西北方向是以畜牧业为主的牧区,东南方向以种植业为主的农区,草场与耕地、林地交错分布。

8.2.4.1 草场面积大,空间分布广

中国草场遍布在全国各省(自治区、直辖市),占国土面积的41.7%,可利用草地面积占全国草地面积的78.2%。中国草场资源面积居世界第2位,是中国陆地上面积最大的生态系统。从空间分布上来看,中国北方地区分布较多,其中西藏、内蒙古、新疆分别位于全国前三位。西藏、内蒙古、新疆、青海、四川、甘肃、云南等7个省(自治区)草场面积合计达 $3.1 \times 10^8 \mathrm{hm}^2$,而其他各省份只有 $0.8 \times 10^8 \mathrm{hm}^2$。中国人工草场不多,全国累计种草保留面积 $1547 \times 10^4 \mathrm{hm}^2$,这其中包括人工种草、改良天然草地、飞机补播牧草3项,全国各省(自治区)均有,以内蒙古为最大,达到 $443 \times 10^4 \mathrm{hm}^2$,达到 $100 \times 10^4 \mathrm{hm}^2$ 的省依次包括四川、新疆、青海和甘肃。

8.2.4.2 草场资源品种众多

中国天然草地植被中约有牧草15 000种,以禾本科、豆科居多,其次为菊科和莎草科。禾本科有210属1028种,占中国禾本科属种总数的96.8%和88.6%,不但种、属多,而且在草群中的参与度还很高。在中国天然草地优势植物中,禾本科牧草有148种,占优势种数量的46.7%。中国各类草场中遍布许多适应性强、产草量高的优良牧草品种,如内蒙古和新疆草场上的羊草等。

8.2.4.3 牲畜品种资源丰富

根据相关研究估计,中国大概有600多种特色畜牧品种资源,如东北、内蒙古的三河牛、沿边牛、蒙古牛、蒙古马、乌珠穆沁大尾羊、白绒地羊,宁夏的滩羊、中卫山羊,新疆的细毛羊、伊犁马、伊犁牛、哈萨克羊、阿勒泰大尾羊,广西的水牛,云南的高峰牛,山东的鲁西黄牛,河南的南阳牛,陕西的关中驴、秦川牛、奶山羊等都是中国著名的畜牧品牌,经济价值较高。

8.2.4.4 中国草场资源开发利用存在的主要问题

尽管中国草场资源相对丰富,但草场资源开发利用水平依然较低,制约着畜牧业的发展,主要表现在生产方式落后,靠天养畜,对草场利用多,建设少,过度开发现象明显;天然草场单位面积产草量逐年下降,草场退化面积不断扩大,草场沙化和碱化面积增加;草场载畜量不断降低,一些地区已达到饱和状态。

8.2.5　矿产资源

8.2.5.1　矿产资源总量丰富，矿种比较齐全

中国是世界上矿产资源总量丰富，矿种比较齐全的少数几个资源大国之一。目前，中国已探明的矿产资源总量约占世界总量的 12%，仅次于美国和俄罗斯，居世界第 3 位。但人均占有量仅为世界人均占有量的 58%，列世界第 53 位。中国矿产资源开发利用历史久远，是世界上最早开发利用矿产资源的国家之一。中华人民共和国成立以后，矿业获得前所未有的大发展，逐步成为世界上第二矿业大国。中国 92% 以上的一次性能源、80% 的工业原料和 30% 的工农业用水和城乡居民用水来自矿产资源。但从人均矿产资源占有量来看，中国则明显处于世界的后列，煤炭储藏量居世界第三位，人均约 462t，远小于世界平均水平；石油的储藏量居世界第 14 位，人均水平相当于世界人均的 4%；探明储量矿产潜在价值约占世界矿产总价值的 14.6%，居世界第 3 位。

表 8-2　中国能源生产情况

年份	能源生产总量 （×10^8 t 标准煤）	煤炭生产量 （×10^8 t）	煤炭占能源生产总量的 比例（%）
1950	0.49	0.46	96.7
1978	6.3	4.4	70.3
1990	10.4	10.8	74.2
1995	12.9	13.6	75.3
2000	12.9	12.9	72.0
2005	20.6	22.0	76.5
2010	31.2	23.8	76.2
2015	36.1	26.1	72.2
2017	35.9	24.6	68.6

资料来源：原国土资源部公布数据。

具体来讲，煤炭方面 2016 年，中国煤炭查明资源储量 1.6×10^{12} t，比 2015 年增加 2.0%，新增查明资源储量超 40×10^8 t 的矿区 3 个。表 8-2 是 1950—2017 年中国能源的生产情况。据统计，油气矿产新增资源储量主要分布在鄂尔多斯盆地、渤海海域、四川盆地和塔里木盆地。非油气矿产新增资源储量主要分布在新疆、内蒙古、贵州、山东、湖北、江西、湖南、云南、安徽等地区。石油和天然气方面，自 2001 年以来，中国石油天然气储量大致稳定在 35.0×10^8 t，2016 年石油剩余技术可采储量 35.01×10^8 t，天然气剩余技术可采储量 5.44×10^{12} m³。2017 年中国原油消费量占全球的 13%，1980 年占 4% 左右。备受关注的页岩气自 2014 年首次提交资源储量以来，在勘查开发方面取得重大进展，2016 年中国页岩气剩余技术可采储量为 1224.13×10^8 m³。此外，铜矿、钨矿、金矿和晶质石墨在 2016 年储量均有较大涨幅，2016 年铜矿达到 1.01×10^8 t，同比增长 2.0%；钨矿资源储量 1016×10^4 t，同比增长 6.0%；金矿查明资源储量 1.22×10^4 t，同比增长 5.2%；晶质石

墨查明资源储量 $3.0 \times 10^8 t$，同比增长 15.4%。

8.2.5.2 中国矿产资源面临的形势

首先，矿产资源的供需矛盾依然存在。矿产地新发现数量不足，矿产储量减少的矿种增多。中国的矿产资源经过数百年的探寻和开发，地表及浅部矿产资源多已被发现和利用。从整体而言，矿产资源的新发现向地下深部和海域发展，发现和开发利用的难度、风险性越来越大，前期投入成本也越来越高。由于长期以来矿产勘查开发投入不足，中国矿产资源新发现的数量和新探明的储量增长缓慢。1994—2000年，45种主要矿产中，保有储量出现负增长的矿种已增至26种，连续3年减少的矿种有14种。中国已探明的45种主矿产的储量，到2010年严重短缺的有铬、钴、钼、钾、金刚石5种，矿产资源不能自给的有19种，到2020年短缺矿产资源将增至39种，矿产资源供需矛盾十分严峻。另一方面，经济的快速增长，对矿产资源的需求量巨大，加速大量消耗矿产资源是必然趋势。2000年，中国成为世界第一钢消费大国，铝消费位居第二。当前，中国自身的矿产资源已很难满足庞大的矿产资源需求，许多重要矿产品需要大量进口。表8-3为世界主要国家能源消费情况。以能源为例，2010年，中国石油消费占全球石油消费量的10.7%，1980年占4%左右；2010年中国煤炭产量，占全球产量的比重为48.3%，2012年超过50%。近50年来，中国GDP增长了逾1倍，矿产资源的消耗也增长了40多倍。2009年总体能源利用效率为33%左右，比发达国家低约10个百分点。电力、钢铁、有色冶金、石化、建材、化工、轻工、纺织8个行业主要产品单位能耗平均比国际先进水平高40%。钢、水泥、纸和纸板的单位产品综合能耗比国际先进水平分别高21%、45%和120%。机动车油耗水平比欧洲高25%，比日本高20%。单位建筑面积采暖能耗相当于气候条件相近发达国家的2~3倍。矿产资源总回收率为30%，比世界先进水平低20%。

表8-3　世界主要国家能源消费情况(年份)

国家	一次能源消费总计(百万吨油当量)	分品种能源占比(%)					
		石油	天然气	煤炭	核能	水电	可再生能源
中国	3053	19.0	6.2	61.8	1.6	8.2	2.8
美国	2273	38.0	31.5	15.8	8.4	2.6	3.7
印度	724	29.4	6.2	56.9	1.2	4.0	2.3
俄罗斯	674	22.0	52.2	13.0	6.6	6.3	—
日本	445	41.4	22.5	26.9	0.9	4.1	4.2
加拿大	330	30.6	27.3	5.7	7.0	26.6	2.8
德国	323	35.0	22.4	23.3	5.9	1.5	11.8
巴西	298	46.6	11.0	5.5	1.2	29.2	6.4
韩国	286	42.7	14.3	28.5	12.8	0.2	1.5
伊朗	271	31.0	66.8	0.6	0.5	1.1	—

资料来源：《BP世界能源统计(2017)》。

8.2.6　海洋资源

海洋是全球生命支持系统的一个基本组成部分，海洋蕴藏着丰富的自然资源，随着科技的进步，海洋资源的开发利用广度和深度获得极大的提高。中国也相应地提出了建设"海洋强国"的发展战略，向海洋进军成为助推中华民族伟大复兴的重要支撑。

8.2.6.1　海域辽阔，海洋生物与旅游资源丰富

中国"海洋国土"近 $300 \times 10^4 \, \text{km}^2$，相当于陆地面积的 1/3，就绝对数量而言，在世界沿海国家中名列第 9 位。然而，中国海陆面积之比很小，仅为 0.31，远低于世界海陆面积平均比值 0.87，在 140 个沿海国家中仅居 108 位。中国人均海洋国土面积则更少，仅为 0.0027 km^2，在世界沿海国家中排名第 122 位。海岸线系数仅为 0.0018，在沿海国家中居第 94 位。中国近海鱼类可捕量约 $400 \times 10^4 \, \text{t}$，占世界海洋鱼类可捕量的 4%。但中国近海鱼类可捕量人均还不到 4kg，大大低于世界人均可捕量 19kg 的水平。同时，中国滨海旅游资源丰富，中国沿海地带跨越热带、亚热带、温带 3 个气候带，具备"阳光、沙滩、海水、空气、绿色"等基本要素，旅游资源种类繁多，数量丰富，海滨旅游景点达 1500 多处，滨海沙滩 100 多处，其中最重要的有国务院公布的 16 个国家历史文化名城，25 处国家重点风景名胜区，130 处全国重点文物保护单位以及 5 处国家海岸自然保护区。丰富的海洋生物与旅游资源为沿海经济开发奠定了基础。

8.2.6.2　海岸线漫长，岛屿众多，港口资源丰富

中国拥有长达 $1.8 \times 10^4 \, \text{km}$ 的海岸线和 $1.4 \times 10^4 \, \text{km}$ 的岛屿岸线，两者总长 $3.2 \times 10^4 \, \text{km}$，仅次于俄罗斯和印度尼西亚，居世界第三位，同时还分布着面积大于 500m^2 以上的岛屿 5000 多个。基于占全国大陆岸线总长的 1/4 以上的大陆有基岩海岸逾 5000 km，中国沿海地区港口资源极为丰富，深水良港较多，岸滩狭窄，坡度陡，水深大，许多岸段 5～10 m 等深线逼近岸边，可选为大中型港址。淤泥质海岸 4000 km，其中大河河口岸段常有一些受掩护的深水岸段和较稳定的深水河槽，可建大中型港口。砂砾质海岸呈零星分布，岸滩组成以砂、砾为主，岸滩较窄、坡度较陡，堆积地貌发育类型多，常伴有沿岸沙坝、潮汐通道和潟湖，有一定水深和掩护条件，可建中小型港口。与此同时，中国沿岸有 160 多个大于 10 km^2 的海湾，10 多个大、中河口，深水岸段总长达 400 km，绝大多数地区常年不冻。除邻近河口外，大部岸段无泥沙淤积或很少，基本具备良好的港址环境条件。目前，可供选择建设中级泊位以上的港址有 164 处。

8.2.6.3　大陆架宽阔，海涂资源丰富

渤海和黄海完全属于大陆架，东海大陆架从东南延伸至西北侧斜坡顶部，长江口大陆架最宽处可达 560 km，南海大陆架北缘和南缘交汇，北部大陆架在珠江口处最宽，达 330 km，倾斜平缓，是世界上最宽广的大陆架之一。同时海底地貌类型丰富多样，为资源开发创造了较好的基础。中国沿海入海河流每年带入的泥沙量为 $17 \times 10^8 \sim 26 \times 10^8 \, \text{t}$，每年淤涨的滩涂总面积约 $2.67 \times 10^4 \, \text{hm}^2$，使中国滩涂资源不断增加，目前中国沿海滩涂总面积为 $2.17 \times 10^4 \, \text{km}^2$，沿海滩涂资源丰富。中国滩涂资源主要分布在平原海岸，其中渤海地区占 31.3%，黄海地区占 26.8%，东海地区占 25.6%，南海地区占 16.3%。浅海资源

由于陆架宽广也很丰富，$0 \sim 15$ m 水深的浅海面积为 123 800 km^2，占近海总面积的 2.6%。按海区分，渤海为 31 120 km^2；黄海为 30 330 km^2；东海为 38 980 km^2；南海为23 330 km^2。滩涂和浅海是中国发展种、养殖业的重要基地，为沿海地区开发创造了良好的条件。

8.2.6.4　海洋矿产资源丰富

中国近海大陆架石油资源量约为 240×10^8 t，近海石油资源探明储量为 5×10^8 t，占世界海洋石油资源探明储量的 1.8%；海洋天然气探明储量为 1000×10^8 m^3，占世界海洋天然气探明储量的 0.57%。中国滨海砂矿的种类达 60 种以上，世界滨海砂矿的种类几乎在中国均有蕴藏，滨海砂矿探明储量为 15.25×10^8 t。中国海洋能资源蕴藏量约 4.31×10^8 kW，开采潜力巨大。同时，海水中含有多种元素，全球海水中含氯化钠达 4×10^{16} t。中国沿海许多地区都有含盐量高的海水资源，南海的西沙、南沙群岛的沿岸水域年平均盐度为 $33 \sim 34$，渤海海峡北部、山东半岛东部和南部年平均盐度为 31，闽浙沿岸年平均盐度为 $28 \sim 32$。海水中含有 80 多种元素和多种溶解的矿物质，可从海水中提取陆上资源较少的镁、钾、溴等都具有很大潜力。海水中还含有 200×10^4 t 重水，是核聚变原料和未来的能源。另外，渤海湾、莱州湾、福州湾沿岸的滨海平原还分布着大量高浓度的地下卤水资源，这些卤水资源储藏浅、易开采，是制盐和盐化工的理想原料。

8.2.6.5　海洋环境优越

中国海域气候条件优越，主要集中在中、低纬度地区，海面水温年较差随着地理纬度的增加而增大，渤海年较差可达 28℃。气候总体受季风控制，冬季偏北风，夏季偏南风。同时，中国沿海地区雨量充沛，以苏北灌溉总渠为界，其以南地区正常年降水量在 1000mm 以上，最大可达 2000mm 以上；其以北地区年降水量大都在 1000mm 以下，且四季分配不均，大都集中在夏季 $6 \sim 8$ 月。另外，中国海域有大量河流注入近海，带来丰富的营养物质，增加了海水的肥力，有利于海洋生物的生长繁殖。

总之，中国海域辽阔，海岸线漫长，岛屿众多，港口资源丰富，具备良好的海运条件，为推进全方位的开发打下了深厚的基础；丰富的海洋生物资源与矿产资源，为中国建设海洋强国奠定了坚实的基础。推进海洋资源的合理开发与保护，对于新时期中国经济社会的健康持续快速发展具有重要的意义。

8.3　中国资源开发与保护的方针与对策

8.3.1　指导方针

改革开放 40 多年，中国社会经济取得了快速发展，未来 30 年将是实现中华民族伟大复兴的关键 30 年，正确认识中国资源保障基础与开发现状对于深入推进社会经济发展意义重大。未来一段时间，中国资源开发与保护应贯彻落实党中央的相关知识，牢固树立和贯彻落实创新、协调、绿色、开放、共享的新发展理念，以保障资源安全为目标，坚持节约资源和保护环境的基本国策，坚持最严格的耕地保护制度和节约用地制度，加快形成引领经济发展新常态的资源管理体制机制和利用方式，正确处理政府与市场、当前与长远、局部与整体、资源与环境、国内市场与国际市场的关系，推进资源领域供给侧结构性改革，优化资源开发保护格局，为全面建成小康社会提供可靠的资源保障，具体的指导方针如下：

（1）立足国内，守住资源安全底线

强化规划管控，加强市场调节，创新完善资源保护和开发补偿机制。统筹资源利用规模、结构、布局和时序，保障资源合理需求。在开发中保护，在保护中开发，以资源可持续利用支撑经济社会健康可持续发展。

（2）提高资源的节约集约利用水平

全面落实节约优先战略，牢固树立节约集约循环利用资源观，健全资源节约集约利用制度。加强资源节约全过程管理，降低资源消耗强度，提高资源利用质量和效益，加快转变资源利用方式，实现绿色发展、循环发展和低碳发展。

（3）推进资源的综合利用

推进资源的深度转化，提高中国资源的综合利用水平，尤其是重点加强国内资源基础好、市场潜力大、具有国际市场竞争力的关键性矿产的合理开发与有效保护，延伸产业链，促进中国战略性新兴产业发展。

（4）加快实施走出去战略，深化国际资源合作

以"一带一路"建设为契机，突出重点国家或地区、重点矿种，深入开展国际资源投资和加工贸易合作，增强资源的多元化来源，提高中国资源的安全保障水平。

（5）推进资源环境领域全面深化改革

深化资源有偿使用制度改革，提高资源的市场化配置程度，建立战略性资源风险识别和监测预警机制，优化资源利用结构，建立资源节约与综合利用激励约束机制，强化资源的绿色开发与环境保护及治理绘图，提高资源开发领域的对外开放水平，提升资源治理体系中的话语权，完善资源收益分配机制。

8.3.2　具体对策

8.3.2.1　坚持创新发展，提高资源综合利用水平

创新驱动战略上升为国家战略，创新成为经济发展的第一动力。资源作为支持国民经济和社会发展的基础性产业，需要加大力度，全面深化资源环境领域改革，推进资源领域的科技创新、管理创新与制度创新，以创新促发展，进一步释放改革红利，提升资源的管理水平与综合利用水平。

（1）推进土地资源领域的改革创新

土地资源作为基础性资源，重点是要逐步建立完善的耕地保护补偿制度与耕地占补平衡制度，确保 18×10^8 亩耕地红线。同时，要加快推进农村土地制度改革，创新服务"稳增长"的用地政策，实行建设用地总量与强度双控行动，完善土地有偿使用制度，创新土地规划计划管理，切实提高土地资源的管理效率与水平。

（2）推进矿产资源领域的改革创新

加快矿产资源有偿使用制度改革，降低矿产资源的浪费与提高矿产资源的综合利用水平。按照"产权明晰、规则完善、调控有力、运行规范"的要求，加快形成统一、开放、竞

争、有序的矿业市场体系，提高矿产资源市场化配置程度。加快建立战略性矿产风险识别和监测预警机制，增强矿产资源的风险防控能力。

（3）推进资源管理制度的改革创新

加快自然资源统一确权登记办法的制定，建立统一的确权登记系统，清晰界定各类自然资源资产的产权主体，对水流、森林、山岭、草原、荒地、滩涂等所有自然生态空间统一确权登记。完善自然资源资产监管协调机制，加快建立统一的自然资源监管信息平台，促进信息的共享。按照生态文明制度体系建设的战略要求，构建资源环境承载力评价与监测预警机制，实施土地用途管制政策。

（4）提升资源科技创新驱动能力

深入实施科技创新驱动发展战略，激发资源领域科技自主创新活力。加快以国家级平台、国际研究中心、国土资源部重点实验室和野外科学观测研究基地等部级科研平台为一体的国家资源科技创新平台体系。加快突破土地生态化整治与耕地质量提升技术，深入研究土地综合整治、节约集约用地与低效用地再开发技术，积极突破资源智能调查监测与资源大数据建设。加大国土资源重点领域技术创新推广，发展和推广一批土地调查、监测、整治的新仪器、新设备，土地调查监测、规划评价、综合整治、节约集约利用、耕地监测与保护等技术，切实提高资源的创新驱动发展能力。

8.3.2.2 坚持协调发展，优化资源开发保护格局

深入落实国家区域发展总体战略，健全土地用途管制制度，促进区域协调、城乡协调和陆海统筹发展，形成均衡的资源保护与开发利用格局。

（1）优化总体布局结构

因地制宜安排各类用地，促进生产、生活、生态用地合理布局。统筹矿产资源勘查开发区域布局，重点加强国家能源基地建设。加快海洋资源的合理有序开发，严格围填海管理，全面实施围填海总量控制制度和自然岸线保有率管控制度，推进海洋资源节约集约利用，提高海域空间资源的利用水平。

（2）推动区域协调发展

积极落实中国区域发展总体战略，围绕"四大板块"发展格局，实施差别化的国土资源开发与保护政策，优化资源开发与保护的总体格局。支持革命老区、民族地区、边疆地区资源的合理有序开发，以资源开发助推经济增长。推动京津冀、长江经济带等国家重点战略地区在水资源利用、土地利用管控、资源开发与保护等领域的协同发展，提高资源的区域协调发展水平。

（3）促进城乡协调发展

以人为中心，围绕国家新型城镇化发展战略，加强城镇建设用地管控，优化城镇土地利用结构和布局，提高城镇化质量。加快社会主义新农村建设，整体推进农村山、水、林、田、湖综合整治，调整优化农村居民点土地利用布局，加快"空心村"治理和危旧房改造，充分释放新型城镇化和国土综合整治中的投资消费需求。

（4）推进陆海统筹发展

充分发挥海洋作为经济新空间、资源新基地、安全新屏障的支撑作用，加大海洋地质

调查力度，科学引导海洋矿产资源的开发和岛礁建设，推进陆地与海洋在资源开发规模、布局、强度、准入及防灾减灾等方面协同共治，构建良性互动的陆海统筹开发格局。

8.3.2.3 坚持绿色发展，提高资源节约集约水平

推进绿色发展，加快生态文明建设是中华民族永续发展的必要条件和人民对美好生活追求的重要体现，要立足资源环境承载能力要求，合理有序的开发资源，节约集约利用资源，提高资源的综合利用水平。

（1）严格保护耕地和基本农田

严守 18×10^8 亩耕地红线，积极落实藏粮于地、藏粮于技的战略，确保谷物基本自给、口粮绝对安全。进一步完善永久基本农田特殊保护政策措施，按照数量质量生态"三位一体"的保护要求，确保国家提出的基本农田数量不减少、质量有提高。大力推进土地整治和高标准农田建设，加强耕地数量保护和质量建设。

（2）强化重要矿产资源勘查与保护

加强对钨、离子型稀土等战略性矿产资源的保护力度，控制开采规模，完善优势矿产限产保值机制。加快对钨、稀土、晶质石墨等战略性矿产及重要矿产的储备力度，为国家战略性产业的发展提供可靠的资源支撑。以能源、紧缺及战略性新兴产业矿产为重点，提高在鄂尔多斯、松辽、渤海湾、塔里木、四川等含油气盆地，大兴安岭、西南三江、东昆仑、祁连、胶东等重点成矿区带找矿力度。

（3）提高土地资源节约集约利用水平

积极盘活存量建设用地，实行用地总量控制和减量化管理，提高存量土地资源的供地比重。提高区域节约集约用地控制标准，探索开展区域土地开发利用强度和效益考核体系。健全完善节约集约用地评价考核体系，构建规划节地评价指标体系。推广节地模式和技术，完善用地取得、供地方式、土地价格等激励机制，切实提高土地资源节约集约利用水平。

（4）提升矿产资源节约集约利用水平

按照"稳油、兴气、控煤、增铀"的思路，加快推进清洁高效能源矿产的勘查开发，积极开发天然气、煤层气、页岩油（气），积极推进能源矿产开发利用结构的调整。加快建设绿色矿山和绿色矿业发展示范区，建立完善分地域、分行业的绿色矿山标准体系，大力倡导绿色勘查，推进老旧矿山的改造升级。进一步完善和健全矿产资源节约与综合利用激励约束机制，对资源利用效率高、技术先进、实施综合勘查开采的矿业企业，加大资源政策支持力度，完善鼓励提高矿产资源利用水平的经济政策。

（5）保护海洋资源与海洋生态环境

加强海洋生物多样性与海洋资源的保护力度，加快建设海洋自然保护区、特别保护区和海洋公园体系，推进滨海湿地的保护修复。推进海域海岸带及海岛保护性建设，进一步加强海岸带的修复治理和海洋污染治理，实现水清、岸绿、滩净、湾美、物丰的总体目标。

8.3.2.4 坚持开放发展，提高资源安全保障水平

实施开放带动战略，加强国际资源的交流合作，利用"两种资源、两个市场"，提升参

与全球矿业治理能力,推进双向开放,促进引进来走出去协调发展。

(1)加强与"一带一路"沿线国家的资源合作

抓住国家深入推进"一带一路"战略的机遇,以油气、铀、铁、铜、铝等中国紧缺战略性矿产为重点,加强与"一带一路"沿线国家资源合作开发力度。创新国际资源合作模式,推进资源的深度转化,构建利益共同体。

(2)积极参与全球资源治理

提高矿产资源开发领域对外开放水平,制定和完善有效利用外资参与资源勘查开发的相关政策,全面实行准入前国民待遇加负面清单管理制度,建立符合国际惯例的外商勘查开发矿产资源审批通道,鼓励引进先进技术、管理经验和高素质人才。加强与各国矿业市场、标准等领域对接,提升中国在全球资源治理体系中的话语权。

(3)打造资源国际合作新平台

积极拓宽国际合作领域,以全球资源大国和周边国家为重点,推动资源调查评价、矿产资源勘查开发等重点领域的国际交流与合作。加强科技、人才交流,在深海、深地、深空、深蓝、极地等领域参与发起一批重大国际科技合作项目,加快推动地质调查与矿产勘探开发高新技术、装备和标准规范对外输出。

(4)加强海洋资源的合作开发

优化海洋开发合作环境,加快建立海上安全预警体系、应急体系、指挥体系和保障体系,积极参与国际海洋地质调查计划,制定海上安全战略,确保海上通道安全。积极落实"21世纪海上丝绸之路"倡议,参与沿线重要港口建设与经营,推动共建临港产业集聚区,搭建海外海洋科学研究合作平台,不断增强中国在国际海洋事务中的影响力和话语权。

8.3.2.5 坚持共享发展,提高资源共建共享水平

按照共享发展的要求,以维护人民利益为出发点和落脚点,建立资源共建共治共享机制,提高资源开发在维护社会发展的公平性中的作用与分量。

(1)切实维护人民群众利益

加大产权保护力度,树立和强化资源惠民服务意识,把维护群众权益摆在国土资源工作更加突出的位置。完善土地、矿产资源收益分配机制,推动建立兼顾国家、集体、个人的土地增值收益分配机制,合理提高个人收益。

(2)推动精准扶贫与脱贫

优先保障扶贫开发用地需求,拓展和完善城乡建设用地增减挂钩政策。坚持资源开发与扶贫相结合,支持贫困地区依托资源优势,推动旅游资源、矿产资源等特色优势资源的开发力度与深度转化水平。加大贫困地区的生态保护力度,在保证农民生计前提下,逐步将25°以上不适宜耕种的耕地退出基本农田,加快退耕还林还草。

(3)加强灾害防治

提升地质灾害防御能力,完善区域突发性地质灾害气象预报预警体系。加强三峡库区、西南山区、地震灾区等重点地区监测预警和应急避险能力,加大重大地质灾害隐患点的治理力度。深化海洋防灾减灾与环境监测,完善海洋观测预报和防灾减灾管理体制机

制，建立健全中央和地方相结合的海洋预报减灾管理体系。

(4)加强公益性地质调查服务

加强基础性地质调查，提高政府资金投入，持续提高基础性地质调查工作程度，严格财政出资项目信息公开制度，服务和引导商业性矿产勘查。加强地质资料信息化社会化服务，加快建设国家地质信息综合分析与共享服务平台。

8.4　全球资源总态势及对策

8.4.1　全球资源的总体态势

8.4.1.1　土地资源

土地资源是全球赖以发展的重要资源。地球表面积约 $5.1 \times 10^8 \, km^2$，70%以上为广阔的海洋所覆盖，陆地只占29%，总面积不到 $1.5 \times 10^8 \, km^2$。陆地本身是一个极其复杂的生态系统，按植被类型对陆地进行的分类表明，陆地上20%是沙漠和干旱地区，20%为冰川、永久冻土和苔原占据，20%是不宜开垦的山地；在其余40%的土地中，还有10%的土地因不能生长作物，也就是说全球陆地仅有30%左右的土地可以用于耕种，而这其中仅有1/2是实际耕种的，其余大部分是牧场、草原和森林。具体来讲，目前全球200个国家和地区国土总面积 $13\,432 \times 10^4 \, km^2$，陆地面积 $12\,974 \times 10^4 \, km^2$。据世界粮农组织(FAO)数据，全球 $1.3 \times 10^8 \, km^2$ 土地上，用于种植作物的耕地占12%，森林用地占28%，草原等生态用地占35%，居民点和基础设施用地占1.2%，内陆水体面积占2.6%，其余则为植被稀疏或不毛之地。土地资源为世界各国的发展与粮食安全提供了重要的资源保障和空间载体。但人类在开发利用土地资源同时，也给资源环境带来一系列问题，诸如耕地数量减少、土壤质量下降、城市用地过快扩张、森林覆盖率下降等，严重影响人类社会的可持续发展，具体表现在以下几个方面：

(1)主要国家耕地面积减少，土壤恶化趋势明显

据世界银行WDI数据库，2001—2013年，全球耕地总面积由 $13.9 \times 10^8 \, hm^2$ 增加到 $14.1 \times 10^8 \, hm^2$。其中超过 $1 \times 10^8 \, hm^2$ 的国家有印度($1.6 \times 10^8 \, hm^2$)、美国($1.5 \times 10^8 \, hm^2$)、中国($1.4 \times 10^8 \, hm^2$)和俄罗斯($1.2 \times 10^8 \, hm^2$)，4个国家耕地面积合计占世界耕地总面积的近40%，其中中国占7.5%，该4个国家耕地面积均呈现减少趋势，其中美国减少13.4%，中国减少8.9%，印度减少2.1%，俄罗斯减少1.3%。同时，由于工业化进程的快速推进、化肥和杀虫剂的使用以及农业的不良耕作等导致全球土壤污染日益严重，水土流失、养分丧失以及重金属污染现象明显，据联合国粮农组织《2015年世界土壤资源状况》报告，目前世界大多数国家的土壤状况属于一般、较差或很差，并且许多地方的土壤状况正在恶化，全球33%的土地由于盐碱化、板结、酸化和化学污染等原因，正处于中度到高度退化之中。农业不良耕作已造成 $5.62 \times 10^8 \, hm^2$ 的土地退化，占全球近 $15 \times 10^8 \, hm^2$ 农业用地将近38%。其中每年有 $500 \times 10^4 \sim 600 \times 10^4 \, hm^2$ 的土地由于严重退化而丧失生产力或完全无法用于耕种。农地退化还包括机耕造成的自然退化会导致土壤板结，反复耕

作，没有足够的休耕时间，或没有用肥田作物、肥料或化肥来补充营养成分，可导致土壤营养成分的耗竭。另外，农业化学品的过分使用会杀死那些有用的土壤生物。农业灌溉用水管理不善也是农田退化的主要原因。排水不好会导致土壤渍水或盐碱化，使盐在土壤中积累到有毒的水平。

(2)森林面积逐年减少，但减少速度在减弱

据世界银行 WDI 数据库，2015 年全球森林面积为 $40 \times 10^8 hm^2$，其中森林面积超过 $1 \times 10^8 hm^2$ 的国家有 7 个，分别是俄罗斯($8.2 \times 10^8 hm^2$)、巴西($4.9 \times 10^8 hm^2$)、加拿大($3.5 \times 10^8 hm^2$)、美国($3.1 \times 10^8 hm^2$)、中国($2.1 \times 10^8 hm^2$)、刚果(金)($1.5 \times 10^8 hm^2$)和澳大利亚($1.2 \times 10^8 hm^2$)，这 7 个国家占有世界 61% 的森林面积。中国森林面积居世界第五位，占世界的 5%，森林覆盖率为 22%，比世界平均水平低 8 个百分点。各大洲森林面积见表 8-4，其中拥有最大森林面积的前 10 个国家见表 8-5 所列。

表8-4　各大洲森林资源情况数据

非洲(58 个国家和地区)		亚洲(48 个国家和地区)	
变量(单位, 年代)a	总计	变量(单位, 年代)a	总计
森林面积($\times 10^6 hm^2$, 2015)	624	森林面积($\times 10^6 hm^2$, 2015)	593
天然林($\times 10^6 hm^2$, 2015)d	600	天然林($\times 10^6 hm^2$, 2015)d	462
人工林($\times 10^6 hm^2$, 2015)	16	人工林($\times 10^6 hm^2$, 2015)	129
森林蓄积量($\times 10^9 m^3$, 2015)e	79	森林蓄积量($\times 10^9 m^3$, 2015)e	55
森林蓄积量(m^3/hm^2, 2015)e	128	森林蓄积量(m^3/hm^2, 2015)e	93
水土保持($\times 10^6 hm^2$, 2015)	50	水土保持($\times 10^6 hm^2$, 2015)	195
生态系统服务, 文化精神价值($\times 10^6 hm^2$, 2015)	67	生态系统服务, 文化精神价值($\times 10^6 hm^2$, 2015)	43
具有管理方案的林地面积($\times 10^6 hm^2$, 2010)	140	具有管理方案的林地面积($\times 10^6 hm^2$, 2010)	410
欧洲(50 个国家和地区)		北美洲和中美洲(39 个国家和地区)	
变量(单位, 年代)a	总计	变量(单位, 年代)a	总计
森林面积($\times 10^6 hm^2$, 2015)	1015	森林面积($\times 10^6 hm^2$, 2015)	751
天然林($\times 10^6 hm^2$, 2015)d	929	天然林($\times 10^6 hm^2$, 2015)d	707
人工林($\times 10^6 hm^2$, 2015)	83	人工林($\times 10^6 hm^2$, 2015)	43
森林蓄积量($\times 10^9 m^3$, 2015)e	115	森林蓄积量($\times 10^9 m^3$, 2015)e	96
森林蓄积量(m^3/hm^2, 2015)e	113	森林蓄积量(m^3/hm^2, 2015)e	129
水土保持($\times 10^6 hm^2$, 2015)	123	水土保持($\times 10^6 hm^2$, 2015)	534
生态系统服务, 文化精神价值($\times 10^6 hm^2$, 2015)	122	生态系统服务, 文化精神价值($\times 10^6 hm^2$, 2015)	642
具有管理方案的林地面积($\times 10^6 hm^2$, 2010)	950	具有管理方案的林地面积($\times 10^6 hm^2$, 2010)	430

（续）

大洋洲(25 个国家和地区)		南美洲 (14 个国家和地区)	
变量(单位，年代)a	总计	变量(单位，年代)a	总计
森林面积($\times 10^6 hm^2$，2015)	174	森林面积($\times 10^6 hm^2$，2015)	842
天然林($\times 10^6 hm^2$，2015)d	169	天然林($\times 10^6 hm^2$，2015)d	827
人工林($\times 10^6 hm^2$，2015)	4.4	人工林($\times 10^6 hm^2$，2015)	15
森林蓄积量($\times 10^9 m^3$，2015)e	35	森林蓄积量($\times 10^9 m^3$，2015)e	150
森林蓄积量(m^3/hm^2，2015)e	202	森林蓄积量(m^3/hm^2，2015)e	178
水土保持($\times 10^6 hm^2$，2015)	37	水土保持($\times 10^6 hm^2$，2015)	130
生态系统服务，文化精神价值($\times 10^6 hm^2$，2015)	123	生态系统服务，文化精神价值($\times 10^6 hm^2$，2015)	76
具有管理方案的林地面积($\times 10^6 hm^2$，2010)	46	具有管理方案的林地面积($\times 10^6 hm^2$，2010)	125

资料来源：FAO，2016。

注：a 变量可能重叠；d 并非所有国家都报告对天然林和人工林面积，因此总和不等于森林总面积；e 立木蓄积量和碳储量数字包括粮农组织估计未报告的国家。

表 8-5　2015 年拥有最大森林面积的前十个国家

序号	国家	森林面积 ($\times 10^4 hm^2$)	占陆地面积百分比 （%）	占全球森林面积百分比(%)
1	俄罗斯联邦	81 493	50	20
2	巴西	49 354	59	12
3	加拿大	34 707	38	9
4	美国	31 009	34	8
5	中国	20 832	22	5
6	刚果(金)	15 257	67	4
7	澳大利亚	12 475	16	3
8	印度尼西亚	9101	53	2
9	秘鲁	7397	58	2
10	印度	7068	24	2
	总计	268 694		67

资料来源：FAO，2016。

根据《2015 全球森林资源评估报告》，过去 25 年间，全球森林面积显著减少，但近 5 年来减少速度下降了 1/2。1990 年全球森林面积 $41.28 \times 10^8 hm^2$，森林覆盖率 31.6%，且绝大部分是未受破坏的原始森林；2015 年森林面积减少到 $40 \times 10^8 hm^2$，森林覆盖率 30.8%，森林减少了 $1.29 \times 10^8 hm^2$，相当于整个南非的国土面积。近 5 年来，由于森林砍伐逐渐减少、人工种植林不断扩大、森林保护区面积增加，全球森林面积的减少速度下降

了 1/2 以上，从 1990 年下降 0.18% 减缓到过去 5 年年均下降 0.08%。据联合国粮农组织预测，到 2030 年中国、印度和俄罗斯森林面积将持续增加，其他多数国家森林面积则保持稳定或略有减少。2010—2015 年最大年度森林面积净损失和森林面积净增加的国家见表 8-6。

表8-6　2010—2015 年报告最大年度森林面积净损失和森林面积净增加的国家

序号	国家	年度森林面积净损失		国家	年度森林面积净增长	
		面积（×10⁴ km²）	百分比（%）		面积（×10⁴ km²）	百分比（%）
1	巴西	98	0.2	中国	154	0.8
2	印度尼西亚	68	0.7	澳大利亚	30	0.2
3	缅甸	55	1.8	智利	30	1.8
4	尼日利亚	41	5	美国	28	0.1
5	坦桑尼亚	37	0.8	菲律宾	24	3.3
6	巴拉圭	33	2	加蓬	20	0.9
7	津巴布韦	31	2.1	老挝	19	1
8	刚果(金)	31	0.2	印度	18	0.3
9	阿根廷	30	1.1	越南	13	0.9
10	玻利维亚	29	0.5	法国	11	0.7

资料来源：FAO，2016。

(3)快速城镇化进程导致建设用地面积快速扩张

过去 50 年，全球约有 13×10^8 人由农村迁入城市。2001—2015 年，全球城市人口由 29.0×10^8 增加到 39.4×10^8，年均增长 2.2%，城镇化水平由 47.0% 提高到 53.7%。根据美国人口统计研究所数据，2011—2015 年，全球 50×10^4 以上人口城市数量由 796 个增加到 1022 个，其人口由 16.8×10^8 增加到 21.2×10^8，占全球城市总人口比重达 54%，累计增长 26.2%；城市建成区面积则由 23.3×10^4 km² 扩张到 48.2×10^4 km²，累计增长 107.0%。城市用地增长速度超过人口增长速度，城市用地与人口增长弹性系数达到 4，城市人口密度由 7230 人/km² 下降到 4400 人/km²。

8.4.1.2　水资源

(1)全球水资源总量高，但可利用水资源量少

水是一切生命生长最重要的物质基础，地球表面的 72% 被水覆盖，但淡水资源仅占所有水资源的 0.5%，近 70% 的淡水固定在南极和格陵兰的冰层中，其余多为土壤水分或深层地下水，不能被人类利用。地球上只有不到 1% 的淡水或约 0.007% 的水可为人类直接利用，而中国人均淡水资源只占世界人均淡水资源的 1/4。地球的储水量是很丰富的，共有 14.5×10^8 km³ 之多。地球上的水，尽管数量巨大，而能直接被人们生产和生活利用的，却少得可怜。首先，海水又咸又苦，不能饮用，不能浇地，也难以用于工业。其次，地球

的淡水资源仅占其总水量的 2.5%，而在这极少的淡水资源中，又有 70% 以上被冻结在南极和北极的冰盖中，加上难以利用的高山冰川和永冻积雪，有 87% 的淡水资源难以利用。人类真正能够利用的淡水资源是江河湖泊和地下水中的一部分，约占地球总水量的 0.26%。全球淡水资源不仅短缺而且地区分布极不平衡。

（2）全球水资源空间分布不均

按地区分布，巴西、俄罗斯、加拿大、中国、美国、印度尼西亚、印度、哥伦比亚和刚果等 9 个国家的淡水资源占了世界淡水资源的 60%。随着世界经济的发展，人口不断增长，城市日渐增多和扩张，各地用水量不断增多，其中以亚洲用水量最多，其次为北美洲、欧洲、南美洲等，约占世界人口总数 40% 的 80 个国家和地区约 15×10^8 人口淡水不足，其中 26 个国家约 3×10^8 人极度缺水。预计到 2025 年，全世界将有 30×10^8 人口缺水，涉及的国家和地区达 40 多个。

（3）全球水资源短缺现象日益严重

水资源短缺是人类面临的最为紧迫的资源问题。随着工农业和家庭用水的增加，全球水消耗量将进一步快速增长。农业用水在全球总耗水量中已占到 70%，预计会随着世界粮食需求的增加而增长。联合国估计，到 2025 年，灌溉用水将增加 50%~100%。目前人口的增长和社会经济的发展，尤其是工业和家庭的现代化，使得水需求量大大增加。如果目前的增长势头持续下去，工业用水预计 2025 年将会增长 1 倍。大部分水需求的增长将发生在发展中国家，因为那里的人口增长和工农业发展最快，然而工业化国家的人均耗水量也在不断增长。在全球尺度上看，由于水资源的空间分布不均，很多国家和地区出现了较为严重的水资源短缺问题。联合国按照一个国家耗水量与其拥有的水资源之比来评估水资源紧张状况，若此值超过 20%，就表示已面临中度至严重水资源紧张，预计到 2025 年生活在中等或严重水源紧张的国家中的人口将增至全球人口的 2/3。

（4）全球水环境与淡水生态系统呈现退化趋势

全球水污染主要来源于 3 个方面，一是不断扩展的城镇化和消费带来的生活污水污染；二是工业化进程加速推进带来的工业废水污染；三是农业发展过程中大量使用化肥、农药等造成的农业面源污染。此外，不合理的农业灌溉方式使得一些河流的含盐量大幅提高，导致土壤侵蚀程度加强，进一步加剧了河道淤积等问题。所有这些水污染问题，不仅导致可利用水资源的减少，而且还严重地影响自然界生态系统，例如造成水域富营养化，导致有害元素通过水生生物食物链的积累。同时，当生态系统净化水的能力降低时和土地利用变化增加土壤侵蚀时，将引起水质下降。载有化肥的径流所造成的营养物污染是全世界农业地区的严重问题，导致了富营养化并危害沿海地区的人居环境，如地中海、黑海和墨西哥湾西北部等地区。另外，大坝、引水渠、灌溉泵和其他工程建设也已严重地改变了人类可以利用、支持水生生态系统的水量及其分布。大坝和工程建设已经严重地或中度地割裂了世界上大河流系统的 60%，阻碍了水流以至于使河水到达大海的时间平均增至 3 倍。人类造成的森林覆盖率和湿地等其他生态系统的变化也改变了水的可获得性，影响了洪水的时间和强度。例如，在调节热带水量方面起着关键作用的热带山区森林正在迅速消失，其速度大于任何其他热带森林类型。储藏水量和缓解洪流的淡水湿地在全世界已经减少 50%。

8.4.1.3 矿产资源

(1) 全球矿产资源储量丰富，支撑了社会经济快速发展

全球多数重要矿产资源如铁、铜、铝、镍、锰、磷、钾等资源储备充足，静态保障年限都在 30 年以上，2015 年全球铁矿石开采量达到 $33.2 \times 10^8 t$，铜矿石超过 $25 \times 10^8 t$，金矿石达到 $14.6 \times 10^8 t$，银矿石达到 $6.7 \times 10^8 t$，铝土矿达到 $2.9 \times 10^8 t$，2015 年最重要的 18 种主要非能源矿产开采总量接近 $100 \times 10^8 t$，比 2015 年全球煤炭 $78 \times 10^8 t$ 的开采量还要多。非能源矿产的开发满足了社会经济发展的物质需求，同时也创造了巨大的社会财富，2015 年全球铁矿的初级终端产品粗钢的年产值估计达到 4900×10^8 美元，黄金的初级产品年产值估计达到 1160×10^8 美元，铝土矿生产的初级产品电解铝年产值估计达 1120×10^8 美元，铜矿初级产品电解铜年产值估计达 1080×10^8 美元，锌、镍、钾、锰、磷等初级产品产值都达到数百亿美元，这些资源的开发对全球经济发展做出了巨大贡献。事实上全球矿产资源储量是动态变化的，一方面资源在不断消耗，另一方面新的矿产资源被不断的勘探发现，最近 20 年来，由于勘探技术的进步和矿产资源开发利用技术和综合利用技术的不断进步，使得更多的矿产资源被发现，更低品位的矿产和共伴生矿产资源得到回收利用。但是，一些矿种如铁矿、锰矿、镍矿、铅矿、锌矿、锡矿、钨矿、锑矿等矿种资源消耗速度超过了储量增长速度、静态保障年限比 20 年前有所下降。

(2) 全球矿产资源分布不均，多数资源集中在少数国家

澳大利亚、巴西、俄罗斯 3 国的铁矿储量之和占到全球铁矿储量的 54%，智利、澳大利亚、秘鲁三国的铜矿储量之和占到全球铜矿储量的 53%，几内亚、澳大利亚、巴西 3 国的铝土矿储量之和占到全球铝土矿储量的 58%。世界矿产资源分布不均，决定了矿业国际化发展的必然，矿产生产国与消费国更多的贸易联系，跨国矿业公司的发展壮大等。不同矿种储量排名前三的国家的储量之和占到全球储量的 41.25% ~ 94.3%。随着开采强度增加，规模增大，采选技术进步，以金、铜、铅、锌、镍为代表的多种矿产，资源品位和开采品位明显下降。

(3) 全球矿产资源的需求呈现快速增长态势

在过去的 100 年里，全球 GDP 增长了 18 倍，人类所创造的财富超过了以往历史时期的总和。与此同时，矿产资源的消耗速度和快速增长，石油的年消费量由 20 世纪初的 $2043 \times 10^4 t$ 增加到 $35 \times 10^8 t$，增长了 177 倍，钢、铜和铝的消费量，由 1900 年的 $2780 \times 10^4 t$、$49.5 \times 10^4 t$ 和 $0.68 \times \times 10^8 t$ 增加到 2000 年的 $8.47 \times 10^8 t$、$1400 \times 10^4 t$ 和 $2454 \times 10^4 t$，分别增长 30 倍、28 倍和 3600 倍。世界经济高速发展和人口飞速增长，快速的工业化、城市化，庞大的人口数量和不断提高的生活水平，极大地消耗着地球资源，巨大的人类活动营力不断地改变着亿万年形成的自然环境的面貌，数千年来人与自然相互协调的关系被打破(王安建等，2002)。中国作为全球经济增长的发动机，目前的经济发展进入了新的历史时期，这个全球矿产资源需求量最大的国家，未来的矿产资源需求增速将放缓，并成为常态，新兴经济体国家和其他人口大国短期内矿产资源的消耗水平难以大幅提高。随着发展中国家人民生活水平的提高，全球矿产资源需求量仍将增长，传统的大宗矿产品铁、铜、铝、镍等矿产品的需求增速将放缓，与新能源、新技术相关的稀土、稀有、稀散和其他矿产的需求增速正在加大，锂、稀土、钴、石墨等矿产在新技术领域的需求量高速增长，这

一趋势仍将持续。

8.4.1.4　海洋资源

海洋资源是全球的重要战略资源，全球海洋面积近 $3.6 \times 10^8 km^2$，约占地球表面积的 71%。根据相关估计，全球主要的海洋资源价值至少 24×10^{12} 美元，海洋每年可提供的产品及服务总值可达 2.5×10^{12} 美元。但同时，海洋可利用资源正在急剧减少，临近崩溃的渔业、大量被砍伐的红树林以及逐渐消失的珊瑚礁和海草床等对整个海洋生态系统正在造成威胁。海洋资源包括海洋生物资源、海洋矿产资源、海水资源、海洋可再生能源、海洋空间资源等。

（1）海水资源的利用主要包括海水淡化、海水直接利用和海水化学资源的综合利用等方面

截至 2010 年年底，海水资源每天淡化总量已达到 $6520 \times 10^4 t$，海水冷却水年用量超过 $7000 \times 10^8 m^3$，海水制盐达到 $6000 \times 10^4 t$、镁及氧化镁 $260 \times 10^4 t$、溴素 $50 \times 10^4 t$。美国仅溴系列产品就达到 100 多种，以色列从四海中提取多种化学元素并进行深加工，主产品包括钾肥、溴素及其系列产品、磷化工产品等。

（2）海洋矿产资源开发与利用水平不断提高

全球海底区域面积约 $2.5 \times 10^8 km^2$，占地球表面积的 49%，海底区域蕴藏着丰富的矿产资源，据估算全球海底区域多金属结核资源量 $700 \times 10^8 t$，富钴结核资源量 $210 \times 10^8 t$，多金属硫化物资源量 $4 \times 10^8 t$。

（3）海洋油气资源丰富，开采力度不断加大，目前开发已由浅海向深海延伸

近 10 年来，全球新发现油气田的 60% 在海上，全球油气开发的 50% 以上也在海上。据统计，2008—2012 年，除北美地区外，全球探明油气可采储量为 $200 \times 10^8 t$ 油当量，其中海洋探明油气可采储量为 $145 \times 10^8 t$，是同期陆上的 2.6 倍。从近海主要盆地看，陆地、浅水和深水油气的采出成分分别为 36%、23% 和 8%。海洋油气勘探开发主要分为浅海（水深小于 500 m）、深水（水深超过 500 m）和超深水（水深超过 1500 m）不同领域。近年来，海底地震技术、海上平台、旋转导向钻井和浮式生产系统等技术装备取得巨大突破，全球海洋油气作业水深纪录被不断刷新，其中深水及超深水领域不断获得重大油气发现，截至 2013 年，已发现深水油气田约 750 个，海洋油气资源开发呈现由浅海向深海延伸的态势。

（4）海洋可燃冰储量丰富，是未来最具潜力的接替资源

可燃冰是一种高密度、高热值的非常规能源，主要分布于水深大于 300m 的海洋及陆地永久冻土带沉积物中，其中海洋可燃冰储量是陆地冻土带的 100 倍以上。天然气水合物储量巨大，仅我国海域预测远景资源量就达到 $800 \times 10^8 t$ 油当量，世界资源量约为 $2100 \times 10^{12} m^3$，可供人类使用 1000 年。根据 2016 年发布的《中国能源矿产地质调查报告》的最新数据，我国可燃冰预测远景资源量超 $1000 \times 10^8 t$ 油当量，开发前景广阔，目前中国海洋可燃冰开采已进入试开采阶段，走在了世界开采利用可燃冰的前列。

8.4.2　全球背景下我国资源开发与利用对策

8.4.2.1　提高我国资源的安全保障能力

（1）加强优势矿种资源的战略储备，避免盲目开采

以稀土资源为例，稀土资源是我国最大的优势矿种，目前占世界探明储量的 95% 以

上，2009 年开采量达到了全球的 97%，具有绝对控制优势，但由于全球需求量较小，稀土资源价格一直偏低，属于典型的买方市场，国家利益受到较大损害。显然，如果继续按照目前稀土资源供大于求的现实、毫无战略资源储备概念、盲目加紧开采，势必会不断断送我国的优势矿种资源。因此，需要站在全局的角度，对稀土等战略性资源进行统一管控，有序开发。

(2) 对于劣势矿种资源加大勘查力度，提高资源保障水平

根据专家预测，目前铁、铜和金等矿产资源，虽然目前开采量已经很大，但距离国内需求仍然存在较大缺口，未来这一缺口将会更大，这些资源高度依赖国外进口。尽管目前我国仍缺乏如澳大利亚高品位露天开采型铁矿与智利高储量斑岩型铜矿资源，但并不意味着我国就没有类似矿床，比如西藏玉龙以及江西德兴就是智利常见的斑岩型铜矿。另外，其他类型的铜金铁矿在我国也有较好的成矿条件。因此，对于这些劣势矿种，应加大资源的勘查力度，提高资源保障水平。

8.4.2.2 借助"一带一路"战略，实施资源"走出去"战略

全球矿产资源分布不均导致我国的矿业开发不能只立足国内，要借助"一带一路"等国家战略实施"走出去"战略，积极参与全球资源配置，是我国能源资源战略的重要补充。

(1) 构建全方位资源开发开放格局

首先，要打破地区间封锁，建立全国性大市场实现全国范围内资源优化配置。我国幅员辽阔，各地区均有自己的优势资源和优势产业，实现国内各省区间商品自由流通、资源优化配置才能提高效益和效率，才有条件进行国际交换，参与国际竞争，因此实现国内资源优化配置是实现资源配置国际化的前提。其次，利用国外资源取长补短，如我国可以利用澳大利亚、巴西、印度的铁矿，俄罗斯的钾盐、天然气，中东和印尼的石油，可利用蒙古、巴基斯坦、智利、加拿大等国的铜矿等。再次，利用国外资金、技术合作开发我国资源。如已合作多年的海洋石油资源，最近鄱阳湖、塔里木勘探均与国外合作，取得进展。

(2) 提高政府和企业的参与能力

首先，要加强政府的引导与扶持。在争取海外资源方面，日本是成功案例，日本主要通过在国际矿产品市场购买、通过贷款购买和到国外投资开矿等 3 种方式获取国外资源。从保证矿物原料长期稳定供应这个角度看，日本一直坚持直接买矿不如贷款买矿，贷款买矿不如自己开矿的思路。日本鼓励本国矿业公司从事海外的矿产调查和矿山开发，国家提供优惠贷款，由日本金属矿业事业团和海外经济合作基金会实施。作为日本政府的"政府援助计划"，日本金属矿业事业团在受援国实施矿产勘查的技术合作项目和矿产资源调查，以便了解和掌握其他国家的资源情况，为本国公司参与海外矿产资源的开发工作提供帮助，目前日本金属矿业事业团已在世界 13 个国家设有办事处。在引导和支持企业参与海外国产资源开发方面，我国应加快制订系统的、长远的海外资源合作利用规划，积极发挥政府在实施资源全球配置战略过程中的引导与协调作用。其次，提高企业的参与能力。目前，国内企业参与国际资源合作的主要方式是收购或并购国际上市矿业公司，但近年来这一方式因为国外国家的干预存在较大风险。同样我国矿业公司应加强高素质国际性地质勘探队伍的培养。

8.4.2.3　提高资源节约集约利用水平

（1）推进经济结构的战略性调整

首先，推进绿色循环为核心的新型工业化。严格控制工业用地增量，制定高于国家工业建设用地投资强度和容积率指导标准的地区性供地标准，实行更为严格的项目供地准入制度；挖掘存量工业用地潜力，结合循环经济试点省、市建设，创建一批低碳、循环、资源节约和环境友好的产业集聚区示范工程；加大工业节水力度，严格控制高耗水行业发展规模，建立用水效率控制机制；推进园区集约化经营，引导园区土地利用从外延扩张型向内涵集约型转变，提高工业园区容积率、投资强度和单位面积产出规模，推进园区土地集约化经营；围绕电子信息、纺织服装、家用电器等领域，重视劳动密集型产业发展；重点发展技术密集、关联度高、带动性强的现代装备制造业；加快发展物联网、云计算、高端软件、生物医药、生物制造、新能源装备等产业，建设一批在全国具有重要地位的战略性新兴产业基地。其次，推进高效生态为主导的农业现代化。加快发展生态农业，推进大田种植与林、牧、副、渔业结合，形成生态上与经济上 2 个良性循环，按照因地制宜原则，形成增产增收效益的多元生态农业模式；探索发展精准农业，依托 3S 等现代技术，率先建立田间数据搜集和处理系统，大力推进农业信息化，全面应用现代田间管理手段，推行测土配方施肥，广泛应用作物动态监控技术，定时定量供给水分，应用滴灌微灌等新型灌溉技术，推广精细播种、精细收获技术，将精细种子工程与精细播种技术有机地结合起来，全面降低农业消耗。再次，推进宜居低碳为主导的新型城镇化。合理调控农村人口向城市转移进程，根据区域资源环境承载能力，引导各地量力制定城镇化战略目标；严格控制土地城镇化的速度和规模，重点控制粮食核心主产区城市建设用地总量；划定用地红线，控制区域大中小城市边界扩张。推广"紧凑型城市概念"，城市建设用地规模增长速度不超过城镇人口增长速度；规范新城规划与建设，依据国家规范确定合理的人均建设用地定额。有效规划城市建设用地布局，促进各类建设用地合理布局；加快绿色低碳城镇建设，让城市融入自然；推进重点城镇扩容提质，提高城镇土地利用效率和建成区人口密度。

（2）加快资源的节约与集约利用

首先，应提高我国资源的节约利用水平。截至 2017 年，我国累计发现矿床种类 171 种，无疑是世界上拥有矿种比较齐全，探明储量比较丰富的少数国家之一。但若按人均拥有量计算，我国却还是典型的"贫矿"，为世界人均占有量的 58%，居世界第 53 位。国际上公认的工业化过程中不可缺少的 45 种矿产资源，我国人均拥有量不足世界平均水平的1/2，石油、天然气人均剩余探明储量占世界储量的 7.7% 和 7.1%，即使是储量相对丰富的煤炭资源也仅占世界储量的 64%。根据世界银行估计，每年中国环境污染和生态破坏造成的损失与 GDP 的比例高达 10%。自 1990 年代中期以来，中国经济增长中有 2/3 是在环境污染和生态破坏的基础上实现的。世界上污染最严重的 20 个城市我国占了 16 个。2006年全国流经城市的河流中，70% 的江河水系受到污染。其次，要提高我国资源的集约利用效率。近 50 年来，我国 GDP 增长了 1 倍多，矿产资源的消耗也增长了 40 多倍。未来我国应加快构建以节能、节水、节材、节地、资源综合利用为重点，以尽可能少的资源消耗，获得尽可能大的经济和社会效益的经济社会体系的资源节约型社会。同时，要加快建设人与自然和谐相处为目标，以环境承载能力为基础，以遵循自然规律为核心，以绿色科技为动力，倡导环境文化和生态文明，追求经济、社会、环境协调发展社会体系的环境友好型社会。

8.4.2.4 大力推广应用可更新资源

（1）推广可更新资源的原因和意义

推广可更新资源的原因有以下 2 个方面：

①可更新资源是人类社会未来能源的基石，是化石能源的替代能源 在当今的世界能源结构中，人类所利用的能源主要是石油、天然气和煤炭等化石能源。1997 年世界一次能源消费总量为 121.56×10^8 t，随着经济的发展、人口的增加、社会生活的提高，预计未来世界能源消费量将以每年 2.7% 的速度增长，到 2020 年世界的能源消费总量将达到 195×10^8 t。截至 1996 年年末，世界石油、天然气和煤炭的可采储量为 1.3×10^{12} t，尽管今后还可能有新的储量被发现，但按目前的世界能源探明储量和消费量计，这些能源资源仅可供全世界大约消费 172 年。根据目前国际上通行的能源预测，石油资源将在 40 年内枯竭，天然气资源将在 60 年内用光，煤炭资源也只能使用 220 年。

由此可见，在人类开发利用能源的历史长河中，以石油、天然气和煤炭等化石能源为主的时期，仅是一个不太长的阶段，它们终将走向枯竭，而被新能源所取代。人类必须未雨绸缪，及早寻求新的替代能源。研究和实践表明，新能源，资源丰富、分布广泛、可以再生、不污染环境，是国际社会公认的理想替代能源。根据国际权威单位的预测，到 21 世纪 60 年代，即 2060 年，全球新能源的比例，将会发展到占世界能源构成的 50% 以上，成为人类社会未来能源的基石，世界能源舞台的主角，目前大量燃用的化石能源的替代能源。

②使用可更新能源，保护环境 可更新能源清洁干净、污染物排放很少，是与人类赖以生存的地球生态环境相协调的清洁能源。化石能源的大量开发和利用，是造成大气和其他类型环境污染与生态破坏的主要原因之一。如何在开发和使用能源的同时，保护好人类赖以生存的地球生态环境，已经成为一个全球性的重大问题。全球气候变化是当前国际社会普遍关注的重大全球环境问题，它主要是发达国家在其工业化过程中燃烧大量化石燃料产生的 CO_2 等温室气体的排放所造成的。因此，限制和减少化石燃料燃烧产生的 CO_2 等温室气体的排放，已成为国际社会减缓全球气候变化的重要组成部分。

由此可见，可更新资源是保护生态环境的清洁能源，采用可更新资源以逐渐减少和替代化石能源的使用，是保护生态环境、走经济社会可持续发展之路的重大措施。

人类能源消费的剧增，化石燃料的匮乏至枯竭，以及生态环境的日趋恶化，终将使人们把能源利用转向可再生能源。从地球蕴藏的能源数量来看，自然界存在有无限的可再生能源资源，由于人类开发与利用可再生能源尚受到社会生产力、科学技术、地理原因及世界经济、政治等多方面因素的影响与制约，包括太阳能、风能、水能在内的巨大数量的能源，已经利用的仅占微乎其微的比例。

不论是从经济社会走可持续发展之路和保护人类赖以生存的地球生态环境的高度来审视，还是一些特殊用途解决现实的能源供应出发，发展可更新资源均具有重大战略意义。

（2）我国主要可更新资源的开发利用

①太阳能 太阳能是各种可再生能源中人类可利用的最重要的可再生能源，也是最丰富的可再生能源。太阳每秒钟通过电磁波传至地球的能量达到相当于 500 t 煤燃烧放出的热量。这相当于一年中仅太阳能就有 130×10^{12} t 煤的热量，大约为全世界目前年耗能的

10 000多倍。所以可以说它是"取之不尽，用之不竭"的能源。但如何合理利用太阳能，降低开发和转化的成本，是新能源开发中面临的重要问题。

太阳能作为新能源的一种，其取之不尽，又具有广泛的分布性、清洁性、安全性等优势，故具有很大的开发潜力，被认为是传统能源的最佳替代能源之一。关于全球太阳能资源分布，从太阳能辐射强度和日照时间的角度看，太阳能利用的最佳区域有北非、中东地区、墨西哥、美国南部、澳大利亚、中国西部、南非、南欧等地区。其中以北非最佳，其平均年辐射量超过 10 000MJ/m^2，中东地区平约 8600 MJ/m^2，美国南部年辐射量平均约 8400 MJ/m^2，南欧地区约 7300 MJ/m^2，澳大利亚一类地区平均年辐射量也超过 8000 MJ/m^2。在地理位置上，我国大陆地处北半球，大部分地区在北纬44°以南，年辐射总量高于 5000 MJ/m^2，超过 2/3 的国土日照时数在 2200h/a，就太阳能资源储量而言，我国属于资源丰富区域，陆地地区每年可接受约相当于 2.4×10^{12} t 标准燃煤，是三峡工程年发电量的上万倍。

开发利用太阳能资源首先要考虑太阳能资源是否充足。其分析评价的主要指标是单位面积一年内接受的太阳辐射总量，并将其换算为一定数量标准煤来进行比较。其辅助指标为年日照时数。一般根据太阳能资源的充足性划为 5 个等级标准(表8-7)。

表 8-7　我国太阳能资源分布

地区类型	年日照时数(h/a)	年辐射总量[MJ/(m^2·a)]	等量热量所需标准燃煤(kg)	包括的主要地区	国外相当地区	备注
一类	3200~3300	6680~8400	225~285	宁夏北部，甘肃北部，新疆南部，青海西部，西藏西部	印度，巴基斯坦	太阳能资源最丰富地区
二类	3000~3200	5852~6680	200~225	河北西北部，山西北部，内蒙古南部，宁夏南部，甘肃中部，青海东部，西藏东南部，新疆南部	印度尼西亚的雅加达	较丰富地区
三类	2200~3000	5016~5852	170~200	山东，河南，河北东南部，山西南部，新疆北部，吉林，辽宁，云南，陕西北部，甘肃东南部，广东南部	美国中东部	中等地区
四类	1400~2000	4180~5016	140~170	湖南，广西，江西，浙江，湖北，福建北部，广东北部，陕西南部，安徽南部	意大利的米兰	较差地区
五类	1000~1400	3344~4180	115~140	四川大部分地区，贵州	巴黎，莫斯科	最差地区

资料来源：杨昭等，2012。

上述一、二、三类日照时数大于2000h的地区，是太阳能资源丰富的地区。例如我国的西藏地区，该地区单位面积太阳能储量为 1922(kW·h)/(m^2·a)，在全国所有省份(包括自治区)中位列第一，且比全国平均水平高出 24.72%；西藏地区的太阳能资源理论总储量高达 23.606×10^8(GW·h)/a，占全国总储量的 16.08%，在全国所有省份(包括自治区)中位列第二。西藏地区的太阳能资源不仅极为丰富，而且稳定度高，月最大日照天数与最小日照天数比值小，年变化较稳定，且该地区地广人稀，可开发用于太阳能发电的荒漠化土地面积多；在冬季更需要能源的季节，太阳能资源更多，属于太阳能资源利用极佳的地区。

②风能　风能作为一种清洁的可再生能源，风能与其他常规能源不同，在其利用过程中不会带来环境污染问题，其储量也不会随着其本身的转化和利用而减少。不但分布来源广泛和储量丰富，而且技术相对成熟，开发利用成本相对较低，具备了规模化开发利用的条件。全球风能资源总量约为 27.4×10^8 MW，其中可利用的风能为 0.2×10^8 MW。随着世界经济的发展，风能市场也迅速发展起来。2010 年年底，全球风电总装机容量达 199 520 MW，发电量超过 4099 $\times 10^8$ kW·h，占世界电力总发电量的 1.92%。传统市场发展缓慢，新兴市场却蓬勃向上。

我国幅员辽阔，海岸线长，风能资源比较丰富。中国气象科学研究院根据全国 900 多个气象站陆地上离地 10m 高度资料进行估算，全国平均风功率密度为 $100W/m^2$，风能资源总量约为 32.26×10^8 kW，估计只有约 10% 可以利用，测算出陆地上技术可开发风能储量约 2.53×10^8 kW，近海可开发利用风能约 7.5×10^8 kW，共计约 10×10^8 kW，仅次于俄罗斯和美国，居世界第三。

中国对风能的利用早在公元 5000 年前就有记录，但现实的风力发电起步较晚，始于20 世纪 50 年代后期。随后，国家出台了一系列促进风电发展的激励政策和鼓励措施，实施了多项工程计划项目，如"乘风计划""光明工程"等。经过 60 年的发展，中国风能开发利用取得了巨大的进步，风电发电量、装机容量和风电场数量位居世界前列。

中国三北地区(西北、华北、东北)及东南沿海地区有丰富的风能资源，我国风能资源丰富地区见表 8-8。而这些地区又都存在能源短缺和环境污染问题，因此通过风电来改变能源结构并改善环境，不失为能源开发领域中重要的策略之一。

表 8-8　中国风能资源丰富区

省份	风力资源 ($\times 10^4$ kW)	省份	风力资源 ($\times 10^4$ kW)
内蒙古	6178	山东	394
新疆	3433	江西	293
黑龙江	1723	江苏	238
甘肃	1143	广东	195
吉林	638	浙江	164
河北	612	福建	137
辽宁	606	海南	64

资料来源：韩晓雷，2012。

③地热能　地球内部包含的热能叫做"地热能"，地热能可来源于重力分异、潮汐摩擦、构造运动、化学反应等，还有一小部分来自于太阳，但其主要来源是岩石中放射性元素(主要为铀 U、钍 Th、钾 K)衰变产生的热量。相比于风能、潮汐能、生物能等可再生能

源，地热能从严格意义上说是不可再生，但由于其蕴藏十分巨大，如果合理地开发利用，即热量的提取速度不超过补充速度，那么地热能几乎是取之不尽的。

地热资源集热、矿、水为一体，其开发利用可分为发电和非发电 2 个方面。高温地热资源（150 ℃以上）主要用于发电；中温（90～150 ℃）和低温（25～90 ℃）的地热资源以直接利用为主，多用于采暖、干燥、工业、农林牧副渔业、医疗、旅游及人们的日常生活等方面；对于 25 ℃以下的浅层地温，可利用地源热泵进行供暖、制冷。世界许多国家都在积极开发和利用地热资源，表 8-9 所列为世界地热资源直接利用前 10 名的国家。

表 8-9　世界地热资源直接利用前十名的国家

国家	热容量（MW）	热容量排名	年产出热能（TJ/a）	年产出热能排名
中国	2282	2	37 908	1
日本	41 166	4	27 515	2
美国	3766	1	20 302	3
冰岛	1469	3	20 170	4
土耳其	820	5	15 756	5
瑞典	377	10	4128	6
匈牙利	473	7	4085	7
瑞士	547	6	2386	8
德国	397	8	1568	9
加拿大	378	9	1023	10

资料来源：鹿清华等，2012。

地热发电　地热发电是地热利用的最重要方式。高温地热流体应首先应用于发电。地热发电的过程，就是把地下热能首先转变为机械能，然后再把机械能转变为电能的过程。热电站一般是先利用天然蒸汽和热水等"载热体"，把地下的热能带到地面上来，然后利用该热能加热水至蒸汽，从而使蒸汽的热能在汽轮机中转变为机械能，带动发电机发电。此原理与火力发电类似，所不同的是，地热发电不像火力发电那样要装备庞大的锅炉，也不需要消耗燃料，它所用的能源就是地热能。由此不难看出，相比于火力发电，地热发电具有节约空间与成本、绿色清洁无污染等明显优势。

爱尔兰一直积极应用地热发电，地热装机容量达 170 MW，占全国总装机的 13.04%，到 2005 年计划安装 16 MW；现在地热能每年产生 $1.138 \times 10^8 kW \cdot h$ 电量，到 2000 年占全国发电量的 14.7%。

近年来澳大利亚十分重视开发"热岩"用于发电，预使之成为该国未来 10 年能源的主要提供者。目前，全球运营中的地热发电站绝大部分是高温发电站，同时中低温发电也得到了快速发展。2011 年 6 月 14 日，在国际能源署（IEA）发布的地热能报告指出，从目前到 2050 年期间，地热能供热和发电量有潜力至少增加 10 倍如图 8-3 所示。

地热供暖　将地热能直接用于采暖、供热和供热水是仅次于地热发电的地热利用方式。这种利用方式简单、经济性好，因而受到广泛关注与重视。简单地描述地热供暖的过程就是将地下热水经过一定的处理后送入换热器，加热供暖系统中水流，进而热水通过暖

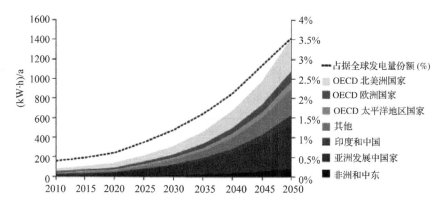

图 8-3　地热发电统计情况(国际能源署)

气和地板对千家万户进行供暖。传统的化石燃料供暖会产生大量温室气体和其他有害气体，对全球温度和环境造成影响，而地热能是无污染的清洁能源，若处理好地热供暖尾水回灌问题，利用地热供暖不会对环境产生任何污染。

位于高寒地区的冰岛是地热供暖开发利用最好的国家，该国早在 1928 年就在首都雷克雅未克建成了世界上第一个地热供热系统，现今这一供热系统已发展得非常完善，每小时可从地下抽取 80℃的热水 7740t，供全市 11×10^4 使用。由于没有高耸的烟囱，冰岛首都已被誉为"世界上最清洁无烟的城市"。由此，地热供暖的优势可见一斑。

温泉　一直以来，地热水——温泉就被视为一种宝贵的资源而备受珍惜。而温泉的洗浴和治疗，是地热利用最普遍，历史最悠久的项目。伴随着我国旅游业的兴起与繁荣，开发商将大量资金投入到温泉度假村等地热旅游项目，如西藏、云南及四川等地的高温温泉和沸泉区拥有缤纷多彩的地热景观，具有很大的旅游开发及利用价值。

此外，温泉在医疗领域的应用有诱人的前景。由于地热水从很深的地下提取到地面，除温度较高外，常含有一些特殊的化学元素，从而使它具有一定的医疗效果。如含有氟、偏硅酸、偏硼酸以及微量的放射性元素氡等成分的地热水，可以进行水疗、气疗和泥疗等，对人体有一定的医疗保健功能；氢泉、硫水氢泉洗浴可治疗神经衰弱和关节炎、皮肤病等；含碳酸的矿泉水供饮用，可调节胃酸、平衡人体酸碱度；含铁矿泉水饮用后，可治疗缺铁贫血症。

地热的工农业利用　地热在农业中的应用范围十分广阔。如利用温度适宜的地热水灌溉农田，可使农作物早熟增产；利用地热水养鱼，如培养菌种、养殖非洲鲫鱼、鳗鱼、罗非鱼、罗氏沼虾等，在 28℃ 水温下可加速鱼的育肥，提高鱼的出产率；利用地热建造温室，育秧、种菜和养花，北方冬季气温低，可利用地热水对温室大棚进行供暖，种植较高档的蔬菜水果和花卉等，不但节约常规能源，而且可保证北方地区冬季蔬菜的供应；利用地热给沼气池加温，提高沼气的产量等。将地热能直接用于农业在我国日益推广使用，其低成本高效益的特点使农民的收入有了显著提高，为农民带来了福利工业上，利用地热给工厂供热，如用作干燥谷物和食品的热源，用作硅藻土生产、木材、造纸、制革、纺织、酿酒、制糖等生产过程的热源等，也是大有前途的。

④**海岛可再生能源**　海岛海洋能是海岛地区绿色、清洁、低碳的海洋可再生能源，主

要包括海岛潮汐能、海岛潮流能、海岛波浪能和海岛温差能等，与海岛风能、海岛太阳能统称为海岛可再生能源。海岛作为人类开发海洋的远涉基地和前进支点，是第二海洋经济区，在国土划界和国防安全上也有特殊重要的地位。我国面积大于 500 m^2 以上的海岛(除港、澳、台地区)有 6900 个以上，总面积超过 6600 km^2，其中有居民的 489 个，人口逾 470×10^4 人。东海是我国岛屿最多的海域，其中舟山群岛为我国第一大群岛，还有洞头群岛和福建沿海岛屿；黄海有长山群岛及獐子岛等；渤海有庙岛群岛；南海有广东沿海岛屿及东南西沙群岛等。开发海岛，对于建设海洋经济强国具有重大意义。但能源供给一直是制约海岛发展的关键问题。海岛海洋能作为海洋可再生能源的重要组成部分，具有分布式、可持续利用且对环境影响小的特点，适合在海岛地区的应用和推广，是优化海岛能源供给方式、促进海岛可持续发展的重要途径。

海洋能资源量可用蕴藏量和技术可开发量 2 种形式表示。海洋能的蕴藏量是指理论上地区每年拥有的可再生能源资源量(也称理论装机容量和理论年发电量)，技术可开发量是指在当前技术条件下可开发利用的可再生能源资源量(也称技术装机容量和年发电量)。根据国家海洋局实施的"我国近海海洋综合调查与评价"专项("908"专项)调查成果，我国近岸海洋能(潮汐能、潮流能、波浪能、温差能、盐差能、海洋风能)资源储量约为 $15.8 \times 10^8 kW$，理论年发电量为 $13.84 \times 10^{12} kW \cdot h$；总技术可开发装机容量为 $6.47 \times 10^8 kW$，年发电量为 $3.94 \times 10^{20} kW \cdot h$。其中，潮汐能蕴藏量 $19\ 286 \times 10^4 kW$，主要集中在浙江、福建海域；潮流能蕴藏量 $883 \times 10^4 kW$，主要集中在浙江、山东海域；波浪能蕴藏量 $1600 \times 10^4 kW$，主要集中在广东、海南、福建、浙江海域；温差能蕴藏量 $36\ 713 \times 10^4 kW$，主要集中在南海海域；盐差能蕴藏量 $11\ 309 \times 10^4 kW$，主要集中在上海、广东、山东、福建、辽宁海域；海洋风能蕴藏量 $88\ 300 \times 10^4 kW$，主要集中在江苏、福建、山东、广东、辽宁、浙江海域。我国近海海洋可再生能源蕴藏量和技术可开发量见表 8-10 所列。

表 8-10　我国近海海洋可再生能源资源统计

能源	蕴藏量		技术可开发量	
	理论装机容量/ ($\times 10^4$ kW)	理论年发电量/ ($\times 10^8$ kW · h)	装机容量/ ($\times 10^4$ kW)	年发电量/ ($\times 10^8$ kW · h)
潮汐能	19 286 ①	16 887 ①	2283 ②	626 ②
潮流能	833	730	166	146
波浪能	1600	1401	1471	1288
温差能	36 713	32 161	2570	2251
盐差能	11 309	9907	1131	991
海洋风能	88 300	77 351	57 034	34 126
合计	158 041	138 437	64 655	39 428

统计范围：潮汐能①近海 10m 等深线以浅海域的蕴藏量；②500 kW 以上的 171 个潜在站址的技术可开发量。潮流能，我国近海主要水道的潮流能资源蕴藏量和技术可开发量。波浪能，我国近海离岸 20 km 一带的波浪能资源蕴藏量和技术可开发量。海洋风能，我国近海 50 m 等深线以浅海域 10 m 高度风能蕴藏量和技术可开发量。温差能，南海表层与深层海水温差不低于 18℃ 水体蕴藏的温差能。盐差能，我国主要河口盐差能资源蕴藏量和技术可开发量。不包括台湾省。

资料来源：吴亚楠等，2017。

我国海岛潮流能资源丰富，区域多位于海岛之间的水道中，如舟山群岛所隔开的诸水道，占到我国潮流能资源总量的1/2以上，此外，渤海海峡的庙岛群岛海域、长山群岛海域等海岛周边同样蕴藏着丰富的潮流能、波浪能等海洋可再生资源。

本章参考文献

蔡运龙，2007. 自然资源学原理[M]. 北京：科学出版社.

陈永文，等，2002. 自然资源学[M]. 上海：华东师范大学出版社.

成升魁，沈镭，徐增让，2011. 2010中国资源报告——资源流动：格局、效应与对策[M]. 北京：科学出版社.

国土资源部，2016. 国土资源"十三五"规划纲要[R]. 北京：国土资源部.

黄民生，何岩，方如康，等，2011. 中国自然资源的开发、利用和保护[M]. 北京：科学出版社.

齐元静，杨宇，金凤君，2013. 中国经济发展阶段及其时空格局演变特征[J]. 地理学报，68(4)：517-531.

谢高地，2009. 自然资源总论[M]. 北京：高等教育出版社.

中国科学院国情分析研究小组，1992. 开源与节约——中国自然资源与人力资源的潜力与对策[M]. 北京：科学出版社.

李军，袁伶俐，2013. 全球海洋资源开发现状和趋势综述[J]. 国土资源情报(12)：13-32.

鹿清华，张晓熙，何祚云，2012. 国内外地热发展现状及趋势分析[J]. 石油石化节能与减排，2(01)：39-42.

吴亚楠，吴国伟，武贺，等，2017. 海岛海洋能应用需求和发展建议探讨[J]. 海洋开发与管理，34(09)：39-44.

杨昭，杨勇平，张旭，2012. 能源环境技术[M]. 北京：机械工业出版社.

韩晓雷，2012. 内蒙古地区风力发电现状及发展前景[J]. 内蒙古科技与经济(3)：6-7.

国家林业和草原局，2019. 中国森林资源报告(2014—2018)[M]. 北京：中国林业出版社.